科學과 技術의 歷史

工學博士 張 炳 周 著

東 明 社

개정판 머리말

과학과 기술의 역사는 '노동(공작)하는 자 — 인간'이라는 'Homo Faber'의 역사이지 결코 과학과 기술 그 자체는 아니다. 과학사와 기술사는 과학기술 그 자체보다는 범위가 넓은 학문이므로 史料의 과학기술적인 내용 이외에 과학기술을 가능케 한 동기, 사회·경제적 제도와 사상적 조건 등 다양한 내용도 내포되어 있다.

역사책을 읽는다는 것은 멀리 있는 미지의 세계를 찾아 떠나는 탐험여행과 같아 일상생활의 편협함과 평범함에서 벗어나게 하고, 아주 먼 옛날의 미개사회에서 현대의 문명세계에 이르기까지 인간들의 놀라운 '파노라마'를 볼 수 있게 하여 '소피아'의 눈을 뜨게 한다. 그런데 현재는 과학·기술의 지나친 발전이 여러 가지 문제를 야기시켜 근본적으로 인류는 과학과 기술의 발전에 대한 자기성찰이 필요한 시점이다.

인간과 과학기술 사이에 존재하는 상호관계는 역사적으로 생성·변화하여 가는 것이나 역사를 고찰하지 않고는 과학기술의 발전방향을 이해하고 사회에서의 과학기술의 위치를 명확하게 할 수 없다.

1985년부터 지금에 이르기까지 25여년 동안 직접 강의를 담당하면서 탈자·오자와 미비한 내용을 1991년과 2002년 두 차례에 걸쳐 개정, 보충하거나 보완하여 수정판을 낸바 있다. 하지만 독자들의 계속되는 성원과 아울러 저자도 章과 節에서 내용과 제목이 쉽게 이미지화 되지 않는다고 판단, 이번에 대폭 개정하기에 이르렀다.

우선 12개 章을 15개 章으로 세분화하면서 章의 제목을 전부 바꾸고 節은 부분적으로 제목의 변경을 시도하였으며, 序章에서 第7章 '매뉴팩처와 산업혁명의 기술'까지는 내용에서 많은 변화를 주었다.

序章을 제1장으로 하여 '과학·기술과 인간의 교섭'이란 제목을 달고 첫머리에 내 세웠고, 第1章 인류의 탄생을 '인류의 기원과 원시인류의 도구'로 하여 제2장에, 기술의 기원은 '인류의 탄생에 따른 기술의 기원과 문명의 발달'로 제3장에 분리하였다. 第2章의 과학의 기원을 이집트·메소포다미아·고대중국으로 묶어 제4장 '고대왕조의 성립과 자연관'으로 독립시켰고, 또 고대 과학·기술은 '고대—그리스·로마의 과학과 기술'로 하여 제5장으로 나누었다. 第4章의 르네상스 시대는 제7장 '르네상스—인간과 자연의 발견'으로 하고 第7章의 광산과 야금의 두 기술자를 이 章에 포함시켰고, 第7章의 과학·기술교육과 기술학은 계몽주의 시대로 옮겨 제 9 장 '계몽주의 사상과 과학'으로 하였다. 第 8 章 역시 두 부분으로 분리, 제 11 장에 '산업혁명의 발전과 근대과학의 형성', 제 12 장에 '근대기술과 과학의 접근'으로 취급하였다. 終章은 맺음 말로 하면서 '현대사회와 과학기술의 과제'로 마무리 하였다.

이 개정판이 나오기까지 저자의 지나친 과욕으로 4~5차례나 원고수정을 반복하였으나 끝까지 수고로움을 마다하지 않은 東明社 관계자에게 깊은 감사를 드린다.

2009년 7월

저자 씀

머 리 말

역사는 과거와 현재의 對話(대화)이고 미래를 취급하는 과학(the science of the future)이라고 한다. 현재의 문화는 결국 과거 몇 세기에 걸쳐 축적된 과학과 기술의 文化財를 인간의 지혜에 의해 인간의 생활문화 향상에 인간의 모든 가능성을 동원할 수 있도록 기능적·조직적으로 운용된 문화이다. 따라서, 이 테두리 안에서 모든 산업, 인간사회에서의 생활력과 경제력을 발달시키는 문화로써 우리들이 살고 있는 사회를 현재와 같이 진보된 형태로 성장·존속시키고 있다고 본다. 그래서 역사는 과거와 현재의 대화라고 하였는지 모른다.
어떤 人物에 의해 어떤 노력으로 과학·기술이라는 문화재가 형성되었는지를 아는 것은 현재를 알고 미래사회의 발전양상을 예측하는 데 절대적으로 필요하다. 그러므로 역사는 미래를 취급하는 과학이라고 한다.

과학과 기술은 서로 밀접하게 관련되어 있으나, 역사적으로 볼 때 양자는 사실상 별도의 길을 걸어 왔다. 과학은 발전을 하면서 실제적인 응용에는 무관심하였고, 기술은 과학의 도움없이 발전하여 보기도 하였고, 또 도움을 받기도 하였다. 그러면서 과학·기술은 가파른 속도로 발전하여 오늘날에 이르고 있다.

그러나 현재는 과학·기술의 지나친 발전을 근본적으로 自省하기에 이르렀다. 인간의 물질생활의 풍요로움은 100여 년 전에는 감히 상상할 수도 없을 만큼 눈부신 바가 있으나 가공할 병기의 발달, 원자력의 평화적 이용 그 자체도 폐기물의 처리문제로 고심하고 있으며, 공해문제와 환경오염, 환경파괴, 유한한 지구자원의 낭비, 생명의 복제, 폭발적인 세계의 인구증가의 압력에 대처하는 문제, 또 자본주의 國家群, 사회주의 國家群, 공업 선진국과 개발 도상국의 대립 등으로 문제는 더욱 심각하다.

이러한 정황 가운데 이 책은 인류가 달성한 물질적 성과가 어떻게 이루어졌으며, 선사시대부터 현대까지 발견·발명·기술의 분야에서 이룩된 성과를 기술한다.

이 책은 과학과 기술의 역사에 관한 入門書이다. 전문적인 지식이 없어도 흥미가 있는 사람이면 누구나 읽을 수 있으며, 人文·社會系의 학생들에게는 과학·기술에 대한 친근감을, 理工學系의 학생들에게는 자신들이 전공하는 과학·기술을 반성하는 데 도움을 주도록 집필하는 데 노력하였다.

"과학사"와 "기술사"를 통합해 「科學·技術史」라는 강좌를 교양과목으로 국내 대학에서 처음으로 개설한 지도 18년이란 세월이 흘러갔다. 과학·기술계의 교양과목으로 강좌 개설 때인 1985년에는 문교부의 학술연구 조성비로 책을 출판하였고, 1991년에 강좌명을 「科學과 技術의 歷史」로 바꾸고, 개정증보하여 간행하였으나 내용에서 부족함을 느껴 이번에 독자들이 더 가까이 할 수 있도록 획기적으로 보완 정리하여 다시 출판하게 되었다.

10년이면 강산도 변한다는데……, 울산대학교가 외로운 그 자리를 지키고 있다. 현재의 선진국들은 이미 1세기 이전에, 가까운 일본에서도 80여 년 전에 과학사·기술사 연구에 몰두하면서 많은 대학에서 강좌가 개설되어 지금까지도 계속되고 있다.

21세기도 한 해를 넘긴 이 시점에 우리 한국에서도 국민들의 과학·기술의 저변을 확산시킨다는 의미에서 민간차원에서 '과학사장, 나라사랑' 운동을 펼치고 있는데, 先見之明을 가진 대학, 뜻있는 교수로 하여금 많은 대학에서 강좌개설이 있기를 염원하는 바이다.

여건이 어려우면서도 새롭게 「과학과 기술의 역사」를 출판하여 준 東明社 여러분께 감사의 뜻을 전한다.

2002년 1월
황금동 못안골에서
지은이 씀

차 례

제1장 과학 · 기술과 인간과의 교섭

제2장 인류의 기원과 원시인류의 도구

제3장 인류의 탄생에 따른 기술의 기원과 문명의 발달

제 4 장 고대 왕조의 성립과 자연관

제 5 장 고대—그리스 · 로마의 과학과 기술

제 6 장 중세사회—과학과 기술의 축적

제7장 르네상스—인간과 자연의 발견

제8장 과학혁명과 기계론적 자연관의 형성

제9장 계몽주의 사상과 과학

제 10 장 매뉴팩처 생산과 산업혁명의 기술

제11장 산업혁명의 발전과 근대과학의 형성

제12장 근대 기술과 과학의 접근

제 13 장 20세기의 새로운 과학과 기술

제 14 장 과학과 기술의 결합—제도화·거대화

맺음 말 현대사회와 과학기술의 과제

제 1 장

과학 · 기술과 인간과의 교섭

현재와 같은 과학 · 기술의 성과가 생긴 것은 많은 세대 사람들의 창조와 창조적 활동의 덕분일 것이다. 여러 시대에 걸쳐 인간은 계속해서 자연계의 법칙을 이해하며 여러 가지 발명을 하고, 새로운 기술이나 과학의 아이디어를 창출하는 데 끈질기게 노력해 왔다.

과학 · 기술의 성격과 본질 및 그 역사를 고찰할 경우, 우리들은 과학 · 기술이 자연의 법칙에 뿌리를 두고 있고, 외적 조건에 규제된다는 사실을 출발점으로 하지 않을 수 없다. 인간은 기술을 만들 때 자연의 대상 · 과정 · 법칙 및 힘을 이용한다. 바람 · 물 · 수증기 · 전기 등이 사회적 생산에 이용되기에 이른 것은 자연을 인식하고 자연에 관한 지식에 바탕을 두어 기술적 수단을 개발하였기 때문이다.

역사에서는 인간이 주인공이므로 과학 · 기술의 역사에서도 당연히 인간으로서의 과학자 · 기술자가 주역을 맡고 있다. '과학 · 기술'이란 용어는 대개 고대에서 중세까지는 '과학과 기술'이 분리된 의미로 사용되다가, 르네상스 시대 이후가 되면서 과학과 기술의 결합이 점차 긴밀하게 되어 '과학 · 기술'이란 의미로 사용되었다. 이 경우, 과학(자연과학)은 자연현상에서 보편적 법칙을 찾아 이 법칙들을 체계적인 지식으로 다듬는 객관적인 것이고, 기술은 목적을 실현하기 위하여 자연물을 개량하거나 가공하는 주관적 · 가치적인 것이다.[1)]

1) 平田 寬, 科學 · 技術의 역사, 상권, 서문, p. 2, 1985, 朝倉書店.

1.1 인간과 과학과의 관계

과학은 영어와 프랑스어로 science이며, 모두 어떤 사물을 '안다' 또는 '지식'이라는 라틴어 scientia에서 연유된 말로서, 좁은 의미로는 보통 자연과학을 말하는 경우가 많다. 과학은 본래는 사회과학을 포함한 개념이나, 넓은 의미로는 '학(學)' 또는 '학문(學問)'과 같은 개별적 학문영역을 뜻하기도 하지만 독일어의 wissenschaft는 학문(wissen)과 명백히 구분되어 과학을 의미한다.[2)]

과학은 무엇인가를 아는 또는 자연법칙을 찾는 인간활동을 말하는 바, 그 '무엇인가'는 보통 자연이 가지는 'rule'을 지칭하며, 이것이 바로 과학이란 자연에 관한 지식을 얻는 학문이라고 할 수 있다. 그래서 철학·종교·예술과 대립되는 개념으로 쓰이는 일이 많다.[3)] 그리고 과학은 인간이 살고 있는 세계를 법칙적으로 파악하고 그 지식을 특징지우는 어떤 체계이다.

즉 과학은 어떤 가정 위에서 일정한 인식목적과 합리적인 방법에 의하여 세워진 광범위한 체계적 지식을 지칭하며, 동시에 자연 연구의 방법과 자연 연구에서 얻어진 과학지식이 축적되어 온 까닭에 자연과학과도 같다. 그리고 과학은 확고한 경험적 사실을 근거로 한 보편성과 객관성이 요청되는 지식의 체계이어야 한다는 것이 필수조건이다.

오늘날의 사회를 일컬어 과학문명 사회라고 부르는데, 우리들 주위에는 과학이나 과학기술의 성과로 생각할 수 있는 것이 많다. 또, 이러한 물질적인 것 뿐만 아니라 인간의 사고에 있어서도 과학적 사고라 부르는 것이 큰 비중을 차지하고 있다. 이렇게 볼 때, 현대사회를 과학문명 사회라고 불러도 과언은 아닐 것이다.

현대과학은 기술을 통하여 인간생활에 깊숙이 관여하고 있을 뿐 아니라 과학 그 자체의 발전이 인간의 사고방식에 변혁을 요구하기까지에 이르고 새로운 과학혁명의 시대에 돌입하였다. 핵무기와 인공위성 등은 현대과학의 정수라고 할 수 있으나, 그런 과학의 발달이 한편으로는 인류자신을 파멸로 이끌어 갈 위험을 내포하고 있다.

그리고 최근에는 공해라든가 환경파괴가 날로 심해지고 있으며, 그 원인을 과학이나 과학기술로 보는 경향이 많다. 생활환경의 악화는 과학이 발달하기 때문이라고 하여 이것을 억제할 필요가 있다는 논의가 싹트고 있다. 말하자면 반과학론의

---

2) 동아출판사, 원색 세계대백과사전, 제3권, p. 623, 1989.

3) 鈴木善次 외, 과학기술사개론, p. 3, 1987, 建帛社.

등장이다. 이러한 사실을 검토하기 위해 과학이란 무엇이며, 과학기술이란 어떤 것인가를 알아 둘 필요가 있다.

과학과 과학기술이 무엇인가를 아는 실마리는 몇 가지가 있다. 그 하나는 현재 존재하고 있는 과학이나 과학기술을 조사하는 것이다. 그러나 그것만으로는 충분하지 않다. 거기에는 내력이나 역사가 있기 때문이다. 또한 역사적인 측면을 통해서도 그 본질을 이해할 수는 없다. 따라서 여기에 과학의 역사적 사실을 조사하여 밝히는 학문이 존재하는 뜻이 있는 것이다.

1.2 인간과 기술과의 관계

기술은 영어의 technic(또는 technology), 독일어의 technik이며, 그리스어의 techne, 즉 숙련(熟練)에서 유래하며, 공예의 재주, 기술상의 재주와 솜씨(技藝)로 이는 좁은 의미이다. 보다 넓은 의미로는 인간적 요구나 욕망에 적합하도록 주어진 대상을 변화시키는 모든 인간적 행위를 뜻한다.[4)]

기술이란 무엇인가를 만들어 내고 성취하는 방법이다. 그리고 살아가는 방편으로 필요한 삶에 관한 예술(the art of living)의 모든 것을 뜻한다. 그래서 어원적으로는 '예술', '의술' 등도 포함되나 오늘날은 주로 자연물을 개변하여 가공, 물질적 재화(物質的 財貨)를 생산하는 생산기술의 뜻으로 사용되기도 한다.[5)] 또 영어로 technic이라고 할 때는 육체적 노동능력과 정신적 노동능력을 의미하기도 한다.

생명을 가지는 것은 '個'로 태어나 '무리(類)'로 남는 것이 기본적인 입장이다. 인간도 개인으로 살아가야 하고 인류로 생존을 계속하지 않을 수 없다. 생명을 유지하기 위해서는 일정한 물질적 조건이 필요하다. 그 물질적 조건을 확보하기 위해서 생명을 가진 것들이 여러 가지 궁리를 하는 것은 자연계에서 흔히 볼 수 있는 현상이다. 인간이 자신의 생명유지에 필요한 물질적 조건을 확보하기 위해 행하는 것이 바로 노동이다. 인간은 노동을 통해 자연에 활동을 가하고 필요한 것을 얻는다. 이 사실은 원시원류(原始猿類)에서 인간으로 진화된 그 시점부터 오늘에 이르기까지 기본적으로 일관되고 있다.

인간의 노동은 첫째로 공동의 場으로 수행되는 것, 둘째는 명확한 목적을 가지고 의식적으로 행동하는 것이고, 셋째는 인간의 활동대상인 자연과의 사이에 매개물

4) 동아출판사, 전게서, 제6권, p. 182.
5) 山崎俊雄 외 편, 과학기술사 개론, p. 225, 1984, 옴社.

을 끼워 넣는 것에 의해 특징을 지울 수 있을 것이다. 첫 번째의 특징은 인간이 유적(類的)·사회적 동물임을 나타내고, 두 번째의 특징은 인간은 본능에 의해서만이 아니고 자각적·의식적으로 행동하는 존재임을 표시한다. 따라서 세 번째의 특징은 인간이 기술을 사용하는 존재임을 명시한다.[6)]

기술이란 노동에서 인간과 자연과를 매개하는 물적 체계, 즉 노동수단의 체계이다. 노동수단의 체계에는 도구와 기계, 용기(容器)와 장치 등이 포함된다. 인간의 자연에 대한 적극적·능동적인 활동은 이들의 노동수단을 경유하여 수행되고, 노동수단의 수준이 노동의 내용을 기본적으로 규정한다.

원시시대부터 오늘에 이르기까지 인간의 생존에 필요한 물질을 획득하는 방법, 즉 생산방법은 크게 변화되었으며, 또 발전되어 왔다. 이와 같은 변화와 발전은 노동수단의 변화와 발전을 무시해서는 성립되지 않을 뿐 아니라 그것을 핵으로 하여 전개하여 왔다고 할 수 있다.

기술의 발전이 인간과 자연과의 관계를 여러 가지로 바꾸어, 이것이 인간과 인간의 관계나 사회적 생활, 즉 사회·경제적 여러 조건의 변화를 초래하였다고 볼 수 있다. 오늘날 우리들은 지금과 같은 생산방법이나 생활방식을 당연한 것으로 받아들이나, 그것은 인간의 역사에서 기술의 장시간에 걸친 축적과 발달을 통해 가능하게 된 작품이다.[7)]

기술이란 길게 이어져 계속되는 인간사회 역사의 한 측면이고, 현재는 과거로부터의 흐름의 연장선 위에 있다. 새로운 기술은 옛 기술을 지워 없애거나 또는 융합하여 나가는 것이지만, 그 밑바닥에 흐르는 의식은 변하지 않는다. 기술은 기술을 소화, 흡수하는 토양이 있어야 비로소 성립되는 것이다. 토양이란 기술을 실천하는 사람이고 그 사람을 키워 온 기술에 대한 의식이다. 직인(職人)에서 기술자로 그 이름이나 취급하는 도구나 기기, 기술이나 의식이 변화되더라도 변하지 않는 토양은 존재하는 것이다.

따라서 인간이 역사의 진실을 통해 오늘까지 도달한 위치를 정립하고 장래를 전망할 때, 인간의 사회적인 생활을 근본적으로 가능하게 하는 물질적 생산의 발전사, 즉 기술사는 어쨌든 몸에 익숙하도록 기본적 교양으로 갖추지 않으면 안 된다. 기술은 한편으로 인간의 사회, 경제적 활동의 모든 국면과 직접적·간접적으로 깊이 관계됨과 동시에, 다른 한편으로는 기술 고유의 운동법칙에 기초를 두어 발전하는 성격을 지니고 있다.

---

6) 鈴木善次 외, 전게서, p. 69.
7) 鈴木善次 외, 전게서, p. 70.

기술을 역사적으로 취급함에 있어 다른 것과 관련지울 때, 전체적으로 파악할 것과 기술 그 자체의 내재적 발전 논리로 취급하는 것이 중요하다. 전체성과 내재성을 유기적으로 통일함으로 비로소 기술의 발전사를 객관적이고 과학적으로 이해할 수 있을 것이다.

오늘날 기술은 거대한 체계로 발달하였다. 기술은 거대한 자본에 의해 포섭되고 대규모 공장에 축적되어 있다. 공해문제가 표면화되어 그 원흉(元凶)으로 기술에 집중적인 비판이 던져지고 있다. 군사기술의 지나친 발달이나 원자력 발전의 사고 등으로 기술의 더 이상의 발전은 인류에게 마이너스로 작용하는 것이 아니냐는 소박한 생각을 하는 사람이 많다.

그러나 기술은 어디까지나 인간의 목적에 종속된 수단이며, 그 자체가 내재적으로 가치기준을 갖고 있는 것은 아니다. 거대한 기술체계를 일정한 목적을 위해 사용하는 것이 인간이므로, 기술발전의 방향을 잃어버린 오늘날 인간의 사회적 생활의 방편이나 사회, 생산의 목적이 문제가 됨은 당연하다. 자연과학과 기술의 역사가 가르치는 교훈에서 현대가 배워야 할 것은 분명하게 사회 과학적인 과제가 되지 아니할 수 없다.

1.3 과학과 기술의 관계

인간은 자연을 정복하고 제어하고 이용할 수는 있으나, 그렇게 하려면 인간은 자연의 법칙에 순응하지 않으면 안 된다. 그렇다면 자연의 연구를 통해서 자연의 숨겨진 여러 법칙을 배울 수밖에 없다. 원래 과학은 그 원시적 단계에서는 다만 기술에 불과하였으나, 그 기술이 모체가 되어 과학이 성립되었다. 이렇게 과학과 기술은 연계적 관계에 놓여 있으며, 생활을 위한 기술적 지식이 축적되어 체계화됨에 따라 법칙적 체계가 성립된 것이다. 다시 말하면 기술은 그 기초로 과학을 가지지 않을 수 없었고, 또 그 과학이 기술을 가능케 하였다.[8)]

현대의 사회는 과학에 기초를 둔 기술이 그 본질적인 부분을 이루고 있으며, 그런 여건에서 성장한 인간은 인간 존재가 이들 두 측면의 밀접한 관계를 자명한 사실로 보고 있다.

오늘날 과학과 기술은 대단히 밀접하게 관련되어 있지만, 역사적인 면에서 볼 때

8) R. J. Forbes · E. J. Dijksterhuis(廣重 徹 외 역), 과학과 기술의 역사, 서문, p. 1, 1977, 미수즈書房.

이 둘은 사실상 별도의 길을 가면서 발전하여 왔다. 과학은 오랜 세월 동안 성과의 실제적 응용에 대해서 무관심으로 지내왔고, 기술은 긴 세월 동안 과학의 도움없이 지날 수밖에 없었다. 과학의 도움을 받아 이득을 보았음에도 불구하고 과학으로부터의 도움을 고의로 저버린 경우도 여러 번 있었다.

과학과 기술의 협력이 가능하고 바람직하다고 보게 된 것은 이미 르네상스 시대에 학자와 기술자의 결합이 이루어지는 분위기가 조성되고 부터이다. 17세기 초에 영국의 프란시스 베이컨, 프랑스의 르네 데카르트 및 네덜란드의 시몬 스테빈 등이 주장하여 18세기에 와서 결실을 보게 되었는데, 1662년에 설립된 영국의 왕립학회도 큰 구실을 하였다. 그러던 것이 제2차 세계대전 후에는 과학과 기술이 계획적으로 결합하였다.[9)]

현대는 과학기술의 시대라고 한다. 원래 기술은 과학(자연과학)과 별개의 것이었다. 그 기술이 자연철학을 근대과학으로 변신시켜 양자와 결합되어 기술학=공학이 생겼다. 대체로 과학과 기술을 합쳐서 '과학기술'이라고 보는 경우가 많다. 여기에 현대기술의 특징이 있으며, 영어로 'science and technology'라 한다.

과학(이론)과 기술(실천)과의 결합이 촉진되어 생산기술은 자연과학의 응용이라는 생각이 급속히 보급, 정착되었고, 기술이라면 일반적으로 생산기술, 즉 과학적 기술이라는 관습을 말하게 된 것이다. 과학자는 미지의 분야를 탐구하여 새로운 지식을 구하고, 기술자는 그 지식을 응용하는 것이 그 직능으로 보고 있다. 그래서 과학자는 '자연을 탐구하여 신 지식의 창조'를 하고, 기술자는 '사회의 요청에 따라 과학의 지식을 응용하는 전문지식(know how)을 만들어 실제로 유용하게 사용하는 사람'을 의미한다.

요컨대, 기술의 역사라고 하면 물질적 정복의 역사이며, 그 정복의 영향은 인류 노력의 모든 분야에 나타나고 있다. 기술만이 과학성장에 공헌하는 유일한 요소인 것은 아니었고, 또 과학만이 기술자가 일을 추진하는 데 유일한 원천도 아니었다. 이 두 분야는 다른 인간활동과 서로 긴밀하게 제휴하여 이 둘은 다 함께 인간생활의 다른 국면과 서로 주고 받는(give and take) 관계에 있다.[10)]

여기서 필요한 것은 과학·기술이라는 것을 인간의 역사 속에 유기적으로 위치를 부여하는 것이다. 다시 말하면, 과학·기술을 역사 안에서 인간이 만들어 온 '역사적으로 규정된 존재'로 이해한다는 것이 중요하다. 과학기술사를 연구하고 배우는 현대적 의미가 바로 여기에 있다. 근간에는 과학기술을 'Engineering and

---

9) R. J. Forbes · E. J. Dijksterhuis(廣重 徹 외 역), 전게서, 서문, p. 2.

10) R. J. Forbes(田中 實 역), 기술의 역사, p. 10, 1982, 岩波書店.

Technology'※라 표기하기도 한다. 또는 Applied Science, Engineering Science 및 Industrial Science로도 표기한다.

1.4 과학의 역사(과학사)[11]

과학사는 먼저 과학의 역사이므로 과학이 무엇을 의미하느냐에 따라 그 뜻을 달리한다. 따라서 여기서는 과학은 자연과학을 의미하는 것으로 한정시킨다. 그렇게 되면 과학사란 자연에 대한 인식의 발전을 취급하는 것이 되며, 여러 가지 실증적 사실을 객관적 · 종합적 · 통일적으로 설명하고자 하는 이론체계의 진전과정을 분석하는 것이다. 또 이와 같은 과학의 발전에 기여한 사람들의 생애와 그들이 사용한 지적인 방법이나 물질적 수단을 명확하게 밝히는 것이라고 할 수 있을 것이다. 그런데 최근에는 이와 같은 과학이론의 학설사적 발전을 추구하는 '과학의 내부사(internal history)'에 대해 이들 과학이론이 생겨나는 사상적 문맥이나 사회적인 배경을 다루는 '과학의 외부사(external history)'의 연구도 성행되고 있는 실정이다.

이것은 종래의 과학이 인간의 지적 진보를 대표하는 절대적인 가치를 가진 것이라는 전제하에 과학 그 자체의 발전을 취급하고, 과학을 만든 사람들의 영웅열전(英雄列傳)을 만든다는 계몽주의적 사고방식에서 비롯되어 과학만을 고립시키지 않고, 그것을 인간의 다른 문화적 행위나 사회적 상황 전체 안에 포함시켜 고찰하지 않으면 안 된다는 최근의 경향과 결부되어 있다.

과학은 지금도 인류의 귀중한 지적 유산임을 의심할 여지가 없다. 따라서 인간의 미래는 과학의 발전 여하에 달려 있다. 거기에다 과학 그 자체의 발전과정을 분석하는 학설사적 연구도 앞으로 점차 정도(正道)로 발전시켜야 하지만, 동시에 과학을 인간의 문화적 · 사상적 배경이나 사회적 · 제도적 문맥하에서 고찰하는 '과학의 사상사(思想史)'나 '과학의 사회사(社會史)'도 오늘날에는 빼놓을 수 없는 것으로 되어 있다. 더욱 정확하게 말하면, '과학의 학설사'나 '과학의 사상사' 및 '과학의 사회사'는 별개의 것이 아니라 상호연계 되어 있다는 것이다.

과학의 학설 중에는 사상이나 사회가 포함된 경우도 있고, 반대로 과학 그 자체의 발전이 사회에 영향을 주는 경우도 있다. 따라서 여기서 과학의 문화적 · 사회적 배경이 문제가 된다면 당연히 서로 다른 문화권에 있는 과학의 방법 차이가 거론되지 않으면 안 된다. 또한 지금까지 서구 근대과학만이 과학사 연구의 대상이 되었으나,

---

11) 伊東俊太郎 외 편, 과학사기술사 事典, pp. 171~173, 1983, 弘文堂.

※ R. J. Forbes의 기술의 역사. 서문의 p. iv, p. 1.

이 근대과학이 여러 가지 난관에 봉착하여 스스로 문제를 제기, 중국·인도·이슬람 등의 다른 전통문화 중에서 과학적 활동과 비교하여 전 인류의 과학적 경험을 회복하고, 이러한 넓은 시야에서 새로운 과학적 방법을 모색하지 않으면 안 된다. 이러한 '비교과학사'도 오늘날 과학사의 새로운 과제이며, 그 관계는 다음과 같다.

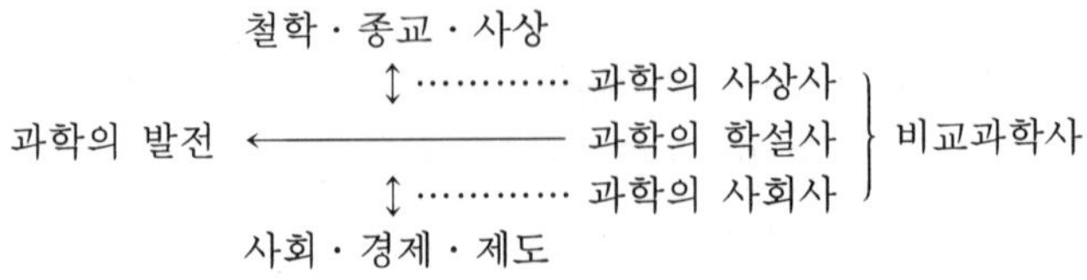

다음은 개별과학사의 형성과정을 살펴보고, 이어 19세기 초 이후 종합과학사의 등장과 그 후의 발전을 전망하고, 현재 과학 사상사나 과학 사회사의 출현상황을 고찰하며, 마지막으로 비교과학사의 과제를 설명한다.

1. 개별과학사의 형성

근대적 의미에서 과학사 연구는 18세기의 '계몽사상'과 함께 시작되었다. 계몽사상은 처음 고대에 대한 근대의 우월감을 자각하여 '진보'의 개념을 가지고 전반적인 것을 보려 하였으나 과학 발전의 역사, 그 자체가 가장 좋은 예증(例證)이라 생각하고 프랑스의 수학자·철학자·정치가인 콩도르세(Marie Jean Caritat, Marquis de Condorcet, 1743~1794)는 이 견지에서 '인간정신의 진보'에 대해 논하고 있다. 이와 같은 분위기에서 여러 가지 개별과학사가 집필되기에 이르렀다. 몽투클라(J. E. Montucla, 1725~1799)의 「수학사」(1758), 베일리(Jean Sylvain. Bailly, 1736~1793)의 「고대천문학사」(1755), 「근대천문학사」(1778~1782), 르클레르크(D. Leclerc, 1652~1728)의 「의학사」(1696, 1723) 등이 그 예이다.

이 책들은 어느 것이나 근대적인 과학사의 선구적 저술이나 최초의 시도이므로 충분치 못한 점도 있다. 그러나 이러한 초석 위에 방법론적으로 세련되고 사실인식 위에서 정확한 개별과학사가 19세기 전반부터 대두되기 시작하였다. 먼저 랄랑드(Joseph Jerome Le Francois de Lalande, 1732~1807)가 몽투클라의 것을 이어받아 4권의 「수학사」(1802)를 출판하였고, 들람브레(Jean Baptiste Joseph Delambre, 1749~1822)는 베일리의 연구를 추구하여 「고대천문학사」(1817), 「중세천문학사」(1819), 「근대천문학사」(1821)를 저술하였으며, 퀴비에(Cuvier, 1769~1832)가 「생물과학의 역사」(1841)를 편찬하였다.

2. 종합과학사와 그 이후의 발전

이와 같이 개별과학사가 그 기초를 다지고 있을 때, 이런 개개 과학의 역사에 대해 모든 과학을 총망라한 전체의 발전을 그 시대의 사상이나 사회와 관련지어 추진하려는 '종합과학사'의 생각이 처음으로 콩트(August Comte, 1798~1857)에 의해 이루어졌다. 여기서 단순히 '여러 과학의 역사'가 아닌 '과학의 역사'를 하나의 학문으로 확립시키지 않으면 안 되는 까닭이 설명되어 있다.

즉, 종합과학사는 "여러 가지 특수과학 및 기술과 사회일반이 각 시대에서 동시에 서로 영향을 미치며 밀접하게 결합하여 진보 발전하는 바를 연구하는 것을 목적으로 한다. 이러한 의미에서 종합적인 과학사는 여러 과학의 역사가 아닌 과학의 역사이며, 그 자체가 하나의 과학이다(「실증철학강의」 제1권, 1830)"라고 설명하고 있다.

이와 같은 종합과학사는 비슷한 시대에 영국의 휴엘(William Whewell, 1794~1866)의 「귀납적 과학의 역사」(*History of the Inductive Sciences*, 3 vols., 1837)나 「과학사상의 역사」(1858)에 의해 실현되었다. 여기서는 경험과학의 전 영역을 수학, 철학, 종교 및 사회와의 관계에서 전체적으로 취급한 최초의 시도였다. 또, 콩트가 종합과학사의 필요성을 역설하고부터 60년이 경과한 후, 이 이념을 실현하고자 파리의 프랑스 대학에서 처음으로 '과학의 일반사' 강좌가 개설되고, 최초의 담당자는 피에르 라피테(Pierre Laffitte, 1823~1903)가 되었다. 다음에 이 자리는 그레구아르 위루보프(Grégoire Wyrouboff)로, 그리고 그 뒤에는 피에르 부트루(Pierre Boutroux)가 계승하였다. 현재는 소르본 대학에 '과학 · 기술사연구소'가 세워져 있고, 고등연구원 제6부문에는 과학사 연구의 전통이 이어져 가고 있다.

미국에서는 벨기에 태생으로 1915년 이후 미국으로 이주한 조지 사턴(George A. L. Sarton, 1884~1956)이 하버드 대학 안에 과학사 연구실을 창설하고 과학사의 유명한 잡지 「아이시스」(*Isis*)를 1913년에 창간하여 과학사 연구의 향상과 보급을 꾀하였으며, 스스로 「과학사서설」(*Introduction to the History of Science*, 3 vols.)이란 3권의 저서를 내어 과학사의 서지학적(書誌學的) 기초를 공고히 하였다. 현재는 하버드 외에 프린스턴, 버클리, 위스콘신, 인디애나, 오클라호마 등 과학사의 대학원 과정을 두어 학위를 수여하고 있는 대학도 많다. 미국은 우수한 연구자를 포용하여 세계에서 가장 과학사 연구가 성행되고 있는 나라이다.

이탈리아에서는 1927년 로마 대학의 이학부에 페데리고 엔리케스(Federigo Enriques, 1871~1946)와 알도 미엘리(Aldo Mieli, 1879~1950)에 의해 과학사의 연구실이 개설되었고, 다음해에는 미엘리의 주장으로 국제과학사 아카데미가 설립되고 「아르케이온」(*Archeion*)이라는 과학사의 국제 학술지(國際誌)도 창간되었다.

영국에서는 옥스퍼드 대학의 찰스 싱어(Charles Joseph Singer, 1876~1960)를 중심으로 휴엘 이래의 전통을 이어받아 과학사 연구가 계속되어 왔으나, 현재는 케임브리지, 옥스퍼드 외에 런던 대학 등에서 활발한 연구가 진행되고 있다. 제2차 대전 후에는 1954~1958년에 찰스 싱어가 중심이 되어 「기술의 역사」(*History of Technology*, 7 vols.)가 출판되었다.

독일에서는 본 대학의 프리드리히 단네만(Fridrich Danneman, 1859~1936)이 과학사의 대 저서 「대자연과학사」(1910~13, 12권)를 낸 이래 점차 늘어나, 현재는 뮌헨·함부르크·프랑크푸르트 등의 대학에 과학사의 전문 연구소가 만들어졌다. 또, 카를 주드호프(Karl Sudhoff, 1853~1938) 이래 의학사의 연구가 특히 성행하여, 거의 대부분의 대학의 의학부에 의학사의 연구실이 있다.

한국의 과학문화는 1894년 유길준(1856~1914)의 「서유견문(西遊見聞)」에서 처음으로 볼 수 있고, 그 후 외국인에 의한 논문이 몇 편 있었다. 그러다가 1944년 홍이섭의 「조선과학사」가 처음으로 발간되었다. 그 후 1960년대에 한국학 연구의 기운이 조성됨에 따라 전상운의 「한국과학기술사」(1966)가 지금까지의 연구를 종합한 것이었고, 1969년에는 고려대 민족문화연구소에 의해 「한국문화사대계」의 한 책으로 과학·기술사가 간행되었다. 현재 한국 과학사학회가 1970년에 창립되어 서울대학교를 중심으로 많은 대학교에서 과학사 강좌가 개설되어 있다.

과학사와 기술사를 통합한 '과학과 기술의 역사'는 1983년도에 처음으로 울산대학교에서 유일하게 강좌를 교양과목으로 개설하여 지금에 이르고 있으나 지금은 여러 대학에서 강의가 개설되어 확산되고 있다.

일본에서는 1941년에 일본과학사학회가 설립된 이후 점차 전문 연구자의 수도 늘어나 학회지 「과학사연구」가 간행되고 있다. 1969년에 도쿄 대학에서 처음으로 '과학사·과학 기초론'의 대학원이 설치되어 도쿄 공업대학을 중심으로, 다른 대학이나 연구기관에도 과학사의 연구와 교육이 활발하게 이루어지고 있다.

3. 과학의 사상사와 사회사

오늘에 이어지는 과학사의 연구와 조직은 위에서 언급한 탄네리(Paul Tannery, 1843~1904), 단네만, 싱어, 미엘리, 사턴 등에 의해 이루어졌다고 할 수 있다. 그들은 대체로 콩트의 종합과학사의 사고에 따라 개별과학사가 가질 수 없는 폭넓은 문화적 배경을 고려하고 있는 바, 역시 골격이 되고 있는 것은 학설사적 기술로 과학의 사상적 기반이나 사회적 배경 등을 무시하는 것은 아니었다.

오늘날은 과학의 내부에 이론발전의 인과관계를 보는 학설사 외에, 그 발전을 그 시대의 사상적인 배경과의 관계로 보는 '과학의 사상사'와 사회적 개념으로 보는 '과학의 사회사'의 연구가 성행되고 있다. '과학의 사상사'의 선구는 코이레(A. Koyre, 1892~1964)의 「갈릴레오 연구」(1935~1937)가 시초이다. 이것은 물론 미국의 지도적 과학사가에 깊은 영향을 주어 길리스피에(C. C. Gillispie, 1918~)의 「과학사상의 역사」(*The Edge of Objectivity*, 1960) 등도 이 영향하의 저서이다.

또, 버터필드(Robert Butterfield, 1900~1979)의 「근대과학의 기원」(*The Origins of Modern Science*, 1949)은 사상사라고는 할 수 없지만, 과학사를 일반사 중에 위치를 굳히게 한 새로운 시도로 중요한 저서이다. '과학의 사회사'는 마르크스주의적 측면에서 연구가 진행되어 보르케나우(F. Borkenau, 1900~1957)의 「봉건적 세계상에서 시민적 세계상으로」(1934)가 대표적이다.

헤센(B. Hessen)의 논문 「뉴턴의 '프라키피아'의 사회적 · 경제적 기반」에 자극받아 집필된 머턴(R. K. Merton, 1910~)의 「17세기 영국의 과학과 기술 및 사회」(*Science, Technology and Society in Seventeenth Century England*, 1938)도 이 방면의 고전이다. 그렇게 되어 '과학의 사회사'는 '과학사회학'의 연구와 결부된 제도적 관점에서 분석이 시도되고 있다. 벤다비드(J. Bendavid)의 「사회에 있어서의 과학자의 역할」(*The Scientist's Role in Society*, 1971)은 이 방면의 한 보기이다.

4. 비교 과학사의 과제

지금까지의 과학사 연구는 주로 서유럽 과학의 발달에만 치중되어 왔으나, 과학이 그 사상적 배경이나 사회적 구조와 깊은 관련을 가지고 있다고 보면, 서유럽과 사회구조를 달리한 다른 여러 문화권에서의 과학의 특징이나 그대로의 상태를 고찰하고 그 내용을 서유럽 과학의 상태와 비교하여, 전인류의 과학적 업적을 경영한다는 의미를 더 한층 총체적으로 볼 필요가 있다.

니담(Joseph Needham, 1900~1995)의 거대한 저서 「중국에서의 과학과 문명」(*Science and Civilization in China*, 7 vols. 1954)이나 나스르(S. H. Nasr)의 「이슬람에서의 과학과 문명」(*Science and Civilization in Islam*, 1968), 또 보스(D. M. Bose)외 편의 「인도 과학사」(*A Concise History of Science in India*, 1971) 등은 이러한 비교적 시각에서의 서유럽의 과학이 아닌 연구이나, 기타의 문화권의 과학도 이와 같이 연구되어야 한다.

사턴의 「과학사서설」은 이와 같은 많은 문화권의 과학활동을 통합하려는 의도를 가지고 있으며, 르네 타톤(Rene Taton, 1915~)이 편집한 「과학의 일반사」(1957~1964)도 여러 문화권의 과학을 포함하고 있다. 어떠한 시각과 구성으로 그 많은 문화권의 과학을 비교·통합하여 서유럽 과학사에는 삽입되지 않는 '세계과학사'를 구축할 것인가는 비록 충분하지는 않으나 이것은 과학사 연구에서 앞으로의 과제이다.

오늘날의 과학사는 과학을 인류의 전체 문화적 업적 중에 위치를 굳히고 이러한 과거의 경험을 배우므로, 미래의 문명에서 인간과 과학의 관계를 관찰하는 것이 중요한 과제란 사실도 명심해야 한다.

1.5 기술의 역사(기술사)[12]

기술을 역사적으로 취급하기에 이른 것은 비교적 오래되지 않았다. 기원전 1세기의 비트루비우스(Pollio M. Vitruvius)의 「건축에 대해서」(*De architectura*, 10권)가 先人의 이름을 올리고 소개하였고, 플리니우스(Gaius Plinius, 23~79)의 「박물지」(*Naturalis historiae*, 37권)에서 비슷하게 취급한 것은 뒤떨어진 로마가 선진기술을 도입하기 위해서였다. 일화적(逸話的) 역사로는 아테나이오스(Athenaios, 200년경)의 「식통대전(食通大全)」(*Deipnosophistai*)에 기록이 보인다. 중세 유럽에서는 초기에 비트루비우스와 플리니우스의 저서를 교과서로 삼는 정도였다. 당시 이슬람권에서는 많은 지리서와 백과전서가 있었는데, 그 가운데는 기술적인 기록이 많이 포함되어 있고, 또 연금술서도 기술사료를 포함하고 있었다.

기술사를 본격적인 학문연구로 제안한 사람은 프랜시스 베이컨(Francis Bacon, 1561~1626)이며, 그 이후 기술사연구가 이루어지게 되었고, 그 성과의 하나가 18세기 프랑스의 「백과전서」(*Encyclopédie*)이다. 그 후 백과사전은 기술사를 중요시하여 오늘날로 이어지고 있다. 기술사 최초의 책은 베크만(Johann Beckmann, 1739~1811)의 「발명사에의 기여」(1780~1805)이나 항목별의 백과사전식 서술이다.

19세기에 접어들어 고고학자나 경제사가가 기술사 연구에 뛰어들면서, 특히 독일에서는 기술사가가 배출되어 호페(Johann H.M. Hoppe), 카르마르시(Karl Karmarsch) 등이 종합적 역사를 쓰고, 1899년에는 베크(Theodor Beck)의 「기계기술사」라는 획기적인 성과가 이루어졌다. 그 밖에 륄만(Moritz Ruhlmann), 마초스

---

12) 伊東俊太郎 외 편, 전게서, pp. 251~252.

(Corrad Matschoss) 등 10세기 초에 활약한 사람이 많으나, 특히 고대기술사 연구에 딜스(Hermann Diels, 1848~1922)가 귀중한 업적을 남겼다.

그 후 영국에서는 뉴커먼 학회(Newcomen Society) 중에서도 딕킨슨(H. W. Dickinson)과 젠킨스(Rhys Jenkins)가 특히 산업혁명 이후의 기술사 연구의 중심으로 활약하였으며, 독일에서는 뮌헨의 독일 박물관, 프랑스에서는 과학사연구소가 중심이 되어 종합과학사 중에서 기술사를 시대별로 취급한 것이 사턴이나, 문헌중심이고 14세기로 끝난 것이 애석하다.

사턴이 창립에서 중심인물의 한 사람이었던 국제과학사회의 제2차 대회(런던, 1931)에서 1930년대의 소련의 과학사가 헤센(B. Hessen)이 제출한 보고서인 「뉴턴의 '프린키피아'의 사회 · 경제적 기반」(*The Social and Economic Roots of Newton's Principia*)를 계기로, 영국에서 새로운 물결이 일어나 크라우더(J. G. Crowther)나 조셉 니담, 버널(J. D. Bernal, 1901~1971) 등 전문가적인 입장에서 연구가 수행되었다.

소련에서는 과학 아카데미에 과학사 · 기술사연구소가 있고, 이탈리아에서는 미엘리와 로제(J. P. Losee)가 우수한 연구를 하고 있다.

한편, 미국에서는 어셔(Abott Paysan Usher, 1883~1965)나 화이트(Lynn White Jr.) 등 경제사가에 의한 우수한 연구가 있고, 멈포드(Lewis Mumford, 1985)와 같이 문명론의 입장에서 저술한 기술사도 있다. 네덜란드에서는 포베스(R. J. Forbes, 1900~)가 고고학적 연구를 답습한 고대기술사와 종합적 역사에 새로운 기술사의 전형을 나타내고 있다. 이들의 성과를 집대성하여 싱어, 홀름야드(E. J. Holmyard), 홀(A. R. Hall, 1920~)이 편집한 「기술의 역사」(*History of Technology*, 7 vols. 1955~1978)의 대 저서가 간행되었다. 프랑스에도 도마(M. Daumas)가 편집한 종합적 역사(1962~1965) 4권이 간행되어 있다.

최근에는 연구도 다양해서 과학과 기술의 관계, 기술자의 전문 직업화, 기술변환 등이 주제가 되어 있고, 다른 한편으로는 산업고고학이 진전되어 실증적 연구가 행해지고, 기술사 박물관도 많이 세워지고 있는 실정이다.

1.6 과학과 기술의 역사(과학 · 기술사)

인류역사의 초기단계에서는 인간은 동물을 사육하여 그 동물들을 견인력으로 이용, 자기들의 동력기능 대신으로 사용하였다. 그 뒤에 자연력(수력 · 풍력)을 이용하는 것을 생각한 인간은 자기들의 동력기능을 한층 더 크게 증가시켰다. 그러나 그것만으로도 인간은 노동과정의 다른 기능을 수행하는 데는 얽매이게 되고 인간의 노동은 대부분 기계화되지 못하였다. 18세기부터 19세기 초기에 걸쳐 섬유기계, 뒤이어 다른 공업부문에서 작업기가 발명되고 이용되기에 이르러 지금까지 손으로 이루어지고 있던 인간의 가공기능을 기술적 수단에 의지할 수 있게 되었다.

작업기계는 어떤 형태의 도구나 기계로 인간의 손을 대신하게 되어 인간의 손은 자유롭게 되었다.

인류의 탄생 이래 오늘날까지의 과학, 기술, 기술학, 노동 및 과학적 노동 등의 상호관계를 명확히 하는 것이 과학·기술사의 하나의 중요한 과제가 되고 있다.

과학·기술사에서 사회형태로는 원시공동체에서 최초의 기술적 단계가 어떻게 발생·발전·변화하였으며, 또 어떤 기술의 개량이 노예제 사회, 봉건제 사회, 자본주의 사회의 여러 과정의 기술적 단계 생성에 영향을 주었는가를 밝히고자 하는 것이다. 경제형태로는 채집경제(採集經濟)에서 생산경제로의 이행, 농경에서 수공업의 분리, 동업조합적 수공업 생산의 생성, 자본주의적 매뉴팩처의 생성, 대규모의 자본주의적 기계제=공장제 생산의 성립과정을 명확하게 할 필요가 있다.[13] 각각의 새로운 기술적 단계의 생성은 생산력을 변혁하여 그것들을 보다 높은 수준으로 끌어올린 기술적 발명에 근거를 두고 있다.

13) 소련 과학아카데미 편(金光不二夫 외 역), 세계기술사, p. 6, 1986, 大月書店.

제 2 장

인류의 기원과 원시인류의 도구

과학과 기술의 역사를 뒤돌아보면, 가장 중요한 것은 인간과 과학 · 기술과의 관계라는 사실에 주목하지 않을 수 없다. 과학과 기술은 다 함께 인간이 만든 소산물이며, 인간은 사회적인 존재이다. 사회적 존재인 인간이 어떻게 과학과 기술을 이용하였는가의 역사가 과학사이고 기술사이다.

우리가 살고 있는 지구상에는 무수히 많은 생물이 있다. 아주 작은 동물 · 식물에서 아주 큰 동 · 식물까지 그 종류는 대단히 많다. 인간도 그 많은 생물 중의 하나이다. 인간은 다른 동물과는 달리 우수한 지능을 가지고 있다. 그 때문에 자연의 물재를 이용, 도구로 사용하고, 이어 석기를 제작 · 사용하였으며, 석기를 점차적으로 개량하여 기계를 만들어 자연에 순응하며, 자기가 살아가는 데 좋도록 자연을 개조하여 왔다. 추우면 불을 피워 따뜻하게 하였고, 자연계에 먹을 것이 없으면 식용식물을 스스로 재배하거나 동물을 사육하면서 식용 식물과 동물을 식료로 삼았다.

여기서 우리는 누구인가, 우리는 어디에서 왔으며, 우리는 어디로 가고 있는가를 진지하게 생각하지 않을 수 없다.

인간은 자연을 관찰하고 실험을 반복하여 거기에 숨겨진 여러 가지 법칙을 발견하고, 그 법칙을 이용하여 기계를 발명하며 생활의 향상에 노력해 왔다. 이렇게 얻어진 여러 가지 기술을 구사해서 생활에 필요한 물건들을 생산하여 오늘날의 문명사회를 만들었다. 인간은 자기가 살고 있는 조건을 보다 좋게 개선하여, 쾌적하고 풍요로운 생활이 되도록 과학과 기술을 이용하였다.

2.1 인류의 탄생과 원시인류의 생활

1. 인류의 탄생지 — 과연 아프리카인가

지구는 지금부터 약 47억 년 전에 이미 지금과 같은 형태로 되었다. 공기도 있었고 바다도 있었다. 온도 역시 오늘날과 별다른 차이가 없었다. 아직 생명을 가진 생물은 존재하지 않았으나 지구상에는 화학변화가 끊임없이 진행되었고, 화학변화에 의한 진화는 서서히, 그러나 큰 변화를 지구상에 주어 수억 년이라는 긴 세월을 거쳐 물 속에서 생물이 발생하였다(표 2 · 1 참고).[1]

지금으로부터 약 35억 년 전 일이었다. 생명이라고 하는 것이 비로소 지구상에 탄생한 것이다. 생명현상은 대단히 신비스런 것이다. 왜, 어떻게 해서, 생명이라는 것이 생겼는지 전혀 알 길이 없다. 이 생명현상의 신비는 도저히 인간의 지혜로는 알 길이 없고, 그렇다고 밝힐 필요도 없다.

지구상에서 탄생한 생명은 20억 년 또는 30억 년이라는 아주 긴 시간 동안 지구상의 공기, 물, 온도, 습도, 빛 등 잡다하고도 복잡하며 한정된 환경하에서 변화를 계속하여 온 것이다. 처음에는 단순한 모양을 하고 있었던 생명체는 점차 그 모양이 변화되어 가고, 그 구조 또한 복잡해졌다. 이것을 흔히 생물진화라고 부른다.

드디어, 세포가 생기고 곰팡이가 발생하여 지금부터 10억 년 전에 원생물이 되었다. 원생물이 몇 억 년이라는 긴 세월이 지나 물고기가 되고 양서류, 파충류, 시조새, 포유류로 진화를 계속하여 지금부터 약 500～200만 년 전에 인류의 선조가 지구상에 생활하게끔 된 것이다.

아프리카에서 발견된 아우스트랄로피테쿠스(Australopithecus)는 남쪽(australo)의 원숭이(pithecus)라는 뜻으로 하나의 나무막대, 또는 지상에 떨어진 돌을 주워 손과 발의 사용을 나누고 나무 위의 생활을 마치고 지상으로 내려왔다. 지금부터 100만 년 전에 있었다고 하는 직립원인(直立猿人) 피테칸트로푸스 에렉투스(Pithecanthropus Erectus)는 현재의 인간과 별로 다르지 않은 뇌를 가지고, 지구상의 살기 좋은 곳을 찾아 걸어다니면서 자연의 위협에 직면하면서 살았다.

드디어, 이 지구는 대빙하시대에 들어서서 아주 춥게 되었는데, 약 50만 년 전에 인간은 불을 이용하는 것을 익히게 되었다. 불은 낙뢰 때, 또는 화산의 분화, 산불 등의 자연현상으로 발생하여 지구상의 어딘가에서 불이 타고 있었다. 우연한 기회

---

1) 中山秀太郎, 기술사입문, pp. 15～16, 1982, 옴社.

표 2·1 인류의 탄생에서 과학·기술의 시작

47억 년 전			지구탄생
前캠브리아紀		35억 년 전	대륙과 大洋, 水中에 생물 — 생명현상 → 생물진화
		10억 년 전	세포, 곰팡이 등 원생물
고세대		5억 년 전	이끼류, 어류, 양서류, 벌레 종류, 양치류 식물, 벚꽃, 국화, 매화
중세대		2억 년 전	시조 새, 현화식물, 포유류
신세대	3紀	6000만 년 전	육지 — 거의 현재의 모양 호랑이, 코끼리, 말, 사자
		200만 년 전	猿人 — 아우스트랄로피테쿠스(털없는 원숭이) 도구의 사용 유인원(類人猿 : manlike ape-anthropoid)
		100만 년 전	직립猿人 — 피테칸트로푸스 에렉투스
	4紀	60만 년 전	대빙하시대 — 네안데르탈人
		50만 년 전	불의 사용
		10만 년 전	현생 인류 — 호모 사피엔스
구석기 시대		5만 년 전	뇌의 활동, 생활양식이 현재와 같음. 맘모스·토니카이(馴鹿)
		1만 5000년 전	打製의 박편석기, 석영 조각, 끌, 톱, 돌칼, 창의 끝, 작살, 송곳, 뼈로 만든 연장과 바늘
		1만 년 전	농경·목축의 시작
신석기 시대		B.C. 4000년	磨製석기, 토기, 수렵, 어류, 직물 — 초목의 섬유를 이용, 명주·모 등의 직물
금속 시대		B.C. 2000년	구리 : 이집트 문명 청동 : 과학·기술의 시작, 철
기술의 시작시대		B.C. 3세기 ~2세기	Clepsydra(물시계) — Ctesibius 아르키메데스(Archimedes)의 양수기
		B.C. 2세기 ~1세기	자동 개폐문(Heron) 자동조절 램프(Heron) 蒸氣球(Heron)
		B.C. 1세기	수차의 이용
		B.C. 1세기 ~기원 0년	5개의 단일기계

에 불에 구워진 동물의 고기를 먹거나 식물을 입에 대고서 그 맛을 알고 불의 이용방법을 생각하였다. 또, 불은 따뜻하게 하는 데도 좋았다. 그러나 자연적으로 발생하는 불을 이용하는 것으로는 대단히 불편하였으므로, 나무를 비벼 발화시켜 필요할 때 스스로 불을 만드는 연구를 하였다.

인간이 불을 사용하기 시작한 것은 대단히 중요한 일로, 이것이 인간의 생활조건을 개선하고 살기 좋게 하였다. 추운 곳에서도 살 수 있게 되었고, 또 조리를 하여 먹을 것도 많아졌다. 그리고 세균에 의한 병도 막을 수 있었고, 외적으로부터 신체의 방어도 가능하였다.

그런 반면, 불을 피운다는 사실에서 오늘날 문제가 되고 있는 대기오염의 첫걸음도 이때 시작되었다고 볼 수 있다. 무엇보다 인간의 수도 적고 불의 사용도 필요한 때만 사용한다는 지극히 국지적인 일로, 사람이 불을 피워 사람과 가축에 피해가 가는 일은 전혀 없었다. 이와 같이 하여 약 10만 년 전에 현대의 인류가 탄생하였다.

2. 인류 진화의 길

금일의 선사인류학(先史人類學)에 따르면 아우스트랄로피테쿠스(Australopithecus), 피테칸트로푸스 에렉투스(Pithecanthropus Erectus), 네안데르탈人(Neanderthalensis), 호모 사피엔스(Homo Sapiens)는 화석인류의 네 개의 진화단계를 대표한다. 각각 猿人, 原人, 舊人 및 新人이라 부르며, 최근의 연대 측정법에 따르면 猿人으로는 남아프리카의 아우스트랄로피테쿠스와 파란트로프스(Paranthropus), 동 아프리카의 진잔트로프스(Jinjanthropus)가 대표적이며, 제1빙기(Günz) 이전인 200만 년~100만 년 전에 살았던 가장 원시적인 인류이다. 原人은 자바의 피테칸트로프스와 중국의 시난트로프스(Sinanthropus, 북경 原人)이며 제2빙기(Mindel)인 50~40만 년 전에 살았고, 구인은 네안데르탈人으로서 제3간빙기(Mindel-Riss)에서 제4간빙기(Riss-Würm) 초에 걸쳐 40만~15만 년 전에 살았다.

新人(현생인류)은 오늘날의 인류와 같은 호모 사피엔스(지혜있는 인간)는 제4빙기(Würm)인 10만~1만 년 전 이후이다.[2)]

이들 연대는 화석의 발견자에 따라 다소의 차이는 있으나 어느 단계이든 주요한 도구에 석기를 사용한 것은 공통이다. 그림 2·1은 원시인류와 초기인류의 모습을 상상해서 그린 것이다.

---

2) 동아출판사, 원색세계대백과사전, 제15권, p. 458, 제23권, p. 426.

그림 2·1 선사인류의 진화

3. 선사시대의 구분[3)]

1836년 덴마크의 고고학자 톰슨(Christian Jürgensen Thomson, 1788~1865)은 인간이 도구와 무기를 만든 주요 재료를 기초로 '선사시대'를 '한계불명의 시대'라 부르고, 석기시대·금석 병용시대·청동기시대·철기시대로 세 구분할 것을 제안하였고, 최초의 석기시대를 구석기 시대와 신석기 시대로 다시 구분하였다.

구석기 시대 유인원류의 유물에는 비교적 오랜 연대와 가까운 연대의 것도 발견되고 있는데 명확한 선사시대는 인간과 더불어 시작된다. 이들 초기의 유물에서 분명한 것은 인간이 이미 두 개의 중요한 정복 — 불의 사용과 석기의 제작 — 을 성취한 사실이다. 열 및 광원으로서의 불의 정복은 사활(死活)에 관계되는 것인데 마찰, 송곳으로 구멍을 내면서 타격으로 불을 일으키는 것을 알고 있었다. 인간에 있어 불과 마찬가지로 중요한 것은 석기를 만드는 기술인데 석핵석기와 박편석기를 볼 수 있었다.

아름다운 암벽화나 묘, 기타 유적에서 구석기 시대의 인간은 이미 자연에 관한 실제적 지식을 가지고 있었음이 분명하여지고 있다. 태양·달·별을 관찰하여 계절의 순환도 알았고, 수렵으로 잡은 동물이나 채집한 음식물을 자세히 관찰하였다.

신석기 시대는 문명이 완전히 변화하여 원시인류는 소멸되고 농경의 시작으로 특징 지워진다. 더불어 인정되는 것은 마제석기, 방적사, 직포, 제도(製陶), 원시적인 채광 등의 기술이다. 수렵인·유목민·농민 등 새로운 집단이 등장하여 원시인류의 수렵인과 食物채집자는 교체되었다. 원시형태의 농업으로 인구가 갑자기 증

3) R. J. Forbes(田中 實 역), 전게서, pp. 12~17.

가된 사실을 고고학적 유물로 증명하고 있다. 그래서 곡물의 저장도 시작되었다.

신석기 시대가 끝날 무렵에는 또 하나의 혁명이 일어났다. 그것은 쟁기와 관개를 이용하는 근대적 형태의 농업의 출현이다. 이러한 사실은 近東에서 B.C. 3500~B.C. 3000년까지의 시기에 해당된다. 이 때는 인류의 역사에서 기본적으로 중요성을 가지는 시기로 새로운 형태의 농업 외에 채광·야금·건축의 출현·바퀴·배·문자의 발명 등 근대문명의 기본적인 기술이었다. 이 시기는 이집트, 메소포타미아의 역사시대에 진입한 왕조시대를 선행하는 것으로 보통은 '전왕조시대(前王朝時代)'라 부른다(연대는 표 2·1 참고).

4. 인류의 세계적 확산

인류의 조상은 '아프리카 단일 기원설'과 '다지역 연속진화설'로 양분되었으나 1856년 네안데르탈人의 화석 발견을 계기로 아프리카설로 기울어지고 있다.

미국 캘리포니아 주립대 교수인 재레드 다이아몬드(Jared Diamond)는 그의 최근의 저서 「총·균·쇠」(*Guns, Germs, And Steel*, 1997)에서 '인류의 세계적 확산'[4]을 다루면서, 유인원의 분포가 아프리카에 국한되어 있었고, 인류 진화의 초기단계가 바로 아프리카에서 진행되어 동물의 역사와 구별되는 인류의 역사는 그곳에서 약 700만 년 전에 시작되어 먼저 동남 아시아로, 뒤이어 유러시아 등으로 확산되었다고 주장하고 있다(그림 2·2).

화석을 보면 인류에게로 이어지는 진화 계통은 약 400만 년 전에 실질적인 직립

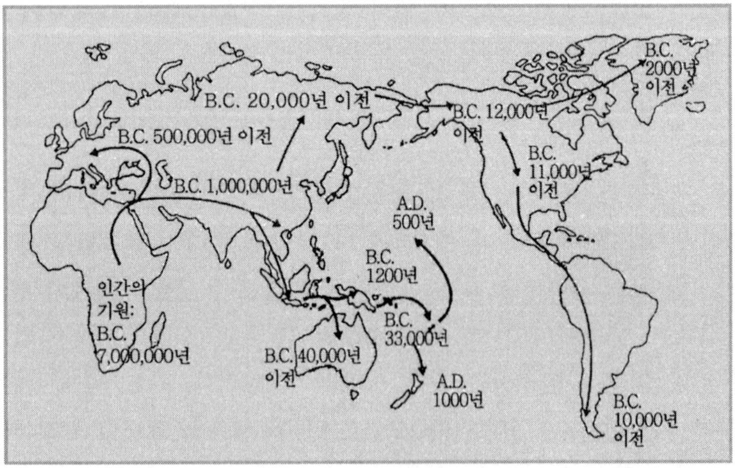

그림 2·2 인류의 세계적 확산

4) 재레드 다이아몬드(김진준 역), 총·균·쇠, pp. 50~54, 2001, 문학사상사.

자세를 가지게 되었고, 약 250만 년 전부터는 신체 크기와 신체에 알맞게 두뇌 크기가 각각 커지기 시작하였음을 알 수 있다. 그러한 선행인류를 일반적으로 오스트랄로피테쿠스 아프리카누스(Australopithecus Africanus, 아프리카의 남쪽 원숭이), 호모 하빌리스(Homo Habilis, 솜씨 있는 사람), 호모 에렉투스(Homo Erectus, 서서 걷는 사람) 등으로 부른다.

5. 나무 위의 생활(樹上生活)[5]

인간은 원숭이(Pithecus)의 동료로부터 분화되고 특수화되어 왔으나 유인원(類人猿)은 약 1억 년 전에 나무 위 생활을 하게 된 포유동물의 원시식충류에서 오랜 세월 동안 진화하였다고 생각한다. 유인원은 두드러진 특징은 없으나 전체적으로 볼 때, 나무 위 생활에 알맞도록 두 팔과 다리가 자유로이 움직이고 손·발도 물건을 잡을 수 있으며 눈은 거리를 측정하기 쉽도록 되어 있다. 그 대신 지상의 생활에서 빼놓을 수 없는 후각(嗅覺)은 전혀 둔감한 편이다.

유인원에서 노동을 할 수 있는 특수화된 猿人이 등장하려면 노동에 적합한 신체적 구조와 행동형태로 되지 않을 수가 없었고, 때문에 나무 위 생활에서의 특수한 운동형태가 지상으로 내려와 그 곳에서의 직립 2족보행에 필요한 조건이 되었다. 유인원의 나무 위에서의 신체이동 방법은 주로 완보행(腕步行)이었고, 이 완보행은 신체구조에 중요한 변화를 초래하여 노동에 적합한 형태를 준비하게 되었다.

먼저 손의 근육과 골격을 발달시켜서 튼튼하게 하여, 이동할 때 신체 전체를 손으로 지탱해야 하므로 손의 잡아 쥐는 힘(把握力)을 강하게 할 필요가 있었다. 때문에 손가락의 구조나 짜임새가 갈라놓은 모지대향(母指對向)을 발달시켰다.

모지대향이란 엄지 손가락이 두 개의 관절에 의해 손바닥을 향해 굽어져 다른 네 개의 손가락이 엄지와 마주보아 둥근 막대를 자연스럽게 잡을 수 있는 구조로 되고, 그렇게 하여 인간의 노동은 먼저 자연의 물재(物材)를 손으로 잡고, 여기에 인위적 동작을 할 수 있도록 출발하였으므로 모지대향의 충분한 발달은 인간으로 진화하기 위한 중요한 요인이 되었다.

완보행은 또 어깨 관절의 자유도를 증가시키고, 팔을 전후좌우로 자유롭게 움직이게 하여 손(上肢)의 근육체계를 현저히 발달시켰다. 이렇게 하여 물건을 확실하게 잡을 수 있고, 자유롭게 운동할 수 있는 손(上肢)이 되고 넓은 흉곽의 좌우에서 나온 두 개의 팔 사이에서 동력학적인 상대운동을 일으킬 수 있게 되었다. 손이 한

5) 鈴木善次 외, 전게서, pp. 71~72.

쌍이 되었다는 중요한 의미는 똑같이 손 동작의 움직임을 한다는 것이다. 나무 위의 생활은 그 밖에 허리 관절의 90도 회전을 초래하였고, 몸체와 허리를 직립으로 할 수도 있게 되었다. 직립보행을 하기 위한 전제조건이 된 것이다. 또 시력의 발달, 두 눈이 얼굴의 앞쪽에 붙어 입체적으로 시각이나 색채감각의 발달, 두뇌조직에서 대뇌의 발달 가능성을 가지게 되었다.

6. 직립 2족보행 생활

나무 위 생활에서 점차 신체적 여러 조건의 변화를 가지게 된 유인원도 생활의 변화를 겪게 되었다. 약 200만 년 전에 지구상에서 빙하기가 닥치면서 기후조건이 급변하여 많은 원시림이 사라지고 나무 위에 살던 많은 종류의 동물도 절멸되었다.

한편으로 유인원이 늘어나면서 식량의 부족을 초래하게 되었는데, 이 때 땅 위에는 초원이 생기면서 삶의 터전이던 나무 위에서 땅으로 내려와 살게 되었다. 나무 위에서보다는 주로 지상에서 생활하게 되고, 직립 2족보행을 시작하였을 때 인간화의 거대한 발걸음을 내딛게 된 것이다.

나무 위에서 지상으로 내려와 직립 2족보행을 하다 보니 두 손(앞발)은 신체의 이동수단에서 해방되고, 그들의 손에 잡힌 자연물은 단순한 자연물이 아니고 그들 신체적 기관의 연장(延長)을 이루는 특별한 기능을 가진 도구가 되고, 주로 식물획득이나 외적으로부터 몸을 지키기 위한 '작업하는 손' 구실을 하였다.

그 '일하는 손'은 직립 2족보행으로 인한 신체진화라는 측면과 함께 손이 자유로워짐으로 도구를 잡고, 조작, 운반하는 등 조직적인 사용이 가능하였다. 동시의 발의 골격과 근육이 보행에 적합하도록 발달되고, 두 개의 다리는 몸 전체의 무게를 지탱하며 빨리, 자유롭게 이동할 수 있었다.

또 신체 이외의 무거운 물건을 등에 메거나 끌고 갈 수도 있었다. 그래서 문명의 발생과 발전에 결정적인 역할을 하여 '기술의 싹'을 볼 수 있었으나 인간으로 진화하기 위해서는 더 한 걸음이 필요하게 되었는데, 바로 그것은 자연의 돌이나 나무 등을 가공, 도구를 제작, 사용하게 되어 우리들은 인류의 등장을 사실상 인정할 수가 있게 되는 것이다.

유인원이 직립 2족보행을 하였다는 사실은 인류의 신체진화라는 측면뿐만 아니라 문화나 문명의 발생과 발전에도 결정적인 의미를 가진다.

2.2 원시인류와 도구

1. 원시인류

인류에 대해서는 호모 사피엔스(Homo Sapiens, 지혜있는 사람), 호모 파벨(Homo Faber, 공작하는 사람), 또는 도구를 만드는 동물(A tool making animal) 등 여러 가지로 부르고 있지만 인류의 생활은 도구를 만들고 그것을 사용하는 역사라 할 수 있다.

인간은 다른 동물과 달리 자기의 육체적 기관뿐만이 아니고 자연의 물재(物材)를 개조하여 인공적 기관으로 사용하였고, 노동 생산성을 향상시키면서 인간의 목적을 달성시키는 여러 가지 활동을 대규모로 실현하여 왔다.

약 1400만 년 전 직립 2족보행의 생물 — 케니아피테쿠스, 라마피테쿠스, 우다프노피테쿠스 — 이 아프리카, 아시아 남부, 小아시아, 남 아시아, 그 밖의 카프카스에 살고 있었다. 이전의 이들의 화석유인원이 인간의 선조라 보고 있다. 인간속(호모屬)의 가장 오랜 것이라고 오랫동안 믿고 있었던 것이, 19세기 말 자바섬과 중국에서 화석으로 발견된 피테칸트로푸스와 신난트로푸스(Sinanthropus)이다.[6)]

남 아프리카의 Taungs에서 1924년에 발견된 1개의 화석 두개골(그림 2 · 3)이 고고학자 다트(Raymond A. Dart, 1893~1988)에 의해 猿人과 인간을 연결하는 고리이며, 최조의 인류로 아우스트랄로피테쿠스 아프리카누스(Australopithecus Afri-

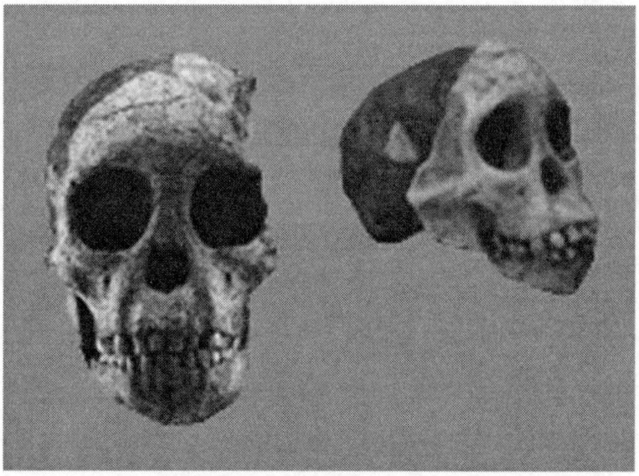

그림 2 · 3 아우스트랄로피테쿠스 아프리카누스

6) 소련 과학아카데미 편(金光不二夫 외 역), 전게서, p. 15.

canus)라고 명명되었다.[7] 이 두개골은 어린 아이(小兒)의 것이었는데, 성장하였더라도 뇌 부피가 600cc 정도로 현재 살고 있는 고릴라와 거의 같다. 그러나 두골은 원형이고 이(齒)의 모양이 사람의 특징을 잘 구비하고 또 턱의 모양이 사람의 것과 같은 등 두골, 턱, 이 모양이 사람의 특징을 잘 구비하고 있었다고 한다.

아우스트랄로피테쿠스는 뇌 부피의 점에서는 그때까지 발견된 원시인류(피테칸트로푸스 에렉투스 등)의 어느 것보다 작으나 두개골은 사람의 특징을 잘 구비하고 있었다. 다트는 이 아우스트랄로피테쿠스를 그때까지 발견된 가장 오래된 인류인 호모 에렉투스보다 더욱 원시적인 인류라고 발표하였으나 당시의 학계에서는 수용하지 않았다.

다트의 발표 이후, 아우스트랄로피테쿠스류에 속하는 것으로 생각되는 유골이 아프리카에서 발견되었으나 1959년 루이스 리키(Louis S. B. Leaky, 1903~1972)는 탄자니아의 올두바이 계곡에서 진잔드로프스(Zinjanthropus)라고도 하는 아우스트랄로피테쿠스의 유골을 발견하였는데 같은 지층에서 가장 원시적인 역석기(礫石器, 올두바이 석기, Pebble tool)가 다수 발굴되었다. 또, 1960년에는 같은 곳에서 역석기와 함께 화석인류의 뼈를 발견하였다. 그래서 이 화석인류가 이들 석기를 제작・사용한 인류로 보고 '호모 하빌리스'(Homo Habilis : 능력있는 사람)라고 명명하였고, 호모 하빌리스의 절댄연대는 약 200만년으로 추산하였다.

아프리카에서 발굴된 화석에 의해 사람屬의 가장 오래된 것과 그 보다 더 오래 전의 유인원 사이에 잃어버리고 있었던 고리가 생긴 것이다. 아프리카의 아우스트랄로피테쿠스는, 사람屬의 출현직전보다 앞선 것이다. 따라서 200만년 이상으로 긴 인류의 성립과정, 인류가 동물계로부터 분리되는 과정이 시작된 것이다.

2. 원시인류의 도구와 그 기원

원시인은 음식물을 획득하거나 자기보다 강한 육식동물로부터 자기 몸을 보호하고 생활하기 위해 '손의 延長'이라고 할 수 있는 도구의 도움을 받지 않을 수 없었을 것이다. 도구는 주먹과 팔이라는 인간의 기본적 器官의 代用으로 석기와 곤봉 등으로 출발하여 점차 다른 기관에 대신하는 것이 출현하게 된다.

그렇다면 도구의 기원은 어디에서 찾을 것인가? 상식적으로 가장 오래된 도구는 약 200만 년 전에 생활한 아우스트랄로피테쿠스가 사용한 석기라고 볼 수 있다. 그러나 석기를 만든다는 것은 고도의 기술이라고 생각된다. 석기를 만드는 기술이 없

7) 鈴木善次 외, 전게서, pp. 73~74.

었던 가장 원시적인 도구라면 나뭇가지나 돌, 해변가의 조개 등이라고 할 수 있다.

약 1400만 년 전 라마피테쿠스라는 인과(人科)에 속하는 영장류(靈長類)의 생물이 미가공의 돌이나 자연물, 뼈, 나무막대, 풀의 줄기 등 몇 종류의 도구를 사용하였다는 점에서 도구의 기원은 적어도 1400만 년 전으로 거슬러 올라간다.

그러한 도구가 생기는 데는 첫째로 도구가 인간의 생존에 있어서 불가결하게 만드는 외적 상황, 둘째로는 도구의 제작과 사용을 가능하게 하는 신체적 진화 및 감각과 지능적 메커니즘의 발달 등이 조건이 되었을 것이다. 또 도구가 되기 위해서는 두 가지 조건이 필요하다.[8] 하나는 도구가 목적을 달성하기 위한 물적 수단이고, 다른 하나는 필요할 때는 바로 사용할 수 있고, 필요하지 않을 때는 언제나 손에서 떠날 수 있어야 한다. 그래서 '인류란 단순히 도구를 사용하는 것뿐만이 아니고 도구를 생산하는 자'인 것이다. 그림 2·4는 아우스트랄로피테쿠스의 얼굴이고, 그림 2·5는 라마피테쿠스이다.

그림 2·4 아우스트랄로피테쿠스

그림 2·5 라마피테쿠스

앞서 원시인류에서 설명한 루이스 리키가 발굴한 화석인류가 석기를 제작하여 사용한 사람으로 보고 '호모 하벌리스'(Homo Habilis : 능력있는 사람)라고 명명되었고, 호모 하빌리스의 절대연대는 약 200만 년 전이며, 아우스트랄로피테쿠스가 석기를 제작하여 사용한 최초의 인류(猿人)임이 확실해졌다. 가장 원시적인 이 타제(打製) 역석기는 도구를 제작하여 자연에 목적 의식적으로 활동을 가한 증거가 된다(그림 2·6).

8) 岩城正夫, 원시기술사 입문, p. 20.

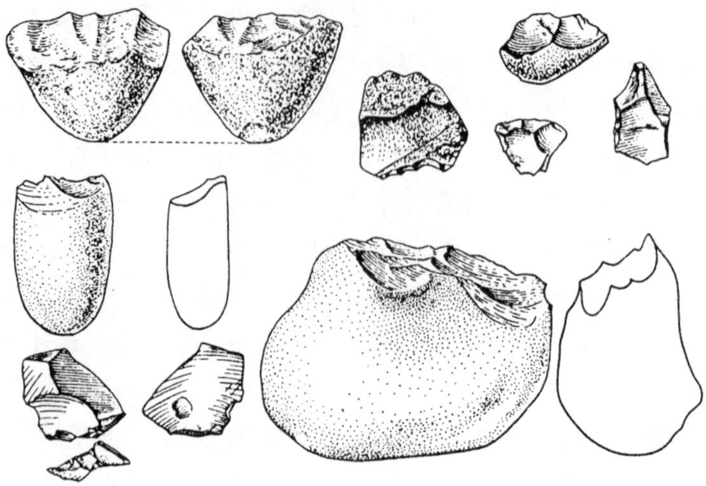

그림 2·6 가장 오래된 석기(礫石器) — 올두바이 계곡의 양면석기

피테칸트로푸스, 시난트로푸스 및 그 비슷한 종이 생존하고 있었던 것은 '호모 하벌리스'보다 그 뒤의 시대이다. 이들 화석은 아프리카뿐만이 아니고, 동남아시아, 小아시아, 유럽에서도 발견되고 있다. 인간屬의 성립 다음 단계는 네안데르탈人이다. 이 때까지 네안데르탈人의 뼈는 스페인·벨기에·유고슬라비아·프랑스·이탈리아·크리미아·西아시아·내륙 아시아·아프리카에서 발견되고 있다.

제 3 장

인류의 탄생에 따른 기술의 기원과 문명의 발달

인류는 유태성숙(幼態成熟, neoteny)으로 태어나서 생존에 적합하도록 환경을 변화시켜 살아 왔다. 뒷발로 서게 되고 앞발을 손으로 사용할 수 있게 되어 자연물의 가공이 가능케 되었고, 그것으로 식생활도 변화되고 대뇌도 발달되었으며, 기술이 진보되어 문화・과학을 생겨나게 하였다. 따라서 여러 가지 기술의 원형(原型)[1]은 의・식・주(clothing, food, shelter)에 있으며, 불의 사용에 의해 열원・광원을 얻었을 뿐만 아니라, 가열・보존으로 식품가공도 가능하게 되고, 작은 배를 만들거나 목창을 단단하게 굳히는 것 등이 기술의 시작이었다.

자연물의 가공은 먼저 물적인 재료의 가공에서 시작되고, 이어서 에너지로 변형되면서 동력생산을 기계화하여 드디어 정보생산의 기계화로 발전하였다. 물적 재료의 가공은 동물・식물・광물 모두에게 파급되고 있으나, '기술'로서의 특징은 무엇보다(직접 손으로 가공하는 것이 아니고) 매개적으로 수단을 제작하여 사용하는 곳에서 볼 수 있다. 즉, 인간은 수단을 사용할 뿐만 아니라(그것은 다른 동물에서도 볼 수 있다) 수단을 만들고, 또 수단을 만드는 수단을 제작하여 발전시키고 기술을 발달시켜 온 것이다.

수단의 원형[2]은 손이나 손톱, 주먹, 팔꿈치의 연장으로서의 날카로운 물건(利器), 용기나 해머를 만든 것이 최초이다. 이들은 원동부분과 작용부분이 일체로 되어 있어 '도구'(tool)라 불려진다. 도구는 손의 연장으로 경도, 날카로움, 넓이, 길이, 무게

1) 伊東俊太郎 외 편, 전게서, p. 248.
2) 伊東俊太郎 외 편, 전게서, p. 248.

를 요구하며, 利器로서는 처음에는 돌, 다음에는 금속(청동, 철)이 사용되었고, 용기로서는 돌, 흙(토기, 도자기), 나무(목기, 바구니), 금속(접시, 항아리)이 되었다. 그래서 처음에는 채집·수렵·어로가 주류였으나, 신석기 말부터 농업이 등장하였다.

농업의 출현은 기술의 영역을 넓히고 고도화시켰다. 즉, 농기구가 발달되고 가축을 동력으로 사용하는 것 외에 관개를 위한 토목기술이 진보하여, 방적·도자기 제조·채광·야금·건축·축바퀴 등 새로운 기술이 등장하고 문자도 출현시켰다.

3.1 노동이 인간을 형성

1. 인간형성의 원천—노동

엥겔스(Friedlich Engels, 1820~1895)는 인간형성의 원천이 노동, 즉 물질적 재화의 공동생산임을 처음으로 시사하고 있다. 그는 '노동은 먼저 인간과 자연과의 사이의 하나의 과정이다. 이 과정에서 인간은 자기와 자연과의 사이의 물질적 신진대사를 자기 자신의 행위에 의해 매개하고, 규제하고, 제어한다. 인간은 소재에 대해서 그 자신이 하나의 자연력으로 상대한다. 그는 자연소재를 자기 자신의 생활을 위해서 사용되는 형태로 획득하기 위해 그의 육체에 갖추어진 사지(四肢 ; 팔뚝·다리·손)을 움직인다'고 정의하고 있다.[3)]

생산으로 옮겨지게된 것은 형성되어 가는 인간을 동물계로부터 분리시킨 경계이며 비약이다. 노동은 애당초 처음부터 사회적 과정으로 시작되었다. 생산과정과 함께 환경에 대한 적응뿐만 아니라 자연을 변혁하는 과정도 시작된다. 그래서 노동하는 사이에 인간과 자연과의 관계와 상호작용의 형태가 나타난다. 노동에서의 한 걸음, 한 걸음이 다만 외부의 자연을 이용하는 것뿐인 동물에서 인간이 점차 분리되었다. '인간은 자신이 일으키는 변화에 따라 먼저 자연에 순응하였고, 자기의 목적을 위해 자연을 봉사시키고 지배하여 왔다.'

노동으로 변하게 된 것이나 생산활동으로 변하기 시작된 것은 생존경쟁의 필요 때문이었다. 원시인은 생존하기 위해, 수렵·식용식물 채집 등 먹을 것을 얻기 위해, 자기보다 강한 육식동물로부터 몸을 보호하기 위해 도구의 힘을 빌리지 않으면 안 되었다.

'노동수단의 사용이나 창조는 바로 그것이 인간 특유의 노동과정을 특징지우는 것이며, 그것이야말로 프랭클린(Benjamin Franklin, 1706~1790)이 인간을 "A tool

---

3) 소련 과학아카데미 편(金光不二夫 외 역), 전게서, pp. 17~18.

making animal, 도구를 만드는 동물"이라고 정의하고 있는 것이다. 그래서 아우스트랄로피테쿠스는 직립보행, 이동기능에서 해방된 손, 크고 복잡한 뇌라는 노동과정에 필요한 형태학적 특질을 갖추었다. 그리고 가장 오랜 도구를 만든 손이 된 것은 아프리카에서 뼈가 발굴된 '호모 하빌리스'이다.

이렇게 인간의 진화에 결정적인 구실을 한 것은 뇌의 변화가 아니고 노동, 즉 직립보행과 도구를 창조적으로 제작・사용하였다는 說에서 인간의 조상은 약 200만년 전 자유스런 손으로 최초의 도구를 만들 때부터라고 한다. 이때부터 인간이 동물계로부터 분리되는 과정이 시작되었다.

인간은 다른 동물과 달라 스스로 육체적 기관뿐만이 아니고 자연의 물적 재료(나무막대・돌・돌물의 뼈 등)를 개조하여 인공적 기관으로 사용, 노동 생산성을 향상시키면서 인간의 목적을 달성하는 여러 가지 활동을 아주 대규모로 실현시켰다.

직립보행으로 손은 자유롭게 되었고, 자유로운 손은 자연지배를 가능케 하였는바, 도구를 제작・사용하여 목적 의식적으로 노동을 하게 된 것이다. 손이 노동을 만들고, 노동은 인간의 사회적 협력을 필요로 하였다. 이 사회적인 노동은 공동노동의 필요성에서 언어가 발생, 감각기관이 진화하였다. 이렇게 하여 의식, 추상력, 추리력이 발달하였고, 이들 인류특유의 정신능력인 사고, 언어, 기억 등의 기원에 대해서는 뇌의 용기인 화석인류의 두개골만으로는 해명되지 않는다.

2. 손 재주 — 뇌의 발달을 촉진

도구를 제작하고 사용하여 목적 의식적인 노동을 하게 된 인류는 猿人(아우스트랄로피테쿠스類), 原人(호모 에렉투스), 구인(네안데르탈인) 및 신인(호모 사피엔스)이라는 진화계열을 거쳐서 현대인에 이르렀다고 오늘날 생각하고 있다. 이 진화의 과정에서 공동작업의 필요성에서 언어를 만들어 노동의 질을 높이고 도구의 종류와 양을 분명하게 늘려 나갔다.

도구의 반복사용에 의한 질적 개량, 양적 발전은 손 재주의 발전과 끊을 수 없는 관계에 있다. 또 손 재주는 뇌의 발달과 서로 상관관계가 있고 노동하는 손이 인간의 뇌의 발달을 촉진시켰다고 할 수 있다. 고릴라의 경우, 어금니가 무는 힘을 강하게 하기 위해 저작근(咀嚼筋)이 발달하여 그 뿌리 밑은 머리의 꼭지뼈에 이르고, 머리의 골을 압박하고 있지만 인간의 경우는 어금니의 기능을 손의 작용에 옮겨 주었기 때문에 저작근의 뿌리 밑은 관자놀이가 있는 곳에서 끝났다. 그래서 머리의 골은 그 근육의 압박을 직접 받지 않고 발달할 수 있는 조건이 된 것이다. 이는 뇌 부피를 보아도 알 수 있다. 즉, 1997년 미국의 팀 화이트 교수에 의해 동부 에디오피아에서 발굴된 결과에 따르면 猿人의 평균이 약 450cc, 原人 775~1,250cc, 구인 1,600cc, 신인 이후의 현생인류는 1,400cc이다(침팬지 394cc, 고릴라 498cc). 손과 뇌의 관계는 '生長의 상관법칙'이라 볼 수 있을 것이다.[4] 현재 인간의 뇌 부피는 900~2,000cc 정도로 인종, 지역에 따라 평균은 1,200~1,550cc로 본다.

인간은 제작된 도구를 사용함으로써 다른 동물과 같이 본능적·수동적이 아니고, 자연을 인간에게 순응하도록 노동을 통해 능동적으로 자연과 투쟁할 수 있게 되었다. 자연(제1의 자연)과 인간(제2의 자연)과의 사이에 끼어든 도구(제3의 자연)는 반복 사용됨으로써 개량이 계속되었고, 점차 개량의 속도를 빠르게 하였다. 이와 같은 기술의 급속한 변혁은 도구를 사용하는 인간도 변하지 않을 수 없게 되었다. 기술의 변혁, 발전을 동반하면서 행하는 노동이 인간의 손을, 인간의 뇌와 신체를 발달시켜 인간 그 자체를 형성하였다고 할 수 있을 것이다.

3.2 불의 발견·이용과 발화기술

1. 불의 발견과 이용[5]

케냐의 티에소완자 유적에서는 140만 년 전의 모닥불 흔적이 발견되고 있다. 그러나 북경 교외 저우커우텐(周口店) 동굴에서 약 50만 년 전으로 추정되는 중부 홍적세의 지층에서 북경原人의 뼈와 함께 많은 재[灰]와 탄이 발견되었다. 이것은 불을 피운 흔적으로 불 이용의 가장 오래된 실례로 보고 있다.

도르쉬(Hannah Lewin-Dorsh)는 그의 저서에서 원시인들은 오랜 세월 사이에 벼락, 화산폭발 등으로 발생된 들판이나 산의 불을 여러 번 접근·접촉하였다고 보았다. 그 이전의 원시인류는 이들 불을 두려워해서 접근하지 못했던 것으로 판단되나, 점차 두려움을 초월하여 불을 가까이 한 것으로 보인다. 활활 타던 불이 꺼지고 난 후 호기심을 가지고 불이 탄 곳으로 가보기도 하면서 여기서 그들은 불의 따뜻함에 쾌감을 느꼈고, 또 불에 거슬린 과실이나 풀 뿌리를 주워 먹고 새로운 맛을 느끼기도 하였을 것이다.

이와 같은 불의 접촉단계에서 화로의 이용단계까지 원시인류의 진보는 ① 불에의 접근·접촉 → ② 불 놀이 → ③ 불의 일시적 이용 → ④ 불의 지속적 이용이라는 4단계로 생각된다. 이 네 단계에 이르는 세월은 약 200만 년 정도로 보고 있는데,

---

4) 鈴木善次 외, 전게서, p. 74.

5) 岩城正夫, 원시기술사 입문, p. 66, p. 68, p. 74, 1977, 新生出版.

북경 原人의 단계가 최후의 제4단계에 해당된다고 보고 있다. 그런데 인류가 불을 얻는데는 불에의 접근·접촉의 동기가 필요하고 불을 다루기 위한 기술이 필요하다.

동기로서 호기심을 가진 원시소년의 불 놀이를 통해 불에 접근·접촉하였고, 불의 접근·접촉을 반복하는 사이에 인류는 불의 유효성을 알았을 것이나, 그 사용은 일시적이었던 것으로 보인다. 기술로는 일시적으로 이용된 불이 불을 사르는(焚火) 수단을 통해 불이라는 도구를 계속적으로 유지하는 기술, 즉 화로가 발명되어 인류는 언제나 불을 이용할 수 있게 되었다. 이상의 과정은 대단히 장기간에 걸쳐 아주 천천히 변화된 것으로 판단된다. 그림 3·1은 원시소년들의 불 놀이를 상상한 것이고 그림 3·2는 원시소년이 불을 들고 가족들이 사는 동굴 안에 들어간 것이 불을 이용한 조명의 시작이라 할 수 있겠다.

그림 3·1 원시소년들의 불 놀이

그림 3·2 불의 운반에 의한 조명

불의 이용은 원시인류의 유물과 함께 퇴적된 재나 타다 남은 뼈, 돌, 나무, 흙으로 구어 만든 인형(土偶)이나 토기 등에서 그 흔적이 보인다. 불의 본격적인 이용은 화로의 발명 이후일 것이며, 화로의 발명 이후는 동굴이나 바위 밑의 이용 빈도도 높게 되어 증거도 남기기 쉽게 되었다.

북경원인(北京原人 : Sinanthropus Pekinensis)은 그 유물에서 등불, 난방, 화식(火食), 맹수들로부터의 방어용으로 불을 이용한 것으로 생각된다. 스페인의 안프로나 계곡의 유적을 조사한 클라크 하우엘(E. Clark Howell)은 당시의 原人이 코끼리의 몰이 사냥을 할 때 계곡에 불을 지르고 불이 붙은 막대로 동물을 추적한 것(불 몰이 : fire drive)으로 추측하였다. 식료로 사냥을 하거나 동물을 잡을 때 불을 사용함으로써 불의 장거리 운반의 필요성이 생겼을 것이고, 그 도구로 불이 붙은 막대가 사용되었을 것으로 추측하기도 한다. 또한, 불을 둘러싸고 식사도 하고, 단란하게 모여 앉아 원시 공동체 사람들의 단합을 촉진하기도 하였으리라고 본다. 동시에 또 화학적인 인식의 시작이기도 하였다. 그렇게 하여 현생인류의 시대에는 토기를 굽는데 불이 이용되고 불의 이용으로 음식물의 가공이나 저장의 기술이 개선되어 음식물의 범위를 한층 확대할 수 있었다.

2. 인공 발화기술[6), 7)]

지구의 역사에 급격한 기후의 변화가 닥쳐왔다. 北에서 빙하가 시작되었던 것이다. 이른바 민델(Mindel) 빙기는 북방지역에만 미치고 유럽의 남부와 아시아의 대부분에는 온난한 기후가 아직도 계속되었다.

다음의 리스(Riss) 빙기는 유럽의 대부분과 시베리아에 영향을 주었다. 그 결과 기후조건이 급격하게 악화되어 동물의 양상이 바뀌었다. 즉 온난함을 좋아하는 동물은 전부 멸종되거나 남으로 후퇴하였다. 그러나 원시인은 남으로 후퇴하지 않았을 뿐만 아니라 그때까지 살지 않았던 북의 지역에 정주(定住)하기 시작하였다. 이것이 가능하게 된 것은 인간이 불을 일으키고 불을 이용하는 기술을 터득하였기 때문이다. 리스 빙기에 불은 생활 필수품이 되었다.

발화, 즉 기계적 운동에 의한 열의 발생은 인간 역사의 시작과 깊은 관계가 있다. 인공적인 발화는 장기간에 걸친 석기의 가공과정에 의해 준비된 것이다. 고대에서 근대에 이르기까지 오랜 기간 사용된 방법은 극히 제한된 원리에 기초를 두고 있다. 즉, 나무 조각이나 대나무 조각을 강하게 문질러 그 마찰열로 발화시키는 마찰식과 광석 등을 힘껏 쳐서 그때 생기는 불꽃을 이용하는 불꽃 이용식이 있다. 이 두 방식은 그 발명시기를 선사시대로 보며, 세계적 규모로 확산되어 있는 것으로 본다.

옛날의 발화법은 지금도 남아 있다. 아프리카의 부시 맨(Bushman)은 송곳식(fire drill)으로 1분 정도에서 발화시킨다고 하며, 뉴기니 고지人은 실을 문질러 빠르면 10초, 늦어도 30초면 불꽃을 낸다고 한다. 통가 여러 섬 중의 우이하섬 원주민은 지금도 홈을 문지르는 식(fire plough)을 사용, 1분 이내에 발화시킨다고 한다.

발화기술이 생겨난 시기는 인간이 불의 이용을 시작한 시기보다 훨씬 뒤의 일이다. 발화기술의 기원을 추정하는 데는 그 발화법과 비슷한 기술의 존재가 있었던 것으로 판단되며, 문지르는(火溝) 방식은 다듬질과 같은 공작기술에서 생겨 가장 오

6) 岩城正夫, 원시시대의 불, pp. 109~123, p. 163, 1977, 新生出版.

7) 山崎俊雄 외 편, 전게서, pp. 6~8.

래된 발화법으로 보며, 송곳식은 구멍을 뚫는 공작과의 관계로 생각하여 이 공작이 성행하던 후기 구석기 시대로 생각한다. 불꽃식은 석기의 가공과정에서 불꽃의 발생이 우연히 불씨가 된 것으로 추정되나, 실용적인 것은 아궁이(火口)가 발명된 이후로 알려져 있다.

이상의 사실로 볼 때, 오스트레일리아에는 문지르는 식과 송곳식, 남미대륙에는 문지르는 식, 송곳식 및 불꽃식이 남아 있다. 양 대륙에는 이와 같은 가장 오래된 발화법이 존재하고 있어 후빙기에 지리적으로 떨어져 나갔다고 생각되며, 후기 구석기 시대에는 문지르는 식, 송곳식, 불꽃식 등이 존재했을 가능성이 있다.

발화기술의 터득과 함께 인간은 고기를 구워 먹기(火食, 오늘날의 조리) 시작하였으며, 이것은 인간의 생물학적 발달에 영향을 주었고, 처음으로 하나의 자연력을 지배하는 힘을 인간에게 주어, 그 결과 인간을 완전히 동물계부터 분리시켰다.

3. 불의 정복

참된 의미에서 선사시대는 인간과 동시에 시작되며, 이들 초기의 유물에서 명확한 것은 인간이 두 개의 중요한 정복 — 불의 사용과 석기의 제작 — 을 성취한 것이다. 열 및 광원으로서의 불의 정복은 사활에 관한 것이었다. 마찰, 송곳식 또는 타격에 의해 불을 일으키는 것을 알고부터 인간은 많은 구속을 떨쳐 버렸다. 불을 보존하고, 끄고, 운반하고, 꺼진 불을 다시 되살리는 것이 자유롭게 되었다.

불의 정복은 근육 에너지 이용의 延長인 도구의 이용 이상으로 근본적·구조적 혁명을 인간사회에 가져다주었다. 그 이유는 불의 에너지가 人体의 외부에서 인체로부터 독립하여 일을 하는 이질적 에너지이기 때문이다.

불의 이용은 적어도 다음의 세 가지 점에서 대혁명[8]을 가져왔다. 첫째, 식생활의 변화이다. 취사·보존의 면에서 큰 변화가 일어나 음식물의 다양화로 영양상태가 개선되어 대뇌의 발달이 유도되었다. 둘째, 거주공간의 확대이다. 채난·채광(採暖·採光)에 불이 사용되어 한랭지에도 이주가 가능하였고 채난으로 생활여건이 호전되어 인구도 늘어났다. 셋째는 야금기술의 발달이다. 아궁이와 풀무가 발달하고 광석에서 금속이 나오고 토기에서 도기로 발전, 도기의 유약에서는 유리가 탄생하였다. 결과적으로 거래관계로 상업도 발달하였다.

이와 같이 불은 인간사회에 여러 가지 은혜를 베풀어 주었지만 다른 한편으로는 모든 것을 태워버리는 파괴작용도 가지고 있다. 이러한 불의 생산성과 파괴성이라

8) 紫藤貞昭 편, 과학사의 전개, pp. 62~63, 1984, 대학교양선서.

는 양면성(兩面性)이 신비성으로 파악되어 왔다.

취사 · 야금에서는 불이 자연(물질)과 인간을 연결하는 매개역할을 하고 있지만 정신적인 면에서는 신과 사람을 연결하는 중개자가 되어 있다. 성대한 의식에서의 불의 활용 · 봉화, 죽은 사람을 화장한다든가 특별한 명절에 등불을 밝히는 등 신의 불로 생각하고 있다. 결국, 불의 이용(熱源 · 光源)이 생활기술의 향상 · 생산물(주로 식료품)의 증대 · 종교적 관념의 변질을 초래한 결과 빈부의 차이도 가져오고 계급 사회를 성립시키는 기회와 인연이 되었다고 생각하지 않을 수 없다. 또 가열로 인한 재료의 경화나 조작가공의 용이성 등 노동수단의 제작에도 기여하였다.

가전제품에서 중화학 콤비나아트(combinat)에 이르기까지 오늘날의 선진공업 여러 나라의 문명은 석유를 기본으로 하는 화석연료의 '불의 에너지'에 의해 지탱되어 온 것이다. 불의 문명은 지구적인 규모로까지 현세문명과 연결되고 있다.

3.3 수렵(사냥) 기술

1. 활 · 화살 이전의 수렵기술[9)]

수렵기술은 바로 채집경제(採集經濟 ; food gathering)의 시작이다. 수렵생활시대에는 사냥감을 찾아 이주하는 생활을 하였다. 이 시대에는 이동의 자유도를 확보하는 것이 '物'의 가치판단의 기준이었다. 살아가기 위해 필요한 식량과 의료(衣料)를 획득하기 위해 사냥감을 잡고, 사냥을 달성하기 위한 도구만을 몸에 지니고 돌아다니면서 살았다. 이 시대에는 '자기를 위해 필요한 것을 필요한 시기에 자기가 만든다' 라는 생산방식이었다. 목적으로 하는 도구류의 재료로는 석재 · 동물의 뼈 · 뿔 · 이빨 · 조개껍질 등 다양하였다.

원시인류는 처음부터 수렵채집 생활자였다. 猿人은 약한 동물이나 사체를 찾거나, 자연에 있는 돌이나 나무막대, 짐승의 뼈를 이용하여 수렵을 했다고 본다. 북경原人이 여러 가지 동물의 고기를 먹은 사실은 동시에 출토된 동물의 뼈(노루, 말, 사슴, 들소, 코끼리, 무소) 등에서 알 수 있다. 클라크 하우엘에 의한 안푸로나 유적의 복원에 따르면, 原人은 동물의 습성 · 풍향 등의 지식, 불의 사용과 불의 운반기술, 집단적 조직활동을 통해 코끼리 사냥을 하였다고 한다.

또, 목창은 原人도 사용하였으나 구인의 시대에는 뾰족한 끝이 굽혀져 주요한 무

9) 山崎俊雄 외 편, 전게서, p. 8.

기가 되었을 가능성이 크다. 수렵 의존도가 많게 된 신인의 시대에는 투창기와 창끝에 붙이는 첨두기(尖頭器)가 발명되어 더욱 유효한 무기가 되었다. 인간의 팔뚝을 늘린 것 같은 지렛대를 겸한 투창기의 이용으로 날으는 거리가 손으로 던지는 경우보다 2배 이상이며, 수십 미터 이상에 도달하기도 했을 것으로 생각된다.

기계의 연결고리인 비도구(飛道具)[10]로 볼라(Bolas)와 부메랑(Boomerang)이 있는데, 볼라는 중기 구석기시대에 사용한 듯하며, 이 도구는 2~3개의 돌멩이에 줄을 감아 던져 작은 동물이나 새를 잡았고 부메랑은 1만 몇천 년 전에 사용한 듯하다.

2. 활 · 화살의 발명[11][12]

활과 화살은 후기 구석기 시대(약 20여종의 석기가 발견)가 끝나고 중석기 시대의 초기에 발명된 것으로 보인다. 널리 보급된 것은 중석기 시대 내지는 초기 신석기 시대이다. 간단한 활의 그림이 고대 앗시리아와 이집트의 출토품에서 보인다. 활은 고대 로마인, 갈리아인, 게르만인에게도 알려져 있었다.

가장 오래된 조립식 노동용구인 활은 나뭇가지나 연한 나무를 굽히면 에너지가 축적되고, 굽힌 것을 놓으니 에너지가 발산되는 것을 관찰한 결과로 볼 수 있다. 이 때의 활은 덴마크의 호르무가드에서 출토된 둥근 나무활인데 길이가 1 m가 넘는 것도 있고, 화살은 안정된 비행을 위해 깃털이 붙어 있으며, 끝에는 세석기가 붙어 있었다[그림 3 · 3 (a)].

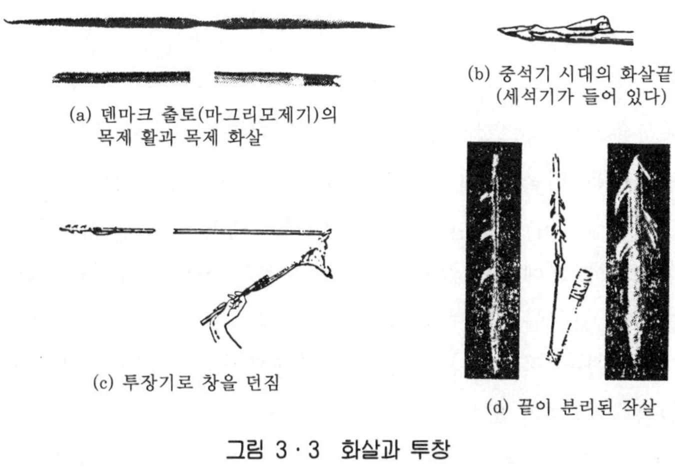

(a) 덴마크 출토(마그리모제기)의 목제 활과 목제 화살

(b) 중석기 시대의 화살끝 (세석기가 들어 있다)

(c) 투장기로 창을 던짐

(d) 끝이 분리된 작살

그림 3 · 3 화살과 투창

10) 岩城正夫, 원시기술사 입문, p. 40, pp. 45~46.

11) 소련 과학아카데미 편(金光不二夫 외 역), 전게서, pp. 29~31.

12) 山崎俊雄 외 편, 전게서, p. 9.

활과 화살의 사용으로 집단적인 수렵뿐만 아니라 개인적인 수렵도 효율적으로 되어 발빠른 동물도 포획할 수 있게 되면서 인간노동의 생산성이 향상되어 여러 가지 점에서 수렵부족의 생활이 편안하고 안정되어 생활에 여유가 생겼다. 이는 특히 중요한 점으로 다른 생산활동(곡류를 포함하는 식용식물의 채집, 야생동물의 사육, 어로, 조개류의 채집)을 할 수 있는 여가가 생겼음을 말한다. 수렵만으로는 식료의 수요를 충족시킬 수 없는 상태에서 이는 매우 중요한 사실이었다. 또 활과 화살의 발명과 사용만으로는 농경과 목축으로의 이행도 되지 않았고, 다른 용구인 칼, 이어서 야생곡류 채집의 도구인 낫도 사용된 것으로 보인다.

그리하여 수렵의 발달은 들짐승의 가축화와 원시적 목축의 발생을 촉진하여 모권제 씨족공동체가 허물어지기 시작하고 부권제 가족이 발생되었다. 동시에 조잡한 칼, 낫 등의 사용을 통해 곡류를 포함하는 식용식물의 채집에서 원시적인 농업이 형성되기 시작하여 돌로 만든 농기구가 사용되기에 이르렀다. 이 시대의 원시인은 동굴이나 그 부근의 가까운 언덕에 살았으며 일부 거주지는 열린 토지에도 살았던 것으로 보인다.

3.4 석기의 사용과 도구의 발달

1. 도구제작의 의미[13)]

인간이 도구를 제작한다는 것은 계획성 있는 행동, 따라서 대단히 지적 행동이다. 도구를 제작한다는 것은 도구를 다음에 사용하겠다는 것을 뜻하므로 행동이 2단계로 되어 있다. 먼저는 제작행동이고 다음은 사용행동이다. 이것을 심리상태로 보면 도구를 사용하겠다는 정신상태가 되는 것이다. 그리고 사용한 도구를 버리지 않고 보관하는 것은 다음에 다시 사용하겠다는 일종의 준비상태로 관리행동이다. 다음의 행동을 예정하여 준비한다는 그 자체는 '계획성'적인 행동에 가깝다.

라마피테쿠스의 단계에서는 도구가 항시 사용되었을 가능성이 크다고 본다. 손은 도구를 만들고, 도구를 사용하고, 도구를 들고 다니며, 도구를 항상 가지고 있다라는 가능성을 짐작케 한다. 이럴 경우 생활근거지에는 가지고 돌아온 도구가 보관·관리되었을 가능성이 있는 것이다.

요컨대 도구는 기술 전체 가운데 어느 유형의 기술에 관계되고, 따라서 기술이 존재하는 행동에서의 도구이지 기술이 없는 행동 중에서는 도구의 존재를 인정할

13) 岩城正夫, 전게서, pp. 29~33.

수도 없다. 결국 도구의 제작과 사용으로 식료획득, 의류와 주거의 가공이 가능하여 의·식·주면에서 충실하게 되고, 환경에 대한 적응력이 강해짐으로써 생활환경의 개선에 노력하여 환경을 지배하게 되고 도구의 제작·사용으로 자연에 관한 과학적, 기술적 지식을 증대시켜 인간이 기계문명의 길을 걷기 시작하였다.

2. 석기의 사용과 발전단계[14), 15)]

인간에 있어 불과 똑같이 중요한 것은 석기를 만드는 기술이다. 인류의 탄생에서 석기시대를 거쳐 금속기시대로 옮겨가는 약 200만 년간의 사회는 계급이 없는 원시 공동체이며, 노동수단은 공동체의 소유이기도 하였다. 그 사회제도의 제1단계는 원시적 집단사회이고, 그 단계에서 기술의 특징은 간단한 도구이다. 원시석기에서 타제석기로의 이행이나 발화기술의 습득에 따라 원시적 집단사회에서 모권제 씨족 공동체로의 이행이 준비되었다. 발화기술은 인류사에서 최대발명 중의 하나이다.

석기를 목적에 따라 사용하다 보니 원시적인 기술학의 인식이 생겼다. 기술학이란 노동수단과 노동대상 및 그 상호관련, 즉 어떤 석기의 도구를 사용하면 원료·재료의 가공이 능률있게 되느냐 하는 인식활동과 인식의 성과인 지식의 총체이다. 인간은 물질적 생산의 노동과정에서 그 정신적 능력을 활동시키면서 노동대상이 되는 자연물의 법칙을 인식하고, 이것을 다시 노동과정에 적용하여 활동의 목적을 실현시키는 일면을 가지고 있다. 이와 같은 법칙을 발견하는 정신노동을 과학적 노동이라 부를 수 있다.

석기를 개량하는 정신노동은 과학적 노동이고, 과학적 노동은 노동의 기원, 즉 인간의 기원과 같이 존재한다. 인간은 자연대상에 직접 활동을 가하는 것이 아니고, 그 자체에 하나의 객관적 물재(物材)인 도구(노동수단)를 매개로 해서 활동하며, 노동대상과 노동수단과의 사이인 사물간의 연관을 객관적으로 인식하는 가능성을 열었다. 그리고 원시시대의 단계에 이르렀으나 자연에 관한 보편적이고 체계적인 지식, 즉 자연과학의 단계에는 도달하지 못하였다.

선사시대부터 도구의 가장 중요한 소재는 돌(석영, 黑曜石, 규석 등)과 나무였다. 돌의 도구인 석기는 대단히 오랜 기간에 걸쳐 사용되었고, 그러는 가운데 형태나 가공법이 혁신되어 착실하게 진보되었다. 이 석기기술의 진보는 기술발전의 일반적인 경향을 보여 주고 있다. 가장 단순한 형태에서 정교한 형태로, 가장 세련된

14) T. K. Derry · Trevor I. William, A Short History of Technology, pp. 3~5, 1982, Oxford University Press.
15) 鈴木善次 외, 전게서, pp. 75~80.

형태에서 특수한 형태로 분화되어 그 가운데 복합도구와 같은 복잡하고, 고도의 기술이 등장하게 되는 것이다. 고도화된 석기기술은 다음 기술체계의 출발점이 되고, 전제조건을 만들게 되는 것이다.

석기는 석재를 두들겨 만든 타제석기와 연마 가공하여 만든 마제석기로 분류되는데, 석기시대 중 타제석기만을 사용한 시대를 구석기 시대(Paleolithic Age), 타제석기와 더불어 마제석기가 사용된 시대를 신석기 시대(Neolithic Age)라 한다. 지역에 따라서는 구석기 시대와 신석기 시대의 사이 퇴빙기에서 후빙기까지의 시기에 세석기의 발달이나 어로의 개시 등으로 특정지어지는 중석기 시대(Mesolithic Age)를 설정하는 경우도 있다. 선사시대를 석기기술에 따라 시대구분을 하면 대체로 표 3 · 1과 같다.

표 3 · 1 선사시대의 기술발달의 기본단계

시 대		연 대	석 기
구석기 시대	전기	~B.C. 40만 년	曙석기~礫석기
		B.C. 40만~B.C. 10만 년	석핵석기 · 도끼
		B.C. 10만~B.C. 4만 년	박편석기, 구형 석핵석기
	후기	B.C. 4만~B.C. 1만 2000년	돌칼(骨角器)
중석기 시대		B.C. 1만 2000~B.C. 7000년	세석기, 화살촉
신석기 시대	초기	B.C. 7000~B.C. 4000년	자루가 붙은 用具(토기)
	후기	B.C. 4000~B.C. 3000년	복합용구, 농경용구

석기의 제작과 사용의 경험이 축적되면서 석기의 표준화가 시도되었고, 가공의 수준도 향상되어 형태도 일정한 모양이 생기면서 자연을 가공하는 데 가장 적합한 형태가 주어지게 되었다. 표준화된 것도 조잡하게 가공한 것부터 정밀한 가공의 수준에 이르기까지 이것을 단계별로 나누어 보면 다음과 같다.

(1) 석핵(石核)석기

가장 먼저 출현한 석기이며, 석핵을 석기로 이용한 것으로 두들겨 깨거나 끊어내거나, 두들기거나 하는 만능적인 용도의 것이다(그림 3 · 4). 만능의 利器로 전기 구석기 시대에 널리 사용되었으며, 돌 도끼(握斧)라고도 한다.

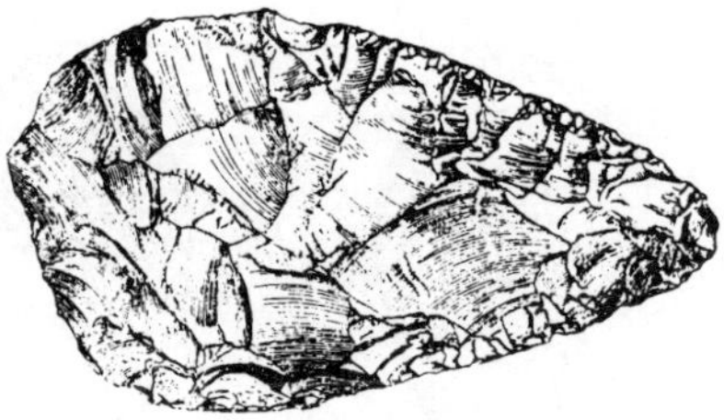

그림 3·4 석핵석기

(2) 박편(剝片)석기

박편석기는 석핵석기를 만드는 과정에서 떨어져 나온 예리한 칼날 면을 가진 것이며, 주로 자르는 도구로 사용되었다(그림 3·5). 전기 구석기 시대에도 있었으나 다음의 중기 및 후기 구석기 시대에서 석기의 주류를 형성하였으며, 용도에 맞춘 각종의 석기가 만들어졌다.

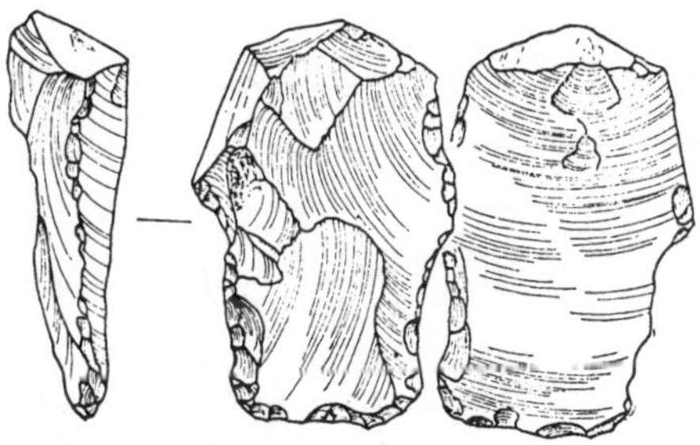

그림 3·5 박편석기

(3) 귀형(龜形) 석핵석기

귀형 석핵석기는 박편석기의 일종이나 제작방법이 2차 가공을 하여 발달한 것으로, 전기 구석기 시대에 돌을 연마하여 도구·무기를 만드는 레발로이지언(Le Valloisian) 공작의 전형(典型)이다(그림 3·6).

(4) 돌 칼날(石刃)

석기의 다음 발전단계를 가름한 것이 되며, 4만 년 전부터의 후기 구석기 시대의 공작에서 많이 볼 수 있다(그림 3·7). 지금까지의 석핵석기나 박편석기는 만능적인 용도의 것이었으나 돌 칼날은 특수화된 전문적인 도구의 단계에 도달하고 있었다. 이런 특수한 전문용구는 도구를 정밀하게 가공할 수 있어 도구를 만드는 도구

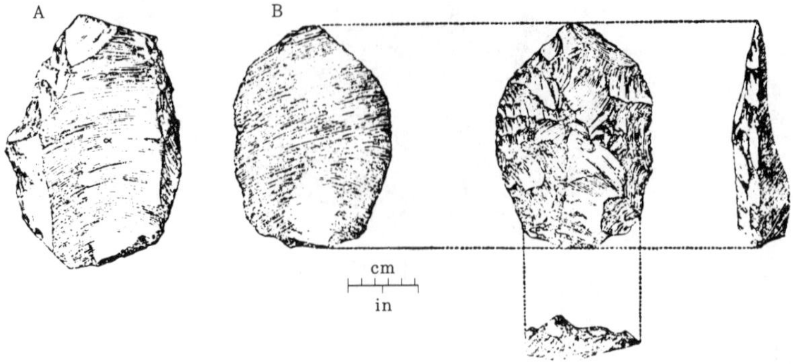

그림 3 · 6 귀형석핵(A)에서 떨어진 박편석기(B)

가 된 것이다. 이것으로 나무나 뼈를 정교하게 가공하거나 다듬질하기가 쉽게 되었고, 도구의 성능이 현저하게 향상되었으며, 또 도구의 종류와 수량도 매우 많아졌다. 그림에서 A는 핸드 드릴, B · E는 문지르는 도구, C는 외날 칼, D는 끌이다.

도구를 만드는 도구라고 하는 것은 인간만이 제작 · 사용하는 것이며, 도구의 발전사상 획기적인 의미를 갖는다. 돌 칼날은 후기 구석기 시대 이후에 보이는 석기의 모양이다.

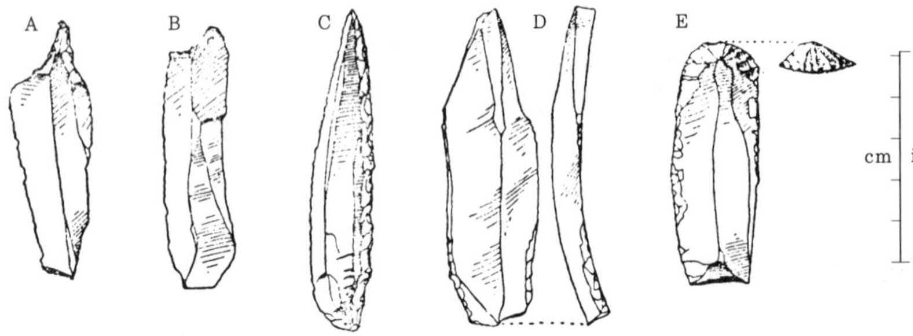

그림 3 · 7 돌 칼날

(5) 세석기(細石器)

유럽의 빙하시대 말기에 나타난 아주 작고 정밀한 인기(刃器)는 돌 칼날을 작은 삼각형, 반원형, 4변형 등 기하학적 형상으로 나누어 2차 가공한 돌 화살촉 등이며, 이것의 중요한 변화는 석기가 아주 작기 때문에 자루를 붙여 사용하는 방법이 나타나 도구성능의 향상과 다양화를 가능케 함과 아울러 기술발전의 고차적 단계로 옮겨가는 계기가 되었다. 작은 돌 화살촉 등의 가공기법으로 날카로운 박편석기를 사용하는 방법이 생겼다. 이 세석기문화는 중석기 시대 이후에 보급 발전되었다(그림 3 · 8).

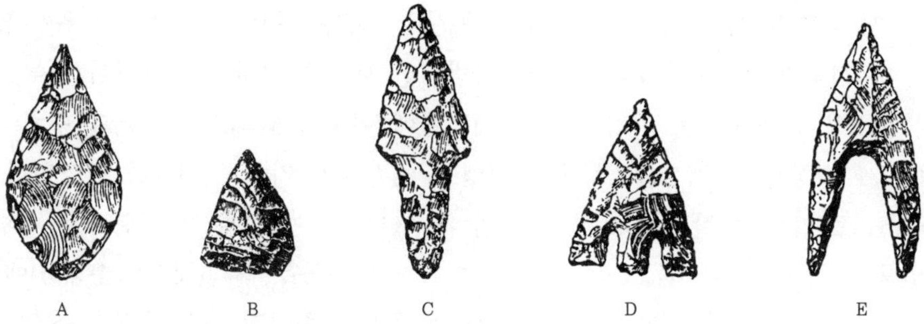

그림 3 · 8 돌 화살촉

3. 도구의 사용과 손의 발달

도구의 수가 늘고, 점차 정교한 도구가 되고 석기 · 곤봉 · 토기 · 동물의 뼈나 뿔 등 종류가 다양화되면서 인간의 생활에 점차 중요한 도구가 됨에 따라 인간의 손은 복잡한 작업이 가능하게 되었다. 도구를 사용하는 인간의 노동은 손에 특별히 예민한 촉각을 주고, 또 손과 시각과의 밀접한 연계동작을 가능하게 하였다. 노동은 손을 발달시켰고, 손이 발달됨에 따라 더욱 더 노동의 내용을 풍부하게 하였다. 풍부한 노동내용이 동시에 오랫동안의 목적의식적인 노동과 도구도 진화시키고 인간의 뇌를 발달시켜 노동의 지적 수준을 향상시켜 공동노동의 필요에서 언어가 생기게 되었음은 이미 설명한 바 있다.

아우스트랄로피테쿠스류의 뇌 부피는 고릴라의 뇌 부피와 거의 변화가 없으나, 호모 에렉투스가 되어 배 가까이 늘어나고, 불을 사용하고 발달된 박편석기의 문화를 가지고 있던 네안데르탈人은 현대인과 거의 비슷하거나 그 이상의 뇌 부피를 가지고 있었다. 인간의 뇌는 장기간에 걸쳐 목적 의식적인 노동과 도구의 진화와 함께 한 발자국, 한 발자국씩 발달하여 왔다.

석기 등의 도구가 확실하게 발달되고, 또 점차 정교하고 다양하게 된 것은 도구를 버리지 않고 보존하였기 때문일 뿐이다. 도구를 다음의 사용기회를 위해서 보존하거나 사용장소가 다른 곳에서 미리 제작하거나 한 것을 '상상한다'는 그 사실은 뇌의 의식적 활동 없이는 생각할 수 없는 뛰어난 지적 활동이다. 따라서 지적 활동으로 이루어진 도구의 보존은 인류역사에서 기술의 위대한 발전의 한 계기가 된 것이다. 기술발달의 첫 걸음은 동일한 도구 등을 반복하여 사용하면서 염두에 둔 경험을 개량하여 '보다 좋은 도구'로 만들어 감에 따라 시도된 것이다.

4. 복합도구의 등장[16] — 원시 기술혁명

앞에서 설명한 세석기는 소형이었기 때문에 자루를 붙여 사용하는 경우가 많아졌다. 이 끼우기식 노동용구의 발명과 광범위한 보급에 따라 기술혁명이 일어났다. 전혀 새로운 노동수단은 여러 가지 경제활동에 이용하게 되고, 그 결과 수렵(채집경제)에서 농경과 목축(생산경제)에의 이행에 결정적인 기술적 전제를 만들었다.

도구(또는 기계)를 잘 살펴보면, 대개의 경우는 기능이 다른 세 부분으로 성립되어 있음을 알 수 있다. 즉, 손의 운동이 주어지는 원동부, 자연대상(노동대상)에 직접 접촉되어 노동대상을 가공하는 작업부, 원동부에 주어진 손의 운동을 작업부에 전하는 전도부이다. 자루가 붙은 도구란 원동부와 작업부와의 간격이 자루가 없던 그때까지의 석기에 비해 상대적으로 길게 되어 있으며, 따라서 원동부와 작업부가 상대적으로 분화되어 있다.

신석기 시대에 접어들어 원동부와 작업부가 분리되어 재결합된 듯한 복합도구가 발명되어 사용되었는데, 이러한 복합도구는 도구의 구조상의 변화와 도구의 특수화(=단능화)의 더 한층의 발전 및 초보적인 메커니즘 경험의 일정한 축적에 의해 가능하게 되었다고 생각된다.

그림 3·9는 이러한 복합도구의 한 예로서, 이 활 송곳은 구멍을 뚫는 데 사용되

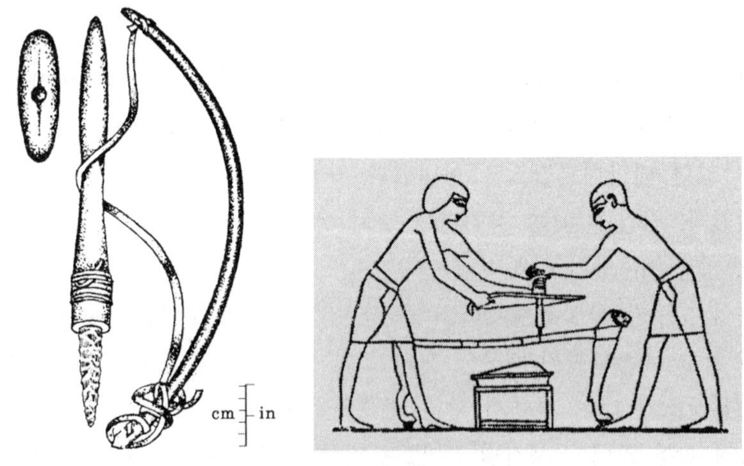

그림 3·9 활 송곳

16) 鈴木善次 외, 전게서, pp. 81~82.

며, 활을 전후로 밀고 당기는 운동은 가죽으로 만든 활줄을 통해서 송곳의 회전운동으로 바뀐다. 왕복운동을 회전운동으로 바꾸는 최초의 메커니즘이다. 이 도구와 같이 원동부와 작업부가 분리되어 그 사이에 운동의 변환을 하는 기구가 조립되어 있어 이집트에서 B.C. 약 2500년 전부터 사용되기 시작하였다고 전해진다.

활을 전후로 움직여 동력을 주는 손과 송곳을 잡고 바로 지지하며 제어하는 손이 각각 다른 사람의 손이므로 작업에는 전혀 차질이 없다. 도구의 목적에 적합한 운동에 필요한 동력과 제어라고 하는 기본적인 기능이 여기서는 분리되고 독립되어 있다. 이러한 것은 지금까지의 한가지 원소로 된 석기에서는 생각할 수 없다. 한가지 원소로 된 석기에서는 동력기능과 제어기능은 동시에 하나의 손으로 맡게 되고 분리가 되지 않았다. 따라서 한가지 원소로 된 도구에서는 동력을 주는 손은 우수하고 손재주가 뛰어난 제어능력을 가지고 있지 않으면 불가능하다.

도구의 기능이나 크기는 인간 주먹힘의 한계 내에 억제되고 그 이상의 것으로는 발달할 수 없다. 이와는 반대로 동력기능과 제어기능이 분리되어 독립된 듯한 도구에서는 각각의 기능이 독자적으로 발전될 가능성을 갖고 있으며, 동력기능을 담당하는 손은 동시에 뛰어난 손 재주를 요구하는 경우는 없다. 그렇지만 인간의 손을 떠나 발전할 수도 있었다. 즉, 자연력의 이용이다. 인류는 동력과 제어가 분리된 복합도구를 발명하여 사용함으로써 비로소 자기 근육의 힘 이외의 자연력을 노동의 동력원으로 이용하는 수준에 도달할 수가 있었고, 이러한 것이 실현된 것은 농경에서 가축의 힘을 이용한 쟁기기술이 최조였다.

5. 도구발달의 3단계[17)]

지금까지 도구나 기계의 기원, 불의 이용, 발화기술의 기원 등을 설명하였는데 이를 정리하면 3단계로 나눌 수 있고, 도구의 입수방법, 도구의 사용방법 및 사용후의 처리를 볼 때 발달의 정도에 차이가 있음을 알 수 있다.

(1) 첫째 단계

자연물 및 아주 간단한 가공물(다만 여기에서의 가공은 동물의 몸체, 이빨, 골각, 수족 등의 경우)을 도구로 하는 단계이다. 한 종류의 도구를 사용하는 가장 단순한 경우를 전기로 본다. 이집트의 머리가 벗겨진 독수리, 다윈 제비, 붉은 색 원숭이 등이 여기에 속하는 것으로 본다. 중기는 몇 종류의 도구를 사용하는 경우이며, 침팬지

17) 岩城正夫, 원시기술사 입문, pp. 102~104.

의 단계가 여기에 해당된다. 후기는 중기보다 훨씬 많은 종류를 사용하는 경우이다. 라미피테쿠스가 이 단계에 속하는 것으로 보며, 도구를 내버리지 않고 보관하면 종류는 많아지게 된다. 도구의 보존에서 도구의 개량이 생긴다.

(2) 둘째 단계

도구로 가공한 도구를 사용하는 단계(도구의 공구적 사용의 단계, 여기서도 전·중·후의 3기로 나눈다)이다. 전기는 자연석을 공구적으로 사용하여 나무나 뼈를 도구로 만들어 사용한 시기이다. 중기는 석기를 만들 수 있게 된 시기이며, 후기는 불을 일상생활에 사용할 수 있게 된 시기이다. 불을 사르는 기술이 완성되고 화로가 발명되고 발화방법도 발명되었으며, 발화도구가 대단히 개량된 시기이며, 또 이 시기에는 비도구(飛道具) 도구도 여러 가지로 연구되던 때이다.

(3) 셋째 단계

기계를 사용할 수 있게 된 단계를 말한다. 전기는 극히 초보적이기는 하나 기계와 같은 것이 출현한 시기이며, 그 이후는 원시기술사의 범주를 벗어난다고 보고 있다. 機械의 '機'는 '베틀'기라고 부른다. 이는 직기의 뜻이다. '機'자를 자세히 보면 나무 木변에 糸라는 자가 두 개 있어 직기의 형태를 하고 있다. 옛날의 직기는 전부 목재인 점으로 보아 기계의 기원은 직기를 시초로 보고 있다.

3.5 농경·목축의 발생

1. 원시인의 자연관

약 200만 년 전 인류의 선조가 지구상에 등장한 이후 이들 猿人·原人·舊人들이 자연을 어떻게 대하고, 또 어떻게 자연을 이해하였는가는 직접적인 자료가 없다. 그들은 수렵·채집 경제생활을 해왔다. 식량으로 얻은 다른 생물, 주거에 필요한 것들이 모두 자연의 것이고, 그들에게 이용되는 자연에 대한 감정이라든가 지식을 가지고 있었다. 原人의 시대로 추정되는 석기가 발굴되고 동시에 수렵을 하였을 것으로 보이는 동물의 뼈도 발견되었다. 이와 같은 발굴물을 통해 그들이 현대인과 같은 감정을 가졌을 것으로 판단된다. 그들은 특정 동물을 숭배하고 후하게 장례도 하였다. 또, 프랑스나 스페인에서 볼 수 있는 그들의 동굴 그림에서도 많은 사냥감과 다산(多産)의 소망을 바라는 동물과 여인의 나체상을 사용한 주술적 행위를 엿

볼 수 있다.

지금부터 약 1만 년 전에 식료획득을 위해 자연계에 인간이 손을 사용하여 식량을 확보하는, 즉 농경을 시작함으로써 인간생활은 엄청난 변화를 겪게 되고 '하늘'이나 '자연'에 '주술(呪術)'로서 기도를 하였을 것이다.

위와 같은 내용이나 최근 연구가 성행하는 문화인류학의 성과로부터 인류가 최초로 가진 자연관은, 자연을 어떤 영적(靈的)인 존재로 보았다고 판단된다. 이것을 신화적 · 주술적 자연관[18]이라 부른다. 이와 같은 자연관은 동서양을 불문하고 인류가 가진 보편성으로 보인다.

2. 농경 · 목축의 기원

(1) 농경문화 — 단원설과 다원설

농경과 목축의 기원에 대해서는 견해가 여러 갈래로 나뉘어지고 있다. 목축은 수렵종족 안에서 발생하였고, 농경은 식용식물을 채집하던 종족에게서 발생되었다고 보는 연구자도 있고, 또 농경이 발달된 결과 동물을 번식시키기 위한 전제(사료)가 마련되었을 때, 처음으로 목축이 발생했다고 주장하는 연구자도 있다. 최근의 고고학의 자료는 농경과 목축으로 옮겨갈 수 있는 전제조건이 만들어진 것은 중석기시대에 수렵과 어로, 채집을 동시에 일으킨 종족이라고 표시하고 있다.

약 1만 년 전 빙하기가 지나간 세계 각지에서 곡물을 재배하기 시작하였다. 그러는 가운데 잉여의 곡물을 저장할 필요성이 대두되었고, 이 보관과 관리를 배경으로 하여 문명이 탄생하게 된다. 이것이 농경문화이다.

1930년대에 소련의 바빌로프(N. I. Vavilov, 1887~1943)는 재배식물의 독립된 발상지와 농경문화의 독립된 발상지라고 생각되는 곳을 밝힌 바 있다. 제1의 발상지는 현재의 터키, 이란, 아프카니스탄, 내륙 아시아, 파키스탄이고, 제2는 인도, 아시아 대륙이나 인도차이나, 제3은 중국의 동부와 산악지대, 제4는 지중해 여러 나라, 제5는 아프리카의 동부와 산악지대(특히 이디오피아)이다.[19]

다른 한편으로, 농경의 기원은 단원설을 토대로 전파설이 많이 논의되었다. 그 예로 서 아시아에서 최초로 농경이 시작돼 각지로 전파되었다는 설과, 동남 아시아 근재농경(根栽農耕)이 가장 오래된 것이며 여기서 서 아시아, 동 아시아로 농경이 전파되었다는 설이다. 이와 같은 단원설을 비판하여 생긴 것이 다원설이다.

---

18) 鈴木善次 외, 전게서, p. 4.

19) 소련 과학아카데미 편(金光不二夫 역), 전게서, pp. 34~36.

다원설은 농경문화 가운데 그 지리분포에서 전파나 발생을 추론하는 입장이며, 농경문화를 그 기본복합에 기초를 두어 넷으로 나누며, 각기 독립해서 발생된 것으로 결론짓는다. 즉, (1) 동남 아시아 기원의 근재 농경문화(바나나, 토란, 사탕수수 등), (2) 아프리카나 인도기원의 사바나 농경문화(깨, 논에 나는 피, 박 등), (3) 지중해 기후지대 기원의 지중해 농경문화(보리, 밀, 완두콩 등), (4) 중미・남미대륙의 신대륙 농경문화(옥수수, 호박, 감자 등)인데, 그 가운데 가장 오래된 것이 근재 농경문화로 추정된다. 각 농경문화를 형성하는 주요한 재배식물은 그 조리법을 통해 각각의 요리문화와 깊은 관계가 있을 것으로 본다.

(2) 인류와 동물과의 관계 — 목축생활

인류는 이상과 같은 농경에 의한 생활양식을 형성하였을 뿐만 아니라 또 다른 하나의 생활양식, 즉 목축생활도 형성하였다. 인류와 동물과의 관계는 (1) 식료나 의료로 야생동물을 채취한 이른바 수렵시대(구석기시대, 1만 년 이전의 옛날), (2) 순록・말・낙타・양・산양 등을 가축으로 만든 유목민족이며, 뒤에 기마 유목민족이 되었다. (3) 양・산양・소・돼지 등을 가축으로 만든 농경・목축민족 등이 발생하였다. 이 (2)와 (3)은 신석기 시대, 1만 년 이전의 일이라고 생각된다.

목축은 개개인이 단순히 가축을 사육하는 것이 아니고 어떤 집단(하나의 민족, 하나의 부족적인 그룹)이 전적으로 사육동물에 의지하여 생활하는 것을 말한다. 이와 같은 목축에 적합한 동물은 무리를 이루는 발굽이 있는 동물(有蹄類 ; 염소・면양・소・말・낙타 등)로, 보통 가축이라고 말하는 애완동물은 물론 돼지・개・고양이, 집에서 기르는 새 등은 제외된다.

농경문화와 목축의 발생관계를 살펴보면, 지중해 농경문화만이 목축과 관계가 있을 것으로 판단되고, 다른 세 종류의 농경문화에서는 볼 수가 없다. 목축이 어떤 과정에서 생겼는가에 대해서는 여러 가지의 학설이 있으나, 20세기 초 에디알트 한(Ediart Hahn)은 고대 오리엔트의 농경사회에서 종교적 의식에 사용하기 위해 소가 가축화되어, 그 후 농경민의 일부가 목축민이 되었다고 한다. B.C. 1만 년~B.C. 8000년 사이, 서 아시아의 사막 오아시스 지대에 살던 수렵종족에서 염소의 목축을 그 기원으로 보고 있기도 한다.

(3) 가축화・작물화의 발원지

독립적인 가축화・작물화의 발원지에 관한 재레드 다이아몬드의 이론[20]에 따르

---

20) 재레드 다이아몬드(김진준 역), 상게서, pp. 151~153.

면 또 다른 견해를 제시하고 있다. 첫째로, 근동이나 비옥한 초승달 지대라고 부르는 서남 아시아(B.C. 8500년경, 밀 · 완두콩, 양 · 염소), 둘째는 중국(B.C. 7500년 이전, 벼 · 기장, 돼지 · 누에)이고, 셋째는 중앙 아메리카(B.C. 3500년 이전, 옥수수 · 감자류, 칠면조), 넷째는 남아메리카의 안데스 산맥 및 인접한 아마존강 유역(B.C. 3500년 이전, 감자 · 마디오크, 라마), 다섯째는 미국 동부(B.C. 2500년경, 해바라기 · 명아주, 동물은 없음) 등이라고 주장하고 있다(그림 3 · 10).

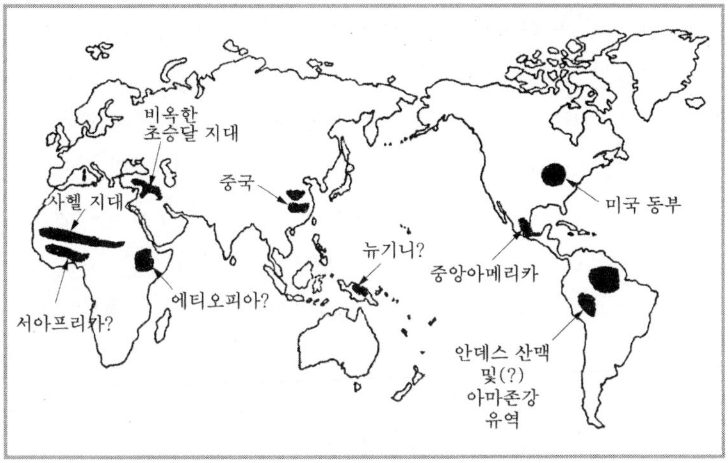

그림 3 · 10 독립된 가축화 · 작물화의 발원지

약 1만 년 전에 빙하기가 끝나고 지구의 온난화에 따라 거듭되는 홍수는 상류의 비옥한 토양을 하류쪽으로 몰고 왔다. 수렵에 의한 식료획득에서 농경 · 목축에 의한 식료생산 전환의 시기는 이와 같은 지구환경의 변화와 인간의식의 변혁으로 이룩된 것이다. 또 동물과 인간의 공생관계가 증대되고 인간을 목축민이 되기 위해서는 가축의 젖 짜는 것과 수컷의 거세(去勢)라는 두 가지의 기술이 중요하다고 한다. 목축민은 고기가 아닌 우유를 마시며, 수놈의 거세는 수컷끼리의 싸움을 없이하여 무리의 붕괴를 방지하고 무리의 통제를 유지하는 데 의미가 있다.

원시공동체의 생산방식에서는 획득한 모든 생산물과 모든 노동용구는 집단의 소유라는 균등한 관계가 완전히 지배적이었으나 중석기시대와 신석기시대의 초에 일어난 기술혁명은 이 생산방식의 제1단계에서 제2단계로 옮겨가는 데 필요한 경제적 전제를 만들었다.

조립식의 끼우기식 석기와 마제 대형석기의 보급에 의해 노동의 생산성이 크게 향상되어 생산력의 도달수준과 균등한 분배방식과의 사이에 완전히 그 사람의 소유가 되었다.

'신석기혁명'이라는 용어는 채집경제에서 생산경제로의 옮겨지는 과정을 특징지우기 위해서 1930년대에 영국의 과학자 G. 차일드(G. Childe, 1892~1957)가 도입한 것이다.

3. 농경 · 목축에 따른 정주생활 — 자연적 분업

석기기술의 개량, 활과 화살의 발명으로 노동의 생산성이 향상되어 원시적 생활자의 식료사정은 훨씬 호전되었음에 틀림없다. 화살 끝에는 독을 바르는 것이 일반화되었다고 생각되어 지금까지 몇 사람이나 몇 십 명에 의해 포획된 큰 짐승도 한 사람이 잡을 수 있게 되었다. 따라서 (1) 수렵용구의 개선 발명, (2) 동일지역에서 얻어지는 식료의 증가, (3) 생산수단의 공동소유, (4) 동일지역에서 체재의 장기화 등으로 보다 큰 무리(원시 씨족공동체)의 형성이 가능하게 되었고, 그 가운데 성별과 연령별의 자연적인 특성에 따라 일을 분담하는 최초의 분업인 자연적 분업이 발생하였다.

남자는 일정기간 거주지를 떠나서 수렵하는 데 여자보다 적합하고, 여자는 거주지에 남아 육아 · 어로 · 곡류 및 식용식물의 채집 · 야생동물의 사육, 수확물을 요리하는 일이며 기타의 가사일을 하게 되었다.

이와 같은 공동체(모권제)에서는 친자의 관계는 모계인 어머니만이 자손을 끊임없이 낳는다고 생각되었다. 따라서 여성이 주도권을 가지게 되어 여러 가지 일을 책임 맡았다. 조각이나 벽화에 남아 있는 여성 조각상(그림 3 · 11)은 家母 숭배사

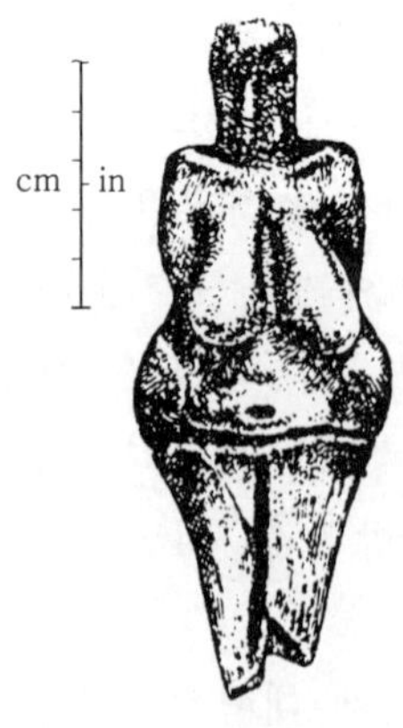

그림 3 · 11 여성 조각상

상을 잘 보여주고 있으며, 그 시대의 여성의 위치를 잘 나타내고 있다.[21)]

이렇게 하여 원시적 공동체를 형성하면서 같은 지역에 머물게 되는 기간이 점차 길어지고, 음식물을 얻는 기반을 충분히 갖추게 되면서 인간은 定住하기 시작한다.

활과 화살의 사용은 들짐승의 포획을 쉽게 하여 식료증산에는 크게 공헌을 하였으나, 반대로 동물을 마구잡이로 사냥하여 주위의 동물 수를 감소시켜 이른바 자원관계를 야기시키는 문제가 되었다. 이와 같은 경우, 인간은 지금까지의 생활형태나 식료 획득방법을 바꾸어 새로운 상황에 적응하도록 강요를 받게 된다. 자연과 인간과의 새로운 관계를 수립하지 않을 수 없게 된다. 자생적인 동물을 무분별하게 포획하는 대신에 계획적인 사육, 즉 목축은 이렇게 하여 시작되었다고 생각된다.

한편 채집된 풀의 씨, 보리, 밀 등이 땅에 떨어져, 성장하여 열매가 열리는 것을 몇 번이나 경험하면서, 여기서 계획적인 파종, 즉 농업이 발생되었다. 농경사회가 되면서 정주생활이 되고 집단생활을 하기 시작하였다. 집단생활에서 촌락이 발생하여 성장, 번영하여 도시가 되고, 큰 강 유역에서 여러 문명이 생겼다.

야성의 곡초류의 채집과 동물의 가축화의 시작으로 수렵종족은 유목과 반유목의 생활양식에서 정주생활 양식으로 옮겨지고, 농경에 종사하게 되었다. 유목생활자들은 유랑하기 쉽도록 여성의 경우, 수유기의 무월경, 성적 금욕, 유아 살해, 낙태 등 4년 정도의 아이 터울을 가져야만 하였고, 이런 생활에서 점차 반유목생활에서 정주생활로 이어졌다. 정주형 생활에서 농경민족의 산아간격은 약 2년 정도로 인구밀도가 높고 잉여식량을 저축하거나 해서 농업전문가가 되었다.

가장 초기의 유적 — 초기의 농경민족의 거주지 — 인 농경 정주촌락은 B.C. 8000 ~B.C. 7000년 사이에 근동, 즉 요르단(예리코), 이라크 북부(자르모), 이란 서남부(아리 고슈), 남 터키(차타르 휴그)와 서 아시아의 티그리스, 유프라테스강 유역지방 일대를 일컫는 '비옥한 초승달 지대'에 여기 저기 흩어져 있다. 그 중의 하나인 북동 이라크의 자르모 유적(B.C. 6500년경)에서는 보리·밀 등의 원시적 재배종, 토기 등의 농경과 관련된 도구라든가, 염소·양·개 등의 가축의 유해가 발굴되어 그 곳에서 흙으로 만든 거주에 의해 생활한 농경 촌락공동체가 운영되었음을 보여 준다.

나트프(Natuf)시대의 가리므샤힐 유적은 채집에서 농경·수렵으로, 또 가축화의 전환기에 있음을 나타낸다. 특히, 요르단의 예리코 유적은 B.C. 7500년경에 돌벽이 동굴(깊이 3 m, 폭 9 m)의 거주 전체를 포위해 있고, 외부집단에 대한 과시와 방어를 위해 높이 9 m의 탑이 만들어졌다.

---

21) 鈴木善次 외, 전게서, p. 83.

농업과 목축에 의해 식료의 생산성은 종래보다 비약적으로 증대되었고 또 안정되었다. 이 '식료생산 혁명'으로 인간은 채식과 아울러 육식이 가능해졌고, 체력향상과 신체의 발달로 인간의 생활은 근본적으로 변혁을 이루어 문명사회의 발전을 가져오게 되었다.

4. 농경도구의 발전

농업의 성립은 그때까지의 기술이나 도구의 발전을 필수적인 전제조건으로 하고 있으나 농업에 의해 이들 노동수단은 한층 진화되고 다양화하여 풍부하게 됨과 동시에 지금까지 없었던 농업을 위한 특수한 도구, 즉 가래・낫・도리깨나 절구, 뒤에는 쟁기가 출현하여 기술의 발전에 새로운 길이 열렸다.

쟁기[22),23)]는 인간 이외의 자연력인 축력을 도입한 최초의 중요한 노동수단으로 사람의 힘으로 끄는 가래에서 축력에 의존하는 쟁기로 발달된 것은 그것이 동력기능과 제어기능과를 분리한 구조를 가지고부터이다. 쟁기는 처음부터 동력과 제어가 각기 다른 인간에 의해 담당되는 구조를 가진 도구였다. 쟁기는 처음 두 사람에 의해 조작, 한 사람이 조정하고 다른 한 사람이 끌었다. 이 도구에서는 동력기능과 제어기능이 분리되어 있으므로 쟁기를 끄는데 두 사람 이상 있어도 전혀 차질이 생기지 않는다. 그렇게 하는 것이 효율이 좋기 때문에 당연히 복수의 인간이 끌게 되고 그렇게 되면 한 사람이 제어되는 범위에서보다 큰 동력에 맞도록 쟁기의 대형화가 계획되고, 쟁기의 효율은 점차 향상되어 간다. 쟁기를 끄는 사람은 쟁기에 대해서 단순하게 동력만을 제공하는 의미를 가지는 존재이므로 그와 같은 힘을 내는 것이라면 인간이 아니라도 상관없다. 동력제공자로 인간을 대신한 것이 목축으로 사육된 소나 말이었다.

가래에서 쟁기로 바뀌어짐과 동시에 인간은 자기 근육의 힘 이외의 자연력을 동력원으로 이용한다는 것은 기술사에서 획기적인 실현이다. 잘 길들여진 소・말 등은 인간의 약 10배 정도까지 힘을 낼 수 있어 축력의 이용으로 인간은 자기 근육의 힘으로는 도저히 취급할 수 없는 크고 강력한 노동수단을 생산에 투입할 수 있게 되었고 생산성도 크게 향상시키는 데 성공하였다. B.C. 2000년대의 바빌로니아와 고대 이집트의 벽화에 가래가 그려져 있다.

그림 3・12는 인력경작과 파종이고, 그림 3・13은 농경에서의 축력의 이용을 보여 주고 있다.

---

22) Compton's Encyclopedia, vol. 19, p. 391, 1981, F. E. Compton Co..

23) 鈴木善次 외, 전게서, p. 85.

그림 3·12 인력경작과 파종

그림 3·13 축력의 이용

농지를 개척하기 위해 나무를 벨 필요가 생기고, 또 주거를 위해 재료를 가공하는 필요성에서 도구는 점차 정교하고 강력한 것으로 되지 않으면 안 되었다. 그러므로 석기는 연마가공되고 구멍을 내게 되었다. 그 밖에 직포 등의 다양한 새로운 기술의 전개도 보인다.

5. 농경·목축의 발달과 원시사회—사회적 분업

농경사회에서는 인간은 자연과 함께 생활하며 전문직인에게 생활에 필요한 물건을 제작의뢰하였고 그것을 사용하여 살았다. 물건을 생각하는 재미, 물건을 만드는 재미, 물건을 사용하는 즐거움에 가득차 있었다고 생각된다. 자기가 주문한 물건이라 물건에 대한 애착도 강하고 오랫동안 요긴하게 사용하였을 것이다. 자연스럽게 자원의 소비는 최소한이고 폐기물 처리는 큰 문제가 아니었다.[24)]

농업이나 목축의 경험이 축적되고, 생산력이 증대됨에 따라 농업과 목축은 각각 전문화되어 갔다. 그렇게 해서 유목종족과 농경 공동체와의 사이에는 생산물의 물물교환이 (1) 다른 부족에 속하는 공동체 사이, (2) 부족 내부의 공동체 사이, (3) 공

24) 日本機械學會, 일본기계학회지 -기술사와 기술철학-, vol. 95, No. 881, p. 283, 1992.

동체 내부의 가족 사이 등으로 발전하여 지금까지의 자연적 분업과는 다른 분업, 즉 사회적 분업이 성립되었음을 의미한다. 사회적 분업의 성립은 노동의 생산성을 더 높이고 富를 증대시켜 분업이 더욱 발전하고 인간의 사회적 관계에 큰 변화가 나타난다. 이 사회적 분업의 성립으로 원시공동체의 공동원리가 사유재산의 성립과 계급의 발생에 의해 허물어지고, 결국은 원시공동체가 붕괴하기에 이른다.

농경과 목축의 발달, 가내 수공업의 개량 및 그들의 확대에 따라 인간은 자기들이 소비하는 이상의 것을 생산하게 되었다. 노동의 수요도 점점 늘어났다. 그때까지 자기들이 소비하는 것은 모든 자기들이 생산한다는 자급자족이 그들의 생활형태였으나 일단 사회적 분업이 성립되면, 목축을 전문으로 하는 부족은 농경의 생산물을 손에 넣기 위해 농경부족과의 사이에 교환이라는 경제적 관계를 만들지 않을 수 없게 된다. 교환이 성립되기 위해서는 생산물을 생산한 사람에게는 그들 자신의 생존에 필요한 물건 이상의 여분의 생산물(잉여생산물의 상품화)이 필요하게 된다. 기술이 충분히 발전하여 이 잉여생산물을 생산해 낼 정도의 생산력을 가지지 못한다면 교환과 분업도 성립하지 못한다. 그렇게 해서 농업이나 어업, 목축업이라는 식료생산 부문에서의 분업의 발전과 생산성의 향상은 식료생산에 직접 관여하지 않는 생산부문을 사회적 분업의 새로운 부문으로 독립시킨다. 식료생산, 기타의 노동에 없어서는 안 되는 도구의 생산 및 수리와 관련된 수공업 부문이 그것이다.

신석기 시대의 석기가 연마되거나 구멍이 뚫려져 급속히 정교하고 다양화된 것은 도구의 제작이나 수리의 전문가의 출현에 영향을 받은 것이며, 이 수공업의 독립이 가장 전형적으로 나타난 것은 바로 야금에서 볼 수 있다. 그림 3·14는 그 당시에 사용되었던 돌 도끼이다.

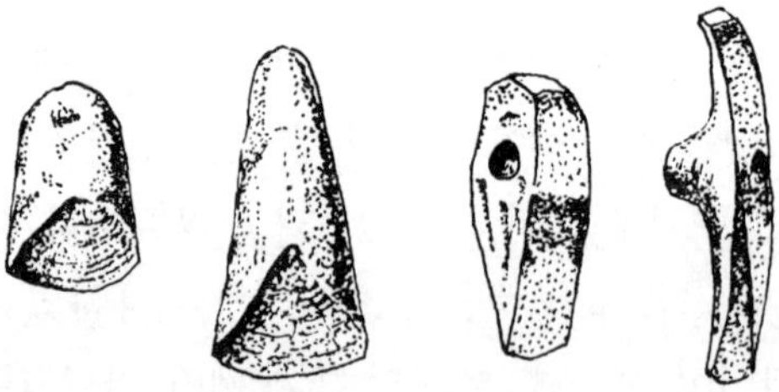

그림 3·14 돌 도끼

금속의 발달과 동시에 채광·운반·용해·정련·주조·단조·담금질 등의 전문기술이 확립되어 분업에 의한 생산형태로 되었다. '농업에 종사하지 않는 사람이 주문에 따라 농업에 사용하는 도구를 만든다'는 시대이다. 동, 청동과 같은 금속기구의 사용에 따라 많은 보조적 발명이 필요하게 되어 전문적 직인의 필요성이 대두되었고, 또 금속기구의 사용으로 인해 부족들 사이에 전투력의 차이, 빈부의 차이도 생겨 부족 사이에는 강약이 생기는 결과를 가져왔다.

3.6 요(窯)의 발명과 야금의 시작

1. 가마[窯]의 발명[25] — 토기의 제작

자연에 관한 경험적 방법에 의해 점토의 우수한 성질을 발견하여 도기의 생산에 사용하거나 유리의 제법을 개발한 것으로 보인다. 신석기시대에 발달된 토기는 음식물의 요리법과 종류를 풍부하게 하였고, 드디어 금속의 발명에 큰 역할을 하였다. B.C. 6500~B.C. 5000년경의 서 아시아의 자르모 유적에서는 노의 안쪽에 바른 점토가 불로 굳어진다는 사실을 알고 있었던 것이다. B.C. 5000년경의 하스나 유적에서는 원시적인 토기가 출토되었다. 이 토기는 점토에 모래나 부드럽게 파쇄한 암석, 경우에 따라서는 식물섬유를 혼합하여 성형하고 건조시켜 불로 구웠다. 식물섬유는 모양이 붕괴되지 않도록 넣었다.

초기의 토기는 노천(露天)의 불로 구웠다고 보며, 그 굽는 온도는 종래 600~800℃로 알고 있었으나 승문토기(繩文土器)의 실험적 연구에서 800~950℃라는 결과도 나와 있다. 이란의 ㄷ배 · 시아르크에서는 B.C. 4000년경의 원통형의 가마가 발견되었다. 가마는 불과 굽는 물건을 분리하여 연료의 절약, 가마 그릇의 대량생산을 가능하게 하였을 뿐만 아니라 고온가열의 기술을 발달시켰다. B.C. 3500년경에는 회전대가 발명되어 토기의 생산이 많아지고, 보다 획기적인 것이 만들어졌다. 그림

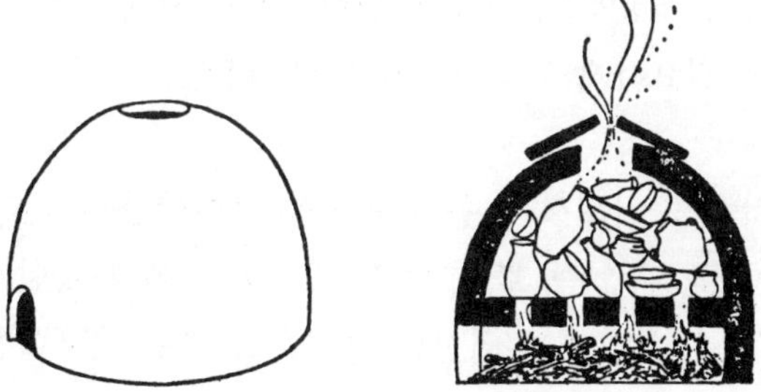

그림 3 · 15 메소포타미아 가마의 복원도

25) 山崎俊雄 외 편, 전게서, pp. 11~12.

3·15는 메소포타미아의 가마이다.

토기제작은 처음에는 여자의 일이었으나, 고온 가열기술이 생기고 가마와 회전반의 발명으로 기술과 숙련을 필요로 하고부터는 가마 그릇의 제조에는 전문적인 공인이 생겨 남자의 일이 되었고, B.C. 2000년경에는 공인집단을 가진 제작공방이 생기기도 하였다.

2. 야금의 시작[26), 27)] — 금속기의 사용

금속이 출현할 때까지 오랫동안 도구는 주로 석기였다. 구석기시대·중석기시대·신석기시대라는 이름이 생긴 것도 이 때문이다. 구석기시대인 약 4만~3만 년 전의 전기 및 후기의 경계에 형성되기 시작한 사람의 몸의 구조는 비약적으로 달라졌다. 현대형의 사람 — 호모 사피엔스가 출현, 인류사회의 역사가 시작되는 것이다.

초기의 농경종족은 대개 금속을 알고 있었다. 터키의 나나토리아 고원의 고니아강 유역의 차타르 휴크와 하주랄의 집단거주지를 발굴, B.C. 7000~B.C. 6000년 때의 층에서 소수의 구리제품인 작은 바늘, 끌, 구리합금의 덩어리가 발견되었다.

그런데 철과 구리는 자연구리로서 운철(隕鐵)로 자연에 존재하는 것이며, 인간이 일찍부터 이 금속을 알고 있어 신앙의 대상으로 삼았다. 인간이 어떤 종류의 돌을 목탄과 함께 가열하였더니 금속구리가 되고(熔鍊法), 녹은 것을 형틀에 넣으니 굳어져 주물 형태(鑄造法) 그대로의 형태를 얻을 수 있음을 알아 기술에 새로운 국면이 열렸던 것으로 판단된다. 이 두 가지 새 발명은 메소포타미아 근방에서 B.C. 4000년경에 있었던 것으로 보고 있다.

석기는 그때그때 그것을 사용하는 사람이 필요에 따라 필요한 시간에 자신이 직접 만드는 것이 보통이었으나, 금속을 정제하기 위해서는 고도로 조직화된 생산방법이 요구되었다. 광석의 출토, 운반, 연료의 제조, 광석을 녹이고, 금속 덩어리의 주조와 단조의 일관된 공정에는, 그것을 실현시키기 위해 많은 보조적인 발명과 다수의 전문 기술인이 필요하게 되었으므로, 높은 생산의 수준에 도달하지 않고서는 불가능하였다.

야금과 금속의 사용을 위해서는 우선 광석을 녹여야만 되었다. 여기에는 충분히 높은 온도를 만들어 줄 수 있는 로가 필요하고, 이 노에 무엇인가의 방법으로 바람을 보내야 하는데 송풍을 위해서 최선의 방법은 풀무를 사용하는 것이었으나 B.C. 3000년경까지는 발명되지 않았었다.

26) Samuel Lilley(小林秋男 외 역), 인류와 기계의 역사, pp. 7~10, 1977, 岩波書店.
27) R. J. Forbes(田中 實 역), 전게서, pp. 28~32.

제 4 장

고대 왕조의 성립과 자연관

적어도 B.C. 4000년경과 그 이후에 발생한 티그리스·유프라테스강 유역의 메소포타미아 문명, 나일강 유역의 이집트 문명, 인도 인더스강 유역의 인더스 문명, 중국 황화강 유역의 황화 문명을 세계 4대문명이라 한다. 이 역사적 유역에서 물은 인간에게 영향을 주는 기본요소였다. 따라서 강 문명(river civilization)이라고도 한다. 문명(civilization)이란 도시(city)를 뜻하는 라틴어의 civitas에서 유래되었다.[1]

채집경제에서 생산경제로 이행되기까지는 사람들의 수량에 관한 이해는 거의 되지 않았다. 교환이 발달됨에 따라 수의 표시가 필요하였고, 최초는 다섯 손가락, 두 개의 눈이라는 자연적인 계산단위였으나 다음에 인공적인 계산단위로 막대기가 등장하였다. 토지면적의 측정, 교환이나 상업을 위한 계산, 토목·건축에서의 계산의 필요성에서 고대 오리엔트 여러 나라에 수학이 생겼다.

이집트人과 수메르人은 놀랍게도 가장 오랜 문헌과 최초의 수학·자연과학·의학 등 과학지식을 탄생시킨 민족이다. 그리하여 고대 이집트 문화는 B.C. 2000년경까지 절정에 이른다. 초기 민족문화의 기하학은 생활의 요구(나일강 범람에 따른 측량)로 생겨났고, 그것이 기술의 기틀을 마련하여 공학, 측량학의 기적을 낳았다. 이것이 피라미드로 이어진다. 공학기술은 인간과 자연력과의 끊임없는 투쟁에서, 또 자연력에 대항할 뿐만 아니라 자연력을 이용하고자 하는 노력을 통해 발생하여 인공관개, 운하건설로 나타났다. 문명의 빗장은 고대사회의 관개·야금기술에 의해 열려졌다.

---

1) T. Walter Wallbank, Man's Story, pp. 44~45, 1953, Scott, Foresman and Co.

이집트와 메소포타미아에서 생긴 최초의 노예제 국가는 B.C. 3000~B.C. 2000년경에는 노예제 생산관계가 인도의 인더스강 유역, 이어 중국의 황하강 유역에도 생겼다. 노예 소유제도가 출현하였기 때문에 사회는 노예 소유자와 노예와의 두 계급으로 분열되었고, 부족의 상층부에서 성장한 노예소유 귀족은 그들의 안전과 지배적 지위를 확보하기 위해 억압과 폭력의 기관으로 국가를 만들었다.

4.1 고대 왕조의 시작

1. 이집트의 문명

고대 오리엔트라 함은 오늘날의 중동지역을 말하는 것으로 이집트의 나일강 유역과 메소포다미아의 티그리스 · 유프라테스강 유역을 지칭힌다. '비옥한 초승달 지대'라고도 하는 이 지역은 농업을 바탕으로 탄생된 최초의 전형적인 도시문명이 고대 오리엔트 문명이다(그림 4 · 1 참고).

나일강의 선물이라는 이집트는 동서가 사막, 남은 산악, 북은 지중해에 포위되어 외부의 침입으로부터 고립된 국가이다. 국토의 중앙에는 매년 정기적으로 범람하는

그림 4 · 1 고대국가와 고전 그리스

나일강이 꿰뚫어 흐르고 있어 이집트의 생활기조를 형성하고 있다. 이와 같은 지형적, 지리적 제약은 문화면에도 반영되어 그 성격을 보다 보수적, 실제적으로 만들고 있다. 과학이나 기술면에서도 나일강의 범람에 대처하기 위해 생긴 것이 적지 않다.

메소포타미아와 함께 세계 가장 오래된 문명을 과시하는 이집트(B.C. 3400～B.C. 600년경)에서는, B.C. 3400년경 나일강과 그 연안을 상하로 분할하고 있던 두 나라가 메네스(Menes)王에 의해 통일되어 하나의 왕조가 시작되었다. 그 이후 약 3000년 동안의 중간 150년 정도, 외국의 힉소스人의 지배를 당한 것 외에는 줄곧 이집트인 국왕에 의해 통치되었다. 나일강의 정기적인 범람은 이집트의 경작지를 비옥하게 하였고, 지형적으로는 외국으로부터의 침입을 어렵게 하였다.

이집트는 국왕을 신의 대리자로 태양신의 아들 파라오(Pharaohs)라 부르는 종교적 전제군주국가로 존속되었고, 또 나일강의 관개사업을 위해서 중앙집권제도를 취하였다. 계급은 세습제로 상류는 귀족・관리・신관・고급군인・서기가 있었고, 그 아래에 자유농민・수공업자・상인・빈농・노예로 이어졌다.

그런데 이집트 문화의 특색은 메소포타미아의 경우와 같이 종교적・주술적 색채를 띠고 있음과 동시에 '이름이 없는(anonymous) 문화'라는 점이다. 그 까닭은 이집트에 남아 있는 많은 문화적 유산의 대부분이 작자명을 알 수 없는 무명의 작품이기 때문이다. 거대한 피라미드를 만드는 현장에서 지휘한 건축가라든가, 황금의 왕관이나 장식물을 가공한 금 세공사는 누구인지 이름이 남아 있지 않다. 또, 전제군주국가이므로 대공사를 하는 데도 많은 노동자를 어느 정도 자유로이 동원할 수 있었고, 비용이나 날짜에 있어서도 하등의 제약이 없었기 때문에 그만큼 과학・기술상의 발명・발견은 신통치 않게 된 것이다.

(1) 문자의 발명[2)]

미개문화와 도시문화를 구별하는 척도의 하나는 문자의 발명이다. 그 발명의 첫걸음은 결코 고도의 지적 목적에서가 아니라 장부를 만들거나 계산을 하는 극히 실제적인 필요 때문이었다.

이집트의 문자는 그림 4・2와 같은 그림 문자(Pictorgraphie, B.C. 4000～B.C. 3000)를 진화시켜 상형 문자(Hieroglyph, B.C. 3000년경)를 가지고 있었는데 석조의 신전 벽이나 기둥에 새겨져 있었기 때문에 그리스人은 성각이라 불렀는데 '성각문자・신성문자・성용문자' 등으로 번역한다. 여기서는 고대 이집트의 성각문자로

---

2) 下間頼一, 기술문화사 12講, pp. 198～199, 1983, 森北出版(주).

그림 4 · 2 고대 이집트 그림 문자

[Narmer王의 그림 문자로 上 이집트 王(앵무새)이 파피루스의 나라 下 이집트의 사람(머리)들을 정복한다는 뜻]

한다(표 4 · 1 참고). 상형 문자를 활자체로 하면 필기체는 신관 문자(Hieratic, B.C. 2500년경)이다. 세월이 지나 B.C. 7세기경에는 신관 문자 대신에 세속적인 회계장부, 각서, 계약서, 논문 등을 파피루스에 기록하는 민용 문자(Demotic)가 생겼다.

표 4 · 1 고대 이집트의 상형문자

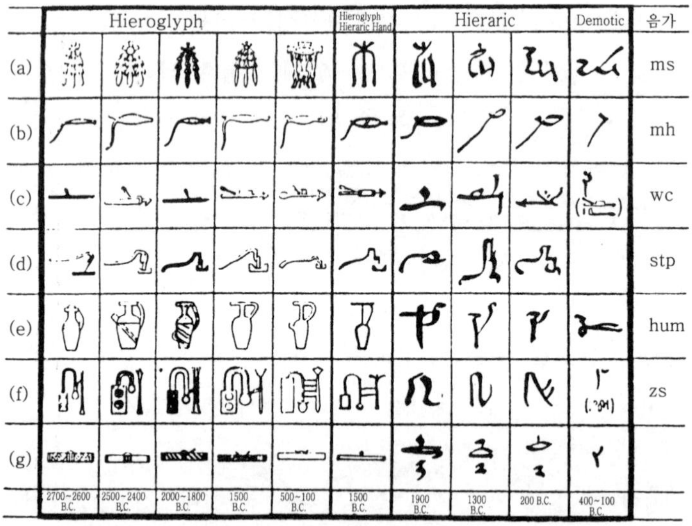

(a) 다발로 묶은 3매의 여우 모피, (b) 채찍, (c) 한쪽 턱이 있는 낚시바늘,
(d) 나무에 끼운 손도끼, (e) 손잡이가 달린 돌 병, (f) 글 쓰는 먹물통,
(g) 실로 묶은 파피루스 두루마리

고대 이집트의 성각 문자, 메소포타미아의 쐐기형 문자, 고대 중국의 한자는 어느 것이나 그림 문자 → 표의 문자 → 표음 문자로 발달하여 왔다.

(2) 태양력(시리우스력)

고대 다른 민족에 앞서 사용한 것이 태양력이다. 고대 이집트의 역법은 농경생활에서 주기의 기준이 되는 나일강의 범람의 시기를 알기 위한 필요성에서 발전된 것이며, 처음에는 태음력을 사용하여 왔으나 B.C. 5000~B.C. 4000년 사이에 이집트人은 시리우스(Sirius) 별이 해뜨기 전에 출현하는 시기에 델타 지역에서 나일강의 범람이 시작되는 것을 알고, 태음력 1년의 시작을 이 날로 하였다.[3)]

태음력이란 1년을 360일로 하는 것인데, 그 후 시리우스 별의 정밀한 관측으로 그 주기가 365(정확하게는 365.2422)일임이 확인되어 B.C. 2500년경까지는 시리우스 별의 주기를 이용하여 매월을 30일로 12개월과 5일의 보충일을 만들어 1년을 365일로 하는 태양력을 채용하였다.

(3) 수 학

이집트人은 직각을 측량하는 데 세 변의 비가 3:4:5의 삼각형을 이용하면 된다는 것을 알고 있었으며(그림 4·3),[4)] 여러 가지 기하학 도형의 면적이나 부피의 편의적 계산법을 발전시켰다. 또 간단한 四則계산이나 단위 분수의 계산이 가능하였다. 이러한 계산법은 나일강의 범람 후 토지면적의 측량이나 곡물의 교환·분배, 용량의 계산, 토목·건축에서의 계산 등 실제 일상생활에 필요한 구체적 과제를 해결하기 위해 고안된 것이며 공식, 정리, 증명이라는 논리적인 규칙을 도출하고자

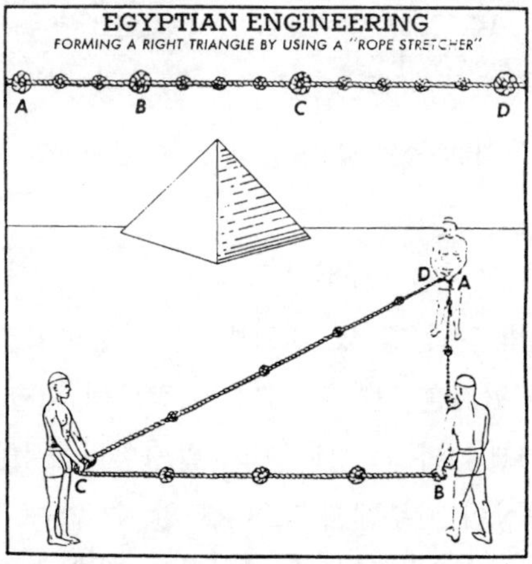

그림 4·3 줄을 이용한 직각 3각형

3) 伊東俊太郎 외 편, 전게서, p. 112, p. 373, p. 1070.
4) T. Walter Wallbank, 전게서, p. 50.

하는 체계화의 경향은 볼 수 없다. 「린드(Rhind) 수학 파피루스」는 대표적인 이집트의 가장 오래된(B.C. 1650년경) 수학문헌으로 알려져 있다.

(4) 의술과 치료[5)]

고대사회에서는 의술은 일반적으로 주술적 · 종교적 색채가 강한데, 다른 나라와 비교한다면 경험적 · 합리적 요소를 많이 포함하고 있는 것이 이집트 의술의 특징이다. 이집트의 의술을 전하는 문서는 현재 8종류가 발견되어 있는데, 내용과 양에서 중요한 것은 「카훈 파피루스」(*Kahun Papyrus*, B.C. 1950년경)와 B.C. 16세기에 필사된 것으로 추정되는 「에베르스 파피루스」(*Ebers Papyrus*)(그림 4 · 4)와 「에드윈 스미스 파피루스」(*Edwin Smith Papyrus*)(그림 4 · 5)이다.

그림 4 · 4 에베르스 파피루스의 일부

그림 4 · 5 에드윈 스미스 파피루스

의학문헌 중 최대의 문서인 「에베르스 파피루스」에 질병은 내과, 눈병, 피부병, 사지의 병, 머리의 질병, 부인병 및 외과학 등 다양하고 처방은 877예가 있다. 그 가운데 12종은 주문을 읽기를 권하고 있다. 이집트의 의술을 전체적으로 보았을 때 질병의 원인은 악령(기생충)이 인간에 침입, 발병한다는 '병마론'을 믿고 있었다. 내장의 병, 부인병 등 증상이 외부에서 보아 잘 알 수 없는 경우에 이 경향이 강하며, 치료법으로는 악령을 쫓아내는 주문에 의뢰하는 경우가 많다. 약물을 사용하는 경우라도 효과를 높이기 위해 주문을 외우는 방법을 병행, 그러면서 치료에는 경험

5) 伊東俊太郎 외 편, 전게서, p. 112.

적, 합리적 요소도 있어 시진(視診)이나 촉진(觸診)에 의해 얼굴색, 심장과 혈맥의 움직임, 체온을 중요시 하였으며, 기능시험도 있었다. 병의 증세는 순조·불안정·부조의 세 가지 중 하나로 판단하여 분류하고, 이 최후의 부조는 치료가 불가능하며 전혀 손을 쓸 수 없는 것으로 보았다. 눈병이나 피부병 등 신체표면의 질병이나 외상에 대해서는 증상의 기록이 정확하며, 치료법이 비교적 합리적이었다.

이집트의 유명한 '미라(mummy)'의 제작은 건조한 풍토로 말미암아 제작이 쉬웠다. 이 미라는 죽은 사람의 영혼이 지상에 돌아왔을 때의 숙박소로 하기 위해 만들었다는데 상등, 중등 및 하등의 구별이 있었고 영혼불멸의 사상으로 종교적 의식의 하나이지 인체의 해부학적 지식에는 아무런 공헌도 하지 못하였다고 한다.

(5) 피라미드(Pyramid)[6),7),8),9)]

이집트를 상징하는 피라미드는 마스터파(Mastaba, 석실의 분묘) 피라미드, 계단식 피라미드, 곡절 피라미드가 있고, 네모꼴형 피라미드로 발달되었는데 건조에 사용된 도구는 돌, 나무, 그물이고 금속기구로는 동기(銅器)가 있었다. 입지선정은 나일강 서쪽으로 강에서 가까운 거리이고, 홍수로부터 안전한 암반지대를 잡았다. 전체는 약 80기로 알려져 있으나 건조 당시의 웅장한 모양을 하고 있는 것은 약 10기이다. 피라미드의 기원은 왕을 태양의 아들로 보는 '태양신앙'의 사상에서 출발한다. B.C. 3000년경에 시작한 왕묘로서의 피라미드를 최초로 축조한 사람은 III왕조의 제세르왕이며, 재상이며 건축가인 임호태프(lmhotep)가 마스다파를 포갠 높이가 60 m, 밑바닥의 면이 120 m×109 m로 석조건조물로서는 인간이 실현한 최초의 대건조물인 6단의 '계단 피라미드'를 건조하였다.

국왕 무덤으로서의 피라미드는 무척 많이 있으나 IV왕조시대(약 B.C. 2650~B.C. 2500년경)에 멤피스 가까운 기제(Gizeh)에 만들어진 3대 피라미드(그림 **4·6**)가 특히 유명하다. 이 가운데 최대의 것은 쿠프(Khufu) 또는 케오프스(Cheops)왕이 건조한 것으로 높이가 약 150 m, 밑면의 한 변이 233 m의 정4각형인데 2~15톤 무게의 석재가 무려 230만 개가 사용되었고, 건설에는 10만 명의 노예와 노동자가 3개월씩 교대하면서 연속적으로 20~30년간 혹사당했다고 한다. 이 피라미드는 규모·구조·형상·재질·방위에서 최고위치에 이르렀다. 제2의 피라미드는 카프라(Khafre)왕의 것이며, 제3의 피라미드는 멘카우라(Menkaure)왕의 것이다.

---

6) 平田 寬, 전게서, 상, p. 13.

7) T. Walter Wallbank, 전게서, p. 46.

8) Crompton's Encyclopedia, vol. 19, pp. 541~543.

9) 소련 과학아카데미 편(金光不二夫 역), 전게서, pp. 57~58.

그림 4 · 6 기제의 3대 피라미드

돌의 가공은 우수한 이집트人의 고대기술의 결집체일 뿐만 아니라 정확한 설계, 천문학, 수학이라는 고대의 과학적 지식을 총망라한 건축술의 기적을 표시하는 기념물이 되고 있다. 이 피라미드의 네 변은 정확하게 동서남북 4방위를 나타내며, 옆 벽면과 밑 바닥면이 이루는 각도는 모두 51~52도를 나타내고 있다. 그림 **4 · 7**은 피라미드의 진화과정이다. 이 피라미드는 인류의 진보에는 아무런 기여를 못하였으나 크기와 정밀하게 건조한 기술은 토목 · 건축에는 많은 영향을 주었다.

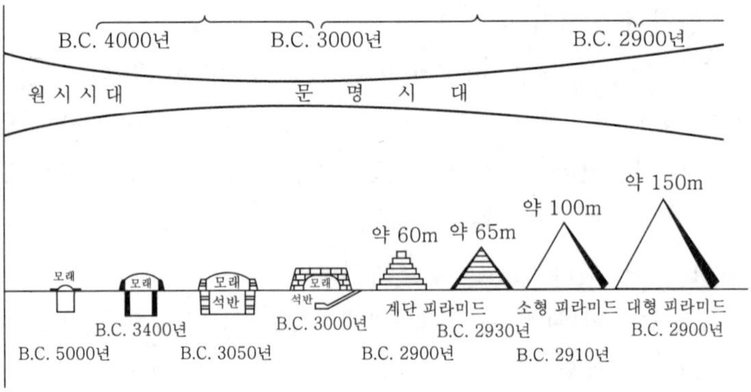

그림 4 · 7 피라미드의 진화

(6) 생활기술

나일강의 물을 논이나 밭, 정원 등에 급수하기 위해 지렛대의 원리를 이용한 물바가지가 사용되었고, 기록을 남긴 재료로는 파피루스 풀의 줄기로 만든 파피루스 종이가 이용되었다. 빵을 구울 때는 둥근 가마 솥 모양의 것이 사용되기도 하였다. 당시에는 나일강 연안의 흙으로 벽돌도 만들어 구조물에 이용하였고, 흙으로 도자기도 만들었다. 대단히 중요한 의미를 가진 것에는 유리 제조이다. 최초로 유리가 제조되기 시작한 것은 이집트로 기원전에는 거의 유리 제조의 중심지였다. 얻어진

반투명 물질도 처음에는 장식품, 이어서 용기를 성형하였다. 운반수단으로 비철금속을 이용한 바퀴도 발명되었고 나일강에는 일찍부터 대형의 선박이 있었으며, 무거운 물건을 운반할 때는 롤러와 줄, 둥근 막대를 사용한 것으로 보인다. 야금에 관해서는 광석에서 추출된 구리가 금·은과 병행하여 옛날부터 사용되었다. 그림 4·8은 돌을 다듬질하고, 벽돌을 만드는 작업이다.

(a) 석공의 돌 다듬질 (b) 벽돌 제조

그림 4·8 고대 이집트人의 작업광경

2. 메소포타미아의 문명

티그리스(Tigris)강과 유프라테스(Euphrates)강의 유역은 '비옥한 초승달 지대'로 이곳은 '문명의 요람'이며, 이곳을 중심으로 '두 강 사이에 있는 땅'(mid-river land)[10]인 메소포타미아(B.C. 3600~B.C. 560년경)는 끊임없는 이민족의 이주와 침입으로 여러 민족의 흥망, 도시국가나 통일왕조의 성쇠가 이어졌다. 이 점에서 지리적으로 고립되어 있고 문화적으로 보수적인 이집트人과는 대조적이다. B.C. 3000년경 最古의 문명은 페르시아만에 가까운 두 강 사이에서 살아 온 수메르人들에 의해 이룩되었다. 이 민족은 넓은 의미에서 몽고인종에 속해 있었다고 생각한다. 그렇다면 最古의 동아시아 문화와 서남 아시아와의 사이에 관련이 있을 것으로 본다.

그들은 몇 개의 도시국가를 만들었으나, 도시국가 사이에 주도권 쟁탈전이 벌어져 아카드의 사르곤 I세(Sargon I, B.C. 2371~B.C. 2316)가 차례로 도시국가를 굴복시키고 중앙집권의 아카드 제국을 수립하였다. 그러나 아카드(Akkad) 제국도 약체화되어 바빌로니아(Babylonia) 왕조가 성립, 이 왕조의 전성시대는 제16대 함무라비(Hammurabi, B.C. 1792~B.C. 1686 在位)왕 때이다. B.C. 1750년경 함무라비 왕이 제정한 「함무라비 법전」은 1901년 프랑스 탐험대에 의해 고대 바빌론의 폐허 속에서 발굴된 높이 2.25 m, 둘레 1.9 m의 돌기둥에 설형문자가 새겨져 있으며, 모두 282개 조항으로 세계 최초의 성문법이며, 구체적인 범죄와 처벌 등을 명기하고 있

10) T. Walter Wallbank, 전게서, p. 51.

다.[11] 인류 최초로 법에 의해 범죄를 다스린 것이다. 바빌로니아에 뒤이어 군사국가인 앗시리아 제국이 메소포타미아를 정복하였고, 이 앗시리아(Assyria)도 칼데아人(Chaldeans)에 의해 멸망되어 칼데아 제국(B.C. 605년경)이 탄생되었다.

이들 국가도 종교적 또는 군사적 전제군주국가라 할 수 있고, 문화적 특색도 이집트와 같이 '이름이 없는(anonymous) 문화'라 볼 수 있다. 과학 · 기술사로 보아 메소포타미아는 이집트와 달리 계산술이 뛰어나 메소포타미아의 수학을 남겼으며, 천문관측이나 천문계산에 열심이어서 점성술도 성행하였다.

(1) 수 학

수메르人은 B.C. 3000년 이전에 쐐기 모양(wedge-shaped)을 한 설형문자(楔形文字, Cuneiform)를 발명하고 점토판에 갈대 줄기를 펜으로 삼아 기록하여 불에 구워 보존하였는데, 그 후의 민족도 설형문자를 공통의 문자로 채용하였다. 메소포타미아人이 사용한 숫자 역시 설형문자이다. 기본적 숫자는 ▼와 ◀의 두 개의 기호로 이 두 개의 기호를 조합하여 10진법과 60진법이 혼합된 수체계를 표시하였다. 표 4 · 2는 숫자와 수를 기록하는 법이다.[12]

표 4 · 2 설형문자의 숫자와 표시법

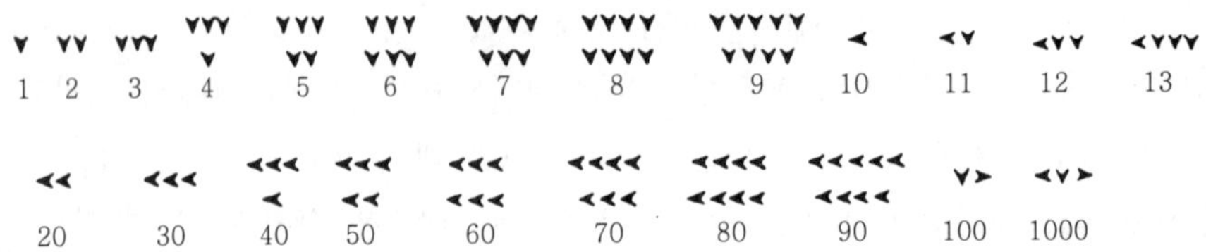

60진법은 특이한 수의 체계인데, 여러 민족이 사용하고 있던 도량형의 단위를 통일할 필요에서 약수가 많은 60의 수가 통일 단위로 선정된 듯하다(오늘날의 시간이나 각도의 표시법은 메소포타미아에 기원을 두고 있다). 메소포타미아의 수학은 이집트에 비해 발달되어 점토판의 수학 책에는 2차 방정식이나 3차 방정식의 문제도 보여진다. 설형문자는 페니키아 문자로 발전, 알파벳의 원형이 되었다.

(2) 태 음 력[13]

달력이라 함은 계절의 추이 · 순환을 파악하기 위한 추상적인 과학기술이며, 농

---

11) Bill Yenne(최경배 역), 인류사를 뒤바꾼 백가지 사건, pp. 18~19, 2002, 미로

12) 下間頼一, 전게서, p. 222, p. 226.

13) 伊東俊太郎 외 편, 전게서, pp. 373~374, p. 1036.

경을 성공시키는 기본적인 지도기술로 발달하여 왔다. 그러나 사람들이 달력에 의해 시간 경과의 기억을 보존하고 장래에 대한 조직적인 계획의 근거를 얻고자 하게 되면 거기에는 법령에 의해 사람들을 관리하는 국가라는 것이 등장하게 되고 달력이라는 것이 국가적 정치・경제에 이용하게 되면 강제수단으로 역법이 생긴다. 그래서 달력은 태음태양력・태양력・태음력의 세 종류가 있다.

이집트와는 달리 메소포타미아는 태음력을 사용하였다. 달의 삭망(朔望)을 기준으로 일수를 정하는 달력인데, 달은 평균 약 29.5(정확하게는 29.530589)일(1 朔望月)을 주기로 달이 보이지 않는 朔, 상현의 달, 만월, 하현의 달이라는 4종의 달의 모양에 따라 규칙적으로 차고 지므로 태음력이 자연발생적으로 생겼다. 실제의 1년과는 달라 계절과의 차이가 생기므로 특정 주기에 윤달을 넣어 1년을 13개월로 하는 여러 가지 방법을 고안한 것이다. 1년을 12개월, 1주일을 7일, 1일을 24시간, 1시간을 60분, 1분을 60초로 하는 등 시간측정법은 다분히 60진법에 따른 것으로 볼 수 있다.

(3) 점 성 술[14)]

점성술은 일종의 '과학'으로 발전, 중세를 거쳐 오늘날의 12궁 점성술에까지 영향을 미치고 있다. 메소포타미아에는 많은 천체신이 있어 수메르人은 달의 신・태양신・금성신을 숭배하였다. 고대 메소포타미아에서는 간장점(肝臟占)・기름점・꿈점・탄생점 등 많은 역점(易占)이 이루어졌는데 이들과 공통적인 사고법에 따라 점성술은 주로 국가의 성쇠나 군주의 운명, 전쟁・기근・폭풍 등 국가나 민속의 장래를 점치는 것이었으나 후대에는 개인의 운명을 점치는 호로스코프(Horoscope) 점성술도 생겼다. 메소포타미아의 천문학 지식은 달력과 점성술의 필요에서 생겼기에 기하학적이라기보다는 주기성의 계산 등 산술적・대수적인 면에 특징이 있다고 볼 수 있다. 점성술 문서는 수백점이 남아 있는데 대개는 B.C. 8세기 이후 왕가의 관측소에서 이루어진 천체관측의 보고이다.

(4) 의술과 치료

메소포타미아는 이집트 이상으로 병마의 출몰을 굳게 믿었다. 병마는 집 모퉁이나 처마 밑, 황폐한 땅이나 폐허 등에 출몰하며, 야간에는 길거리를 배회하거나 숨어 있다가 사람을 습격한다고 믿었는데, 이들 병마를 오늘날의 '박테리아'에 비교하는 학자도 있다. 또, 별 점도 성행하였고, 간장점도 널리 보급되어 염소나 양의 간장이 선택되어 병의 전조를 해석하기도 하였다. 「함무라비 법전」에서는 의료의 요

14) 伊東俊太郎 외 편, 전게서, p. 146, p. 573.

금, 외과의사의 책임배상이 규정되어 있다. 수술에 실패하거나, 자유인이 죽거나 실명할 때는 그 외과의는 손을 절단한다는 식이다.

(5) 기 술

메소포타미아에서는 건설기술이라 볼 수 있는 도시의 주위에 두께가 약 8～12 m나 되는 성벽을 방어용으로 에워싸고 있었고, 바빌론을 둘러쌓은 성벽은 3중으로 되어 있었다. 도시의 중심에는 성채가 있고 여기에 지배자의 궁전과 신전이나 행정기관의 건물이 있었다. 주된 건설재료는 점토, 나무, 돌 등이었다.

지렛대가 양수용으로 사용되었고, 도르래로 생각되는 것이 무기로 활을 쏘는 데 이용되고 있고, 수송수단으로 페니키아인의 전형적인 동근 배(그림 4·9)가 B.C. 1000년 전후의 수백 년에 걸쳐 지중해의 주역 노릇을 하였다. 그림은 둥근 배로 돌기부분이 붙은 군선과 수송선이다.

메소포타미아 각지에는 지배자의 권위를 상징하기 위해서 벽돌과 역청으로 만든 이집트의 피라미드에 비교될 수 있는 대건조물로 계단형상의 성탑인 '지구라트'(Ziggurat)가 약 33기나 있었다(그림 4·10). 지구라트는 바빌로니아의 수도 바빌론에 있던 것이 함무라비왕 시대에 파괴되었다가 그 후 B.C. 1130년경 앗시리아 시대에 재차 축조되어 유적이 현재까지 남아 있으며, 높이 30 m, 4각형으로 밑면이 각각 68×60 m인 신전탑으로, '높은 곳'을 의미한다. 성서의 '바벨탑'의 원형으로 유명한 '우르의 지구라트'는 B.C. 2000년경에 축조되었고, 높이가 26 m, 너비는 72 m×54 m로 7층 규모인데 대단히 유명하며, 궁전과 더불어 고대의 도시국가 중심부에 세워져 경제적·정치적 번영을 의미하는 것이었다.[15] 이 지구라트는 종교적인 기능수행을 최우선으로 보지만 신의 옥좌설, 땅과 하늘의 왕래를 조장하는 거대

그림 4·9 둥근 배

그림 4·10 우르의 지구라트

15) T. K. Derry · Trevor I. Williams, 전게서, pp. 158～159.

한 발판설, 피라미드의 영향을 받은 왕묘설, 천체관측탑설 등 다양한 기능설이 있다. 벽돌을 사용하였고 석조가 아니어서 오래 보존되지 못한 점이 아쉽다.

이때 인류사상 획기적인 금속인 청동이 발명되었다. 구리에 주석을 혼합하여 녹인 이 금속은 초기의 수메르 국왕묘의 출토품에서 나왔는데, 청동의 최초 발견은 주석을 산출하는 시리아 또는 東터키의 산악지대라고 생각된다. 그러나 풍부한 구리광이 있는 이집트는 주석의 부족으로 메소포타미아보다 100년 이상이나 늦어졌다.

3. 고대 중국의 자연철학

중국 문명은 양사오 · 룽산(仰韶 · 龍山)문화에 이어 최고로 알려진 바로는, B.C. 1100년경 황하강 유역의 안양에서 통치한 은왕조이다. 이 시대의 중국인은 청동기를 만들어 무기 · 제기로 사용하였고, 대규모의 궁전이나 무덤 · 건축 · 축조용의 도구로도 사용하였으나 생산용구로는 별로 사용하지 않았다.

당시 용골이라 불려진 거북의 등 딱지, 소나 사슴의 어깨 뼈에 새겨진 고문자는 귀갑수골 문자 → 갑골 문자 → 갑골 문(B.C. 14세기~B.C. 12세기)이라 불려지고, 이것이 한자의 기원이다. 최근에 발표된 자료로는 B.C. 2300년부터 한자가 사용된 것으로 보인다(그림 4 · 11 참고).[16]

그림 4 · 11 갑골 문자

16) 下間頼一, 전게서, p. 75.

은나라의 문자는 갑골 문자이나 이 갑골 문자에 조각된 일부를 조사한 결과 간지가 사용되었고, 십간에 의한 10일의 순(旬)과 십이지의 12개월이 있고, 태음・태양력이 있는 것으로 보아 일식과 월식, 하지와 동지의 기록도 남아 있다. 오늘날 한자에 해당되는 상형 문자는 B.C. 13세기 초의 안양시대에 나타나고 있다. 그림 4・12는 은나라 왕의 묘이며, 그림 4・13은 은시대의 청동기이다.

그림 4・12 은나라 때의 유물(왕묘)

그림 4・13 은나라의 청동기

아울러 米作도 하고 비단을 짜고 살았다. B.C. 1000년경에는 변경의 주나라가 은왕조를 정복하여 서주와 동주시대로 나뉘어지고, 동주는 다시 30여개 국가가 각축전을 벌인 춘추시대(B.C. 770~B.C. 403)와 7개 국가로 정리된 전국시대(B.C. 403~B.C. 221)로 나뉜다. 이를 통틀어 춘추전국시대라고도 한다. 춘추전국시대는 씨족제도와 도시국가에 기초를 둔 봉건제도가 붕괴되고 진왕조(B.C. 221~B.C. 207)가 시작되며, 시황제는 이 제국을 통일하기 위해 수도설비를 넓혀 도로망을 만들고 만리장성의 대증축을 하였다. 이 만리장성은 전국시대에 각국이 변경을 서로 방어하고 흉노족의 침입을 방비하기 위해 축성을 시작하였으며, 그 후 진나라 시황제가 6국을 멸하고 천하를 통일하여 북방 흉노의 남침으로부터 방어하기 위해 B.C. 214년에 진・조・연 3국 북변의 긴 성곽을 수축, 전체 길이가 6,700 km에 달하는 이른바 오늘날 만리장성의 기초를 형성, 완성은 명나라(1368~1644)때이다. 이는 세계의 토목・건축공사 역사상 그 유래를 찾아볼 수 없다.[17] 진나라에 이어 한왕조가 열리고, 이 전후 한왕조는 B.C. 202년에서 A.D. 220년까지 계속되었다. 한나라는 A.D. 124년에 대학을 창건하고 학자의 관료제도를 설립한다.[18, 19]

전국시대에는 주철을 포함하는 다수의 철기가 사용되고, B.C. 6세기에는 중국이

17) 伊東俊太郎 외 편, 전게서, p. 651.
18) S. Mason(矢島祐利 역), 전게서, 상권, pp. 73~74.
19) 山崎俊雄 외 편, 전게서, pp. 34~35.

철기시대에 들어간다. B.C. 100년경에는 자석의 방향지시 작용을 발견하고 A.D. 31년에는 수평의 수차가, 기원 후 290년에는 수직의 수차가 이용되었다. 종이는 105년에 蔡倫에 의해 발명되기도 했다. 그림 4・14는 전국시대의 생활을, 그림 4・15는 전국시대의 화폐를 나타낸다.

그림 4・14 전국시대의 생활

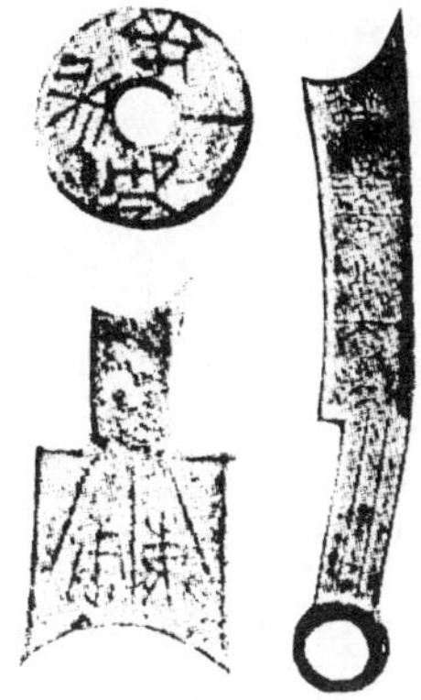

그림 4・15 전국시대의 화폐

(1) 제자백가와 경험적인 기술적 지식[20)]

전국시대와 진시대, 전・후 한시대는 과학적・철학적으로 자연에 대한 의문을 가지고 사색을 한 시대이며, 새로운 정치적・사회적 이념을 펴기 위한 사상가가 배출되어 '제자백가'라는 많은 학파가 등장한다. 그 가운데 법가・명가・묵가와 또 도가와 유가가 중요하다.

묵자(B.C. 약 479~B.C. 381)의 후계자들인 묵가는 무차별적 박애주의를 주장하기도 하였으나 물리학의 여러 문제, 특히 광학・기계학・축성법을 연구하였고, 광학에는 평면경・오목 면경・볼록 면경에서 빛의 반사와 물체의 상, 크기, 위치와 사용한 거울의 곡률을 관련지우는 경험적 법칙을 얻었다. 기계학에서는 지레의 방식과 도르래에 흥미를 가지고 경험적으로 연구를 하기도 하였다. 한편, 명가는 전국시대의 여러 의견을 통일하여 과학적 방법론을 완성하고자 노력한다.

한왕조가 시작될 무렵 법가와 묵가, 명가는 그 중요성이 상실되고 유가와 도가가 사상계의 유력한 학파가 되었다. 공자(B.C. 552~B.C. 479)에 의해 시작된 유교는 한나라 이후 중국의 정치사상의 근간이며, 학자의 관료정치에 대한 공인된 철학이기도 하였다. 도가는 B.C. 6세기에서 B.C. 4세기까지 사이에 살았다는 노자의 후계자

---

20) S. Mason(矢島祐利 역), 전게서, 상권, pp. 74~75.

들이다. 도가는 인간은 문명사회를 버리고 고대의 간소한 평등주의 사회로 복귀하여야 된다고 주장하여 '無爲自然의 道'를 갈파하였다.

(2) 음양 · 오행설

음양·오행설은 중국 전국시대인 B.C. 4세기경의 음양설과 오행설의 병용에 의한 자연철학으로 시작되고, 전국 말기인 B.C. 3세기 후반에는 도가·유가사상에 침투하여 우주 자연의 운행과 인사 등의 정치행위와 관련시키는 천인 상관설의 기초를 이루고 있으며, 대대로 그 내용을 보완해 '천인합일론'을 전개시켜서 한국을 위시한 동 아시아의 세계관을 지배한 사상이다. 아울러 도교와 연계된 주술적 신앙의 요소는 오랫동안 민중의 생활규율로 되어 그 정신생활에 절대적인 영향을 주었는바, 鄒衍(Tsou yen, B.C. 약 350~B.C. 270)이 완성하였다고 한다.

음양설과 오행설[21), 22)]은 원래는 별개의 것이다. 음양설은 음양 이원(二元)의 기(氣)의 소장(消長)변화에 의해 음과 양과의 二기를, 오행설은 목·화·토·금·수의 다섯을 우주의 원리로 생각해, 사물의 현상이나 인사를 설명하고자 하는 사상이다. 음양·오행에 대응하는 것을 예시하면 표 **4·3**과 같다.

표 4·3 음양·오행에 대응하는 사물과 현상

陰	地	女	寒	闇	復	六腑	偶	柔
陽	天	男	署	光	背	五臟	奇	剛
木	春	東	靑	酸	甲乙	鱗	脾	八
火	夏	南	赤	苦	丙丁	羽	肺	七
土	土用	中央	黃	甘	戊己	倮	心	五
金	秋	西	白	辛	庚辛	毛	肝	九
水	冬	北	黑	鹹	壬癸	介	腎	六

만물의 상호작용에 의해 창조되는 두 개의 원리를 음과 양이라고 한다. 음은 수동적이고 어둡고 여성적인 힘이며, 양은 능동적이고 남성적인 힘이다. 이 두 개의 원리는 선회운동을 하고 있는 액상의 물질과 에너지와의 원초적인 혼합물에서 생겼다. 이런 종류의 운동이 어둡고 무거운 것과 밝고 미세한 것을 분리시켜, 전자는 대지와 음의 원리를 일으키고 후자는 하늘과 양의 원리로 되어, 이 두 개 원리의 상호작용이 목·화·토·금·수의 오행을 만든다.

21) 山崎俊雄 외 편, 전게서, pp. 35~36.
22) 金奉俊, 易學, 제1권, pp. 164~165, 1989, 삼한출판.

주역은 태극의 원리로 음(달)양(해)학설 또는 상대성원리라고도 한다. 여기서 周는 시간과 공간의 개념으로 상・하・사방, 易을 판단하는 시간적 개념이며, 易은 日＋勿, 즉 日＋月이며, 우주의 원리로 변화무상을 나타낸다. 단순하게 대립되는 것은 아니고 서로 화합하여 순환하는 것으로 '一陰一陽, 이것을 도라 한다'로 설명하여 易의 근본원리가 되었다.

오행설에는 그 상호관계에 의해 생성오행, 상극오행(목→토→수→화→금), 상생(月齡)오행(목→화→토→금→수)의 삼설을 만들었다. 「서경」의 홍범 편[23]에는 水는 윤하(潤下, 사물을 윤택하게 하여 밑으로 가게 한다), 火는 염상(炎上, 타서 위로 올라간다), 木은 곡직(曲直, 굽어지거나 곧게 되거나 한다), 金은 종혁(從革, 자유롭게 변형한다), 土는 가색(稼穡, 씨를 뿌리거나 추수를 한다)이라고 오행의 하나하나의 성질을 설명하고 있다.

주나라 시대(B.C. 1100~256)에는 갑골에 의한 占卜이라든가 대나무 젓가락에 의한 점서(占筮)가 있었다. 점서 가운데 오늘날까지 전해져서 널리 시행되는 것에 이른바 周易[24](또는 易)이라는 것이 있어 음 --과 양 －의 두 가지의 효(爻)를 세 개씩 짝지어 八계(卦)를 기본으로 하고, 이 八계를 상하로 맞춘 64계, 양효 192, 음효 192의 합인 384효가 易占의 모든 경우를 총망라한다. 64계에는 각각의 해설, 즉 계사(卦辭)가 붙어 있는데 이는 우리 인생살이 384 장합(場合)과 같으며 또 384효 각각에도 효사(爻辭)가 붙어 있어 49개의 서죽(筮竹)의 조작에 의해 얻어진 卦와 爻는 각각의 辭를 보아서 길흉이 판단된다. 이와 같은 서죽에 의한 占은 신비적인 數理에 기초하고 있다.

(3) 음양설에 발원하는 고대의학[25]

중국의 의학도 도교에 의해 생명을 연장하고, 질병을 다스리기 위한 식이・양생법을 만들었다. 인체의 해부학상의 특성이나 사람이 걸리기 쉬운 질병은 음이나 양의 성질을 가지고 있다. 즉 병은 五장(폐장・심장・간장・신장・비장)의 부조에서 생긴다고 보았다. 열은 양의 부조이고 오한(惡寒)은 음의 부조로 보았으며, 양의 부조는 맥박을 강하게, 음의 부조는 맥박을 약화시킨다고 보아 맥박으로 진단된 질병은 음이나 양의 과잉을 바로잡기 위한 약품을 처방한 것이다.

중국의 표준의학서는 한시대의 「황제내경」이다. 여기에 기록된 해부학과 생리학의 이론은 주로 인간과 국가를 비유하여, 소우주인 인간과 대우주로서의 우주와의

23) 伊東俊太郎 외 편, 전게서, p. 360.
24) 伊東俊太郎 외 편, 전게서, p. 643.
25) S. Mason(矢島祐利 역), 전게서, 상권, pp. 78~79.

비교에 기초를 두고 있다. 하늘은 둥글고 대지는 네모반듯한 형이다. 따라서 머리는 둥글고 다리는 네모반듯한 형이다. 1년에는 네 계절과 12개월이 있는데 사람도 4개의 수족과 12개의 관절이 있다. 심장은 신체의 왕이고 폐장은 그 중신이다. 간장은 신체의 장군이고 중앙 관청으로서의 담낭을 가지고 있다. 비장과 위는 곡창이고 장은 교통과 하수와의 조직이다.

초인적인 치료자는 方士이나 B.C. 5~B.C. 3세기에 醫聖이라는 편작이 나타났다. 「한서」 예문지에는 「편작내경 9권」과 「외경 12권」이 기록되어 있으나, 오래 전에 없어지고 그 내용은 알 길이 없다. 편작은 주술적 의료행위를 배제하고 경험적인 의학을 설명하고 있다. 「편작전」(사기)에는 침구, 안마, 도인(導引, 체조나 호흡법), 습포(濕布)와 약물요법 등 중국 의학의 대부분이 기록되어 있다(그림 4·16).

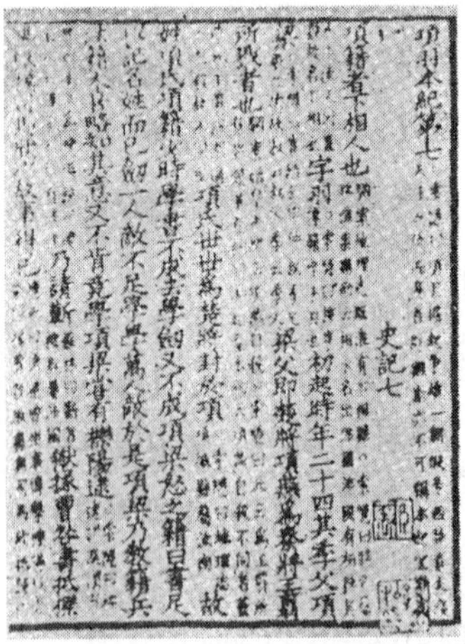
項羽本紀第七 史記七

項籍者下相人也字羽初起時年二十四其季父項梁梁父即楚將項燕為秦將王翦所戮者也項氏世世為楚將封於項故姓項氏項籍少時學書不成去學劍又不成項梁怒之籍曰書足以記名姓而已劍一人敵不足學學萬人敵於是項梁乃教籍兵法籍大喜略知其意又不肯竟學項梁嘗有櫟陽逮乃請蘄獄掾曹咎書抵櫟

그림 4·16 사기(宋版)

(4) 한 이후의 당·송 시대의 기술

중국 최고의 수학서는 「九章算術」로 B.C. 1000년경 주나라 초기의 황제치하에서 기록되었다고 하며, 현존판은 張蒼이 B.C. 200년에 고쳐 쓴 것이다. 천문학은 B.C. 1500년경 안양시대의 「신탁갑골문」이 최고의 것이며, 천문학자 石甲(B.C. 350년경)이 약 800개의 별의 상대위치를 도시하였다.

도자기의 제조는 한시대에 시작되었으나 당시대에 고도로 발달되었고, 621년에는 제조를 위한 官이 설치되었다. 또 당시대에는 목판인쇄가 중국의 불교 승원을 중심으로 시작되었고, 가장 오래된 인쇄본은 감숙의 천동불에서 발견된 868년의 「금강경」이다. 당시대 말기까지는 화약이 중국에서 발달되었으나, 화약병기는 이미

송 말기 이전에 일종의 로켓이라 할 수 있는 신형의 불 화살이 969년에 등장하여 화약의 정확한 조제법이 1040년에 기록되고 있다. 한편, 육지나 바다 여행용 나침반의 사용이 송시대에 발전되었다.

송나라는 960년에 건국하여 약 300년간 지속되었으며, 중국의 르네상스 시대라 할 만큼 한시대와 마찬가지로 수학자 · 천문학자 · 역법사 · 측량사가 무척 많았다고 한다. 1799년에 출판된 「疇入傳」에는 우수한 수학자가 한시대부터는 38명, 송시대부터는 29명을 거명하고 있으며, 1247년 秦九韶는 「數書九章」을 발표하였는데, 삼각법의 문제해법에 대수학적인 방법을 채용하고 있다.

제 5 장

고대 — 그리스 · 로마의 과학과 기술

최초의 서양문화는 그리스에서 생겨났다. 그리스는 고대 오리엔트 문화를 이어받아 에게 문명을 통하여 이전의 오리엔트 문화와는 성격이 다른 독창적인 문화를 창조하고 발전시킴으로써 약 400여년간 고대의 문화 · 예술 · 과학 · 철학 등의 중심지로 서양문화의 모체인 그리스 문화의 꽃을 피웠다.

여기서 그리스의 자연철학(과학)은 정치 · 문화의 중심지에 의해 다음의 세 시대로 구분한다. (1) 이오니아 시대, B.C. 7세기경 小아시아의 이오니아 지방을 중심으로 하는 그리스 식민시의 자연철학시대, (2) 아테네 시대, B.C. 5세기경부터 그리스 본토인 아테네의 아카데메이아와 리우게이온에서의 활동을 중심으로 하는 시대, (3) 헬레니즘 시대, B.C. 4세기경부터 이집트의 알렉산드리아를 중심으로 하는 헬레니즘 시대이다. 이 시기의 그리스(약 B.C. 600~B.C. 300년경)는 본토의 도시나 식민도시는 모두가 영토로 독립되고 사법 · 행정 · 입법의 최고기관이라는 민회가 설치된 시민들의 공동체인 폴리스(Polis)로 번영하였다.

그리스 시대 최후인 헬레니즘 시대 이후 로마人에 의해 지중해 지역이 정복되어 로마 제정시대를 맞이하게 되어 정치 · 문화의 중심은 로마로 옮겨갔다.

대체로 로마 시대에는 과학의 발달은 볼 수 없고 실제적인 토목 · 건축 등의 기술이 진보하였다고 보고 있다. 그리스人은 자연의 근원을 탐구하는 데 관심을 가지고 진취적 기상과 합리성을 중요시하는 과학적 활동을 하는데 비해 로마人은 정치 · 경제 등의 환경이 달라 로마는 넓은 영토를 확장, 전쟁을 계속하고 나라를 다스리는 데 역량을 기울여 학문에는 힘을 쏟지 않아 순수과학에는 손을 댈 수 없었다. 반면, 도로·수로 등 토목공사에 우수한 능력을 발휘하였다.

5.1 그리스 과학정신의 탄생

1. 과학사상의 배경

고대 그리스는 우주의 창조나 그 과정을 신화나 종교에 의하지 않고 설명하고자 하는 정신적 태도는 다른 민족에 앞서 B.C. 6세기경의 소아시아 연안의 이오니아 식민지를 중심으로 하여 발생하였다. 고대 그리스는 이른바 과학정신이 탄생된 땅이었다. 고대 그리스人은 이론적이고 직관적이며, 이념이나 추상적인 것을 존중하였다. 그들에게는 순수 논리학이나 수학이 발달한 것도 이러한 이유 때문이다.

그렇다면 고대 그리스의 땅에서 이와 같은 정신적 태도가 싹이 튼 이유는 어디에서 찾을 수 있을 것인가? 그 중요한 배경으로 생각되는 것은 그리스의 지리적 환경과 정신적 풍토이다. 그리스人은 세계를 넓게 관찰하였고, 그리고 처음부터 해상무역에 종사하였다. 그리스 주변에는 이집트, 메소포타미아 등 이미 긴 역사를 가진 독자의 문명이 존재하고 있었으며, 그리스人은 이들 지역과 교류하면서 우주상이나 자연관 등 다른 문화의 지식을 흡수하였다. 그러나 이들 지식은 각각 문명을 신화적으로 생각하는 것과 혼성되어 있으며, 그리스人은 오리엔트 문명 중에서 객관적·보편적인 요소만을 선별적으로 수용하는 상황임에 틀림없다.

도시국가인 폴리스는 최성기에 선거권도, 피선거권도 없는 노예를 기반으로 하는 지극히 불충분한 민주제도를 확립하고 있었다. 그래서 그리스 시민에게는 다른 오리엔트 여러 나라와 비교하여 민주적이고 자유로운 정신이 흐르고 있었다. 특히나 최초로 자연철학의 발생을 보게 된 그리스 식민지에서는 지금까지의 전통적 사고나 습관에서 자유로운 기풍이 존재하고 있었다. 이들 환경은 신화에서 벗어난 자연관을 형성하는 데 아주 좋은 토양이 되었다고 할 수 있다. 이런 민주적 제도와 자유로 인한 유럽 문학, 예술, 과학 및 철학의 성취를 역사가들은 'the Greek miracle'이라고 부르기도 한다. 그러므로 고대 그리스는 이른바 과학정신이 탄생한 땅이 된 것이다.[1)]

2. 과학정신 탄생의 요인

개인의 자유에 바탕을 둔 민주제도라는 새로운 제도는 고대 오리엔트와는 다른

---

1) 伊東俊太郎 외 편, 건게서, p. 272.

내용의 유럽의 문명을 발전시켜 또 다른 과학적 정신의 탄생을 가져왔으며 몇 가지의 요인을 생각할 수 있다.[2)]

첫째는 지리적 환경과 식민운동을 들 수 있다. 지리적으로 그리스는 지중해의 동쪽에 돌출한 반도로 아름답고, 산맥이 종횡으로 뻗어 있으며, 목초와 재목은 많았으나 생산물은 빈약하고 토지는 황폐화하였다. 인구가 늘어남에 따라 그리스는 해외에 식민지를 찾았다. 이 식민지의 탐색이 그들에게 모험심이나 기업의욕을 고취시켰음은 당연하다. 그래서 그들에게 적극적이고 진취적인 성격이 양성되었다.

둘째는 새로운 형식의 외국과의 통상이 시작되었다. 통상에서는 올리브 기름, 포도주, 도자기, 무기 등을 수출하고 곡물을 수입하였다. 종래의 통상은 물물교환이었으나 B.C. 9세기경부터 小아시아에서 시작된 화폐제도가 널리 퍼져 통상이 그때까지보다 자유롭고 손쉽게 되었다. 결국은 대중 생활에 풍요로움과 편리함을 안겨주었다. 이 화폐제도의 발달로 상인을 물물교환의 제약에서 해방시키고 상업의 확대를 대단히 쉽게 하였다.

셋째는 그리스人이 알파벳을 완성한 사실이다. 고대 오리엔트의 복잡하고 수가 많은 표의문자는 일반대중에 대한 교육의 보급을 방해하였다. 페니키아의 글 체계인 aleph와 beth에서 진화한 알파벳인 표음문자는 24문자(지금은 26자)만 기억하고 있으면 어떤 표현도 가능하였다. 알파벳 문자는 음절이나 一語 전체를 표시하는 상형문자로부터 발달한 것이다. 특히, 미술적이긴 하나 이해하기 어려운 이집트의 성각문자는 생각이나 사상을 발표한다는 문자 본래의 목적 이외에 다른 부속적 기능도 갖게 되어, 그리스에서는 전문적인 서기관이라는 직업이 없어지고 시민은 자유롭게 책을 읽거나 글을 쓸 수 있었다(그림 5 · 1 참고). 그래서 알파벳의 발명과 보급은 그대로 대중의 지식보급과 향상에 공헌하였다.

넷째는 그리스의 도시에는 어디에나 아고라(agora)라는 광장 겸 시장이 있었다는 점이다. 아고라는 도시에 있는 그리스人의 공공의 집합소였다. 그곳은 사회생활이나 상행위, 또 정치활동이나 제사의 예의범절 등을 행하는 중요한 곳이었다. 중요한 사실은 아고라에 시민들이 몰려들어 자유스럽게 논의를 하였다는 점이다. 따라서 개인의 주체성이 인정됨과 동시에 논리적인 변증법이나 사고방식이 양성되었다고 생각된다.

다섯째는 노예제도이다. 고대 오리엔트와는 달리 그리스의 노예에는 포로노예, 구매노예 및 부채노예 등이 있어 그 취급도 다양하였다. Polis의 엘리트들(귀족, 부

---

2) 平田 寬, 전게서, 上, pp. 23~25.

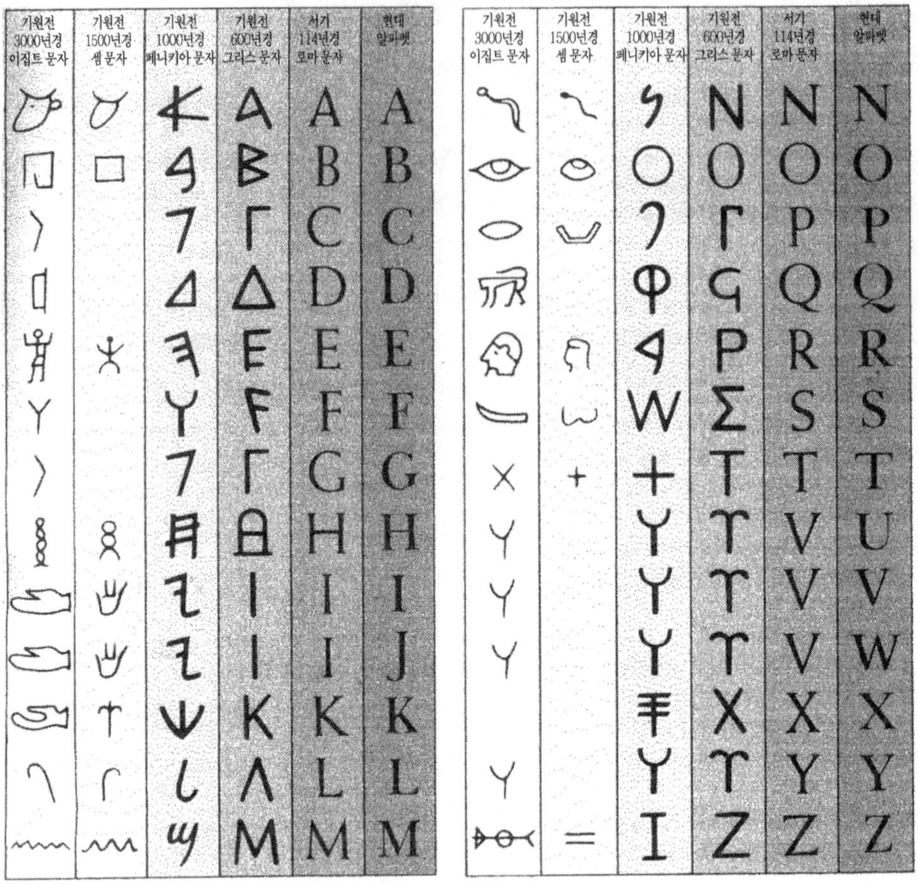

그림 5·1 알파벳의 발달과정

유하거나 신흥 상공업자들)은 하층계급이나 노예의 희생으로 한가(閑暇, schole ; 이것은 영어의 school의 어원)를 가지게 되어 이들 엘리트 중에는 이 한가함을 이용하여 면학을 하거나 외국에 유학을 하여 지식을 풍부히 하고 연찬도 하였다.

마지막으로 지식의 동시적 섭취라는 문제이다. 그리스人은 고대의 지중해 연안에 있는 이집트人, 메소포타미아의 여러 민족, 페니키아人, 히브리人, 페르시아人 등과 비교할 때 다행스럽게도(?) 신참자였다. 이 신참자는 선진 제국의 각기 천지창조 신화, 우주상, 자연관, 사생관, 제의방식, 경제활동, 일상의 습관이나 생활의 차이에 직면하였을 때 그냥 수용하는 것이 아니라, 그 차이를 비교, 진실여부를 음미하고 비판하여 가장 객관성이 있거나 논리적으로 입증되는 것만을 선택하였다. 그들의 과학정신 일부에는 아니미즘적, 목적론적인 요소의 뿌리가 남아 있었다.

이상과 같은 몇 가지의 요소가 합쳐져 그리스에서 최초의 과학정신이 탄생하였으나, 노예제를 기초로 한 고대 그리스 사회에서는 자유민과 노예와의 사이에는 명확한 구분이 되어 있어, 기술을 직인의 손작업, 노예의 육체노동과 관련시켜 그리스의 교양인이나 상류의 시민들은 기술을 멸시하였다. 기술, 특히 생산기술은 육체노동과 연계된다고 하여 경시하는 풍조가 생겼으나 그리스 세계에서 기술이 전혀 발달되지 않은 것은 아니었다. 생산기술 분야에서는 현저한 발전은 없으나 토목기술, 도르레나 나사를 이용한 기계장치, 과학의 원리를 응용한 장난감, 군사기계 등의 분야에서는 제법 많았다.

5.2 이오니아 시대의 자연철학 — 신화에서 과학으로

자연과학적 사고의 최초는 그리스 본토가 아니고 이오니아(Ionia) 식민지에서였다. 이 이오니아 식민지는 아시아 세계와 그리스 처녀지를 연결하는 교량의 위치를 차지하며, 철학과 자연과학이 시작되는 2~3세기 이전부터 문예의 영역에서 크게 번성하였다.

B.C. 6~B.C. 7세기, 에게(Aegean)해 동해안 그리스의 식민지인 이오니아(Ionia) 지방은 교통·무역에 유리한 지리적 위치를 이용하여 상업적인 발전을 시도, 화폐도 생기고 유통경제의 진전과 더불어 동서문화의 접촉도 빈번하였다. 도시국가가 번영하였고 자유로운 분위기도 충만하여 생활에 여유를 가진 사람들이 내사인을 사색하게 되었다. 이 때 수도인 밀레토스 등에 처음으로 '세계는 무엇으로 만들어졌으며, 자연이란 무엇인가'를 이론적으로 고찰하는 사람들이 나타났다. 그것은 오늘날과 같은 자연과학은 아니었으나 자연과학이 탄생하여 발전하는 데 필요한 사상적 전제로 이것을 '이오니아의 과학적 전통'이라고도 부른다. 아울러 동시에 시작된 세계의 지혜이기도 하다.

1. 밀레토스 학파 — 물활론

그리스 최초의 자연철학자인 탈레스(Thalēs, B.C. 640~B.C. 546)(그림 5·2)는 小아시아의 그리스 식민도시이고 학문의 고향이며, 철학의 탄생지인 밀레토스 출신으로, 학문(철학과 과학)의 아버지라 불리는 인물인데, 만물의 근원(arche, principle, 기본물질)이 무엇이냐 하는 큰 문제에 당면하여, 물이 생물에게 불가결한 것이고, 물은 3형태(액체, 고체, 기체)로 되는 성질을 가지고 있다는 것을 생각, '물'이 만물의 원소라고 주장하였다. 이런 견해는 물질적·객관적·보편적·체계적으로 고찰하고자 하는 과학적 정신의 최초의 싹으로, 그때까지 자연을 신화적·주술적으로 다룬 것에 비하면 큰 전환이었다. 이는 모든 것을 생성, 소멸, 변화, 운동이라는 연관성에서 이해하고자 하는 것이었다(자연 발생적 변증법). 그는 또 피라미드의 높이나 바다 위 멀리에 있는 배까지의 거리를 측정하면서 수학의 연구에서 법칙성을 찾았다.

탈레스에 이어 밀레토스 제2의 철학자 아낙시만드로스(Anaximandros, B.C. 610~B.C. 547)가 등장하였다. 그는 만물의 근원이 '무한정·무진장한 것(apeiron)'이라 하였다. 그것은 불과 공기, 흙과 물 같은 대립물이 존재하는 이전의 상태를 지칭하고 있으며, 그는 태양·달·별 등을 포함하는 우주의 형성을 신을 개입시키지 않고 기계적으로 설명하고자 하였다.

세 번째의 밀레토스 학자 아낙시메네스(Anaximenés, B.C. 526년경 사망)는 '공기'가 만물의 근원이라 생각하였으며, 공기가 희박하게 되면 열이 생기고 농도가 진하게 되면 냉(冷)이 생긴다고 하였다. 그는 최초로 세계지도를 만들기도 했으며, 탈레스의 가장 중요한 제자이기도 하다. 위의 3人을 '밀레토스 학파'라 부르며, 이들이 생각하는 물질을 '살아있는 물질'로 보고 이들의 주장을 '물활론'(살아 있어, 운동하고, 변화하며 잡다한 것으로 나누어져 만물이 생성된다고 봄)[3]이라 한다.

마지막으로 에페수스의 명문 출신 헤라클레이토스(Herakleitos, B.C. 540~B.C. 480)는 자연과학자라기보다는 철학자로 유명하다(그림 5·3). 만물의 근원을 '불'이라 하고, 불이 수축하여 습하게 되면 물이 되고, 물이 응결하면 흙이 된다. 반대로 흙이 액화하여 물이 되고, 물에서 남는 것이 불로 된다고 하여 '만물은 유전한다

그림 5·2 탈레스

그림 5·3 헤라클레이토스

3) 紫藤貞昭 편, 전게서, p. 31, p. 37.

(panta rei)'고' 생각한 학자로, 운동과 변화를 중시하였다. 따라서 자연을 운동상태에 의해 변증법적으로 본 최초의 사람이다.

2. 세계의 원리는 수 — 피타고라스[4)]

우주를 설명하는 열쇠로 수를 중요시한 사모스 섬 출신의 피타고라스(Pythagoras, B.C. 582~B.C. 500년경)(그림 5·4)는 '세계의 원리(근원적인 존재)는 수'라고 생각하여 우주의 구조를 수로 표시하려 하였다. 우주의 모든 현상의 배후에는 수적 조화, 수학적인 합법칙성을 가지고 있다고 보는 사상이다. 가장 유명한 것은 「피타고라스의 정리」(Pytagorian theorem)이다. 고대 그리스의 수학자·종교가이며 南이탈리아에서 종교적 교단을 창립하여 활동하였다. 그의 제자들 가운데 과학적 연구에 정진한 피타고라스학파는 수학의 연구를 중요시하여 우주의 수적 조화, 수학적 질서를 주장하였다. 그래서 아리스토텔레스는 '피타고라스학파에서는 수학이 철학이다'라고 말하였고, 따라서 수학의 신비가 중심이었다. 이를테면 결혼은 5, 영혼(生氣)은 6, 건강은 7, 사랑은 8이라고 하는 등이다.

그림 5·4 피타고라스

3. 지구와 천문

밀레토스의 헤카다이오스(Hekataios, B.C. 약 550~B.C. 475년경)는 「대지의 주위」라는 저서에서, 세계는 평평한 원주이고 둘레는 물이 흐르고 있으며, 크기는 유럽

4) F. Dannemann(安田德太郎 외 역), 大自然科學史, vol. 1, p. 127, 三省堂.

과 아시아로 나뉘어지고 아시아에는 리비아가 포함되어 있다고 하였다. B.C. 4세기에는 아리스토텔레스가 지구를 중심으로 한 우주체계를 만들었다. 그는 지구중심설(천동설)을 주장하였는데 그 후 1500년 이상 지배적이었다.

스트라톤(Straton, ?~B.C. 270년경)의 제자인 아리스타르크스(Aristarchos, B.C. 310~B.C. 230년경)는 지구가 태양을 중심으로 공전하고 있다고 하였다. 하지만 그의 태양중심설(지동설)은 좀체 시민에게 수용되지 않았다. 그러다가 대지는 둥근 형상(지구)이라고 주장한 것이 피타고라스 학파라고 한다. 일식 때 달에 만들어지는 지구의 그림자, 해안에서 멀리 있는 배를 볼 때 선체가 점차 보이지 않는 현상 때문에 그렇게 추정한 것이다. 그래서 우주의 구조로는 일종의 지동설을 생각하고 있었다.

우주의 중심에는 그림 **5·5**와 같이 큰 불덩어리인 '중심 불'이 있어 그 둘레를 지구와 태양, 기타의 혹성이 회전하고 있으며, 인간은 지구의 반구면에만 살고 중심 불의 둘레를 공전하고 있다고 본 것이다. 중심 불을 둘러싸고 지구의 궤도상 반대쪽에는 '대지구(對地球)'가 있어, 지구와 같은 속도도 회전하고 있다. 이 우주의 구조에는 중심 불을 제외하고 지구, 대지구, 달, 태양, 수성, 금성, 목성, 토성, 혹성이라는 9개의 천체가 있다.[5)]

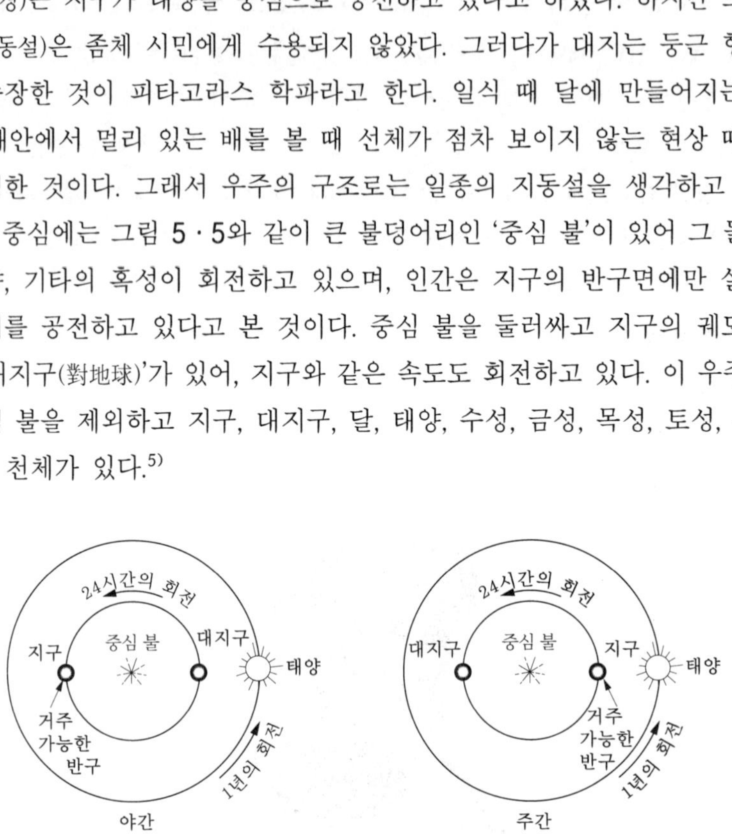

그림 5·5 피타고라스 학파의 변칙적인 지동설

4. 이성과 감성의 통일

이오니아의 과학전통의 두 번째는, 자연계의 진리를 생각하는 데 感性(감각)을 활동시켜 자연계의 끊임없는 변화를 그냥 관찰하는 것이 아니고, 그것을 이성으로 정리하는 등의 감성과 이성을 통일하여 생각해야 한다고 보았다.

시칠리아 섬의 아그라가스人인 엠페도클레스(Empedocles, B.C. 490~B.C. 430년경)는 생성·소멸, 변화·운동을 부정한 엘레아 학파의 논리에 기본적으로는 따르면

5) 平田 寬, 전게서, 상권, p. 30.

서, 다른 한편으로 감각이나 일상경험을 통해 생성·변화하는 세계를 학문적으로 설명하는 방도를 새롭게 탐구하였다. 그는 만물의 근원이 '불·공기(風)·물·흙'의 넷이라는 원소설을 주장하였다. 이 넷이 만물의 근원적 요소로 시원원소(복수원소설)라고 하였으며, 만물은 이 원소의 혼합으로 생성되고 분리에 의해 해체된다고 하였다. 이 4개의 혼합을 가능하게 하는 힘을 '愛(사랑, Philia)', 분리시키는 힘으로 '憎(미움, Neikos)'을 도입하여 세계는 이들 사랑과 미움이 완전히 지배하는 시기가 순환적으로 반복된다고 설명하고, 이 원소는 스스로 운동하는 활력을 구비한 물질로 생각하여 '물활론'을 주장하였다.

한편, 아낙사고라스(Anaxagoras, B.C. 500~B.C. 428년경)는 엠페도클레스의 4원소설(4原素說)과는 다른 새로운 자연철학을 주장하였다. 즉, 존재의 무한 가분할성(可分割性)과 어떠한 사물이라도 그 안에는 질적으로 다른, 각기 고유의 성질을 갖는 무수한 극소 미립자인 '종자(spermata, sperma)'가 있다고 주장하여, 자연과 현상의 세계를 설명하는 길을 열었다. 따라서 물질의 변화는 종자의 혼합·분리에 의한다는 다원적 원소론을 펴기도 하였다.

5. 원자론과 물질전화설

이오니아의 과학적 전통을 총정리한 사람이 아프데라 출신의 데모크리토스[Democritus, B.C. 460(67)년경~B.C. 370(60)년경](그림 5·6)이며, 가장 합리적인 자연의 해석방법으로 원자론을 완성하여 다원론자 중에서 으뜸을 차지하였다. 그의 원자론 세계는 충실체로서의 무수한 원자(atoma)와 원자들이 운동하는 공간으로서의 진공 또는 공허(kenon)의 둘로 되어 있으며, 원자는 물체를 분할하여 그 이상

그림 5·6 제자에게 원자론을 설명하는 데모크리토스

분할되지 않는, 눈에 보이지 않는 미립자라고 생각하였다. 원자는 그 기하학적 성질(모양·크기·배열)만이 다르다고 하여 무거운 원자단은 우주의 중심(大地)에, 가벼운 원자단은 하늘 높이의 천체가 된다. 그런데 모든 것은 흙·물·불·공기의 4원소가 바뀌어 변화한다고 아리스토텔레스는 강조하였다.

4원소의 물질전화설은 불은 열과 건, 공기는 열과 습, 물은 한과 습, 흙은 한과 건을 추상적으로 대표한다. 만물의 모든 조성 및 성질의 변화유전은 이들 한·열·건·습의 네 성질의 이합집산(離合集散)으로 결정된다는 것이다.

데모크리토스는 천문학, 의학, 농업, 공학, 병학과 그 이전의 많은 학술에 대해서도 논하였으며 과학적 동물학, 식물학 및 광물학에 관계되는 최초의 논문도 발표하여 최고의 백과전서적인 학자였다.

6. 과학적 의학의 성립 — 히포크라테스

초기의 의학에는 세 개의 큰 흐름이 있었다. 첫째는 대체로 가장 오래된 의학의 신 아스클레피오스(Asklepios)를 제사하는 신전의학이고, 둘째는 남 이탈리아의 철학적 의학인 피타고라스 학파, 셋째는 실제적 의학인 이오니아 계통의 히포크라테스 학파이다.[6)]

인체의 질환을 치료하고자 하는 노력도 자연과학의 확립을 유도한 가장 오랜 원인의 하나임에는 틀림이 없다. 이런 노력이 사람의 관찰력을 예리하게 하여 주위의 자연물에 주목함으로써 의학에 기여하고자 시도한 것이다.

동양과 이집트에서 발생한 지식이나 비전이 그리스 의학에 강하게 영향을 끼친 것은 의심할 여지가 없다. 이러한 기초 위에서 그리스 의학이 전개된 것이다. 그리스 의학은 고대 오리엔트의 여러 나라와 같이 종교적·주술적 요소를 가진 신전의학이었고, 그리스 의학의 발전에는 올림피아드(Olympiad)에서 B.C. 776년에 시작하여 4년마다 열리는 운동경기(그림 5·7 참조)가 크게 기여하였다. 그러다가 醫聖 또는 '의학의 아버지'라고 하는 그리스 최초의 과학적 의사 히포크라테스(Hippocrates, B.C. 460~B.C. 377)(그림 5·8)가 등장한다. 의사는 병을 고치는 데 있어서 '일반적인 인간의 본질, 각 개인의 본질, 그리고 각 질병의 성질이 지닌 본질을 고려해야 한다'는 개념을 최초로 제안하였다. 그의 경력은 불확실한 점이 많으나 그리스에서 가장 오랜 의학서인 「히포크라테스 집전」(*Corpus Hippocraticum*, B.C. 4세기) 중의 여러 논문에서 그의 연구나 학설을 알 수 있다.

---

6) S. Mason(矢島祐利 역), 과학의 역사, 상권, p. 27, 1967, 岩波書店.

그림 5·7 운동경기를 묘사

그림 5·8 의학의 父 히포크라테스

히포크라테스는 '인간은 산소성 생물이다'라는 명언을 남겼으며, 의학사상의 특색으로 다음의 세 가지를 들 수 있다.[7)]

(1) 미신과 무지에의 도전

당시 간질병을 신성한 병이라 하였는데, 그는 논문 「신성병」에서 간질병은 뇌에서 유래된다고 설명하고, 신에 의한 병이란 주술사나 무당 의사의 미신이나 무지 때문이라고 단언하고, 종교나 미신을 의학이나 의술에서 배제시키려고 하였다. 정신의 장애를 신체질환의 관계로 보는 것이 큰 진전이다.

(2) 思辨과 가설에 대한 거부

의술은 자연학자와 같이 훌륭한 가설을 세우거나, 인간의 질병이나 사망의 원인이 되는 것을 일괄적으로 보편적인 동일한 원리로 취급하는 것은 공허한 이론이라고 통박하고, 참된 의술이란 먼저 한 사람, 한 사람의 육체적·정신적 조건의 차이를 면밀히 조사하여, 거기에 각기 대응하는 구체적인 처치를 하는 것이라고 주장한다. 그는 경험이나 개별관찰의 귀납법을 유추하여 체계화하고 기술과 과학적 방법의 융합을 기하는 것이라 하였다.

(3) 4 체액설의 주장

해부학, 생리학, 병리학에 대한 지식이 충분치 못하므로, 이 분야에서는 히포크라테스도 사변적·도식적 생각(그림 5·9)을 한다. 인체에는 네 개의 체액 또는 液汁, 즉 혈액(血液)·점액(粘液)·황담즙(黃膽汁)·흑담즙(黑膽汁)으로 되어 있고, 이

7) 平田 寛, 전게서, 상권, p. 34.

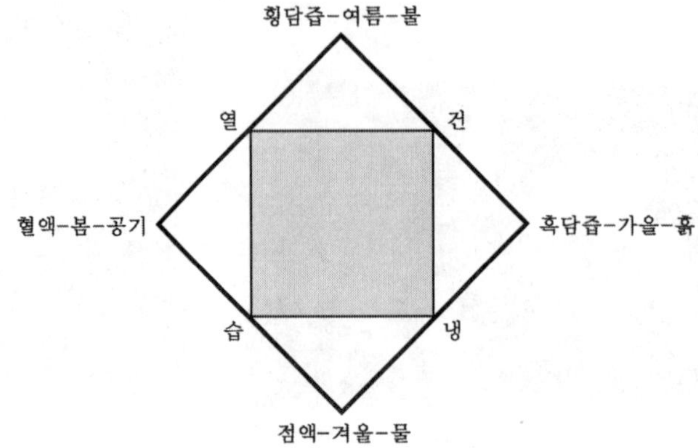

그림 5·9 4 체액설

들의 혼합이나 힘·양이 평형을 이룰 때에는 건강하고, 그렇지 않을 때는 건강하지 않다고 하였다. 그래서 이들 4체액은 각각 계절의 4계와 공기·물·흙·불의 4원소, 습·건·냉·열의 네 성질과 관련지었고, 정신의 장해를 신체질환의 요인으로 보았기에 자연을 치유적 인자로 인정하였다.

또, 절제와 근면을 위생학상 대단히 높게 평가하여 합리적 예방법으로 생각하고, 치유적 수단으로 음악까지 권장하였다. 혈액은 붉은 색의 액체, 흑담즙은 검은 응혈이고, 황담즙은 황색의 혈청을 나타내며 점액과 관계 있는 것은 섬유소이다. 그래서 자연치유의 진행을 제일로 간주해 약물요법보다는 양생법이라든가 식이요법을 중요시하였다. 그리고 「히포크라테스 집전」 안에는 B.C. 4세기 이후 후기 피타고라스 학파에서 유래된 것으로 전해진 의사의 직업윤리인 '히포크라테스의 선서'란 문장이 있다.

이 선서에는 의사와 환자 사이의 신뢰성, 환자에 대한 의사의 책임, 그리고 사회적 신분에 관계없이 누구든지 치료해야 하는 의사의 의무와 같은 기본적 신조가 포함되어 있으며, 이 외에도 지침·학식·예절·의사 등 뛰어난 윤리적 내용이 담겨 있다. 이 흐름은 세계 의사협회의 제네바 선언(1948, 1968)으로까지 계승되고 있다.

5.3 아테네 시대의 자연철학

서 아시아의 그리스 식민지의 여러 도시에서 꽃이 핀 그리스 문화는 이후 그리스 본토까지 전파되었으나 그 중심은 역시 아테네였다. 소크라테스, 플라톤, 아리스토텔레스 등이 활약하여 창조적인 문화가 탄생하였다.

소크라테스에 따르면 철학자의 첫 번째 일은 인간과 인간사회의 질서를 부여하는 것이며, 자연계를 이해하거나 지배하는 것은 아니라고 했다. 그는 자연철학을 거부하고 무엇보다 윤리적·정치적인 색채가 있는 여러 문제와 관련시켰다.

1. 이디아론—플라톤

고대 그리스의 철학자인 플라톤(Plat́on, B.C. 427~B.C. 347)은 아테네의 명문출신으로 젊었을 때는 정치가를 지망하였으나 소크라테스(Sokrates, B.C. 469~399)의 刑死(B.C. 399)에 영향을 받아 12년간에 걸친 내적·외적 편력시대를 거친 후, 마침내 철학적 정신과 정치적 권력의 일체화를 기하는 철인통치의 사상에 이른다. 그는 B.C. 387년경 哲人 정치가의 육성을 위해 아테네 교외에 학원 아카데메이아(Akademeia, 영어 academy의 원어)를 창설하고 조직적인 교육을 통해서 소크라테스의 '도덕적 진리(善)의 사상'을 체계적으로 학문화한 '이데아(idea)론'을 적극적으로 전개했으며 「향연」, 「파이돈」, 「국가」(전 10권) 등 저술활동도 계속했다.[8] 이 아카데메이아는 플라톤의 제자와 계승자에 의해 약 900년간 지속되었으나 529년 로마 황제 유스티니아누스에 의해 폐쇄되었다.

플라톤은 철학이 보편성을 요구하는 이상, 우주 본질에 관한 이론을 포함시켜야 한다고 생각하였고, 이 이론은 윤리학이나 정치학·신학에 종속시킬 수 있다. 그래서 플라톤은 자기의 정치학적·신학적 견해와 조화시키고 거기에 종속시키는 자연철학을 전개하였다.

그는 자연을 자연 그대로 설명하려 하였으나, 실제 진정한 세계는 지상이 아니고 천상이며, 그곳은 '불변불멸의 세계(이데아의 세계)'라 하여 이것을 플라톤의 이데아론이라 한다. 이 관념에 따르면 인간의 혼(정신)은 현실 세계의 감성이 아니고, 거기서 떠나 이성에 의해 이데아 세계를 추구하는 것이 중요하다고 내다보았다. 그는 우주창조에 대해서도 신화를 부활시켜 저서 「티마이오스」(*Timaios*)에서 우주창조의 순서를 설명하였다.

세계는 영원히 옛날부터 존립하는 것이 아니었고 세계에는 시작이 있고 창조자가 있다. 영원한 것은 여러 가지 '이데아'뿐이고 창조자(즉, 기동적 원리)가 이 이데아를 비로소 형체가 없는 물질계의 시원적(始元的) 토대(흔히, 카오스와 비교)에 연결시켰으며, 그 결과 이룩된 것이 세계의 무한성이 아니라 단 하나의 세계이고, 그것

8) 伊東俊太郎 외 편, 전게서, p. 914.

은 가장 완전한 형체, 즉 둥근 모양을 이룬다고 하였다. 한편, 「티마이오스」에서 플라톤은, 천동설의 입장에서 혹성이나 태양, 달의 운행이 다른 항성의 똑같은 운행과 비교하여 불규칙이라고 주장했다.

한편, 플라톤 자신의 철학사상을 의미하는 '플라톤 주의[9](Platonism)'의 특색을 현실주의에 대한 이상주의, 육체(물체)에 대한 혼(마음, 정신)의 우위, 철학자의 통치에 의한 이상국가의 구상, 수학의 중시, 개체에 대한 보편의 우선 등이라 하였는데, 어느 것이나 플라톤 철학의 중심인 이데아론에서 유래된다.

2. 철학에서 과학으로—아리스토텔레스

마케도니아의 아뮨다스 2세의 진료의사 니코마코스(Nikomachos)의 아들로 태어난 고대 그리스의 철학자이면서 '생물학의 아버지', '萬學의 조상' 또는 '아는 자의 스승'으로 알려진 아리스토텔레스(Aristoteles, B.C. 384~B.C. 322)(그림 5·10)는, 17세에 아테네에 나와 20여 년간 당시 학문의 중심인 플라톤의 아카데메이아에서 공부를 하고 플라톤의 수제자가 되었는데, 그는 타고난 생물학자이다.

그림 5·10 플라톤(左)과 아리스토텔레스(右)

(1) 자연과학

저작 중 가장 특별한 것은 자연과학에 대한 저서로, 물질체계의 보편적 조건이나 우주구조에서 지구상의 개개 동물·식물의 설명이나 해부에 이르기까지 총괄적인데, 「물리학의 강의집」, 「천계에 대해서」, 「생성과 소멸에 대해서」, 「기상학」 및

9) 伊東俊太郎 외 편, 전게서, p. 915.

「역학의 문제」 등이다. 아리스토텔레스는 선인들의 산재된 하나하나의 지식을 종합하여 저서로서 후세에 남긴 것이고, 반면에 그는 지식의 무비판적인 태도에도 만족하지 않고 철학원리를 모든 과학의 통일체계로 전개한다는 자연과학의 관찰적 방법을 변증법에 결부시키고자 노력하였다.

(2) 생물학의 수립[10)]

그는 540종의 동물을 그 형태의 변화에 따라 분류하고 50종의 동물을 해부하여 해부학적 구조연구를 시도하여 생물학을 본격적인 학문으로 체계화시킨 사람이다. 아리스토텔레스는 에게海의 동물을 중심으로 수많은 동물을 관찰했는데, 그 성과로 「동물지」, 「동물부분론」, 「동물운동론」, 「동물발생론」 등이 남아 있고, 가장 중요한 저서는 바로 「동물지」이다. 이것은 고대 최대의 동물학 서적으로, 그 내용은 동물의 설명뿐만 아니라 그 구조나 기능, 또 발생이나 생태에까지 미치고 있다.

아리스토텔레스는 동물분류를 시도하며 관찰에 근거해 유혈, 무혈, 태생과 난생, 완전알과 불완전알 등의 형질이나 기능을 분류 기준으로 삼으려고 하였다. 또, 사람의 기능에 대해서도 위계론적 관점에서 몸체의 상반부는 하반부보다 우위에 있고, 심장은 상반신의 중앙에 있으며 체내에서 최고위의 기관으로 생각하였다. 심장은 영혼을 유숙하게 하며, 정신활동이나 감각・운동의 중추이고 열이나 혈액을 만들며, 혈관을 통해서 혈액・열・영양을 공급하는 것이라고 생각하였다.

지금은 없어지긴 하였으나 「식물의 이론」에서는 자연은 점차적으로 영혼이 없는 것에서 있는 것으로 이행해 간다고 주장했다. 영혼이 없는 것 바로 다음에 식물이 온다. 식물 중에 생명을 가지는 정도의 다소에 의해 서로 구분이 생기며, 식물은 무생물과 비교하면 영혼이 있는 것으로 보이나, 식물과 동물을 대비해 보면 영혼이 없는 것같이 보인다. 그래서 식물에서 동물로의 이행은 연속적이다.

그는 생명의 원리로 영혼론을 주장하였는데 식물은 영양・성장・생식을 책임맡아 성장을 주관하는 식물적 영혼(植物型) 또는 영양적 영혼을 가지고 있으며, 동물은 영양영혼과 감각운동을 책임 맡은 동물적 영혼(動物型)을 갖는다. 인간은 위의 두 개에 덧붙여 사고를 주로 하는 이성이라는 영혼, 즉 이성적 영혼(人間型)을 가지며, 가장 신에 가까운 존재라고 하였고, 그렇게 하여 완전성의 차에 의해 무생물 → 식물 → 동물 → 인간이라는 상하관계를 명시하였다. 인간 그 자체는 전체 창조의 목적인 동시에 중심이었다.

10) 紫藤貞昭 편, 전게서, p. 44.

(3) 자연지리학 및 지질학의 개척[11)]

기상학에 관한 4권의 책에서는 혜성이나 유성의 출현, 구름의 모양과 높이, 이슬, 얼음, 눈[雪]의 성립, 바람이나 뇌우의 발생에 대해서 설명하고 있다. 북극광 현상도 설명하고 있으며, 지진은 밀폐된 공기 때문에 일어나고 무지개는 비교적 상세하게 설명하고 있다. 빛의 반사도 설명하면서 빨강·초록·보라 3색만을 인정하고 있다.

최초의 지리학적 관념은 탈레스나 엠페도클레스에 나타나고 있다. "지구의 같은 장소는 항상 습윤(濕潤)하고 항상 건조한 것은 아니고 하천의 성립이나 소멸에 의해 변화한다. 비슷하게 육지와 바다의 관계도 변한다. 육지가 바다가 되고 현재의 바다인 곳에 육지가 된다. 이러한 사실을 주기적으로 이루어짐을 가정해야 한다. 육지의 자연적 생성은 전체로 느리기 때문에 우리들의 생애와 비교한다면 이야기가 되지 않을 정도로 긴 기간이나 개의치 않는다"고 말하고 있다. 바다물이 점차 줄어든다고 보거나 바다가 태양으로 증발하는 등 물의 기화와 응결도 설명하고 있다.

(4) 4원소설[12), 13)]

「기상학」의 마지막에서 4원소설을 논하고 있다. 상세한 내용은 「발생과 소멸에 대해서」에 나타나고 있는데, 그의 설명에 따르면 4개의 기본감각에 따뜻함(暖), 추움(寒), 축축함(濕), 건조함(乾)이 있고, 이들 감각은 두 개씩 짝을 지어 외부의 영향을 수동적으로 받는다. 수학적으로 말하면 그 결합은 6개이다. 그러나 그 가운데 두 개는 서로 모순이 되어 결합이 불가능하다. 즉, 暖과 寒, 濕과 乾의 결합이 그것이다. 따라서 대상은 네 개뿐이고, 네 개의 원소만이 존재한다. 寒과 乾의 짝지움에는 흙, 寒과 濕에는 물, 暖과 濕에는 공기, 暖과 乾에는 불이 대응된다. 이들 4원소의 혼합에 의해 지구에 있는 전 물질이 생긴다. 또, 각 원소는 각기 「자연적」 장소가 있어 그 방향으로 운동한다고 하였다.

4원소설은 히포크라테스 학파나 플라톤에 의해서 질병의 발생을 설명하는 데 기초가 되고 있다. 신체는 흙·불·공기·물로 되어 있으며, 이 원소의 하나가 많든가 적든가, 그 차지하는 위치가 바뀌어지면 반드시 소동이 일어나서 질병이 발생한다고 하였다. 뿐만 아니라 어느 질병은 습기의 과다로, 어떤 질병은 열의 과다로 설명하고 있다. 나이가 들면 폐 중에 흙의 성분이 들어가고, 그것으로 불이 꺼져

11) F. Dannemann(安田德太郎 외 역), vol. 1, pp. 195~196.
12) F. Dannemann(安田德太郎 외 편), vol. 1, pp. 201~202, p. 205.
13) 伊東俊太郎 외 편, 전게서, p. 28.

죽음이 온다고 생각하였다.

(5) 역학의 원리(운동론)[14),15),16)]

수학의 중요성을 그의 저서 중 여러 곳에서 강조하고 있는데, 최초의 역학도 수학적 사고의 일정단계의 달성으로 이룩되었다. 그는 먼저 운동을 한계가 있는 직선운동과 한계가 없는 원운동으로 보고 있다.

우주는 불생·불멸의 완전한 천상계(천계)와 생성소멸을 끊임없이 반복하는 불완전한 지상계(월하계)로 나누어 이들의 두 영역에는 성질이 다른 질서가 지배한다.

운동론은 월하계와 천계를 별개로 취급하여 월하계에서는 ① 성질에 관계되는 운동(화학적 변화), ② 양에 관계되는 운동(증대, 성장, 감소, 위축의 생물학적 운동), ③ 장소에 관계되는 운동(역학적 운동)의 3종류가 있다고 하였다. 또, 천계는 완전하고 영원·불멸이므로 그 운동은 시작도 끝도 없는 원운동으로 완전운동이며, 그의 우주론은 천체는 球로, 에우독소스(Eudoxos, B.C. 408~B.C. 355)의 동심천구설에 기초해 지구를 우주의 중심으로 생각하는 천동설을 주장하기도 하였다(그림 5·11).

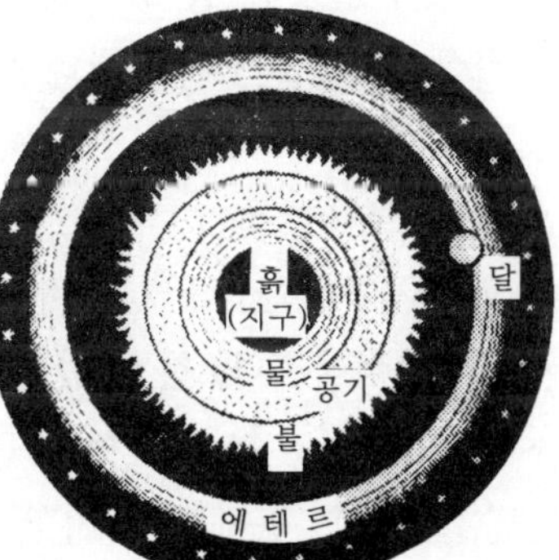

그림 5·11 아리스토텔레스의 천동설

월하계의 역학적 운동에서는 자연적인 운동(상하운동)과 강제적인 운동으로 구분하고, 불완전운동이라고 하였으며, 전자에서는 가벼운 원소는 상승하고 무거운 원소는 밑으로 내려온다. 후자는 물체를 끌어당기거나 밀거나 던지는 운동으로, 인간의 실제활동에 의해 생긴다고 하였다. 한편, 월하계는 불·공기·물·흙의 4원소

14) 平田 寬, 전게서, 상권, p. 35.

15) F. Dannmann(安田德太郎 외 역), vol. 1, pp. 176~178.

16) R. J. Forbes·E. J. Dijksterhuis(廣重 徹 외 역), 전게서, pp. 32~33.

로 되어 있는 데 비해, 천계는 제5의 원소인 '에테르'로 되어 있다고 하였다.

(6) 4원인설

물리학 분야에서 아리스토텔레스는 물체는 항상 작용하는 기동자와 직접 접촉하고 있을 때만 운동을 유지할 수 있다는 견해를 가지고 있다. 만일 기동자가 중단하거나 또 접촉을 상실할 때는 물체는 그대로 정지하고 만다. 이러한 기동자는 자기운동을 하는 유기체의 경우와 같이 내부적일 수도 있고, 또 외력에 의해 물체가 밀리거나 끌리거나 하는 경우와 같이 외부적일 수도 있다.

균질한 물체는 외부적인 발동자에 의해서만 운동을 일으킬 수 있다. 왜냐하면 자기운동을 하는 물체는 반드시 합성물로 기동자와 움직이게 되는 것으로 구성되었기 때문이다. 그래서 자기운동을 하는 합성적인 실체로 존재하는 물체의 경우는 기동자가 움직이게 되는 물체보다 고귀하고 정신적이라 보았다. 그는 "모든 합성물에는 항상 지배적 요인과 종속적 요인이 있다"고 주장한다. 여기서 균질한 물체는 무기물이고 자기운동을 하는 물체는 영혼과 육체로 되어 있다.

물질에 관한 인과관계에서 원인으로 네 개의 중요한 틀이 있다. 첫째는 사물의 질료인이며, 물건을 만드는 제1물질이다. 둘째는 형상인이 있으며, 이는 제1물질 위에 새겨진 계획 · 무늬 · 형상이다. 셋째는 동력인으로 이것은 계획을 실현하는 기구를 준비하고, 넷째는 목적인으로 이것은 사물이 계획되는 목적이었다.[17)]

오늘날 전해지고 있는 「아리스토텔레스의 저작집」(*Corpus Aristotelicum*)은 B.C. 1세기경 안드로니코스(Andronikos)가 편집, 간행한 것인데, 저술은 대화형식, 자료적인 여러 문헌, 학술논문으로 나뉘어지나, 현재 남아 있는 것은 학술논문이 대부분이고 이론적인 것으로는 형이상학, 영혼, 자연학(우주론), 박물학 등이 있다. 실제적 · 생산적인 것으로는 詩學, 윤리학, 경제학, 정치학 등이다.

5.4 헬레니즘 시대의 과학과 기술

1. 인류 최초의 세계문화 — 헬레니즘 문화

알렉산더(Alexander, B.C. 356~B.C. 323 재위) 대왕은 어느 출정이던 공학자 · 지리학자 · 측량사와 동행하였다. 이른바 군대의 학술탐사이다. 이들은 정복지역의 지도를 만들거나 자원을 기록하고 박물학이나 지리학에 관한 막대한 양의 관찰자료

---

17) S. Mason(矢島祐利 역), 전게서, 상권, p. 38.

를 수집하였다. 이렇게 알렉산더의 군대에 의해 수집된 보고는 그리스 과학의 이상주의를 경험주의로 변모시켰다.

일반적으로 B.C. 330년에 페르시아 제국이 멸망(동방세계의 통일)한 데서 시작하여 B.C. 30년에 이집트 왕국이 로마에게 정복(지중해 세계의 통일)당할 때까지 지중해 연안의 동부, 서아시아, 흑해연안을 지배한 300년간을 헬레니즘(Hellenism) 시대(약 B.C. 330~B.C. 30년경)라고 부른다. 이전의 순수 그리스 문화에 대해서 세계화한 그리스 문화, 즉 그리스형 세계문화를 말한다. 이 시대는 그리스 문화를 후세에 전하는 중계역할을 하였다. 그리스 기술의 독창적인 전성기는 B.C. 600년경에 시작하여 알렉산더 대왕이 B.C. 330년에 페르시아 제국을 정복하였을 때 이미 전성기는 끝났다. 그러나 이 정복은 헬레니즘 문명의 막을 올렸다. 이 시대의 큰 문화적 특색은 고전 그리스어 대신에 공통 그리스어가 세계어(코이네, Koine)로 사용된 사실이다. 대부분의 국민이 그리스 문화의 지배하에 살았기 때문이다.

알렉산더 대왕이 정권을 장악하여 그리스 고유의 문화가 지중해 연안·시리아·이집트·페르시아 등지에 이동되어 오리엔트 문화와 융합·형성되었다. 즉 알렉산더 대왕이 정권을 장악하여 그리스, 이집트, 시리아 등 유럽과 오리엔트에 이르는 국가가 되고 동서문화가 융합되었으며, 그리스의 개방적·진보적 사고, 합리주의(이상주의)와 오리엔트 전래(傳來)의 현실주의와 실증적 지식(야금술·건축술·의술 등)이 결합하여 세계화된 새로운 헬레니즘 문화가 형성된다. 이러한 가운데 새로운 과학이 생겨 자연과학이 철학으로부터 독립되기 시작하였으며, 이것이 헬레니즘 과학이며, 전체로 실험이나 관찰이 중요시되었으며, 과학의 전문분화가 진행되었다는 데 그 특징이 있고, 그 중심지는 이집트의 알렉산드리아(그림 5·12)로 당시 세계 최대의 상업도시(추정인구 40만)였다. 이 도시는 아테네를 계승해 지중해의 정치·경제·문화의 중심지가 되었고, 시장의 확대로 수공업과 농업도 번영하여 노예도입을 포함한 무역도 성행, 이른바 '세계를 잇는 중심지'가 되었다.

그림 5·12 알렉산드리아

2. 무세이온의 과학

알렉산더 대왕이 병으로 죽어 성립된 세 나라는 프톨레마이오스(Ptolemios) I세의 이집트 왕국, 안티고노스(Antigonos)의 마케도니아 왕국과 셀레우코스(Seleucus)의 시리아 왕국이다. 그 중에서도 이집트 왕국의 프톨레마이오스 왕조의 최대의 지적 업적은 프톨레마이오스 I세(B.C. 367~B.C. 283 재위)와 프톨레마인오스 II세(B.C. 285~B.C. 247 재위)의 열의로 알렉산드리아에 무세이온(Museion, Museum의 어원)이 창설된 사실이다. 이곳은 일종의 종합적인 학예연구소로 약 100명의 교수가 국가로부터 급여를 받았고 B.C. 3세기 시작부터 389년까지 약 600년간 지속되었으며, 주요목적은 지식의 증가와 보급 및 보존의 세 가지였다. 학자들은 이곳에서 공동생활을 하면서 연구에 몰두했다. 이 연구소에는 천문관측소 · 해부실 · 동물원 · 식물원이 있었고, 도서관의 장서가 최성기에는 70만 권에 달했는데, 오리엔트 관련서는 종교 · 역사서가 많았고, 그리스 고전은 서사시, 서정시, 희곡, 법률, 철학, 역사, 웅변술, 의학, 수학, 자연과학 등으로 분류된다.

이 헬레니즘 시대의 과학은 세계가 확대되었기 때문에 고전 그리스 시대와 같이 폐쇄적이고, 사변적 · 논리적 본위의 학문은 통용되지 못하였고, 개방적이고, 이론을 실제화하려는 진보적 경향이 보인다.

이 시기의 자연연구에 특색을 나타낸 사람으로 스트라톤을 들 수 있다. 그는 논리를 중시하는 이전의 경향을 비판하여 실험 결과를 중시하는 입장을 취하고 실험을 하였다. 진공의 존재를 부인한 아리스토텔레스의 생각과 존재를 긍정한 데모크리토스의 생각을 검토할 때는 물 속에 빈 병을 거꾸로 넣는 실험을 하였다고 하며, 공기 중에 진공이 존재함을 인정하였다.

지리학자 · 수학자 · 천문학자로 프톨레마이오스 IV세의 가정교사, 그 후 무세이온의 소장으로 임명되기도 한 에라토스테네스(Eratosthenes, B.C. 약 273~B.C. 192년경)는 최초로 수학적 지리서 「지오그라피카」(*Geographica*)에서 지구의 크기를 실측하려 해서 유명하다. 지구 둘레의 측정에는 지구가 우주의 중심으로 정지하고 있는 둥근 모양이라고 생각(천동설)하여 39,690 km(오늘날의 실측값은 40,120 km)로 계산하였다.

지리학에서는 선배의 연구를 조사하여 나름대로 최초의 세계지도를 만들었고, 지구상의 인간의 거주지역을 평면화하여 만들었다. 그래서 남북의 거리는 약 6,000 km, 동서의 거리는 약 12,000 km로 계산하였는데, 위치를 표시하기 위해 경도선과 위도선을 고안하였다. 실측(實測)과 기하학에 의해 지구의 크기를 과학적으로 계산하였다는 데 의미가 있다.

사모스의 아리스타르코스(Aristarchos)는 천문학자로 「태양과 달의 크기와 거리에 대해서」라는 저서에서 삼각법을 이용하였다고 한다. 그는 태양중심설을 처음으로 명석하게 전개한 사람이다. 그 밖에도 구면삼각법을 사용하여 관측 천문학이라는 새로운 분야를 개척한 히파르코스(Hipparchus, B.C. 160~B.C. 125년)는 약 1000개의 밝은 별의 위치를 표시하는 별 자리표를 작성하였다.

3. 수학체계의 수립[18] — 유클리드

유클리드(Euclid 또는 Eukleides, B.C. 330~B.C. 260년경)는 알렉산드리아에서 활약한 그리스 수학자로 수학사상 가장 유명한 인물 중의 한 사람이다. 그는 「기하학 교과서」[원론(Elements), 원본(*Stoicheia*)이라 부르기도 함] 13권으로 유명하다. 고대·중세를 통해 근대에 이르기까지 유럽의 논리적이고 합리적인 학문의 모델이었다. 이 책은 성서 다음으로 많이 읽혀진 과학사에서 고전 중의 고전인데, 그의 생애에 대해서는 애석하게도 잘 알려져 있지 않다. 그는 이 책을 통해서 기본적인 465개의 기하학 명제를 논리에 의해 차례로 증명하고 있다. 제1권~제4권의 평면도형론에서 시작, 제13권의 정다면체론에 이르기까지 전체의 체계가 B.C. 300년경에 「원론」이란 형태로 완벽하게 정리된 것은 실로 놀라운 사실이다. 뿐만 아니라 실제문제와 결부시켜 그 자신이 기하학을 천문학, 광학, 기술에 응용시켜 각각 「광학」, 「구면천문학」, 「음향학」, 「기계학」을 저술하였다고 한다.

「원론」은 특히 영국에서는 19세기 말까지도 수학의 기본교재로 사용되었으며, 그래서 1000년 이상 세계 각지에서 사용되면서 각국어로 번역되었다. 한편, 1703년에는 「유클리드 전집」이 발간되었다. 유클리드는 그의 시대의 수학적 지식을 하나의 체계로 정리하였다. 그래서 '기하학의 아버지'라고도 한다.

유클리드의 저서가 너무 방대하고 무미건조함에 놀란 프톨레마이오스 I세가 기하학의 손쉬운 학습방법을 유클리드에게 묻자, 그는 "기하학에는 왕도가 없다"고 대답하였다는 이야기는 너무나 유명하다.

4. 수리물리학의 시작 — 아르키메데스

(1) 기술가 아르키메데스

아르키메데스(Archimedes, B.C. 287~B.C. 212)(그림 5·13)는 유클리드, 아폴로니오스(Apollonios, B.C. 2세기)와 함께 알렉산드리아 시대의 3대 수학자의 한 사람으로

---

18) F. Dannemann(安田德太郎 외 역), 전게서, vol. 1, pp. 243~245.

그림 5·13 아르키메데스

알려져 있고, 과학, 기술사상 최고의 물리학자·실험가이며 천재적인 수리과학자·기계학자이다. 시칠리아 섬의 도시국가 시라쿠사에서 태어나 제2차 포에니 전쟁 중 로마 병사에게 살해되었다. 그의 아버지는 천문학자로 아르키메데스의 연구생활은 천문관측으로부터 시작되었고 그래서 태양·달·혹성의 운동을 모방한 '혹성모형'을 만들었다고 한다.[19)]

앞 시대를 대표하는 아리스토텔레스와 이 아르키메데스 사이에는 약 100년간의 차이가 존재한다. 이 기간은 역사상으로 보아 한편으로는 알렉산더 대왕의 정벌 이후 동양과 지중해 여러 민족의 접촉이 긴밀화되고 다른 한편으로는 로마라는 새로운 제국이 최초의 西지중해 지역을 부분적으로 지배하고 있었고 후에는 고대 문화세계 전체를 장악하고자 노력을 계속해 온 중요한 시기이다.[20)]

아르키메데스 연구의 특색은 이론과 실제를 결합시킨 것으로 저울 등을 이용하여 얻은 역학적 연구에서 수학을 연구하였고 유체 정역학이나 기계학의 연구로 과학과 기술과의 결합을 의도적으로 시도한 인물로 인간성에서 그의 다면성과 천재성을 근세에는 필적할 사람이 없을 정도이며, 아르키메데스의 과학적 의미는 순수수학 및 역학 두 분야에서 볼 수 있다.

(2) 아르키메데스의 업적[21), 22)]

아르키메데스는 π의 계산을 포함하는 「원의 측정에 대해서」에서 계산술에 의해 π의 한계값으로 3.141～3.142라는 값을 산출하였는데, 이는 내접, 외접 정 96변형

19) 伊東俊太郎 외 편, 전게서, p. 30.
20) F. Dannemann(安田德太郎 외 역), 전게서, vol. 1, p. 247.
21) 會田軍太夫, 과학기술개론, pp. 1～10.
22) F. Dannemann(安田德太郎 외 역), 전게서, vol. 1, pp. 248～254, pp. 265～269.

의 변의 길이에 해당된다. 바로 고대수학의 적분법이다. 그는 평면기하학에서 벗어나 입체기하학(공, 원통)을 개척함과 아울러 원추곡선의 문제(求積)에까지 파고들었고, 드디어 미적분의 기초개념을 세워 나중에는 정역학 및 유체 정역학의 기초적 이론을 수립하였다. 그는 플라톤적 수학을 극복하여 수학에 계량적 요소를 대담하게 도입하거나 수학의 실제적인 응용을 의식적으로 고려한 역학(또는 기계학)이라는 새로운 분야를 개척하고, 과학을 통한 기술의 세계를 싹트게 했다.

그는 이집트에 건너가서는 나선(screw) 양수기를 발명하였고, 유클리드의 기하학을 응용하여 '지레의 반비례 법칙'을 만들었다. 그는 경험론적 지식을 기하학적 논증으로 확인하면서 이 법칙을 만들었고, 시라쿠사에 돌아와서는 "지점과 긴 막대만 있으면 지구도 움직일 수 있다"고 하여 지레의 위력을 호언장담하였는데, 당시 히에론(Hieron)왕의 명령으로 만든 마스트가 세 개인 군선을 지레의 응용인 복합도르래로 움직였다고 한다. 물체 고유의 중요한 측정법을 발견하여 그는 부력과 비중에 관계되는 '아르키메데스의 원리'로 유체 정역학 · 수력학의 원리를 확립하였고, 우주의 구조에 대해서는 지구중심의 천동설을 지지하여 사모스의 아리스타르크스의 지동설을 비판하였다. 그림 5 · 14와 그림 5 · 15는 아르키메데스가 발명한

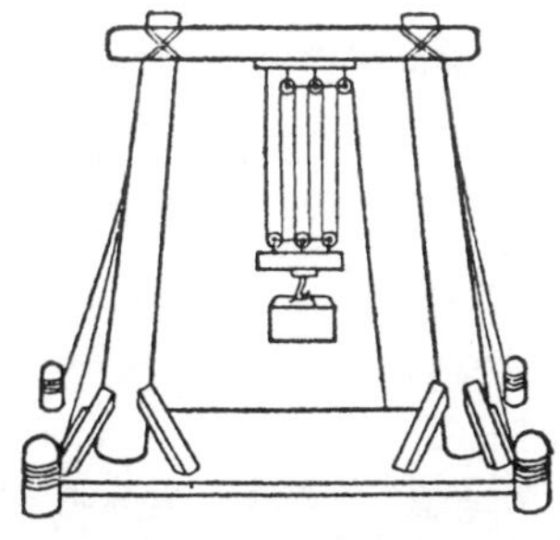

그림 5 · 14 기중기(복합 도르래)

그림 5 · 15 아르키메데스의 양수기

도르래에 의한 기중기와 나사의 원리에 근거한 양수기이다.[23)]

아르키메데스의 저술은 수학적인 저술이나 「원의 측정에 대해서」, 곡선론의 「나선에 대해서」, 무한소분법의 「방법론」이나 「구와 원주에 대해서」 등과 역학적인 저술이나 무게 중심의 문제를 다룬 「평판의 평행에 대해서」, 액체의 기본성질을 다룬 「浮體에 대해서」(아르키메데스의 원리) 등으로 크게 구분되어 오늘날 13종 정도만이 남아 있다.

5. 의 학

헬레니즘 시대에는 무세이온의 원조로 두 사람의 유명한 의학자가 등장하였다. 그 한 사람은 헬로필로스(Helophilos, B.C. 약 300년경)로 해부학의 개척자가 되었다. 알렉산드리아에서는 인체의 해부가 허용되어 해부학과 생리학이 발달하였다. 인체를 해부한 최초의 사람으로 헬로필로스는 운동신경과 지각신경을 구별하여 지각신경의 중추는 뇌에 있다고 하였고, 동맥이 맥동하고 있음을 관찰하였다.

두번째의 의학자인 에라시스트라토스(Erasistratos, B.C. 약 304~250)는 헬로필로스의 해부학도 계속하여 연구하였으나 생리학을 더 중요하게 생각하였다. 대뇌와 소뇌를 구분하고 인간의 뇌가 다른 동물의 뇌보다 복잡함을 발견하였다. 그런가 하면 원자론(진공의 존재를 인정)을 중요시하여 혈액의 흐름이나 호흡, 분비도 이 진공의 원리로 설명하였다. 그래서 기관의 에너지 근원이 되는 것은 혈액과 프네우마(pneuma)라 하였다.

6. 기 술

그리스의 과학·기술에서 새로운 경험적·실제적 경향의 등장은 알렉산드리아에 교양이 있는 많은 기술자들이 출현했기 때문이다. 초기의 그리스 기술자들은 기술적 재능이 높은 수준에 도달하여 있었으나 아무런 기록이 남아 있지 않다.[24)]

알렉산드리아항의 중심에 있는 작은 파로스 섬에는 프톨레마이오스 I세 때 구니토스의 소스트라토스(Sostratos)에 의해 석조의 등대가 건조되어 알렉산드리아와는 제방으로 연결되었다(그림 5·16). 높이는 120 m 이상으로 3층의 탑이며, B.C. 283년에 완성되었고 14세기까지 존속되었는데, 이것은 등대의 역할뿐만 아니라 항구의 출구에 적함이 침입하는 것도 방어하였다. 탑 내부에는 다수의 수비대가 있었기 때문이다.

---

23) 中山秀太郎, 전게서, p. 22.

24) S. Mason(矢島祐利 역), 전게서, 상권, pp. 46~47.

그림 5 · 16 파로스 등대의 복원도

석회암으로 건조된 이 등대의 하부는 한변이 30.5 m의 정4각형이고 2층은 8면체이며, 원기둥 형태의 3층에는 등대의 불이 타고 있었다. 연료는 나선형의 경사로를 당나귀에 싣고 운반하였고, 탑의 1층에는 음료수를 넣는 거대한 물탱크가 있었다. 이 탑은 헬레니즘 시대의 과학, 기술, 예술이 집결된 작품으로 등대가 된 것은 5세기경부터이다.[25)]

B.C. 2세기경에 키츠로스의 건축가 안드로니코스가 아테네에 세운 기념물 「바람의 탑」에는 옥상에 회전하는 청동세의 해신상이 풍향을 나다내게 하였고, 건문 전체에는 복잡한 구조 양식의 큰 물 시계가 있었다.

발명가 크데시비우스(Ctesibius, B.C. 2세기)의 최초의 발명은 이발사를 하고 있는 아버지를 위해 납의 무게를 이용하여 거울을 상하로 움직이는 장치를 고안하였고, 관 속에 공기를 보내어 소리를 내는 악기인 오르간을 만들었고, 더욱 유명한 것은 이집트의 물 시계를 개량한 것인데 기계장치의 물 시계이다(그림 5 · 17). 고대로서는 아주 정확하여 17세기 호이헨스가 진자 시계를 발명할 때까지 실제로 사용되었다. 그 외에도 고대의 비도구 · 축성법 · 식량공급법 · 도시의 방어법 · 공성법 등이 알려지고 있다.

또 크데시비우스와 필론(Philon, B.C. 2세기)은 압축공기나 금속제 스프링의 탄성이 성곽을 공격하기 위한 발사기에 이용되도록 설계도 하였다고 한다. '필론의 일'이나 B.C. 100∼A.D. 150년까지의 어느 기간에 생긴 '헤론의 일'이란 세 가지의 큰 문제, 즉 군사과학과 과학기구, '기계완구'이다. 그러나 당시 지식계급의 '과학적 완

---

25) 伊東俊太郎, 전게서, p. 359.

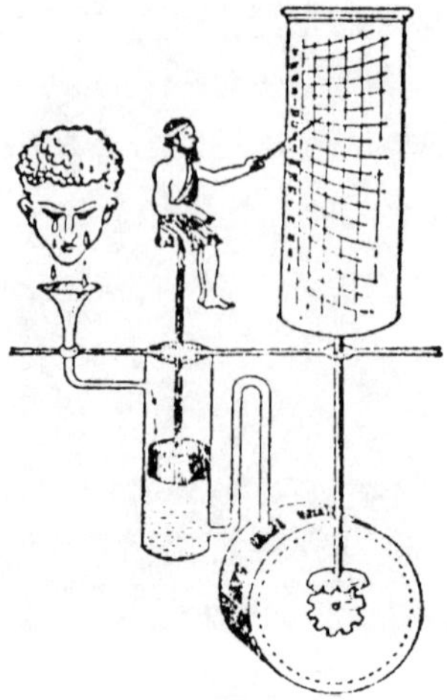

그림 5·17 크테시비우스의 물 시계

구'의 영역을 벗어나지 못하였다.

5.5 고대 로마의 과학과 기술

'로마는 하루 아침에 이루어진 것은 아니다'라고 역사가들은 이야기하고 있는데 고대 로마인에 대해서는 사실상 기록이 별로 없고, 우화(fables)와 신화(myths)로 혼합되어 있는 역사이기에 역사가들조차 어디까지가 사실이고 허구(fictions)인지 구별을 잘 못하고 있다. 또 세계의 모든 도시 가운데 유일하게 약 3,000년 동안 침략·약탈·방화·폭력 등에 견디고 지속된 지금의 이탈리아 수도인 로마시를 '영원의 도시'(The Eternal City)라 한다.[26] 중부의 이탈리아에서 일어난 로마人은 무기의 힘으로 세계를 정복하였다. 이집트가 로마의 속주로 된 것은 B.C. 30년으로 그리스는 그보다 100년 이상이나 앞서 이미 로마에 정복당하고 있다.

로마 국가는 이탈리아를 중심으로 발전한 나라로 그 기원은 B.C. 8세기로 거슬러 올라가나, 로마가 국가로 통일되어 공화정 국가가 된 것은 B.C. 6세기 말이다. 이 공화정이 약 400년간 계속되었기 때문에 카이사르(Gaius Julius Caesar, B.C. 102~B.C. 44)가 독재권을 행사하고, 이어 그의 양자 옥타비아누스(Octavianus, B.C. 63~A.D. 14)가 황제로 원로원에서 아우구스투스(Augustus, 존엄자)의 존칭을 받아 명실상부하게 제1인자로 로마를 지배하였다. 이후 수백 년간 로마의 제정시대가 계

26) Crompton's Encyclopedia, 전게서, vol. 20, p. 240.

속되었는데, 그 사이에 로마는 수많은 전쟁으로 전 유럽은 물론 그 주변의 아시아, 아프리카의 일부까지 광대한 영토를 지배하였다. 지중해의 바닷물이 닿는 모든 해안들이 로마의 영역이었다.

1. 로마 문화의 특색

로마人은 동방에서 자신들에게 정신적 특색을 부여한 그리스를 정치적으로 정복한 것과 같은 정도로 그리스의 과학과 기술의 성과를 응용하였다. 따라서 그들은 그리스人의 주인이 됨과 동시에 학생이 되어 그리스 문화의 충실한 후계자 구실을 하였다. 로마人은 예술이나 과학분야에서는 큰 인물이 되지 못하였으나 기술개발은 그들의 재능이나 그들의 필요성에도 적합하였다.

로마 문화와 그리스 문화의 접촉은 통상으로 시작되었으나 한층 깊은 침투를 본 것은 군사적 충돌을 통해서이다. 로마人은 그리스人이 선발한 계승자라고 하나 처음은 세계를 정복하고 다음에는 이를 지배하기 위한 임무 때문에 과학적 문제에 매달릴 시간이나 기분이 아니었다.

로마의 제정시대는 대다수 황제의 권한이 매우 커서 전제군주정이었으나, 그리스 문화가 앞서고 있었으므로 그 문화는 오리엔트적인 'anonymous적'이 아니고 'eponymous적'이었다. 그래서 로마 문화에는 그리스와 다른 특색이 있었다.[27]

먼저 기독교라는 일신교의 역할이다. 로마의 종래 다신교적 비밀의식인 종교는 기독교가 점차 포교됨에 따라 황제들의 기독교도 박해에도 불구하고 기독교의 세력은 점차 커져 콘스탄티누스(Constantinus, A.D. 306~337 재위)대제는 313년 '밀라노 칙령'에 의거 기독교를 공인하였고, 392년에는 데오도시우스 황제가 국교로 정했다. 그 후는 기독교의 포교가 허용되고 성 베드로 대성당을 중심으로 하는 가톨릭교는 聖俗에 이르기까지 강대한 권력을 행사하게 되었다.

로마가 전쟁으로 영토를 넓혀감에 따라 로마 제국은 점차 확대되고 많은 속주에는 다른 민족으로 구성되어, 이들 여러 민족을 로마의 지배하에 잘 관리하기 위해서는 현실적인 법질서를 지키게 할 수밖에 없었다. 그래서 영토의 확대에 따른 법의 제정이 필요하였다. 그렇게 하여 여러 법학자의 저서나 법전류를 집대성한 것이 유스티니아누스(Justinianus, A.D. 527~565)帝의 「법학대전」이다.

마지막으로 법전류의 제정에도 알 수 있듯이, 로마人은 그리스人과 달리 지극히 현실적·실용적이며 교양있는 민족이었다. 그렇기 때문에 이론적·추상적인 전문

27) 平田 寬, 전게서, 상권, pp. 57~58.

적 학문연구와는 거리가 멀고, 실제적이며 기술적이었다. 행정적·군사적인 면에서는 간선도로망, 수도망, 개선문, 전승기념비 등이 건설되었고, 지방에서는 신전·원형극장·목욕탕 등 노예나 하층 노동자를 동원하여 대공사를 할 수 있었다. 이러한 공사의 재료인 콘크리트의 발명(B.C. 2세기경)은 로마人의 큰 공적이다. 로마人이 세계에 공헌하게 된 유일한 발명은 건축과 군사 및 토목기술에서의 콘크리트 사용이다.

2. 백과전서적 저술가

로마人이 과학에 공헌한 것은 많지 않았다. 그들의 공헌은 다른 방면, 즉 사회조직의 분야 — 공중 의료시설의 설립, 도로와 수도의 건설, 율리우스 달력의 채용, 사회조직을 규제하기 위한 로마법의 성립 — 에 있었다.

로마 시대의 초기는 아직도 그리스人의 활동이 많았다. 과학사편으로 볼 때 그리스 과학시대라고 하는 편이 맞을지도 모른다. 로마人도 그리스人의 문화를 높이 평가하여 그리스 여러 문헌을 모아 편집한 실용적인 백과전서가 많이 만들어졌다.

로마 부근에서 태어난 바로(Marcus Terentius, Varro, B.C. 116~B.C. 27)는 '로마人 중에서 최대의 학자'로 불린다. 그는 73세까지 군인, 정치가로 바쁜 공직생활을 하다 73세부터 90세에 사망하기까지 17년간 정력적인 집필활동을 하여 저서가 무려 74종 620권에 이른다. 그의 백과전서적 저서의 내용은 학문으로 분류되어 여러 학과에 대한 '九권' 또는 '자유학예'라 하여 문법학, 변증법, 수사학, 기하학, 수론, 천문학, 음학, 의학, 건축학 등을 망라하는데 「라틴어론」과 「농업에 대해서」만이 남아 있다. 농업론의 주요 내용은 경작, 목축, 양봉, 어류, 수렵 등이다.

그의 저술 중 후세에 가장 영향을 많이 준 것은 분실되고 없는 「학문론」이다. 그는 학문을 '三科'(문법·수사학·변증술), '四科'(기하학·수론·천문학·음악), 그리고 의학과 건축학이라는 9개의 학과로 분류하였다. 최후의 두 학과는 후세의 학자들의 인정은 못 받았으나 그의 학문분류는 '自由七科'(artes liberales)로 계승되어 중세의 학문론의 출발점이 되었다. '자유 7과'는 노예가 아닌 자유인에게 잘 어울리는 학술의 뜻이다.[28)]

비트루비우스[29)](Pollio M. Vitruvius, B.C. 1세기 후반)는 그의 저술 「건축에 대해서」(*De architectura libridecem*) 10권만이 남아 있는데, 건축을 중심으로 관련기술을 취급한 기술의 백과전서로서 건축의 원리, 역사, 건축재료는 물론 각종의 신전, 가

28) 伊東俊太郎 외 편, 전게서, p. 80.
29) F. Dannemann(安田德太郎 외 역), 전게서, vol. 1, pp. 334~337.

옥, 극장과 그 음향, 목욕탕, 항만 건설, 급수, 시계, 기계기술, 군사기술을 취급하고 있다. 비트루비우스는 군사기계의 제조에 종사하였으며, 당시 건축장관에 임명되기도 하였다. 기술가로서 그는 기술가는 수학에 능숙해야 될 뿐만 아니라 법률이나 의학의 기초에도 통달하여야 한다고 역설하고 있다.

건축술 및 공학(교량가설 · 선박건조 · 수도건설 · 군사용 도로 · 군사용 공사)분야에서 로마人의 업적은 어느 모로 보나 순수한 직인이 하는 영역을 벗어나고 있다. 이들 업적은 과학적, 실제적인 교육을 받은 건축가나 기술가의 존재를 전제로 하고 있다. 철학 · 수사학 · 법률학 및 의학에는 각기 학교가 있었으나 기술가의 학교는 없었다. 따라서 기술부문에 종사하려면 일찍부터 전문가의 제자가 되어야 하였다. 공학 습득의 예비지식으로는 수학 · 광학 · 천문학 · 역사 및 법률이다.

켈수스(Aulus Cornelius, Celsus, B.C. 30～A.D. 45)는 티베리우스(Tiberius)帝 시대에 활약한 학자로서, 저술은 농업 · 의술 · 군사기술 · 웅변술 · 철학 · 법률을 다루었다. 현재 남아 있는 「의술에 대해서」(*De midica*, 8권)는 외과술로 유명하며, 얼굴과 입의 정형, 갑상선종이나 편도선, 방광결석의 제거 등 수술이 설명되어 있고, 원형 탈모는 오늘날도 「켈수스 탈모」라 불려지고 있다.

대 플리니우스(Gaius Plinius Secundus, 23～79)(그림 5 · 18)는 이탈리아 고모출신으로 로마의 박물학자이다.[30), 31)] 12세 때 로마에 나와 웅변술 · 법률을 배웠고, 23세 때 관직에 종사하였다. 58년경 병역을 마치고 로마로 돌아와 10년간 변호사로 근무하다 69년에 다시 官에 복귀하였다. 에스파냐 변경과 아프리카에 행정관으로 근무하면서 과학적 백과전서 작가로 대 저서 「박물지」(*Naturalis historiae*, 37권)를 77년에 저술하였고, 최후의 직책은 해군 제독으로 79년 비에즈비이오 화산의 폭발로 구

그림 5 · 18 대 플리니우스

30) 伊東俊太郎 외 편, 전게서, p. 923.
31) F. Dannemann(安田德太郎 외 역), 전게서, vol. 1, pp. 341～352.

조에 나섰다가 화산활동을 관찰하려 접근하다 그만 유독가스로 죽었다.

「박물지」는 고전 그리스·로마 시대의 지식을 집대성한 것으로 473명의 저자의 문헌에 의해 34,707항목을 수록한 37권의 저서이다. 그의 저술의 근본사상은 자연은 인간을 위해 만물을 창조한 것 같이 보인다는 사고방식이다. 그래서 자연물은 물질 대 물질이 아닌 특히 인간과의 관계에 대해 관찰하고 있다. 그의 저술은 7종류 102권이 있었으나 박물지만이 완전한 형태로 남아 있고, 저서의 내용을 크게 나누면 우주, 지리학, 인류학, 동물학, 식물학, 의학, 광물학, 기예 등이다.

3. 측량술과 천문학

로마人의 측량술은 로마 그 자체와 같이 역사가 깊다. 그 시초는 신관들이 신전 소속의 토지를 구획 정리하기 위해 응용하면서부터였다. 제정시대에 들어와서 측량술이 크게 진보하여 측량에 종사하려면 학교를 마치고 시험에 합격하여야만 되었다. 당시의 측량기기로는 수평면에서 두 개의 정규 자를 교차시킨 직각十字가 사용되었다.

카이사르가 시도한 로마 제국의 측량도 다분히 알렉산드리아 학자들의 영향을 받아 속주의 임대, 군대의 출정, 군함이나 상선의 확장 등 때문이었다. 그러나 그가 죽자 아그리파(M. Agrippa, B.C. 62~B.C. 12)에 의해 30년이라는 세월에 걸쳐 도로를 중심으로 한 측량지도가 B.C. 20년에 완성되었는데, 이탈리아·그리스·이집트에 대해서는 상당한 정밀도를 가졌다고 한다. 그 지도의 일부가 16세기 이후 「페우팅게르의 지도」로 불려진다.

B.C. 46년까지 로마의 달력도 1년이 354일인 태음력을 사용하였다. 그러나 로마의 정치가이고 명장인 율리우스 카이사르(G. Julius Caesar)는 로마의 통일을 고려, 정복한 땅을 포함하는 넓은 지역을 단일화하는 최고의 방법으로 전 주민에 공통되는 역법을 보급시키겠다는 정치적 의도에서 알렉산드리아의 천문역법가 소시게네스(Sosigenés)로 하여금 이집트의 달력을 개량하여 새로운 달력(태양력 : 율리우스력)을 B.C. 46년에 만들도록 하였다. 1년은 365일로 되어 있으며, 4년마다 윤년을 넣어 366일로 하였다. 그래서 1년의 길이는 평균 365일 6시간으로 결정하였다. 실제 태양의 운행과는 그 차이가 약 130년만에 1일이다. 16세기 그레고리오력에 의해 약간의 수정을 하여 그 월명이나 일수도 오늘날까지 이어지고 있다. 바로 다음과 같은 월명과 일수이다.[32)]

32) 平田 寬, 전게서, 상권, pp. 62~63.

1월 이아누아리우스(Ianuarius) …… 31일
2월 페브루아리우스(Februarius) …· 28일
3월 말티우스(Martius) ………………… 31일
4월 아프릴리스(Aprilis) ……………… 30일
5월 마이우스(Maius) …………………… 31일
6월 유니우스(Junius) ………………… 30일
7월 율리우스(Julius) ………………… 31일
8월 아우구스투스(Augustus) ……… 31일
9월 셉템브리스(Septembris) ……… 30일
10월 옥토브리스(Octobris) …………… 31일
11월 노벰브리스(Novembris) ……… 30일
12월 디셈브리스(Decembris) ……… 31일

이 가운데 7월과 8월의 월명은 J. 카이사르와 아우구스투스의 이름을 딴 것이다.

4. 지 리

로마는 자연의 객관적 진리를 찾아, 그것에 기초를 두어 실제면에 응용하는 의미의 과학은 방치하였다. 로마의 지배자들은 과학이론이 자연의 객관적 진리의 추구라는 점을 외면하고, 자신들의 지배에 맞게 이용하였다.

모든 도로는 로마로 통한다. 통일유지를 위해 광대한 영토에는 돌로 튼튼하게 포장한 가로가 계속 건설되어 로마를 기점으로 하는 이정표(milestone)가 세워지고 역마와 우편제도가 정비되어 있었다. 로마人의 지도는 도로를 축으로 하여 도성·숙박역 등 실용본위로 만들었다.

로마人으로서는 넓은 영토를 측량하여 지도를 작성하는 일이 군사적·행정적·통상적으로도 필요하였다. 카이사르의 명령으로 아그리파가 도로를 중심으로 만든 측량지도는, 그 일부가 16세기 독일의 인문주의자이고 수집가인 페우팅게르(Peutinger)의 이름을 붙여 「페우팅게르의 지도」(*Tabula Peutingeriana*)라고도 하는데 길이 7 m, 폭 30 cm로 11매의 양피지를 연결한 두루마리 군용지도이다. 이 지도는 오늘날의 관광지도와 같은 것이며, 로마군의 행군에 편리하도록 부근의 산·숙소 등이 거리와 함께 기록되어 있다.

다음으로는 스페인 출신의 메라(P. Mera, 43년경)는 지리학자로 「세계에 대해, 3권」이 있는데, 대부분을 그리스人의 지리학적 지식에 의존하고 있고 열대의 남방에 있는 더운 지방에도 사람이 살고 있다고 주장하였다.

5. 의 학

로마人의 의학은 초기에는 미신적이고 주술적인 저속한 것으로, 의사는 노예라든가 예속적인 지위에 있는 사람들이었다. 그 후, 히포크라테스 이후의 그리스 의학이나 로마에 살고 있는 그리스계 의학자의 영향을 받아 의사의 지위도 향상되고, 아울러 상류계급으로 의학지식과 치료법이 침투되었다고 생각된다.

그래서 의학 그 자체에 대해서는 로마人은 아무런 업적이 없지만, 위생설비나 급수, 하수도와 병원 등 공중위생 방면에는 큰 공적을 남겼다. 또 전쟁이 빈번한 관계로 외과술이 크게 발전되었다.

6. 과학과 기술

로마는 건국 이래 전쟁을 통해서 영토를 확대하여 간 군사국가이다. B.C. 27년 로마 제국이 성립되었으나 이것은 과거 500년간에 걸친 노예의 획득과 영토확장의 결과였다. 때문에 로마人 사이에는 넓은 제국을 통치하는 데 필요한 현실적이고 구체적 문제인 행정이나 법률, 토목·건축 등에 관심이 쏠려 있었다. 그리스人이 자연의 근원에 대해 관심을 표시함으로써 도시국가로서 무역을 중심으로 활동하여 자유시민 사이에 진취적 기상이 넘치고, 민주제도를 위한 변론술도 발달되었다. 또 경제적인 여유, 노예제도에 의한 시간적 여유를 가지는 계급이 나타나, 처음으로 합리성을 중요시하는 과학적 활동이 발생되었다고 본다. 그러나 로마는 넓은 영토를 가지고 있었고 전쟁이 계속되었으며, 통치하는 직접 수단으로서의 학문에 힘을 썼기 때문에 순수과학에까지 손을 쓸 수는 없었다.

분명히 로마人은 피정복민족인 그리스人의 문화를 높이 평가하고 그것을 수용하였으나 그리스人이 좋아한 추상적, 이론적 사고는 로마人으로서는 좋아하는 바가 아니었다. 로마 제정시대에 들어가서도 수학·천문학과 같은 이론적 과학은 여전히 그리스계의 사람들의 손에 놓여 있었다.[33] 일반적으로 로마 지식인의 과학적 연구에 대한 태도는 스스로 연구하기보다는 로마人의 성과를 집대성하여 교양으로써 몸에 체득하였다.

로마人은 일반적으로 농민 출신이며, 실제적인 민족이었으므로 기술적인 면에서는 큰 혁신적 발명은 없었다. 그러나 일상생활은 물론, 특히 군사·정치면에서는 직·간접적으로 관련이 있는 수많은 실용적인 사업을 수행하였다. 강력한 권력을 가진 군주정하에서 많은 노예와 하층계급의 로마人을 동원하여 여기저기에 대건조

---

33) 伊東俊太郎 외 편, 전게서, p. 1143.

물이나 대공사를 하였다.

(1) 도 로[34)]

"모든 길은 로마로 통한다"(All roads lead to Rome)라고 말해지듯, 총 길이 7만 6000 km의 큰 도로망이 유럽 전 지역에서 영국의 북부에 걸쳐 건설되었는데, 이는 강력한 로마 군대의 정복활동과 지배강화에 맞추어 건설된 것이다. 이들 간선도로에서 가장 유명한 것은 B.C. 312년경에 도로 건설기사 아피우스(Claudius Caecus Appius)가 지휘하여 포장된 군사도로 '아피아 가도'(그림 5·19)이다. 이 도로는 로마에서 카프아까지 건설되었으며, 도로 폭 8 m, 총 길이 540 km로 그리스 방면의 주요 도로이다. 포장은 표면에서 밑의 돌이나, 자갈 콘크리트, 깨뜨려 부순 돌과 모르타르를 이용, 콘크리트·시멘트·모르타르로 건설된 도로로서 800년 후까지도 사용할 수 있었다니 당시의 기술수준을 알 수 있다.

그림 5·19 아피아 가도의 건설

노예제도가 전면적으로 개화된 로마는 넓게 분산된 여러 국가를 통치하고, 군대를 빨리 이동시킬 필요에서 잘 정비된 도로체계를 만들었다. 도로는 기층, 쇄석층, 핵층, 표면층으로 구성되며, 제일 밑의 기층에는 자갈이나 보통 돌을 깔아 그 위에 쇄석과 석회를 혼합한 것을 부어 굳게 하였다. 핵층은 쇄석, 석회, 모르타르, 화산암을 혼합하여 만든 콘크리트를 부어 두고, 그 위에 다시 표면층으로 모르타르를 부은 4층의 포장도로를 만들었다. 로마人은 콘크리트의 발명으로 도로 건설이나 건축기술의 발전에 크게 공헌하였다.

34) R. J. Forbes(田中 實 역), 전게서, pp. 69~70.

(2) 수도와 다리[35)]

고대의 상수도는 B.C. 312년에 아피우스에 의해 로마에 생활용수를 공급하기 위해 16.5 km에 이르는 석조의 수로를 축조하였는데, 이것이 '아피우스 수도'이다. 그 후 50년경에는 비슷한 9개의 수로가 건설되어 400 km가 넘었다고 하며, 수로 중간에는 상당한 거리의 터널도 있었다고 한다.

산이나 하천을 건너 하루에 3억 갤런의 물을 로마市로 운반하는 9개의 수로교는 아치식 구조로 고도의 건축기술을 말해주는 것인데, 이는 南이탈리아 평정전쟁(B.C. 275), 카르타고의 전쟁(B.C. 146)의 약탈품으로 만들었다고 한다. 이 수로교는 주로 가사, 욕탕, 분수, 공중 화장실, 하수구의 세정 등의 필요성으로 각지에 건설되었으며, 그 유적은 스페인, 프랑스, 이탈리아와 로마 부근에 남아 있다. 또, 프랑스의 님(Nimes) 부근에 유적으로 남아 있는 수로교는 3계층으로 높이가 약 48 m나 되어 많은 사람들을 경탄시키고 있다.

(3) 전쟁기계

기계적 발명이 큰 구실을 한 유일한 분야는 포위와 전투이다. 기계화된 활(弓), 즉 투사기의 대열이 공격과 후퇴를 도왔다. 전쟁기계의 대부분은 목재였다. 그림 5·20은 고대 그리스·로마의 성을 공격하기 위한 기계의 일종이다.[36),37)]

그림 5·20 고대 그리스·로마의 성곽공격 기계

투석기, 석궁, 파성루 등의 병기는 그 원리가 앞 시대인 알렉산드리아 시대에 알려진 것이나, 양적 확대나 대형화는 로마 기술자의 능력을 말하는 것이다. 시라쿠

35) R. J. Forbes(田中 實 역), 전게서, p. 76.
36) 소련 과학아카데미 편(金光不二夫 외 역), 전게서, p. 77.
37) R. J. Forbes(田中 實 역), 전게서, pp. 80~82.

사가 로마군에게 포위되었을 때 거대한 돌이나 재목을 날려 로마 군용선을 침몰시킨 '아르키메데스의 투석기'는 150~200 kg의 큰 돌을 500 m 이상이나 멀리 날릴 수 있었다고 한다.

(4) 수차와 건조물

제분소는 최초에 노예의 힘을 활용하였으나 이때는 축력을 이용하게 되었고, 수력 사용에까지 확대되었다. 또, 동방에서 발명된 수차를 B.C. 75년에서 B.C. 26년 사이에 로마의 건축기사 비트루비우스가 수직식 수차로 개조하여 제분용으로 하였으나 보급되지 않았다. 그러나 2~3세기경에는 아루루 부근에서 산업적 규모로 확대되면서 낙차 18.6 m, 경사 30도의 저수조도 있어, 목제의 기어가 철제의 축에 연결되어서 1시간 제분량이 240~320 kg이나 되었다고 한다.

수평 동력을 사용한 기중기의 사용은 역시 노예의 노동을 경감시킨다는 이유로 보급되지 않았으나, 3세기경부터 로마 제국에는 전쟁도 별로 없고, 또 4~5세기경에는 노예의 수도 줄고 노예의 활동이 줄어들자 로마 시내에 등장하게 되었다(그림 5 · 21). 또, 그리스 문화의 영향으로 고대 로마는 B.C. 6~B.C. 1세기에 건축기술은 아치와 둥근 천정의 구조가 광범위하게 보급되어 거대한 공공 건조물이 건설되었다. 로마의 기술에서 유명한 콜로세움(Coloseum)이라 불리는 타원형의 건조물(그림 5 · 22)은 크기가 긴 지름이 188 m, 짧은 지름이 156 m이고 주위의 벽 높이는 48.5 m이며, 5만 명의 관중을 수용하였다. 외측은 4계층으로 되어 있고 밑의 3계층은 각각 트리아식, 이오니아식, 코린트식의 아케이드로 최상층은 줄지어 늘어선 기둥으로 장식하였다. 경기장은 긴 지름 83 m, 짧은 지름 13 m로 이 곳에서 칼 싸움과 맹수와의 격투가 이루어졌다. 베스파시아누스(Vespasianus, 69~81 재위)帝 시대인 A.D. 80년에 완성되었다. 그 후 여러 번의 재해와 야만족의 침입으로 파괴되었으나 19세기에 와서 복구가 시작되었다(그림 5 · 23).

로마의 상선은 그리스의 상선과는 큰 변화는 없으나 대형의 1층 배와 2층 배가 만들어졌고, 군용선은 전체가 튼튼해서 뱃머리에는 돌기가 붙어 있었다. 또, 전투시에는 병사가 적선에 건너갈 수 있는 연결판이 사용되기도 하였다. 지중해를 정복하기 위해 군대수송을 위한 2,000톤의 거대한 선박도 건조하였으며 뿐만 아니라 가리구라 황제(41~54 재위) 때는 호화 유람선까지 건조하였다고 한다.

로마는 세계를 세 번 통일하였다고 로마의 법철학자 예링(Jhering)이 그의 저서 「로마법의 정신」(1852~1883, 전 3권)에서 주장하였다. 첫째는 지중해를 중심으로 하는 동서지역의 모든 민족과 국가를 정복한 '정치적 통일' 사업이요, 둘째는 그리

그림 5·21 로마형 수차

그림 5·22 콜로세움의 유적

그림 5·23 콜로세움의 복원도

스도교에 의한 유럽의 통일적 종교세계를 건설한 '정신적 통일' 사업이며, 셋째는 가장 로마적 문화인 로마법에 의한 사회적 세계질서 사회를 수립한 '제도적 문화의 통일' 사업이 그것이다. 그리하여 로마는 그리스人으로부터 받은 헬레니즘과 기독교人에게서 받은 기독교문화를 자기들의 문화적 소산인 로마법과 더불어 중세에 전하였다.

5.6 헬레니즘 시대의 과학과 기술의 계승

로마제국에서도 알렉산드리아는 변함없이 과학의 중심이었고, 이 시기에 알렉산드리아에서 연구한 인물은 프톨레마이오스와 갈레노스이다. 그리스계 과학자들은 헬레니즘의 전통을 이어 받아 활약하여 그리스어로 여러 종류의 과학서가 집필되었다. 그들은 물론 순수하게 그리스적, 헬레니즘적인 요소가 강하고 또 로마적 요소(현실적 · 실용적 · 교양적)인 영향을 받았다. 그래서 그들은 고대과학의 마무리를 하였다.

1. 수학과 역학의 응용 — 헤론

기계기술의 천재인 헤론(Héron, B.C. 1세기)은 알렉산드리아에서 활약한 기계학자 · 수학자였으나 그의 출생 · 사망년도는 분명하지 않아 '헤론 문제(Heronische Frage)'라고만 하고 있다. 그러나 오늘날 일반적으로 B.C. 100년에서 150년 사이라고 한다. 저서나 주석서는 14종이 남아 있으며, 정역학이나 동역학의 기초와 응용을 설명한 「기계술」, 기체나 팽창한 증기의 성질을 이용한 여러 가지 장치를 설명하고 있는 「기체학」, 수학에서는 구체적인 수를 사용하여 평면도형이나 입체의 면적을 구하는 「측량술」(세 변을 알고 삼각형의 면적을 구하는 '헤론의 공식'도 포함), 2차 방정식의 수치해법 등을 설명한 「기하학」 외에 자동장치 · 비도구 · 물 시계 · 광학 · 둥근 천장공사 등을 다루고 있다. 그는 독창적인 것은 비록 적으나, 선인들의 업적을 널리 연구하여 대성시켰다는 점에서 주목되는 인물이다.[38),39)]

역학에서 그는 5종의 능력(단일기계)인 지레, 도르래, 나사, 쐐기, 바퀴 축을 사용하여 힘의 효과를 크게 할 수 있다고 주장하였다. 역학을 응용한 몇 개의 장치들은 복합 도르래를 위시하여 오늘날 경위의(經緯儀)의 원형이라고 할 수 있는 조준의(照準儀), 재단에 불을 붙이면 자동적으로 문이 열리는 장치(그림 5 · 24), 화폐를 넣었을 때 성수가 흐르는 장치(그림 5 · 25), 바람의 힘을 빌어 소리를 내는 오르간, 「헤론의 기력구(汽力球)」(그림 5 · 26)라는 최초의 원시적 증기 터빈도 포함된다. 이 장치는 스트라턴의 원자론에 기초를 둔 진공의 흡인력, 증기의 분출력, 공기의 압력 등을 이용했고, 램프의 심지를 자동적으로 밀어올리는 자동조절 램프(그림 5 · 27), 그 밖에 78개의 기계장치를 고안했으나 실용화되지는 못했다.[40)]

이때 헤론의 발명으로 요즈음의 금전표시기인 거리를 측정하는 노정계(hodometer)가 있어 바퀴의 이동거리를 알 수 있었다. 이렇게 하여 측량술의 과학적 기초를 만들었고 기체 및 액체물리학을 개척하였다고 볼 수 있다.

특히, 이 시대의 기술 가운데 특색은 아테네에서 25만명, 알렉산드리아에서는 75만명, 로마에는 실로 150만명이 생활하였기 때문에 식량의 공급은 물론, 제일

---

38) F. Dannemann(安田德太郞 외 역), 전게서, vol. 1, pp. 296~318.
39) 會田軍太夫, 전게서, pp. 11~23.
40) 中山秀太郞, 전게서, pp. 24~25.

중요한 것이 급수 문제였다. 그래서 음료수의 위생적 문제를 포함하여 신선한 음료수를 공급하기 위해 B.C. 532년부터 수도를 만들었다는 사실이다.

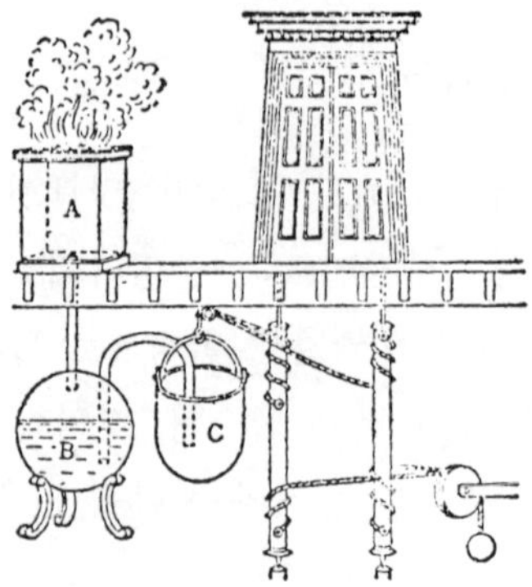

그림 5 · 24 신전의 문

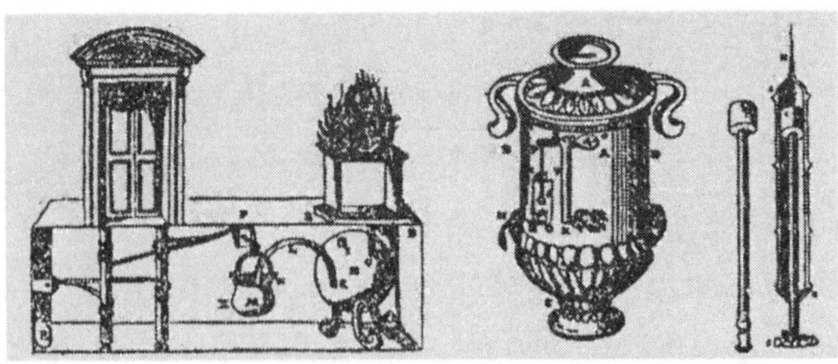

그림 5 · 25 성수장치

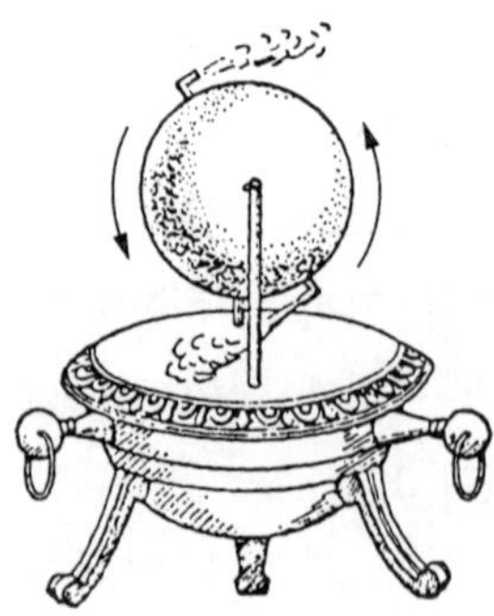

그림 5 · 26 헤론의 증기 터빈

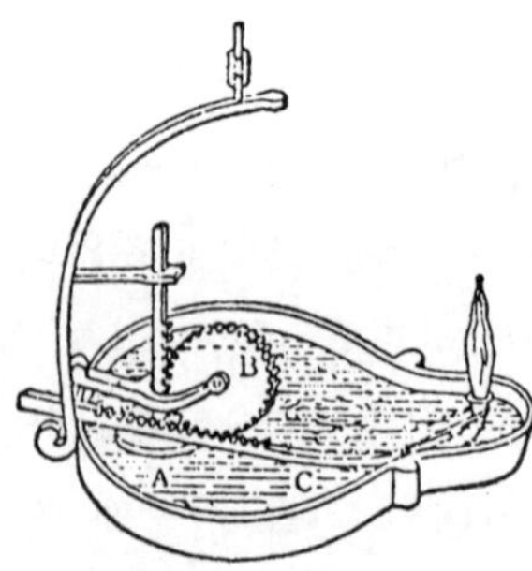

그림 5 · 27 자동조절 램프

2. 굳혀진 지구중심설 — 프톨레마이오스[41), 42)]

고대 최후의 천문학자인 프톨레마이오스(E. Ptolemy Ptolemaios, 140년경)는 수학자, 천문학자, 물리학자 및 지리학자로서 고대 오리엔트 시대부터 그리스, 헬레니즘, 로마 시대에 걸쳐 천문사상의 강력한 주류가 되어 온 천동설을 그리스의 히파르코스의 성과에 자기 자신의 창의성을 집대성하여 고대 천동설의 완성자로서 최대의 공적을 세웠고, 그가 남긴 저서로는 천문학서와 「지리학입문」이다.

그가 저술한 천문학서의 원명은 그리스어로 「천문학의 위대한 체계」(13권) 또는 「수학적 체계」로 되었다가 9세기경 이슬람권에 소개되어 원명이 아라비아어로되고, 그 저서의 이름이 「위대한 書」가 된다. 이 아라비아語의 번역서가 12세기에 유럽에 소개되고, 다시 라틴語로 바뀌어 이후 「알마게스트」(*Almagest*)로 불리게 되었다. 이 「알마게스트」는 16세기의 코페르니쿠스 때까지 널리, 그리고 오래도록 천문학의 권위로서의 지배력을 유지하고 지지를 받았다.

알마게스트의 내용의 몇 가지 예를 들어 보면, 지구는 둥근 모양이며, 천체의 한가운데 있으나 천체의 크기에 비하면 하나의 점에 지나지 않는다. 지구는 고정되어 움직이지 않으나 다른 별은 원궤도를 그리며 운동한다.

1년의 길이는 365일 5시간 55분으로 되어 있고, 지구는 달보다 39배 크고, 태양은 달의 6,600배이다. 지구로부터의 거리는 달이 지구 반지름의 59배, 태양은 1,210배로 되어 있다. 프톨레마이오스의 천문체계에서는 지구는 움직이지 않으나 우주의 중심에서 벗어난 곳에 위치한다. 별들이 지구로부터 멀어지는 순서는 달이 다음이고 수성, 금성, 그 다음에 태양이 온다. 이어서 화성, 목성, 토성이고, 이들 7개의 유성 다음에 항성이 있다.

그는 지구를 우주의 중심으로 하여 그의 육안으로 1,022개의 별을 식별하였고, 그것을 북반구와 남반구로 대별하여 각각 별의 황도좌표(黃徑과 黃緯)를 표시하고 등급을 매기고 있다. 그는 당시의 천문기구인 자오선환, 삼변의, 4큐빗 디오프트라, 둥근 모양 아스트라폰 등으로 천동설적인 우주론을 전개하였다. 일시적으로 反프톨레마이오스파와 대립하였으나 유명한 기독교 신학자 토마스 아퀴나스(Thomas Aquinas, 1225~1274)의 지지를 받아 16세기의 코페르니쿠스의 지동설이 보급될 때까지 천동설의 권위는 계속되었다. 그림 **5·28**은 프톨레마이오스, 그림 **5·29**는 그의 우주상이다.

---

41) 鈴木善次 외, 전게서, pp. 15~16.

42) F. Dannemann(安田德太郎 외 역), 전게서, vol. 1, pp. 280~282.

그림 5·28 프톨레마이오스

그림 5·29 프톨레마이오스의 우주상

3. 고대 유럽의 연금술[43),44)]

자연계의 배후에 있는 여러 가지 숨은 법칙을 탐구하고 법칙과 지식을 통해 자기들 의지대로 자연을 지배하는 것이 인간의 공통된 꿈이라 할 수 있는데, 연금술은 마술의 기원이기도 하고 과학의 기원이기도 하다. 유럽의 연금술(鍊金術), 중국의 연단술도 그러한 전통의 하나이다.

연금술은 글자 그대로 '황금을 만드는 기술'이 그 가운데 포함되기는 하나 동시에 인간의 '불로장생'의 약을 만드는 기술(연단술)과도 중복된다. 그래서 연금술을 물질조작·조합의 기술에 국한시키는 것은 잘못이다.

연금술은 천한 금속(철·구리·납·주석 등)을 귀금속(특히 금)으로 바꾸는 기술인데 유럽에서는 2~4세기 사이에 알렉산드리아에서 탄생하였다. 연금술에는 두 가지의 측면이 있다. 하나는 물질의 외관을 변화시키는 화학적·야금술적 기술인 기술적 측면과 다른 하나는 물질의 외관상의 변화를 물질의 참된 변화라고 믿고 만족하는 철학적·신비적 사상인 관념적 측면이다. 기술적 측면은 관념적 측면보다 기원은 훨씬 앞선다. 고대 이집트에서 귀금속 재료를 사용하여 의식 용품을 만드는 것은 신전의 신관계급의 특권이었으며, 그들은 때로 귀금속의 모조품이나 대용품을 만드는 경우도 있으며, 그 기술은 특권적 지식으로 전승되었다. 귀금속의 모조법을 기록한 가장 오래된 문서로, 3세기에 복사된 「라이덴 파피루스」(*Papyrus Leidensis* X)와 「스톡홀름 파피루스」(*Papyrus Stockholmiensis*)의 두 책이 남아 있

43) 伊東俊太郞 외 편, 전게서, p. 366.
44) 紫藤貞照 편, 전게서, p. 56.

는데, 주로 금속 · 보석 · 귀금속의 모조법과 착색술이 기록되어 있다.

연금술의 관념적 측면의 중심을 이루는 것은 아리스토텔레스의 물질관인데, 우주를 구성하는 요소로 흙 · 물 · 공기 · 불의 4원소를 생각하였으나 이들 원소는 습 · 건 · 온 · 냉이라는 속성의 조합적인 변화로 서로 전환된다고 하여 연금술에 철학적 기초를 부여하였다. 그 밖에도 연금술 사상에는 물질의 변성을 생명의 탄생 · 죽음 · 부활에 비유하는 물활론적 요소나 혹성의 운행이 물질의 생명의 변성에 영향을 준다는 점성술적 요소 등 오리엔트의 신비종교, 이집트의 야금술, 그리스의 자연철학 등 세 가지의 전통에 기원을 가지는 사상이 뒤섞여 있다.

초기 연금술의 기본적 기법은 금속의 착색술과 귀금속의 증량법이다. 연금술에는 금속의 색이 금색이나 은색을 하고 있으면 금이나 은으로 생각되었기에 착색술은 가장 중요시되었다. 금속의 완성단계로는 금속의 색에 주목하여 흑색 → 백색 → 황색 → 이오시스화의 각 단계가 있었다. 흑색화는 색이 없는 것이며, 납 · 주석 · 구리 · 철의 합금을 산화시켜 만들었고, 백색화는 천한 금속을 은으로 만드는 단계인데 구리는 비소 화합물이나 주석 화합물에 의해 백색이 된다. 황색화는 금을 만드는 단계이고, 이오시스화는 자줏빛을 의미하는데 금속의 완성된 단계이다.

금속의 증량법은 금의 색을 바꾸지 않고 다른 비금속을 혼입하는 방법이다. 3세기 후반부터 4세기가 되면서 이와 같은 금속표면의 착색기술과 금속의 융합기술에 덧붙여 각종 증류기(그림 5 · 30)를 사용하여 휘발성 물질을 정류 · 순환시키는 방법이 채용되었고, 이 증류법은 이 시기 이후 연금술의 대표적 기법이 됨과 동시에 근대의 화학적 조작의 근간이 되었고 화학과 실험기술에 공헌하였다.

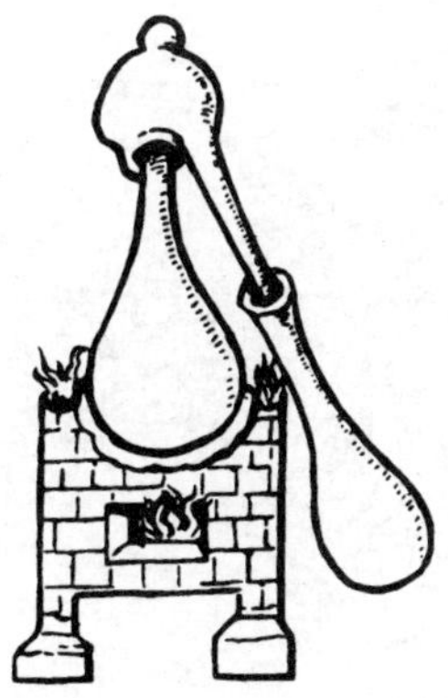

그림 5 · 30 증류기, A.D. 0~A.D. 19세기까지 사용됨

4. 고대 지리학의 총괄45)

고대 오리엔트로는 메소포타미아에서 B.C. 1500년경으로 추정되는 지도가 1899년 가을에 발굴되었는데 니풀(Nippur)의 점토판 지도(21×18 cm)로 수멜의 옛 표의 문자로 표시되어 있다. 바빌로니아에서는 B.C. 700년경으로 보이는 에블라(Ebla)의 점토판 지도가 최근 출토되었는데 이것이 쐐기형 문자이다. 또한 이집트에는 나일강의 정기적인 범람에서 지적도와 지도가 생겨 기하학이 성립되었다. 지도는 이집트에 金을 공급한 나일강 상류의 누비아(Nubia)의 金 광산까지의 지도이다.

그리스에서는 헤카다이오스의 지도에서 그리스 세계가 흑해·지중해·홍해·페르시아灣으로 확대되어 있다. 또 B.C. 5세기경의 역사가인 헤로도토스(Herodotos)의 세계지도도 전해지고 있다. 헬레니즘 시대에는 에라토스데네스가 최초의 수학적 지리서를 발간하였다(제3장 4절 2항에서 설명).

프톨레마이오스 이전의 유명한 지리학자로는 스트라본(Strabon, B.C. 64~A.D. 20년경)이 있다. 스트라본의 저서 「지리학」(*Geographia*, 17권)은 아직도 남아 있다. 이 책은 지리학의 백과사전이라고도 불리며, 서론에서부터 유럽 각지와 오리엔트 세계를 상세하게 설명하고 있다. 정치적·군사적 목적으로 집필되었으므로 수리지리학에는 관심이 희박하나, 로마人 기질의 한면인 교양 지향적인 서적이다.

헬레니즘 세계의 지리학의 지식은 프톨레마이오스에 의해 130년경에 「지리학 입문」(*Geographike hyphegesis*, 전 8권)에 의해 집대성되었다(그림 5·31). 제1, 8권은 수리지리학과 지도 제작법으로 지구원주를 360°로 등분한 경위선 좌표를 설정하고 있고, 제 2~7권은 약 8,000지점의 지명, 위도와 경도를 표시하고 있다. 카나리아

그림 5·31 프톨레마이오스의 세계지도

45) 下間賴一, 전게서, pp. 15~24.

여러 섬을 경도 0°로 하여 원추도법을 고안하였는데 투상과 전개의 개념이 확립되어 근대의 '과학적 지도'의 시작이 되었다.

5. 해부학과 의학의 진보 — 갈레노스

로마 세계에는 많은 그리스의 의사나 의술관이 전해졌으나, 로마人 카토(Cato, B.C. 234~B.C. 149)의 「농경에 대해서」(*De agricultra*)에 담긴 통속적인 민간요법이나, 로마 민중은 실용성을 중요시하여 처음에는 그리스 의학의 보급을 방해하였다. 그러나 로마의 특수한 사정에서 그리스 의학의 활로를 찾은 사람이 그리스人 아스크레피아데스(Ascrepiades, B.C. 1세기)였다. 그는 원자론적 사상을 의학에 도입하여 새로운 생리학적 · 치료적인 이론을 주장하였으며, 해부학이나 약물요법을 좋아하지 않아 식이요법, 운동, 목욕, 땀 내기, 맛사지 등을 권하였고, 정규의 의학교를 로마에 개설하였다.

소아시아 에페소스 출신의 로우포스(Rhouphos)는 트라야누스(Trajanus, 98~117 재위)帝 시대의 해부학자이고 의학자이다. 그의 저서에는 최고의 해부학상 命名을 설명한 「인체 각부의 명명에 대해서」, 인체의 해부에 관한 「인체 각부의 절개에 관해서」, 맥박에 관한 소론 「맥박요론」이 있다. 그는 시각신경을 처음으로 설명하였고, 눈에 대해서도 설명하였으며, 감각신경과 운동신경의 차이도 이해하고 있다.

다음 에페소스 출신으로 트라야누스帝와 하드리아누스(Hadranus, 117~138 재위)帝 때 활약한 해부학자이며 의학자인 소라누스(Soranus)가 있다. 그는 모든 병은 신체의 용태에서 일어난다는 방법학파의 제1인자로, 산부인과 의사로서는 고대 최고의 인물이다. 그는 산부인과, 소아과에 관계되는 저술이 많고 합리적 치료법을 설명하고 있다.

小아시아의 페르가몬에서 태어나 수미루나, 고린도, 알렉산드리아 등에서 해부학 · 임상의학 · 약물학 · 외과의학을 연구한 고대 최후의 대 의학자 갈레노스[46] (Galēnos, 131~201)(그림 5 · 32)는 로마에서 궁정의사로 있으면서 연구와 저술에 몰두하여 과제는 의학뿐만이 아니고, 철학 · 수학 · 언어학 · 수사학 · 법률학 등 광범위하며, 의학관계의 저술은 수백편이 넘는다. 의학론 일반을 시작으로 히포크라테스 주해 · 해부학 · 생리학 · 위생학 · 양생법 · 약물학 · 병리학 · 진단 등의 분야를 망라하고 있다.

갈레노스는 히포크라테스의 의술을 근간으로 하여 학문적인 기초 위에 튼튼한

46) 伊東俊太郎 외 편, 전게서, p. 217.

의학체계를 세우고자 해부학적 지식, 생리학적 관찰, 임상적 경험, 자연철학적 고찰을 종합하고, 각 학파의 장점을 채용하여 전 그리스 의학을 체계적으로 집대성하였다.

생리학에서는 간장, 심장, 뇌를 세 주요기관으로 생각하였다. 갈레노스는 B.C. 280년경에 활약한 에라시스트라토스(Erasistratos)가 주장한 프네우마설을 계승하여 생명의 원리로 프네우마(pneuma ; spirit, 정기)의 개념을 도입하여 의학에 접목시켰다.

간장에서 자연 프네우마(성장을 담당)가 생겨 소화·영양·배설·생식 등의 식물성기능을 지배한다. 심장은 내재열의 중심이며, 생명 프네우마(활동을 담당)를 만들고 우심실에서 심장 가운데 막의 작은 구멍을 통해 좌심실로 들어오는 혈액과 혼합, 동맥을 통해서 온몸으로 생명 프네우마를 내 보낸다. 뇌는 표상, 사고, 기억의 자리이다. 심장에서 온 생명 프네우마는 뇌에서 정신(영혼) 프네우마(사고를 담당)로 바뀐다. 정신 프네우마는 신경의 가는 도관을 지나면서 근육운동이나 지각을 맡고 있다.[47]

갈레노스는 혈액의 운행을 다음과 같이 설명하고 있다. "정맥을 통해서 혈액은 심장의 오른쪽 부분에 도달한다. 심장은 열을 매개로 사용되는 부분과 사용되지 않는 부분으로 분리된다. 후자는 폐동맥을 통해서 폐장에 유도되어 호흡 때 배제되고 그와 동시에 폐장은 대기로부터 프네우마를 흡입한다.

프네우마는 폐정맥을 통해서 왼쪽 심장에 들어가고 여기서 오른쪽 심장에서 심장의 막을 통해서 들어온다고 보는 혈액과 결합하여 이어 대동맥을 통해서 신체의 여러 부분에 도달하고 마지막으로 다시 정맥으로 돌아온다"라고 설명하고 있는데, 따라서 혈액의 대순환의 개념을 알고는 있었으나 이 대순환의 종료 후 혈액 전체의 양이 폐장을 순환한다는 것을 결국은 모르고 끝났다.[48]

갈레노스는 인간의 세 개의 생명활동력의 경우를 소화·호흡·신경계통에 두었다.[49] 그의 의학사상은 명확하게 목적론적이다. 갈레노스의 생리학은 히포크라테스 학파의 4원소, 4성질, 4체액설을 채용하였으며, 그 밖에도 '프네우마를 혈관계와 관련지어 중요한 생명유지의 과정을 논하고 있으며, 혈액운행도(그림 5·33)를 만들었다. 17세기에 하비가 혈액순환의 진상을 발견하는 계기를 마련하여 주었다. 저서로는 알려지고 있는 350종 중에서 「치료법」, 「해부학상설, 7권」 등 118종이 남아 있다고 한다.

---

47) 伊東俊太郎 외 편, 전게서, pp. 217~218, p. 273, p. 906.
48) F. Dannemann(安田德太郎 외 역), 전게서, vol. 1, pp. 363~368.
49) S. Mason(矢島祐利 역), 전게서, 상권, pp. 55~57.

그림 5·32 갈레노스

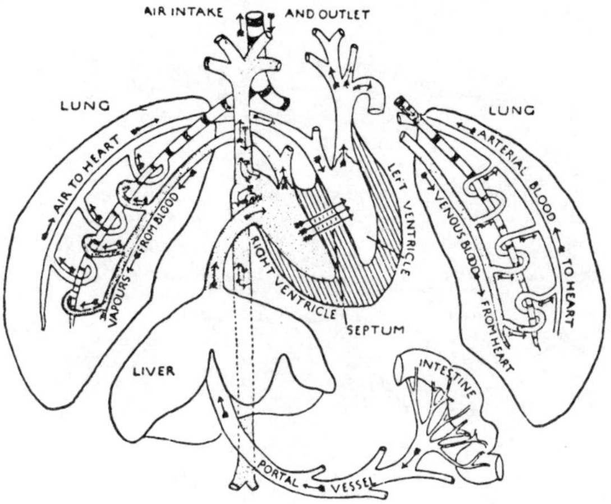

그림 5·33 갈레노스의 혈액운행도

「해부학상설」의 최초의 8권과 제9권의 일부는 그리스어 원문 그대로 알려지고 있다. 그들 여러 책에는 사지, 목부, 몸체, 소화기관 및 호흡기가 설명되어 있고, 제9권에는 뇌수, 제10권에는 눈·혀·식도가, 제11권에는 후두, 제12권에는 생식기관, 제13권에는 맥관, 제14, 15권에는 신경을 취급하고 있는데, 전체적으로 동물의 생체 또는 사체에 의한 그의 독자적인 연구가 기록되어 있으며, 모두 인간과 비교·대조하고 있다.

의학의 위생법적·식이요법적 방면에 큰 의의를 두어 공기 및 음식물의 효과에 관한 의견을 상제하게 논하고, 또 수면이나 각성, 안정 및 마음의 상태를 의학적 견지에서 평가하였다.

갈레노스는 구상력이 풍부한 의학자로 의술은 그에 의해 처음으로 학문적 기초를 확립하였고, 그의 학문적 업적은 천수백 년간 유럽의 의학계를 지배하였고, 훌륭한 체계성에 의해 중세의 이슬람 세계에까지 계승되고 드디어 중세와 근세에 이르기까지 유럽 의학에 전승되었다.

제 6 장

중세사회 — 과학과 기술의 축적

역사가들은 특별한 사건을 중심으로 시대를 구분하기 좋아하기 때문인지 게르만人의 민족 대이동의 시작(375년경), 395년에는 로마 제국이 동서 로마 제국으로 분열되어 동 로마 제국(비잔틴 제국)은 봉건국가로 바뀌었고, 410년에는 로마가 알라릭(Alaric, 370~410)왕이 이끄는 서 고트족에 점령당하였다. 최후의 서 로마 황제는 476년에 퇴위를 당하므로 로마 제국은 최종적으로 멸망하게 되었다. 이렇게 375년, 410년 및 476년을 중세의 시작으로 본다.[1)]

그런가하면 중세의 끝은 역사가들이 제각기 1453년 콘스탄티노플의 함락, 1492년 콜럼버스에 의한 신대륙의 발견, 1517년 종교개혁의 시작이라는 주장을 내세운다.

따라서 중세라면 대체로 약 400년경 게르만 민족의 대이동 때부터 약 1400년경의 르네상스 시대에 그리스·로마의 예술과 과학이 재발견되어 '문명'에의 복귀가 시작될 때까지 약 1000년 사이를 말한다. 이 1000년 동안은 전란의 시대였고, 종교시대이며, 교권과 황제권, 그래서 봉건제의 시대라 할 수 있다.

무엇보다도 중세에서 정치는 가톨릭교를 이데올로기적 중추로 한 봉건제도가 그 주체성을 형성하고, 생산관계에서는 봉건적 길드제가 지배적이었다. 이와 같은 상황하에 동력원으로서의 수차나 당시 선진국인 중국에서 이전된 여러 기술이 정착하여 점차 독자적인 기술체계가 구축되었다. 또, 그리스에서 로마에 전승(傳承)된 자유 7학과나 대우주와 소우주의 교의는 중세의 교육이나 종교적·신비적 사상에

1) Cropton's Encyclopedia, 전게서 vol. 14, p. 294.

큰 영향을 주었고, 로마의 기술 이외에 게르만人의 기술도 가미되었다.

일반적으로 중세사회(특히, 초기의 약 400~1000년경)는 신학의 비합리적인 교의가 유일한 정당성을 가지고 인간의 정신세계를 절대적으로 지배한 '암흑시대(375~1003)'이다. 이른바 암흑시대는 5세기에서 6세기의 200년 사이 훈족, 게르만 족 등 여러 종족의 공격으로 로마가 붕괴되는 때부터 교황 실비에스텔 II세(999~1003 재위)하에서 서양이 처음으로 지적으로 부흥할 때까지 황폐하고 무질서한 유럽 문명사상 불모의 시대를 말한다.

6.1 중세의 기술과 서유럽의 과학

중세문명의 밑바탕이 된 철학은 분명히 그리스도교의 신학과 윤리를 기초로 한 것이었고, 중세철학의 목표는 자연의 정복이라기보다 '천상의 왕국'이었다. 이 철학이 과학과 기술에 미친 영향은 실로 광범위한 것이었다. 근대의 학자는 중세의 과학을 표현하는 용어로는 '비참한 모양'이 적절한 말이라고 생각하였다.[2)]

1. 서유럽의 과학[3)]

중세를 편의상 5세기에서 15세기에 걸치는 시기로 하고 '과학'이란 아리스토텔레스의 이론학 삼분도식[자연학 · 수학 · 신학(제1철학)]에 대응하는 연구분야에서 서유럽 라틴 세계의 지적 일을 경영하는 전체를 포괄하는 명칭이다. 이때의 약 1,000년간은 학문수준의 관점에서 둘로 시대구분한다.

5세기부터 11세기까지의 전기는 과학연구의 쇠퇴기이며, 로마 과학의 안내서의 전통에 의거하여 백과전서가들이 과학적 지식의 일부분을 자유7학과의 형식으로 자세하게 전달하는 것에 불과하다. 자유7학과의 교육은 그 자체가 목적이 아니고 어디까지나 수도원 부속학교에서의 성서연구의 예비적 과정에 머물렀다. 중세 지식인의 정신형성을 규제한 이 교육체제하에서 과학적 지식의 내용면에서 후대에 지속적으로 영향을 미친 것은 보에디우스(Boethius, A. M. S. 약 480~524)의 아리스토텔레스의 논리학과 카르기디우스(Chalcidius, 4~5세기에 활동)의 신 플라톤주의적 우주 해석이다.

12세기부터 15세기까지의 후기는 유럽문화 일반의 융성기와 중복되며, 과학연구

---

2) R. J. Forbes(田中實 역), 전게서, p. 104.
3) 伊東俊太郎 외 편, 전게서, pp. 647~648.

에서는 아리스토텔레스의 과학과 철학의 이해·흡수·비판이 그 핵심을 이룬다. 후기에 있어 과학연구의 융성은 외부세계와의 접촉, 즉 그리스·아라비아 과학서의 대번역운동에 의해 이루어져 이 현상을 '12세기의 르네상스'라 하며, 이 시기는 지식량을 비약적으로 증대시켰을 뿐만 아니라 이븐 루시드(Ibn Rushed, 1126~1198)와 아비센나의 아리스토텔레스 철학의 도입에 따라 서유럽 세계에 처음으로 자연적 세계에 관한 '체계'를 제시, 자연의 상징적 해석이라 할 수 있는 중세 전기 이래의 전통을 쇠퇴시켰다.

또 12세기에서 13세기에 걸쳐 볼로냐, 파리·옥스퍼드 등 각지에 대학이 창설되어 과학연구의 확고한 제도적 기반이 마련되었다. 당시 금지된 아리스토텔레스의 저서가 1225년 파리대학 학예학부의 교육과정에 편성되어 중세과학은 분명하게 아리스토텔레스 사상을 깊이 새기게 되었다. 그로세테스테(Grosseteste, Robert, 1168년경~1253)는 과학방법론을 전개하였으며 광학을 기초로 하는 자연학 연구의 전통을 처음으로 만들었는데, 광학연구는 R. 베이컨(Bacon, Roger, 1219~1292년경)에 의해 계승되었다. 중세 수학에서의 비례론의 전개, 중세 논리학의 발전, 노미날리즘(Nominalism, 唯名論 : 명목론이라고도 함)의 발흥이 그 자체를 위한 이론적 무기를 제공하여 아리스토텔레스를 반대하거나 또는 초월하는 문제가 새롭게 논의되어 14세기의 독특한 자연학이 결실을 맺게 되었다.

14세기에 풍성한 성과를 얻게된 중세과학은 15세기에는 아무런 독창적인 기여를 얻지 못한채 계승되어 르네상스로 이어졌다.

2. 중세의 기술[4),5),6)]

중세는 기술사에서 변혁의 시기로 고대와 근세를 연결하는 중요한 고리를 형성하였다. 기술의 발전은 느렸으나 확실하게 축적되었다. 농업이나 수공업, 운수 등의 영역에서 이루어진 발명이나 기술의 개량은 중세 봉건사회의 모태 안에 자본주의적 관계를 잉태시키는 주요한 원인이 되고 있다.

중세 유럽 문명에 결정적으로 영향을 준 것은 고대 그리스 과학과 로마의 기술을 흡수하여 발전시킨 아라비아 문명의 유입이다. 교회지배로 대표되는 유럽 중세는 동시에 여러 가지 변혁의 시기이기도 하였다.

농업기술에서는 고전적 경작방법이 부적합하여 8세기 말 농업기술의 혁신으로

---

4) R. J. Forbes(田中實 역), 전게서, pp. 109~134.

5) 加茂儀一 편, 기술의 역사, pp. 25~44, 1956, 매일신문사.

6) R. J. Forbes · E. J. Dijksterhuis(廣重徹 외 역), 전게서, pp. 119~136.

삼포식 농법이 도입되었고, 목제 쟁기에서 바퀴가 달린 철제 쟁기로 발달된 것은 농업혁명이라고까지 말하고 있다. 기계에 대한 관심이 커지면서 수차동력의 발달에 자극을 받아 최초의 자동기계라 할 수 있는 기계시계가 등장, 일상생활과 생활습관에서 시간의식이 바뀌었다. 중세사회에서 상업의 발달은 내륙, 해양교통을 활발하게 하여 운수기술의 발달을 초래, 운하, 차륜의 개량, 선박을 개량하였고, 나침반 등 항해용 기기의 발전을 가져왔다. 이 교역의 발달로 도시에는 상업이나 수공업이 발달하여 상업조합이나 수공업의 동업조합이 형성되면서 길드제도가 생겼다.

농업생산력의 증가로 큰 동력이 필요하게 되어 등장한 것이 수차와 풍차이다. 수차는 인간근육 이외의 힘의 원천을 개발한 것이며, 처음은 곡물의 제분으로 시작하여 복잡한 전도기구의 발달로 제철, 단조, 목재의 제재, 직물공업 등 일반 원동기로 변모하였다. 바로 수차가 몰고 온 동력혁명이다.

직물공업에서 천의 제조는 수공업 전문가 집단인 길드의 복합체로 되어 있었는데 직물기계는 조작에서 기계화가 필수적이었는데 축융(縮絨), 기계직기, 방사의 단계로 발달하였다.

중세의 위대한 기술적 달성은 야금기술의 개발인 주철의 제조이다. 이 주철은 전쟁기계의 구조에 중대한 변화를 초래하였고, 화약의 발명과 더불어 대포 및 병기의 제작에 효과적으로 이용되었다. 그래서 1398년 이후 최초의 소총이, 1435년에는 최초의 수류탄이 발명되었다. 대포 및 화기의 도입은 군사적 효용을 넘어 과학자들로 하여금 직인들의 일에 흥미를 가지게 되고 과학과 기술의 협동을 촉진하였다.

건축기술의 고도화는 정확한 재료의 파악, 직인들의 경험기술이 축적되어 중세 유럽기술의 최고 걸작이라고 하는 고딕형 대성당, 성곽, 도시를 탄생시켰다. 또 생활기술에서는 12세기에 가옥에는 2층이 등장하였고, 난로연돌의 발명, 기름 램프, 양초의 발명으로 실내를 밝힐 수 있었고, 알코올, 포도주, 비누, 액체향수까지 등장하였다. 1290년에는 안경이 발명되어 귀족들의 전유물 노릇을 하기도 하였다.

역사의 한 시기와 그 다음 시기 사이에 분명한 분할선은 그을 수 없지만 종이와 인쇄술의 발명, 발전과 더불어 나침반·화약의 발명은 중세 최후의 가장 혁명적인 발전의 하나로 중세의 영향을 끝마치게 하였다고 본다.

최근의 서양사학계에서는[7] 그리스·로마 세계와 중세 이후의 유럽세계와는 별개의 것으로 근대 유럽 문명은 중세로부터 시작된다는 사관이 주류를 이루고 있다. 즉 개인주의라든가, 시민사회라든가, 자연과학이라든가, 근대국가 등의 사상·제도

---

7) 荒井政治 외 편, 산업혁명의 기술, pp. 77~78, 1981, 有斐閣.

의 기원은 모두 10세기 이후의 서유럽에 있다고 보는데 물질문명의 면에서도 기계력의 추구가 동시에 시작되었다. 서유럽의 기술적 우위를 확립하여 미국·아시아 정복의 출발점이 된 시계·인쇄술·고로제철·화포 등은 12세기경의 서유럽에 동시 다발적으로 출현한 것으로 이들을 묶어 '중세의 산업혁명'이라고 부르는 사람도 있다.

6.2 농업기술의 발달

1. 봉건사회의 형성

고대사회의 멸망으로 서 로마 제국의 노예제도와 노예제 생산방식의 붕괴가 이어지는데 이로 말미암아 등장한 것이 이른바 중세의 봉건적 사회(Feudal Society) 또는 봉건제도(Feudalism)의 시대이다. 봉건제도는 그 근본 구성에서 주군과 신하와의 주종 관계를 중심으로 성립되는 신분제도이며, 주종제도와 장원제도가 결합된 중세 특유의 정치·경제·군사·사회적 지배질서이다. 그래서 봉건제도는 영주·무사·농민으로 구성되었다. 그 주종 관계는 신하가 주군에 대하여 헌신·충성을 맹세하면 주군은 신하에게 封(Fief; 주로 토지이나, 토지나 그 밖에 관직, 금전·세금 징수권 등)을 부여함으로 성립된다.[8] 장원은 중세 농촌 경제생활의 기본단위이다. 장원제도는 5세기에서 6세기의 200년간 훈족, 게르만족 등의 투쟁과 민속의 이동에서 게르만족의 승리로 귀착, 로마가 퇴각한 결과로 등장한 사회이다.

노예제도에 기틀을 둔 고대국가에서는 노예 노동의 착취에 의한 부의 축적 위에 과학이나 문화가 발전되고, 기술의 일정한 발달로 생산력도 향상되었다. 그러나 가혹한 노예 노동과 인권을 억압하는 상태에서는 생산을 직접 담당하고 있는 노예가 생산기술의 발전에 관심을 표시하지 않고, 반대로 자신들도 인간이라는 사실을 확인하기 위해 도구류를 난폭하게 다루었으며, 드디어 노예의 도주나 스파르타쿠스(Spartacus)의 봉기(B.C. 73~B.C. 71)로 대표되는 반란이 계속 일어나, 노예제 사회는 내부에서 무너지기 시작하였다.[9]

게르만 여러 민족은 민족 대이동 전에 이미 오랜 부족적·혈연제적인 공동체(씨족공동체)에서 토지 점령자의 이웃 집단이라는 형태의 공동체(촌락공동체)로 이행하여 갔고, 로마 제국의 지배력이 비교적 약한 지역에서는 그런 촌락공동체가 성장되

8) 辛寧滿 외, 문화사신강, p.113, 1995, 창문각.
9) 鈴木善次 외, 전게서, pp. 103~104.

었다. 촌락공동체를 가장 전형적으로 발전시킨 프랑크 여러 부족의 거주지역(라인강 하류와 북 프랑스)은 노예제 소유지(latifundium)의 지배력이 가장 약해 농업과 수공업이 잘 발달된 지역이었다.

이와 같은 촌락공동체 중에서 드디어 영주가 생겨, 공동체는 영지의 구성단위를 형성하게 되었다. 영주의 지배가 한층 강화되어 공동체가 보유하는 토지를 영지로 할 뿐만 아니라, 영주의 직영지를 만들고부터는 공동체 구성원(농민)에게 부역을 강제해서 농민이 토지에 속박되는 농노가 되고 말았다.

이와 같이 하여 촌락공동체, 영주적 토지보유, 농노제도라는 세 가지 요소로 대표되는 봉건적 촌락공동체가 형성되어 봉건사회 경제구조의 기초가 구축되었다.

봉건사회의 생산관계에서 토대가 된 것은 영주가 토지를 소유함과 동시에 농노를 불완전하게 소유하고 있었다는 사실이다. 즉, 물질적 재화의 직접 생산자가 영주에게 인격적으로 예속된 사실이다. 그래서 봉건제의 특징은 영주에 의한 대규모 토지소유와 농민에 의한 보유지의 이용이다.

농민이 영주를 위해서 강제 당하는 가장 중요한 수단의 하나가 영주에 의한 토지 · 노동용구 · 가축의 소유였다. 장원마다 조금씩은 달랐지만 그림 6 · 1은 중세 농촌의 구성을 보여 주고 있다.

그림 6 · 1 중세 농촌의 구성

2. 농업기술의 혁신 — 삼포식 농법

이 시대의 생산활동의 중심은 물론 농업[10)]이었다. 봉건제도하의 농민은 농업노예와 예속농민으로서 영주에 예속되어 있고, 자신이 보유하고 있는 밭에서 노동을 함과 동시에 영주의 직영지에서 부역에도 종사하였다. 장원의 경작지는 몇 종류로 구분되어 있었는데 영주 직영지, 농민 경작지, 교회영지와 공동이용의 삼림, 목초지 등이며, 다시 그것을 띠 모양으로 길게, 길죽한 토지(strip) 경작지로 분할되어, 각 농가는 경작지를 여러 곳에 분산하여 보유하였다. 길죽한 토지는 울타리를 가지지 않아 개방경지(open field)라고도 불린다. 기록상 765년에 처음으로 농법으로서는 북방식인 '삼포식(三圃式) 농법[11)]'(three field system)이 실시되었다.

삼포식 농법이란 표 6·1과 같이 경작지 전체를 지력회복을 위하여 동곡, 하곡, 휴경지의 세 경지집단으로 나누고, 곡류 등의 작물을 윤작하여 3년마다 1회씩 휴경시키는 농업 경영법이다. 동곡으로는 소맥, 대맥 등의 식료작물을, 하곡으로서는 대맥과 귀리 등의 양조용·사료용 작물을 심어 수확하였다. 이전에는 가장 원시적

표 6·1 삼포식 농법

	1년차	2년차	3년차
A 경작지 群	동곡	하곡	휴경
B 경작지 群	하곡	휴경	동곡
C 경작지 群	휴경	동곡	하곡

인 약탈농법인 화전농법, 휴경농법으로 1년간 작물을 재배하면 그 다음해는 휴경하는 이포식 농법(남방식)이 성행했으나, 9세기부터 삼포식으로 이행되었다. 이 시대의 농업기술, 거름 주는 기술이 미숙한 농업에 가장 적합한 농법이 확립된 셈이다. 이 농법은 18세기의 농업혁명 가운데 소맥·대맥·순무·크로바를 차례로 반복하여 심고 전 경작지를 놀리지 않고 사용하는 새로운 윤작방법이 실시될 때까지 주요한 일반적 농법이며, 농업 생산성을 크게 높이는 구실을 하였다.

3. 쟁기의 발달[12), 13)]

초기 봉건사회의 농민이나 수공업자가 사용한 노동용구는 노동 그 자체가 대단

10) 山崎俊雄 외 편, 전게서, p. 40.
11) 鈴木善次 외, 전게서, pp. 104~106.
12) 鈴木善次 외, 전게서, pp. 106~107.
13) 山崎俊雄 외 편, 전게서, pp. 40~41.

히 간단하였기 때문에 대단히 단순한 것이었다. 쟁기는 인간이 근육을 움직이는 육체노동에서 벗어나기 위해 인간 이외의 동력원을 이용하는 길을 열었으며, 농업에서 최대의 혁신을 초래하였다.

옛날부터 사용되던 쟁기는 청동기 시대의 첫 단계부터 본질적인 변화는 없고 다만 B.C. 1000년경 보습이 목제로부터 철제로 바뀐 것뿐이며, 쟁기를 끄는 동물은 10~11세기에 말이 일반화되기 이전에는 소를 이용하였다.

쟁기는 인류가 농경생활에 접어들자 바로 출현하였다. 초기의 중요한 노동수단이며 중세의 농업에 없어서는 안 될 도구였다. 삼포식 농법에 특유한 개방경지는 가늘고 길게, 길죽한 토지로 구분되어 있기 때문에 쟁기로 경작하기에 아주 알맞은 형태였다.

지중해 연안지방에서 발달된 고대의 쟁기는 그 곳의 건조지농업에 적합하게 토양을 얕게 갈고 일구는 정도의 것이어서, 인간의 힘으로 적당한 높이를 유지하면서 제어할 필요가 있으며, 취급하는 데 많은 힘이 필요하였다. 이와 같은 미발달된 쟁기는 토질이 무겁고 점토인 북서 유럽에서는 사용할 수 없었다. 여기서는 토양을 깊게 갈고 뒤집어 일구지 않을 수 없었다. 지면을 끊어 뒤집어 갈 수 있는 쟁기가 북서 유럽에 보급되기 시작한 것은 6세기경이지만 드디어 발달된 게르만 쟁기(점토질 농업용)가 출현하였다. 게르만 쟁기는 지면을 수직으로 끊는 부분과 땅을 가는 쟁기날(보습), 잘린 흙을 한쪽으로 떠 넘기는 볏으로 되어 있으며, 어느 것이나 철제로 되어 있으며 또 앞쪽에 바퀴가 달려 있다(그림 6 · 2 및 6 · 3).

바퀴는 밭 이랑 사이를 바로 앞에서 평탄하게 끌려지도록 하여 강력하고 무거운 쟁기를 적당한 높이로 유지하고 노력을 줄여 쟁기에 대한 조절성능을 크게 향상시킬 수 있게 하였다.

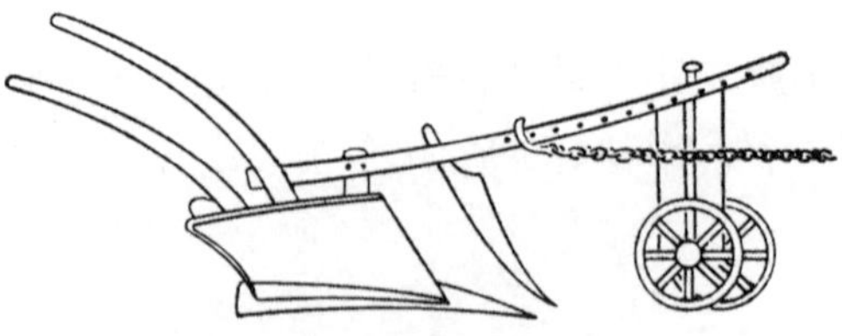

그림 6 · 2 발달된 중세의 쟁기

농민이 쟁기를 지탱할 필요가 없기 때문에 쟁기 그 자체의 대형화가 가능하였고, 거기에 대응하여 쟁기를 끌게 하는 가축의 수도 늘어나고 큰 힘을 사용하는 데 익

그림 6·3 바퀴가 붙은 쟁기에 의한 작업(12세기)

숙하게 되었다. 가축이 끄는 힘은 동물의 목에 걸던 종래의 멍애(輓具) 대신에 뱃대끈(胸帶)을 사용하는 방법이 널리 보급된 것과 말 발굽의 편자의 이용으로 또한 큰 것을 끌 수 있게 되고, 다시 몇 마리의 동물을 함께 연결시켜 쟁기를 끄는 방법이 출현해서 농경의 능률을 현서하게 높일 수 있었다. 이렇게 하여 철제의 보습을 가진 바퀴가 붙은 게르만 쟁기는 13세기경까지는 근대와 같은 형상으로 발달하였다.

새로운 농법이나 농업기술의 일정한 발달로 농업 생산력의 증가는 보다 큰 동력을 필요로 하게 되었고 이를 만족시킨 것이 수차나 풍차였다.

6.3 초기의 과학

1. 교회권력과 과학

5세기에 西로마 제국이 붕괴되어 고대과학이 쇠퇴한 이후, 12~13세기에 다시 유럽에서 부활되기까지의 7백~8백년 동안에 과학이 후퇴한 원인의 하나가 정치권력과 결탁한 기독교에 있었음을 부인할 수 없다. 기독교는 로마 제국의 압제에 대항한 운동이 실패를 거듭하자, 이에 실망한 빈민과 노예가 구세주(메시아)의 출현에 희망을 걸게 되면서 1세기에 생겨난 민중의 종교였다.

황제 네로(Nero, Lucius Domitius Ahenobarbus, 54~68 재위)를 시작으로 하는 수

세기에 걸친 박해에도 불구하고 기독교는 상류계급에까지 확대되고, 로마 제국 지배의 근간을 뒤흔들게 됨에 따라 313년에 콘스탄티누스(Constantinus, 306~337 재위)대제는 드디어 포교의 자유를 인정, 392년에 테오도시우스(Theodosius, 379~395 재위)帝가 기독교를 국교로 채택하였다. 이를 빌미로 교회는 정치권력과 결탁해서 특권을 부여받아 병역 거부와 신도의 파문 등 제국 지배의 도구로 변하였다. 이 성격은 그대로 봉건사회에까지 연결되고, 교회는 대토지 소유자로 독자적으로 세금을 징수하는 등, 봉건적 정치권력의 하나인 지주가 되었다. 모든 철학이나 과학은 신의 영광을 높이는 데 공헌하여야 하였고, 실제 과학은 교회와 그 권력자에게 봉사하게끔 되었다.

2. 자유 7학과[14), 15)]

플라톤에서 시작, 로마人 바로를 거쳐 M. 카펠라(Martianus Capella, 5세기)에게로 정착된 자유 7학과[문법학, 수사학, 변증법의 3학과(Trivium, 문예적 3학), 기하학, 수론(산술), 천문학, 음악의 4학과(Quadrivium, 수학적 · 자연과학적 4과)]는 중세교육의 기초가 되어 중세 지식인의 정신적 질서의 지주가 되기에 이르렀다. 그러나 자유 7학과도 교회어를 해독하거나 사용하기 위해서(문법 · 수사학), 수학은 수의 비밀을 신비적으로 해석하였고, 천문학은 교회 달력을 확립하기 위해, 음악도 종교적 특색을 거부하지 못하였다. 중세가 되면서 자유 7학과는 매우 중요시되고 거기에 관해서는 여러 가지 그림으로 나타나고 있다.

「지식의 탑」이라 불리는 그림 6 · 4에서, 탑의 입구에 선 지식인(여성으로 표현한 진리)은 왼 손에 탑의 열쇠를 가지고 있는데, 오른 손에 A, B, C, …라 쓴 판을 들고 아이들을 탑으로 인도하고 있다. 문에는 문법이라는 문자가 적혀 있다. 도나투스(Donatus)가 초등문법을 대표하여 최하층에, 프리스키아누스(Priscianus)가 고등문법을 대표하여 2층에 있다. 3층에는 아리스토텔레스가 논리학(변증법)을, 세루비우스가 수사학과 시를 대표하고 있다. 다음 3층의 오른 쪽에 수론의 대표자 보에디우스가 있으며, 4층에는 음악의 대표자 피타고라스, 천문학의 대표자 프톨레마이오스, 기하학의 대표자 유클리드가 있다. 5층에는 플리니우스가 이학, 세네카(L. A. Seneca, B.C. 4~A.D. 65)가 윤리학을 대표하고 있다. 최고층에는 신학을 대표하여 베드로가 있다.

또, 이 그림과 비슷한 「과학의 성」(그림 6 · 5)에는 유클리드가 과학의 성문을

---

14) F. Dannemann(安田德太郞 외 역), 전게서, vol. 2, p. 76, p. 79.
15) 平田 寬, 전게서, 상권, pp. 86~87.

그림 6 · 4 지식의 탑, 자유학과의 체계도

그림 6 · 5 과학의 성

지키고 있다. 성문 안에는 N. 타르탈리아(Tartalia)와 그의 친구들이 서 있는데, 친구들이란 학자의 합창대로 그 중에는 수론, 음악, 기하학, 천문학, 기타 많은 전문가가 있다. 그 중의 한 사람인 플라톤의 오른 손에는 "기하학을 모르는 사람은 들어와서는 안 된다"라고 기록된 깃발이 들려져 있다. 12세기 말에서 13세기에 걸쳐서 유럽의 독자적 교육 시스템인 대학의 등장과 함께 자유 7학과는 학예학부의 교육과정으로 정착하였다. 대학의 학예학부는 보다 고도의 연구기관인 신학부 · 법학부 · 의학부에의 예비과정이다. 지금으로 본다면 3학과는 학사과정, 4학과는 석사과정, 신학 · 법학 · 의학은 박사과정에 해당된다.

3. 수도원의 역할[16, 17]

성서의 「창세기」에 의하면 하나님은 세계를 6일간에 창조하였는데 이것이 계획적이고 생산적인 '노동의 원형'으로 되고 있다. 그래서 유태교의 율법학자들은 손작업을 배우는 것을 습관으로 삼았다. 예수는 목수였고 사도 바울은 천막 만드는 직업을 가지고 있었다.

중세기의 수도원은 중세 초기의 학문을 대표하며, 최초의 문화 전파자였다. 수도원에서 처음으로 직업적 수공업이 발생하여 최초의 직물직공, 맥주 양조공이 탄생하였다. 수도사들은 부근의 주민에게 이 같은 모든 생산기술을 지도하여 목면에서 실을 뽑아 옷을 짜는 법을 가르쳤으며, 아울러 농업에서 경작법을 창안 · 개량하여

---

16) 平田 實, 전게서, 상권, p. 88.

17) 伊東俊太郎 외, 상게서, pp. 452~453.

가르쳐 주었다. 이렇게 해서 수도원을 중심으로 기술적 완성에의 자연 발생적 기원인 노동의 집약이 달성되었다. 노동의 집약이 수도원에서 이루어졌기 때문에 상품 생산이 수도원에서 처음으로 이루어졌고, 따라서 수도사는 중세기에서 처음으로 상인이 된 것이다.

수도사는 수도원을 중심으로 최초의 시가를 형성하고, 황무지를 개간하거나 늪과 연못을 만드는 등 치수공사도 하였으며, 기술사의 발전에 중요한 구실을 한 수도원은 또한 중세기 과학의 유일한 양성소이기도 하였다. 거기에는 최초의 의사가 거주하였고 부근의 주민은 의사로부터 사람이나 가축의 질병에 대해 우수한 기술을 배울 수 있었다. 수도원에 의해 사람들은 읽기, 쓰기, 산술을 배우고 문자가 계통적으로 보급되었다. 인재양성을 수도원에 맡겼기 때문이다.

서 로마가 멸망한 후 그 중에서도 성 베네딕투스(Benedictus, 480~543년경)가 6세기의 전반에 세운 드 카시노 수도원의 역할은 대단히 컸다. 500년 이상 서양의 경제적・사회적 그리고 종교적・문화적 발전을 담당하였다. 수도원은 그리스도 교도로서 엄격한 계율생활을 하는 곳이며, 특히 이 수도회에서는 노동을 신성한 것으로 보고 땀 흘리며 일을 하였다. 기도와 노동과를 조화시킨 생활방식을 형성, 노동에 종교적 가치를 부여하였다. 때문에 일상생활의 수공노동이나 생산기술이 중요시되었다. 노동으로 인한 일과를 단축하지 않기 위해 기계류가 사용되었다. 이와 같이 교양인이 노동에 종사하는 일은 신기한 일로, 12세기경에는 자유 7학과 이외에도 기계기술, 직포, 병기의 제조, 항해, 농경, 수렵, 의술, 연기 등도 장려되었다.

이때 로마의 저술가 카시오도루스(F.M.A.Cassiodorus, 480~575)가 동 고드 왕국에서 일하면서 그곳에 수도원을 열어(550년부터) 신학상의 저서나 연대기를 썼는데, 수도사가 과학적 연구에 종사하는 전통을 만들어 성서와 자유철학을 다룬 백과사전 「성속학문지남」은 수 세기에 걸쳐 세계지식의 원천이 되었다.

보에티우스라고 하면 「철학의 위안에 대해서」란 저서로 유명한데, 최초의 스콜라 학자로서 자유 7학과 중 4학과에 대해서 기록하였으며, 그 가운데 니코마코스(Nikomachos, 1세기)에 의한 수론, 기하학, 음악의 저서가 전해지고 있다. 또, 영국인 베다(Venerabilis Beda, 673~735)는 영국의 성직자로 대수도원장을 지내기도 한 중세 최대의 연대기 저자의 한 사람이다. 연대기인 「영국인의 교회사, 5권」 외에 플라톤과 플리니우스에 기초를 둔 「사물의 본성에 대해서」와 「손가락에 의한 언어에 대해서」가 있다. 특히, 「손가락에 의한 언어에 대해서」에는 중세에 손가락으로 수기호를 표시하는 방법이 설명되어 있다.

4. 카롤링 르네상스[18),19)]

8~9세기, 서 유럽에 샤를마뉴(Charlemagne) 또는 카를(Karl, 768~814 재위)대제의 프랑크 왕국이 세워져 서 로마 제국에 필적할 정도의 영토를 보유했으며, 9세기에 프랑스·독일·북 이탈리아 등으로 분열되기까지 사이에 지금까지의 혼란과 암흑의 시대가 끝나는데, 이 시기는 이른바 '카롤링 르네상스(Carolingian Renaissance)'라 불리는 문화적 흥성기가 찾아 왔다. 기술이 진전되고 농기구의 개량으로 삼림이 개간되고 삼포식 농법이 시행되어 생산력이 대단히 높아지면서 봉건제도가 성공되기 시작하였다. 봉건제도의 성립에 따르는 국가기관의 강화를 위해서 인재양성을 교회의 수도원에 맡기지 않을 수 없었다.

카를 대제는 고전적 학문과 교양의 부활을 목표로, 그의 궁정 안에 당시의 대표적 학자인 영국의 알퀴누스(Alcuinus, ?~604), 독일의 아인하르트(Einhard, 약 775~840년경), 이탈리아의 디아코누스(Diaconus, 약 720~797년경)와 그 밖에 테오둘푸스(Theodulfus), 라바누스 마우루스(Rabanus Maurus, 780~856), 힌크마르(Hincnar, 806~882) 등을 초청하였다. 또, 787년에는 각지의 수도원을 중심으로 학문연구를 장려하는 훈령을 발표하고, 드디어 789년에는 왕국 내의 청소년에게 기초적 교육을 실시하도록 명령하였다. 이들 정책은 고전 고대·그리스도교·게르만의 3요소를 포함한 서유럽에서의 최초의 교육·문화운동으로 높이 평가되고 있다. 카를 대제의 부름을 받은 영국의 알퀴누스는 대제에게 올린 편지 가운데 "나는 성스런 신의 교회를 위해 폐하의 황제권의 미화를 도모하도록 인재를 교육한다"고 기록하였다. 그렇게 하여 자유 7학과의 교육을 중심으로 고전의 교양도 보급되었다.

6.4 중기 이슬람 세계의 과학과 기술

여기서 중세 중기는 약 750~1200년경까지를 말하는데, 4세기에 접어들어 가톨릭 교회가 공인되고 로마에서 이단적인 사상은 추방되었다. 일부를 제외하고는 그리스 사상은 로마로부터 배제되고, 이러한 사상을 가진 사람들이나 네스토리우스파의 신자들은 시리아 방면으로 도주했다.

메카에서 태어난 무함마드(Muhammad, 570~632)는 낙타 상인으로 각지를 여행하면서 유대교·그리스도교 및 불교를 접하고, 40세 때에 명상에 잠기면서 계시를 받아 유일신 알라(Allah)를 신앙(마호멧교, 이슬람교)하는 종교를 창시하였다.

---

18) 山崎俊雄 외 편, 전게서, p. 45.

19) 伊東俊太郎 외 편, 전게서, p. 219.

그는 622년, 메카에서 메디나로 쫓겨났는데 이를 헤지라(Hegira)라 불러 그 해를 이슬람교의 기원 원년으로 한다. 630년에 무력에 의해 메카를 점령하고 아라비아를 통일, 아랍 제국을 수립하여 사라센(사막의 아들) 제국이라 불렀다.

이슬람 세계란 무함마드가 창시한 알라신을 신앙하는 사람들이 압도적으로 많이 생활한 지역으로 최성기에는 서남 아시아와 지중해 연안의 아프리카에서 스페인까지 포함하는 아랍 제국으로 언어적으로는 인종을 초월하여 대개 아라비아어로 읽고, 쓰고 생활한 사람들을 지칭한다.

8세기 후반에서 9세기에 걸쳐 무함마드에 의한 이슬람 세계가 전성시대를 이루며, 아바스(Abbas) 왕조(750～1258)에서는 과학이 가장 번성하였다.

1. 아라비아의 과학

아라비아 세계가 과학사에서 세계사적 중요성을 가진 것은 중세이므로 보통 '아라비아 과학'이란 중세의 아라비아 과학을 의미하며, 그것은 '이슬람에 의해 통일된 지역 — 동은 중앙 아시아에서 서는 스페인 남부, 남은 이집트에서 북아프리카에 이르는 — 에서 8세기 후반부터 15세기에 걸쳐 아라비아어로 문화활동을 한 사람들의 과학'이라고 정의한다.[20)]

8～15세기에 걸친 아라비아 과학도 발전에 따라 (1) 8세기 후반에서 9세기까지의 '아파스 시대의 과학', (2) 10세기에서 11세기의 '전 이슬람 시대의 과학', (3) 12세기부터 15세기까지의 '안달시아－몽골 시대' 등 세 시대로 구분한다.

이슬람 세계는 여러 인종의 용광로였다. 이 역사의 과정에서 아라비아의 과학에 대해서 말할 때는 아라비아의 기술에 기여한 페르시아 · 시리아 · 이집트 · 무아 · 스페인의 과학자와 기술자가 포함된다. 이슬람 세계는 당시로서는 세계의 축을 이루는 하나의 위대한 문명이었다. 여러 가지 이론과 실용적 발명 등이 동과 서에서 유입되고, 또 두 방향으로 세계에 확산되어 갔다. 동과 서와의 매듭이라는 중요한 역할 외에도 이슬람 세계는 비잔티움(Byzantium)과 함께 고전시대 유산의 파수꾼 역할을 한 것이다.[21)]

또 750년부터 900년까지는 번역의 시대인데 아라비아어로 번역된 많은 과학적 저작 외에 이론적 기계학 · 양수 · 수차 · 저울 · 물시계 등에 관한 번역이나 저서가 있었음이 문헌에 밝혀지고 있다.

아라비아의 학자는 수학 · 천문학 · 물리학 · 화학 · 의학의 방면에 많은 중요한

---

20) 伊東俊太郎 외 편, 전게서, pp. 24～25.

21) R. J. Forbes(田中 實 역), 전게서, pp. 88～89.

발견을 하였고, 그래서 아라비아의 여러 나라는 8~11세기에 걸쳐 경제적으로나 문화적으로나 당시로서는 가장 진보된 나라들이었다.

당시에 신앙의 자유가 다소 허용되면서 추방된 학자가 부름을 받아 고대 과학·의학·철학서를 번역하였고, 832년경에는 알 마문(al-M'amún, 786~833)에 의해 도서관과 천문대를 포함하는 과학연구소인 '지혜의 집(Byat al-hikma)'이 세워졌고 100여 명이나 되는 번역관이 있었다. 회교도들은 외국문화를 열심히 받아들였으며, 이슬람 세계의 과학은 동양에서보다 서방에 더 많은 영향을 주었다.

알 비루니(al-Biruni, 973~1048)는 페르시아人으로 이슬람의 시아파에 속하는데, 오랫동안 인도에 살았으며 여행가, 철학자, 수학자, 천문학자, 지리학자, 백과전서적 작가였다. 그의 비판적 정신, 관용, 진리의 사랑, 지적 용감성은 중세에서 따를 사람이 없었다. 그는 지리학, 역사, 수학, 천문학에 대해 아라비아어로 약 150종에 이르는 저서를 남겼다. 또, 그는 인도 숫자(흔히, 아라비아 숫자)의 원리를 명확하게 설명하였다. 그는 태양중심설(지동설)의 가능성을 생각하였고, 계산에 의해 지구의 둘레를 약 4만 1550 km(현재는 4만 120 km)라 하였다.[22]

유명한 의학자로서는 40세 무렵에 바그다드의 중앙병원장까지 지낸 라제스(Rhazes, al-Razi, 865~925)(그림 6·6)는 의학문제에 대해서 이슬람교 최초의 독창적인 집필가로 100편 이상의 저술을 남겼다. 고대의학의 과학적 전통을 이어 받아 미신과는 관계없이 병자의 증상이나 경과를 관찰하고 인간에게는 자연적인 치유능력이 있다고 판단, 환경을 중요시하여 식사와 환경을 정비하면 치유능력이 강해진다고 생각하였다.

그림 6·6 임상을 하는 라제스

그때까지 보아 온 질병과 치료법을 종합, 정리한 그의 대표적인 저술은 의학의 백과사전이라는 「관련의 서」 25권이 있다. 이 책은 그리스와 인도의 의학을 기초

22) 平田 寛, 전게서, 상권, p. 94.

로 하면서 사변적인 것을 피하고 객관적 관찰과 개개의 병을 처방한 임상의학서이며, 그 밖에도 그때까지 구별할 수 없었던 천연두와 홍역병자를 세밀하게 관찰한 「천연두와 홍역의 서」가 있다. 한편, 그는 인간 평등론을 설명하면서 모든 기적을 부정하여 종교는 진리에 기틀을 두어야 된다고 단언했다.

이븐시나(Ibn-Sina, 980~1037)는 아비센나(Avicenna)[23](그림 6·7)라고도 부르는데, 철학자임과 동시에 신학, 수학, 천문학, 의학 등 학문 전반에 정통하며, 이슬람 최대의 과학자일 뿐만 아니라 세계적으로도 유명한 과학자의 한 사람이다. 저서는 100권이 넘고 가장 중요한 것은 「의학규범」(*al Qānū fial-tibb*)과 「치료의 서」이다. 「의학규범」은 그리스와 이슬람 의학의 집대성이고, 12~17세기에 걸쳐 서유럽 의학의 기본서로 몇 종의 라틴어 어역, 히브리 어역, 아라비아어 원문이 간행되었다.

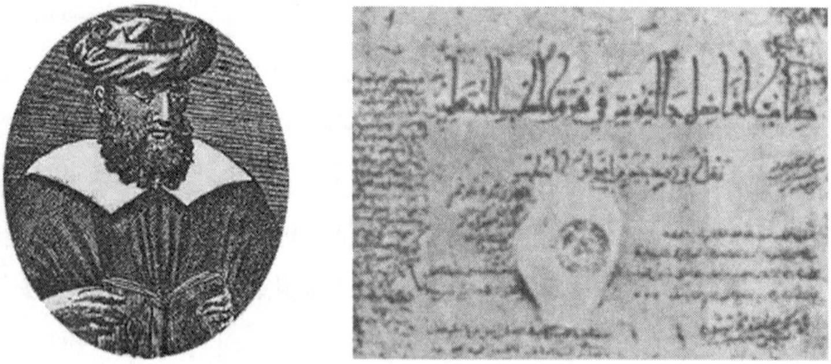

그림 6·7 아비센나와 그의 옛날 책

물리학에서는 운동, 접촉, 힘, 진공, 무한대, 빛, 열 등에 대해서 연구를 하였다. 다음에 의학 이론가로서의 그는 "의학이란 건강유지와 체내에 원인이 있다고 보는 치료"로 정의하고, 건강과 병의 관계에서 환경(공기, 물, 음식물, 수면과 각성, 휴식과 운동, 희로애락)을 중요시하였으며, 신체 내부의 구성요소에서 아리스토텔레스流의 4원소, 4성질(열, 냉, 건, 습)과 4원인(질료인, 형상인, 기동인, 목적인), 4체액이라든가 갈레노스의 三능력(자연적·정신적·생명적)을 고려하면서 정신과 신체의 조화를 폭넓게 고도의 시야로 전망하고 있다.

라제스 이후의 유명한 임상의사인 이븐 주르(Ibn Zuhr, 1091~1161)는 「치료학과 음식에 관한 간편한 서」가 있으며, 최대의 외과의사인 아불 카심(Abul Qasim, 1013년경 사망)은 승화나 증류에 의한 흥미있는 약제의 조제법을 설명하였고, 산부인과, 안과, 귀, 이[齒]의 외과적 치료법을 사용하였다.

23) 平田 實, 전게서, 상권, pp. 95~96.

이와 같이 아라비아 과학은 거의 700여년 긴 세월 동안에 결쳐 중세 세계를 통해 당시로서는 최고 수준의 과학을 발전시키고 유지 계승하였다.

2. '아라비아 숫자'와 수학

불편한 그리스 수학, 로마 수학 대신에 인도 숫자가 도입되어 零(0)이 사용되었는데, 이 0의 사용은 인류 최대의 발견 중 하나라고 한다. 이 0을 포함하는 수기호는 인도에서 발생하여 아라비아를 통해 유럽에 전파되었다. 그리고 기호 0은 누구에 의해 사용되었는지는 분명치 않으나 가장 오랜 기록은 876년경의 인도 비문이라 하며, 산스크리트어로 공위(空位)를 뜻한다.[24), 25)] 이것이 이슬람 세계에서 8세기의 아파스 왕조시대에 전해진 것이다.

이 수를 기록하는 방법이 이슬람 세계에서 12세기경부터 유럽에 널리 퍼지면서 '아라비아 숫자'로 불리게 되고, 역사적으로 이 수 기호를 인도=아라비아 숫자라 부르며, 1에서 9까지의 숫자와 0을 사용하여 어떤 수라도 표기할 수 있다.[26)]

이슬람 세계에서 가장 유명한 수학자는 알 프와리즈미(al Pwharizmi, 850년경 사망)로, 인도 숫자나 인도의 계산법을 이슬람 세계에 소개, 그 이름을 유럽에서는 라

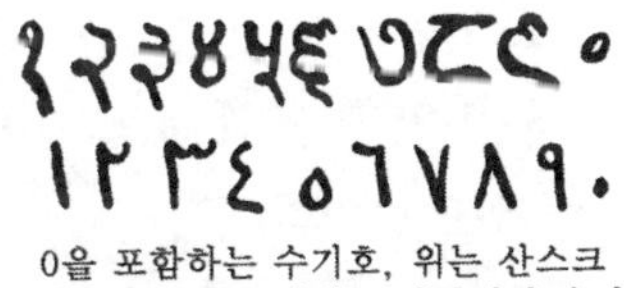

0을 포함하는 수기호, 위는 산스크리트숫자이고 아래는 아라비아 숫자

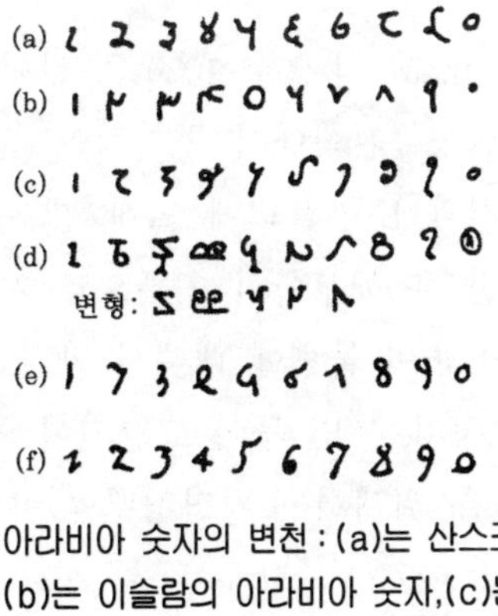

그림 6 · 8 아라비아 숫자의 변천 : (a)는 산스크리트 문자, (b)는 이슬람의 아라비아 숫자,(c)는 서방 이슬람 숫자

24) 下間賴一, 전게서, pp. 242~244.

25) F. Dannemann(安田德太郎 외 역), 전게서, vol. 2, pp. 105~108.

26) 伊東俊太郎 외 편, 전게서, p. 25, p. 69, p. 525, p. 568.

틴어로 algorius(영어의 algorism)라 하고, 12세기에 라틴어로 번역된 「산수입문」이 남아 있는데, 「복원과 대비의 계산」이란 책도 저술하여 대수학을 의미하는 algebra가 생겼다. 그림 6·8은 아라비아 숫자의 변천을 나타내고 있다.[27)]

3. 천 문 학[28), 29)]

알 파르가니(al-Farghámí, 9세기 전반)는 최고의 천문학자 중 한 사람으로, 대표작에는 「천체의 운동과 천문지식의 요강 및 서」가 있다. 이 책은 천체의 운동과 상세한 별의 학문을 취급하고 있으며, 12세기에는 라틴어로 번역되어 레기오몬타누스(Regio- montaunus, 1436~1476) 이전의 유럽 천문학에 큰 영향을 주었다.

나시르알딘 알 투시(Nasir-aldin al-Túsí, 1201~1270)는 이슬람 시대 후기에 속하는데, 역시 이슬람 세계에서 최대 천문학자의 한 사람이다. 수학·의학·철학에도 능통하였으며, 특히 천문학에서 이론적인 「천문학서」가 유명하다.

천문관측에 필요한 기구로서는 헬레니즘 시대의 히파르코스 또는 아폴로니오스가 발명한 것이라고 전해지는 아스트로라베는 가장 오래된 천문기구의 하나이다. 이슬람 세계에서도 이것이 일찍부터 사용되었다.

아브달 라만 알 수피(Abdal Rahman al-Sufi, 903~986)는 자기(磁氣)의 관측을 기초로 별의 그림 설명 목록인 「도해항성서」를 저술하였다. 여기에는 여러 가지 별자리가 그려져 있으며, 당시로서는 천체가 과학적 연구의 대상이기도 하고 우주, 종교적 또는 점성술적인 대상이기도 하였다.

4. 광 학[30)]

이븐 알 하이삼(Ibn al-Haitham, 약 965~1039)은 카이로에서 활약한 중세 최대의 물리학자로, 특히 기하광학, 생물과학에서 획기적인 업적을 남겼다. 그의 주된 저서 「광학의 서」는 R. 베이컨과 J. 케플러에 크게 영향을 끼쳤으며, 16세기 후반에 출판된 「알 하센의 광학보전」은 해부학적 기록으로 가치가 있다.

눈(시각기관)의 구조에서는 눈이 물체에 대해서 판별하는 12종의 성질, 즉 빛, 색, 거리, 형태, 크기, 수, 운동, 정지, 투명 등이 고찰되어 있다. 그는 반사와 굴절을 중요시하고 있는데, 像을 만들기 위해서는 평면경뿐만 아니라 공, 원 기둥, 원뿔의 凹

27) 平田 寬, 전게서, 상권, p. 98.
28) 平田 寬, 전게서, 상권, pp. 99~101.
29) 伊東俊太郎 외 편, 전게서, p. 26.
30) F. Dannemann(安田德太郎 외 역), 상권, pp. 113~124.

면경과 凸면경도 사용하고 있다. 그래서 상의 위치와 크기, 반사법칙, 촛점, 빛의 수렴 등에 대해서도 기록하고 있다.

5. 아라비아의 기술[31)]

아라비아人은 오지 그릇[陶器] 제조기술, 특히 오지 그릇에 붙이는 광택과 색채가 있는 유약으로 유명하다. 유약이 묻은 오지 그릇 대부분이 내화성이며, 생산공정용의 용기로 멋진 모양을 하고 있었다.

이 도기의 개량된 품질은 어떤 종류의 화학약품의 양산 등 아라비아 화학자의 실험에 대단한 도움을 주었다. 그들은 원통형이나 원추형의 용광로를 발명하여 그 안에 증류병을 몇 줄로 배치하여 연소가스로 가열, 나프사(가솔린)를 제조하였다고 한다. 이 도기제조의 비밀은 12세기까지 페르시아에는 알려지지 않았고, 중요한 기술은 서방이 실험을 통해 도기(도자기) 만드는 기술을 발견한 것은 18세기가 되어서이다.

아라비아人은 직물의 생산에도 흥미를 가지고 있어 그들은 8세기에 목면을 중국에 가지고 갔다. 한편 명주의 생산은 중국人에 의해 상업의 비밀로 되어 있었으나 6세기가 되어 토르키스탄에서 누에가 밀수출되어 이 기술은 페르시아와 비잔티움에 확산되었다.

양모의 깔개와 융단의 제조는 이 문명의 전통적 기술로 터키의 융단은 오늘날에도 고가품이다.

아라비아에서 제지공업의 발생은 중국과의 접촉에 의해서이나. 105년에 중국의 채륜이 종이 만드는 비법을 발견하였다. 이 제지기술은 일찍이 793년에는 바그다드에 제지공장이 건설되었고, 900년에는 종이의 표준치수가 바그다드에 도입되어 그 중에는 비둘기에 의한 '에어 메일'에 사용하는 얇은 특수품질까지 나왔고, 제본에도 독특한 기술을 가지고 있어 손 세공으로 호화로운 '가죽 표지'를 만들었고, 제본의 장식에 '금박'을 사용하는 방법을 서양에 전달하였다.

제지기술은 드디어 11~12세기에는 북 아프리카 해안, 13세기에는 유럽에까지 확산되었다.

사탕의 정제는 아라비아人의 발명이다. 사탕 수수는 500년경 인도에서 남 페르시아에 수입되었으나 그 당시는 줄기에서 액즙을 만드는 정도였고, 이것을 정제하는 방법은 아라비안人이 처음으로 고안하여 11세기가 되어 이집트의 화학자가 액즙을 석탄과 목탄으로 처리하여 불순물을 제거하였다. 이런 기술이 인도에서 중국에 이르기까지 여러 지역에 확산되어 「동방견문록」으로 유명한 마르코 폴로(Marco

31) R. J. Forbes(田中 實 역), 전게서, pp. 94~101.

Polo, 1254~1324)는 중국에 있으면서 가장 숙련된 정제공임과 동시에 이집트의 공인이라고 전해지고 있다.

알코올의 증류법과 황산・초산 등의 제조법은 각각 12세기와 13세기에 이탈리아에서 도입되어 많은 기술에 대단한 영향을 주었다. 액체향료의 제조법도 완전히 바뀌었다. 아라비아人은 꽃이나 식물을 알코올이나 물에 혼합하여 혼합물을 증류하여 액체 향료를 처음으로 만들었고, 이런 기술이 장미 꽃에서 '장미수'가 만들어졌다. 그 밖에 올리브유의 제조도 중요하다.

아라비아人은 비잔티움 등 다른 '이교도'와 끊임없는 전쟁을 하고 있었으므로 전쟁기계(파성추, 움직이는 탑, 투사기 등)의 고안을 대단히 발전시켰고, 대규모의 화학병기도 도입되었다.

그러나 1100년 이후 아라비아 문명은 쇠퇴하기 시작하여 아라비아 기술은 정체되기 시작하였고, 문명의 횃불은 아라비아人을 떠나 서방세계로 옮겨 갔다.

6.5 후기의 과학과 기술

중세에서 학문의 부흥은 제11세기에서 제13세기에 걸쳐 일어난 수공업과 상업의 팽창과 대성당의 건립 및 대학의 창설이라는 사실에서 나타난다.

또, 중세 후기(약 1100~1400년경)의 무대는 대부분 유럽이 된다. 11세기에서 12세기에 걸쳐 유럽에서는 이슬람 세계에서 고대 그리스와 인도 등의 학문이나 과학을 수용하여, 그것을 고도로 발달시킨 사실을 알고 있었기 때문에 학문과 과학을 획득하고자 하는 의욕은 십자군(1096~1270)의 대장정에 의해 더욱 강해졌다. 그래서 12세기에서 13세기경에 유럽에서는 '번역시대'가 등장하였다. 이 사실은 역사가 하스킨스(Haskins, 1870~1937)가 말하는 '12세기의 르네상스'(the 12th century renaissance)이다. 즉 서 유럽 세계는 12세기에 비잔틴과 이슬람 문화권에서 그리스・아라비아의 학술의 핵심내용을 받아들여 그 후 서 유럽의 과학과 철학이 독자적인 발전을 하는 데 지적 기반을 만들었다. 이 아라비아어에서 라틴어로의 번역 중심지는 잉글랜드, 스코틀랜드, 스페인 및 이탈리아이며, 번역서는 주로 고대 그리스와 아라비아의 과학・의학・철학서였다.

이렇게 12세기에 시작되는 대번역운동은 그때까지의 서 유럽 학술수준을 단숨에 바꾸어 서 유럽 근대과학의 형성을 가능케 하는 새로운 지식의 바탕을 구축하였다는 데 그 중요성을 찾을 수 있다.

1. 중세의 철학 — 스콜라학

중세의 공식 철학은 스콜라 철학으로 알려져 있다. 스콜라란 교회 혹은 수도원의 부속학원을 말하며, 그 학원에서 가르친 철학을 스콜라 철학 또는 스콜라학(scholasticism)이라 한다. 이는 그리스도교의 신앙의 뜻을 학문적으로 체계화하려는 철학이며, 중세 초기 유럽의 신학원 교수(doctors scholastici)에서 유래되었고, 그 후 신학원과 대학에서 연구되는 학문을 널리 스콜라학이라 부르게 되었다.[32]

번역사업과 병행하여 유럽에서는 기독교를 기반으로 스콜라학이 당시의 교양계급을 구성하고 있던 성직자들에게 큰 영향을 주었으며, 그 대표적인 인물은 「신학대전」(*Summa theologica*)을 저술하였고 「천사박사」라 불려진 토마스 아퀴나스(Thomas Aquinas, 1225~1274)이다.

스콜라학은 그 목적이나 방법에서 보더라도 경험적 과학과는 기본적으로 상용되지 않는 점이 있었다. 스콜라학의 목적은 진리를 새롭게 탐구하는 것이 아니고, 진리는 신앙 안에 처음부터 주어져 있다고 보는 권위로서의 성서나 교의에 근거를 두고 있다. 그러나 이 스콜라학의 논리성 내지 합리성이 자연이나 외적 생활의 현실면에 직면하였을 때 근대과학의 중요한 하나의 싹이 되었다고 할 수 있다. 사실 이 시기의 많은 과학자는 성직자 출신이다.

2. 스콜라학적 박학자들

영국의 프란시스코회에 속하는 신학자인 그로셀레스테(Grosseleste, 1175~1253)는 언어연구를 중요시하였으며, 과학연구에서는 새로운 방법을 주장하였다. 그 새로운 방법이란 수학적 합리성과 실험적 실증성을 통합하고자 한 점으로, 근대적 과학정신의 예언자의 한 사람이라 한다. 그러한 입장에서 그는 물리학이나 기상학을 취급한 과학논문을 썼으며, 특히 광학에 큰 관심을 가졌다.

잉글랜드人 바르톨로뮤(Bartholomew, 1220~1240년경 활약)는 일반 대중을 위한 백과사전 「사물의 특성에 대해서」 19권을 저술하였는데, 그의 저서는 무려 3세기 동안 보급이 계속되었다. 저자는 이 사전을 신학적 · 철학적 목적으로 저술하였으나, 그 내용은 포괄적으로 천사와 악마, 심리학, 가정경제, 의학, 우주론, 점성술, 시각, 기상, 생물, 자연지리, 質料의 물체 및 원소 등 다채로웠다.

알베르투스 마그누스(Albertus Magnus, 1207~1280)는 '만능박사'라고도 불려졌으며, 신학에 관한 논문은 물론 자연과학에 관해서도 다방면의 저서가 있다. 아리스

---

32) 동아출판사, 원색세계대백과사전, 제18권, p. 132.

토텔레스의 자연학을 기초로 동물학, 식물학, 광물학에 대해 폭넓은 연구를 하였고, 예리한 관찰력으로 독자적인 주장을 펴기도 하였다.

빈센트(Vincent, 약 1190~1264)는 루이(Louis) IX세와 그 왕자의 가정교사를 지내기도 하였고 백과전서적 작가로 그의 저서에 「大鏡」이 있는데, 크게 나누어 '자연', '학식', '도덕', '역사'의 4편으로 되어 있다. '자연'편에는 기상, 지리학, 지질학, 천문학, 식물학, 동물학, 해부학, 생리학, 심리학을, '학식'편에는 문법, 논리학, 가정, 법률, 정치 또는 각종 물품의 매매, 의학, 물리학, 수학, 천문학, 점성술, 음악, 도량형, 측량을 취급하고 있다. 이는 중세의 위대한 유산의 하나로 볼 수 있다.

3. 중세문화의 꽃 — 대학

가톨릭 교회에 속하는 프란체스코 수도회(1209년 창설), 도미니크 수도회(1215년 창설)의 수도원에서도 자연과학자가 배출되었는데 이때부터 각지에 대학이 설립되기에 이르렀다. 이 대학은 '중세문화의 꽃'이라 부르기도 한다.

대학은 12세기부터 13세기에 걸쳐 이탈리아・프랑스・영국을 중심으로 유럽의 각지에 등장하였다. 당시 외국인의 교사와 학생은 해당 대학도시 또는 나라의 시민권의 보호를 받지 못하였기 때문에 자기 생활과 생명을 보호하기 위해 당시 존재하고 있던 길드와 병행하여 교사와 학생 각자가 독립된 조합을 결성하였다.

대학[33)]은 대성당의 학교에 모인 길드 풍의 교사와 학생과의 조합에서 발생하였다. 11세기에는 유니벨시타스(universitas)와 길드(guild)라는 말은 수공업조합을 뜻하는 용어로 같이 사용되었으나 대학을 의미하는 'universitas'의 원뜻은 전체・세계・우주이나, 13세기에 와서 특히 학생의 조합을 의미하게 되었다. 이 universitas의 기원은 학생의 조합이 강한 볼로냐(Bologna, 법학으로 유명) 대학형 — 주로 이탈리아 대학의 모델 — 과 교사의 조합이 강력한 파리(Paris, 신학) 대학형 — 주로 알프스 이북의 대학 모델 — 이 유명하다.

이 대학은 크게 3종으로 나뉘어졌는데, 제1은 파리(1200), 옥스퍼드(1214), 케임브리지(1231)의 경우와 같이 교회의 기금에 의한 건물이 있고, 학생과 교수가 학장 밑에서 밀접한 법인의 형태를 가지는 대학이며, 제2는 볼로냐(1088, 또는 합병하여 1215), 파두바(1222)와 같이 학생이 선정한 학장에 의해 관리되는 대학이고, 제3은 시칠리아의 황제 프리드리히에 의해 조직된 나폴리(1224), 카스틸야의 페르난도 III세가 설립한 사마란가(13세기)와 같이 군주에 의해 교황의 인가로 설립된 국립대학이

---

33) Crompton's Encyclopedia, 전게서, vol. 24, pp. 204~209.

다. 따라서 대학의 창설은 당연히 중세의 산물이 된 셈이다.[34]

4. 우주론과 천문

이 시기의 우주론은 프톨레마이오스적 또는 아리스토텔레스적 우주론이 인정되어 있었고, 한편으로는 우주와 인간(넓게는 생물)을 대우주와 소우주로 보고, 두 개를 관련지우는 教義에 기초를 둔 신비적인 우주론이 널리 제창되었다.

이를테면 영국의 비흐트퍼스(Byrhtferth, 100년경)가 표시하는 대우주와 소우주의 관계에서는 인간의 네 개의 시대와 네 계절, 인체의 4체액과 동지·하지, 춘분·추분, 4원소와 4방위점 등 사이를 대응하여 식별하고 있다. 여기에서 4방위점의 북(Arcton), 서(Dysis), 동(Anatole), 머리 글자를 ADAM(아담)에 관련시키고 있다. 이와 같은 신비적인 우주관에서는 물리적인 일과 도덕적인 진리와 정신적인 경험과의 사이에는 궁극적인 구별이 없고, 내적인 우주와 외적인 우주는 융합되어 있다. 이 경향이 최고조에 달한 것이 단테(Alighieri Dante, 1265~1321)의 「신곡」(*Divina Commedia*, 1304~1322)이다.

신비적인 우주상의 구성과 병행하여 천문학적인 목적이라기보다는 점성술적 목적으로 천체를 관측하기도 하였다.

유럽의 천문학에서 대단히 중요한 문제는 달력의 계산이었다. 사실 달력은 정치·경제·과학 등 문명간의 충돌, 민족간의 전쟁 등 무수한 고갯길과 굽은 길이 있었다.

율리우스 카이사르에 의해 제정된 율리우스력은 1년이 365일로 되어 있고 4년마다 윤년을 넣어 366일이 된다고 하였다. 그래서 1년의 평균길이는 365.25일로 결정하였다. 그러나 태양년이 365.2422일이므로 율리우스력이 0.0078일(11.232분) 길다. 그 차는 약 130년에 1일이다. 매년이 길어지므로 일년의 마지막이 그만큼 늦어져 태양의 춘분점 통과가 매년 빨라져, 결국은 농업과 달력과의 관계, 기독교의 부활절을 결정하는 데 방해가 되었다.

그래서 달력을 바꾸는 문제가 많이 제기되었으나 1582년 비로소 교황 그레고리우스(Gregorius, 1502~1585) XIII세가 그의 이름을 빌려 개력을 달성, 그레고리오력을 만들었다.[35),36)] 이때 1582년 10월 4일을 1582년 10월 15일로 확정하였다. 10일을 줄인 이유는 1583년도부터 춘분을 3월 21일로 고정하기 위한 것이었다. 그레

34) S. Mason(矢島祐利 역), 전게서, 상권, p. 120.
35) R. J. Forbes · E. J. Dijksterhuis(廣重 徹 외 역), 전게서, pp. 139~140.
36) 동아출판사, 원색세계대백과사전, 제5권, p. 330.

고리오력의 1년 평균 길이는 365.2425일로 실제 태양년과의 차이는 0.0003일(0.432분)로 약 3000년에 하루가 되는 정도로 우수한 역법이다. 현재 우리가 사용하고 있는 역법은 이 그레고리曆이며, 영국은 1752년, 일본은 1872년, 한국은 1896년, 중국은 1912년, 터키는 1926년에 채택하였다.

5. 중세의 연금술

연금술의 탄생에 대해서는 이미 제3장 5절 3항에서 설명하였으나 1000년까지의 계보는 그림 6·9와 같다.[37] 그런데 13세기에 부활한 연금술은 또 다른 실제적인 활동력이었다.

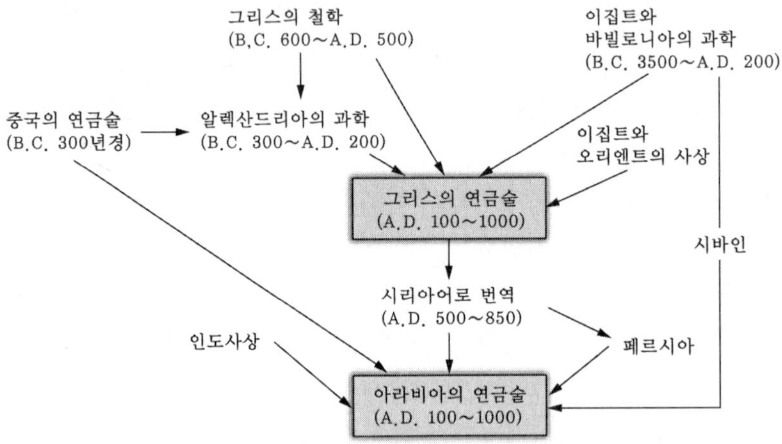

그림 6·9 1000년까지의 연금술 계보

그런데 두 가지 형이 있다. 첫째는 에릭기사(elixir, 외상용의 가루 약)라는 일종의 영약을 만드는 기술, 둘째는 금속의 변성으로 이른바 천한 금속을 금속과 같은 귀금속으로 변환하는 기술이다.

고대 이집트와 그리스에서 생긴 중세의 점성술적·마술적인 신비사상을 배경으로 여러 사람의 마음을 사로잡았다. 그 최성기는 9세기경부터 17세기경까지로 관심을 가진 사람들은 국왕, 로마 교황, 성직자, 대장장이, 염색사, 땜질 집 등 여러 직종의 계급에 이르고 있다.

37) 平田 寛, 전게서, 상권, p. 77.

연금술 지식 가운데 교양있는 사람, 알베르트 마구누스, 토마스 아퀴나스, 로저 베이컨 등 학자들도 포함되어 있는데 일종의 신비성, 때로는 종교성·윤리성까지 다양하였다.[38)]

중국에서는 천한 금속을 귀금속으로 만드는 연금술과 불로장수의 약을 만드는 연단술이 있어 이 둘은 불가분의 관계이나 신선사상에서 시작되었다. 한국의 연금술은 도교의 한 분야로 신선도와 거기에 관련되는 연단술이 주류인데 이는 의학, 특히 허준의 「동의보감」에서 절정을 이룬다.

인도의 연금술은 중세의 종교서적 「탄트라」(*Tantra*)를 신봉하는 사람에 의해 8세기~12세기까지 발전, 인간을 신의 세계에 도달시키는 해탈의 보조수단으로 생각하였다. 아라비아에서는 종교적·정신적 연금술과 물질적 연금술이 있어 화학처리나 실험적 기법 중심에 연금술을 촉진, 실천하였다.

광산(鑛酸)은 1295년 프랑스에서 거론되었고 또 포도주나 맥주를 증류하여 만든 알코올은 '생명의 물'로 불려져 연금술의 불로장생에 대해 중요시되었다. 알코올의 성질은 중세 수도사들에 의해 널리 연구되었고, 그래서 수도회는 연구를 계속, 여러 종류의 유명한 술이 만들어졌다.

중세 연금사들의 이론[39)]에는 새로운 것이 별로 없었다. 금속은 유황의 남성적 원리와 수은의 여성적 원리와의 결합에 의해 생기며, 천한 금속은 죽음과 소생과의 과정을 거쳐 고귀하게 된다고 그들은 믿었다.

무기질 일반은 살아 있어 육체와 영혼, 또는 물질과 정신으로 되어 있다. 물질의 실체의 구성요소는 가열하여 분해시킬 수 있으며, 그때 정신은 증기로 달아나나 그 증기는 경우에 따라서는 액체로 응축할 수 있었다. 물질의 실체의 특징과 성질이란 그 정신에 의해 결정된다. 그러므로 증류하여 얻은 액체는 그 실체를 만드는 진하고 빽빽한 본질을 함유하고 있다. 따라서 이러한 액체는 대단히 능동적이고 유력한 활동의 명수로 낡은 육체에 새로운 생명을 불어넣고, 하등의 물질에 고급의 성질을 부여하였다.

이와 같은 이론적 변성은 천한 금속의 물질에 귀금속의 정신을 양도함으로 용해시킬 수 있었다. 그러나 여러 가지 금속 중에서 수은만이 증류되어 분리되는 '정신'을 만든다. 수은의 증기는 연금술사의 이론과 일치되어 천한 금속의 표면을 은색으로 만들었기 때문에 수은은 은의 정신이고 금속의 선조로 보았을 뿐만 아니라 만물의 기원이라고 보았다.

---

38) 伊東俊太郎 외 편, 전게서, p. 645, p. 26, p. 231, p. 72.
39) S. Mason(矢島祐利 역), 전게서, 상권, pp. 122~123.

그래서 알렉산드리아人 사이에서 찾아 볼 수 있었던 연금술이 Chemi 또는 Chemistry(화학)라 불려 화학의 시작이 된 것이다.

6.6 새 동력기술 시대—수차

유럽 중세사회의 12~13세기는 기술의 새로운 시대가 열린 시기에 해당되나, 그 중심 축에 위치하는 것은 일반적인 동력으로서의 수차의 도입이다.

수차는 자연력을 이용한 기계장치인 동시에 동력을 작업기에 전달하는 에너지원인 기계장치이다. 수차의 기원은 명확하지 않으나 B.C. 30년경에 중국에 보급되어 있었고, 한편 유럽에서는 B.C. 16년경 비트루비우스가 수차의 사용에 대해 기록하고 있다. 최초로 만들어진 것은 수직축에 횡형수차로 그리스형 또는 노르웨이형 수차라 불렀다.

4세기까지 다소 큰 수차가 사용되긴 하였으나 대체로 로마의 세력이 강한 시대에는 노예노동에 의존하는 경우가 많아 크게 보급되지 않았다. 그러나 로마의 세력이 기울기 시작한 중세 초기의 사회에서는 노예공급이 크게 줄어들게 됨에 따라 중대한 노동력 부족에 직면하였다. 그래서 중세에는 인간의 근육 이외의 힘의 원천을 개발하여 응용하지 않으면 안 되게 되었다.

수차의 이용은 초기 몇 세기 동안 곡물의 제분에 한정될 만큼 중세가 되어 새로운 사회조건이 형성될 때까지 충분히 기능을 발휘하지 못하였으나, 기술이 전반적으로 발달하여 봉건사회의 생산력이 일정한 수준에 도달하였으며 수차가 산업에 이용되면서 비약적으로 발달하였다.

기계적 원동기인 수차의 출현은 노동의 생산성 향상을 가져왔고, 수차 그 자체의 여러 가지 기구의 기술적 진보는 서유럽에서 현대의 '기술문명'을 가져왔다고 하여도 과언은 아닐 것이다.

1. 수차의 역사적 의미[40)]

수차는 새로운 동력기술로서의 몇 가지 중요한 뜻을 가지고 있다. 첫째, 그때까지의 축력은 생물이 가진 유기적인 자연력인데 비해 수차는 위치 에너지에 의한 수력(무기적 자연력)을 사용하는 것이며, 의지도 없고 생명의 유지를 필요로 하지 않는 그러면서도 쉽사리 동력을 얻을 수 있는 동력수단이라는 점이다. 둘째, 그 출

---

40) 鈴木善次 외, 전게서, pp. 108~109.

력이 축력에 비해 엄청나게 크다는 것, 셋째, 기계를 움직이는 데 필요한 회전운동을 간단히 만들 수 있으며, 따라서 기술학적 응용 범위가 축력보다 넓다는 것, 넷째, 수차동력을 작업기에 전달하기 위한 기어와 캠을 진화시켜 전도기구의 메커니즘 발전의 기초를 만든 것, 다섯째, 수차 대공이라는 우수한 기계기술자를 탄생시켜 근대의 증기계기술의 형성에 꼭 필요한 인적 자원을 만들었다는 점이다.

인류는 지금까지 인력과 축력을 이용하여 왔으나, 그 최대의 단위출력은 각각 0.1 kW, 1 kW 정도였다. 그러나 수차의 출력은 훨씬 커서 제일 큰 것은 8 kW 정도에 이른다. 따라서 종래 볼 수 없었던 대규모의 노동수단을 움직일 수 있게 되어 인간의 신체적 제약은 동력면에서 돌파된 노동 생산성을 현저히 높일 수 있었다.

수차의 능력을 드디어 산업혁명기의 영국에서 등장한 증기기관이 능가하여 오늘에 이르고 있다. 인력에서 열기관에 이르는 동력원의 단위 출력의 발달과정은 그림 6 · 10과 같다. 이 그림에서 동력원의 단위출력이 연속적으로 증가하여 왔음을 명확하게 알 수 있다. 그래서 이 사실은 동력원이 새로운 것으로 전환되어 가는 경우, 오래된 동력원의 능력이 충분히 발달하여 새롭고 보다 강력한 동력원의 수요를 창출하는 것이 필요한 전제조건임을 말한다.

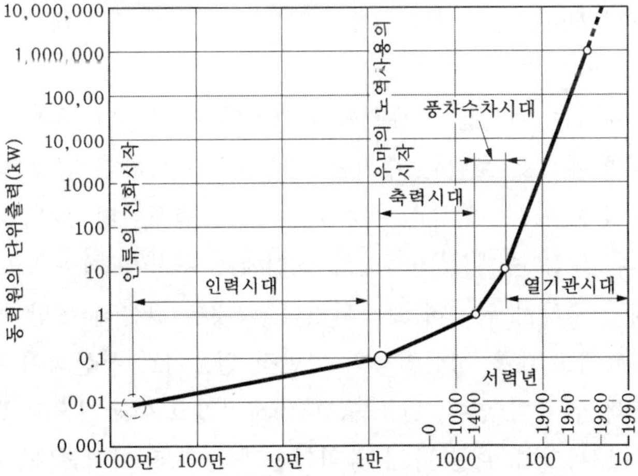

그림 6 · 10 인류사에서 동력원 단위출력 발달과정

즉 수차란 초기에 발달이 불충분하고 출력이 작은 것이 유용하게 사용되려면 이미 그것을 필요로 하는 동력수요가 축력의 충분한 발달로 인해 실현되고 있어야만 하였고, 또 수차의 충분한 발달이 큰 동력수요를 만들어 냄으로써 증기기관의 현실적 사용에 길을 열었다고 할 수 있다. 따라서 증기기관을 기술적 중심으로 하는 초기의 기계제 대공업이 형성되기 위해서는 그 사회 내부에서 수차가 충분히 발달하여 생산의 대부분에 충당되어야만 하였다.

2. 수차의 발달과 합리적 이용

수차는 이미 B.C. 1세기에는 지중해 세계에 탄생되어 있었으나 계절적 변화가 큰 하천의 유량, 풍부한 노예 노동력, 지배계급의 기술의 멸시 등의 이유에서 수차의 보급은 늦었다. 그러나 로마와 같이 수도(水道)가 정비되어 있어서 수량도 풍부하고 소비인구가 많아 제분수요가 많은 도시에 한해서는 수차는 중요한 역할을 담당하였다.

3~4세기에서는 수차를 도입하는 경향이 보였으나 로마 제국의 붕괴와 계속되는 분쟁으로 위축되었다. 또 노예제도는 오랫동안 비용이 소요되는 생산형태가 되어 있었고, 고급품의 제작에 있어서도 경쟁에 견딜 수 없었다.

기독교의 자애, 인간의 노동에 대한 본래적 존중, 그래서 노예제도의 비난이 물이나 바람을 동력으로 이용하고자 하는 강한 유인이 되었다. 때문에 정치적 및 사회적 조건이 호전되었을 때 서 유럽의 수차의 수는 엄청스럽게 늘어났다. 영국 최초의 토지대장인 「*Domesday Book*」에는 1086년 영국에 5624대 이상의 수차가 있었다고 기록하고 있다.[41)]

로마 시대의 수차는 제분용에 사용되는 정도였다. 나폴리 북부 비에나푸로에서 출토된 3세기경의 것으로 보이는 수차는 지름 1.8 m의 바퀴 밑에 있는 날개에 물을 뿜어 바퀴를 회전시키는 하류식 수차로 3마력의 출력이며, 1시간당 150 kg의 제분능력을 가졌다. 유럽 중세 봉건사회의 초기에는 수차가 제분용으로 흩어졌으나 점차 유럽 각지에 수차가 급속히 보급되었다. 그것은 단순히 수만 늘어난 것이 아니고 제분용 이외에도 많은 생산활동의 일반적 원동기로 확산되어 갔다. 즉 그 용도도 광석의 분쇄, 금속의 연마, 단조 등 다양하여졌고 야금기술의 발달을 가져 왔다. 이것이 12~13세기에 걸친 유럽 농업기술 혁신과도 이어졌다.

중세 유럽에서 수차가 보급된 것은 초기에는 인구감소에 따른 노동력 부족에 기인하였고, 이것이 해소된 중세 말기에는 영주나 상인들의 이윤획득이 그 원인이다.

중세사회에서의 이와 같은 수차의 보급에 공헌한 것은 다른 한편으로는 수도원의 존재이다(그림 6·11, 그림 6·12 참조).

41) R. J. Forbes · E. J. Dijksterhuis(廣重 徹 외 역), 전게서, p. 120.

그림 6 · 11 수력에 의한 해머

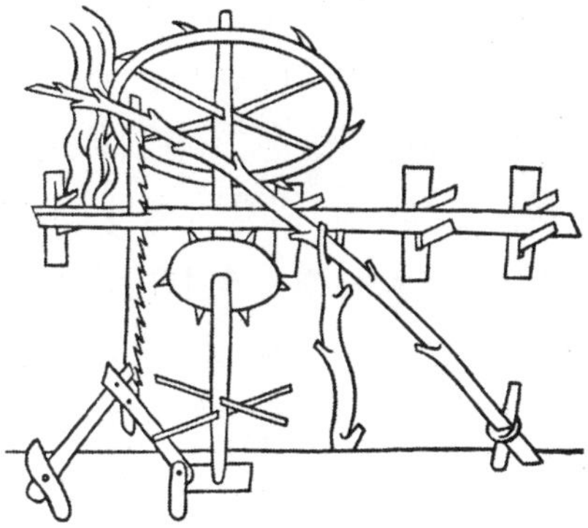

그림 6 · 12 수력의 톱(1250년경)

수도원은 기독교 교의의 연수장임과 동시에 독립된 경제단위를 이루는 생산의 場이기도 하여 노동이 존중되었다. 사회 전체가 아직 미성숙하고 기술의 발달이 지연되고 있을 때, 노동력이 축적된 수도원은 기술발전의 중심적인 존재였다. 거기서는 수차를 제분용뿐만 아니고 다른 생산활동의 일반적 원동기로 이용하는 선구적인 실천이 이루어졌다. 프랑스의 클레르보 대수도원에서는 이미 12세기에 수차를 제분용 이외에 축융가공용, 금속 단련을 위한 해머용, 가죽 제조용 등 여러 작업의 원동기로 사용하였다. 이와 같은 수도원에서의 수차기술의 축적이 사회전체로 점차 확대되어 갔다.

수차는 그 이외에도 제지용의 목재분쇄기, 수력 풀무, 광석의 분쇄기, 제재톱, 칼날의 연마, 양수와 관개, 선반의 운전 등의 원동력이 되었고, 수차는 11세기부터 13세기까지 300년 내지 400년 사이에 곡물제분용의 특수한 장치에서 공업의 많은 분야에 걸쳐 필요성과 기회가 생기면 어느 분야에서든 인간의 육체노동을 경감시킬 수 있어 공업의 많은 분야에 일반 원동기로 발전하였다.[42)]

수차가 공업의 일반 원동기로 발달하기 위해서는 동력을 전달하는 기구의 개발이 전제가 되고 있다. 즉, 회전운동을 왕복운동으로 바꾸는 메커니즘이 필요한데, 이것은 캠의 기구에 의해 실현되었다. 캠은 로마 시대의 헤론의 기계제작 기간에 보여지나 생산에의 적용은 10세기경이다. 수차 축융기에서 최초로 실현되었다.

---

42) S. Lilley(伊藤新一 외 역), 전게서, pp. 55~56.

수차를 원동기로 하는 노동수단은 기계의 모양을 기본적으로 구비하고 있었으나, 그것으로는 매우 미숙하고 또 생산의 일부분으로 분산되어 사용되는 데 지나지 않았다. 이 시대의 생산은 기본적으로 도구에 의존하였다. 도구를 사용하여 복잡한 제작작업에 종사하는 숙련된 손이 메커니즘으로 대체되는 것은 그 손의 작업이 분업에 의해 분해되어 단순화되는 매뉴팩처(공장제 수공업) 이후의 일이다. 그렇게 하여 수차기계가 인간의 손을 대신하고, 인간을 중노동에서 해방시켰고, 노동의 생산성이 향상되었다. 또 기계 자체가 기계로 만들어지고 수차 각 부품의 연결이 정밀화되고 본격적으로 정밀기계가 등장하기 시작하면서 산업분야의 일반적 원동기로 이용되어 비로소 기계제 대공업의 기술적 기초가 형성되어 갔다.

12세기 후반에는 풍차의 출현이 유럽에서 또 하나의 동력원 이용을 가능케 하였으나 수차에는 미치지 못하였으며, 수력을 원동력으로 한 여러 가지 노동수단은 기계의 근원적 형태라고 표현할 수 있을 것이다.

6.7 수공업의 발달

11세기경 일부의 서 유럽 여러 나라에는 봉건제가 최성기로 접어들었음을 표시하는 큰 사회적 변동이 나타났다. 도시가 형성되고 전국적인 시장이 발생하여 개개 지역간의 경제관계가 호전되었다.

교역의 발달에 따라 도시에는 상업과 수공업이 발달하여 상인과 수공업자가 도시의 경제적 발전의 기둥이 되었다. 그래서 상인이나 수공업자는 자기들 직업의 이익을 지키기 위해서 상인조합과 동업조합을 결성하였다. 특히나 봉건도시 안에 직업별로 수공업의 전문가 집단인 동업조합이 형성됨에 따라 손에 의한 고도의 숙련노동을 기초로 손에 잡히는 도구에 의해 경영되는 수공업이 번영하여 그 제품을 매매하는 상인도 활약하였다. 이들 길드는 산업상의 단체이기도 하고 동시에 정치적 단체이기도 하였다.

동업조합에 결집된 수공업자들은 자치권을 획득하였고, 동업조합적 생산형태는 사회의 발달에 진보적인 역할을 하게 되었다. 이 형태는 독점적·배타적으로 조합원을 제한하여 수공업자의 경제적·법적 지위를 강화하고, 생산수단을 개량하는 조건을 만들어 생산성의 경험을 축적해서 사회적 분업의 발전을 더욱 부채질하였다.

1. 도시 수공업의 확립 — 길드

(1) 도시와 길드의 형성[43)]

길드[44)]란 용어는 8세기 이후, 게르만 여러 지역과 북 프랑스에서 볼 수 있었다. 직인들의 조합이나 상업의 부활에 따른 상인들의 조합이 만들어진 것은 10~12세기경부터이다. 처음은 상인을 중심으로 상인조합(merchant guild)이 생겨 상인들의 권익을 옹호하는 조직이 됨에 따라 수공업의 전문가 집단인 직인들의 길드(craft guild)가 직종마다 결성되었다. 직인의 조합에는 크게 우두머리를 중심 멤버로 하는 동업조합(guild ; 수공업자 조합)과 직인의 횡적 연대조직인 동료단체(com- pany, 동직조합)가 있었다. 이들 가운데 동직조합이 오늘날의 직업별 조합의 유래이고, 길드라면 직인들의 동업조합을 뜻한다.

12세기경부터 도시의 수공업자들은 본격적으로 봉건영주에 대항하여 자기들의 권익을 주장하기 위한 길드(동업조합)를 조직하기에 이르렀고, 13세기 이후는 상인층의 도시지배에 대항하여 길드 내부에는 우두머리(Master, 匠人), 직인(Journeyman) 및 도제(Apprentice, 조수)의 계층이 생겼다. 우두머리는 2~3의 도제를 조수로 데리고 있었고, 또 1~2인의 직인을 고용하는데 이들 직인은 임금을 받고 일을 하고 있으나 장차 자기도 우두머리가 되기 위한 준비에 지나지 않았다.

당시의 직인은 12~13세로 도제가 되고, 4~6년의 수련 후 직인의 시험을 보아 제몫을 할 자격이 되면 떠돌이 직인이 되어 기예를 가르키는 유명한 스승 밑에서 다시 수련을 한다. 편력을 마치고 도시의 길드에 작품(masterpiece)을 제출하여 인정을 받으면 길드에의 가입허가가 나와 비로소 우두머리가 될 수 있다. 우두머리가 못되면 공방은 물론 도제도 거느릴 수 없었고, 작품을 팔 수도 없었다.

우두머리는 많은 특권을 가지고 있었으나, 특히 화가나 유리, 석공, 조각가의 우두머리는 귀족과 친족이 되기도 하며, 건축물 등의 작품에 자기의 이름을 새기기도 한다. 일부는 무능력한 자식이 후계자가 되어 망하기도 하였다.

(2) 길드의 규정

길드는 수공업의 우두머리 영업공동체이며, 길드 규정에 의해 조합원을 엄하게 규제하였다. 길드 규정은 이와 같은 직인의 자격, 우두머리에의 승격을 결정하는 권한을 가지며, 또 우두머리 · 직인 · 도제수의 제한, 야간작업의 금지, 제품의 품질보

43) 鈴木善次 외, 전게서, p. 112.
44) 伊東俊太郎 외 편, 전게서, pp. 279~280, p. 354.

증, 공정가격의 결정 등을 하며, 우두머리가 자본가가 되는 것도 금지되어 있어 그 직종에 종사하는 조합원의 독점적 권익을 옹호하였다. 동시에 상호부조와 연대보증 제도까지 있었다. 또, 생산공정도 규제하여 오랜 전통에서 확립된 작업방법을 엄격히 지켰다.

길드 규제의 하나인 편력강제[45]는 직종에 따라 정도의 차이는 있으나 우두머리 조합에 대항하고 인격적 구속에서 벗어나 사회적 지위의 향상을 기하는 직인조합의 형성을 촉진하였고, 다른 한편으로 그 편력은 문자를 읽을 수 없었던 직인들의 취직 자리나 기술·문화의 정보교환을 추진하였다. 편력직인에 의한 기술의 파급은 산업혁명의 과도기로 기술교육이 일반에게 보급되어 가는 19세기 중반경까지 계속되었다.

과대평가해서는 안되겠지만 이들 편력직인이 유럽 문화를 근본에서 매개하여 보편화하는 역할의 일부분을 담당하였다. 그래서 산업혁명 시기에 등장하는 근대적 기술자(engineer)의 대부분도 도제시대·편력시대를 경험한 직인, 즉 수차대공·석공·시계사·대장장이의 자손들이었다.

중세의 여러 도시에서는 길드의 종류[46]로 볼 수 있는 금속단련공, 귀금속 세공사, 도자기공, 大工, 피혁공, 유리공, 골재 조각사, 화폐의 도안공, 무기제조공, 선반공, 성상화가, 건축기사 등의 수공업자가 하나의 구역 내에서 거주하였다.

기술이 발전하여 사회의 생산력이 높아지면 수공업도 변혁과 발전을 강요당하는데, 길드는 작업의 규모를 확대한다든가 작업장 내에 분업을 도입하여 생산성을 높이기 위한 혁신적인 방책을 강구하기보다는, 옛날의 작업방법을 고수하는 소규모 그대로의 길드 직종과 그 수를 증가시키는 것으로 대응하였다. 예를 들어, 14세기 초의 파리에서는 이렇게 하여 단순하게 확대된 5,500명의 수공업자를 고용하는 300개 이상의 길드가 존재하였다.

(3) 길드의 결과

길드 제도는 농촌과 도시의 분리로 농업과 수공업이 나누어지면서 분리를 밀고 나가 중세 봉건사회의 역사적 조건에 기초를 두어 도시 수공업의 확립과 그 기술 수준을 높이고 유지하여 제품의 품질과 전통적인 틀이 지켜졌다.

14세기 이후, 중세 도시경제의 발전이 한계에 이르자 농촌인구의 유입에 따른 직인층의 증가에 대해 우두머리株의 제한으로 길드제를 지키고자 자유경쟁 원리가

45) 荒井政治 외 편, 전게서, p. 287.
46) 소련 과학아카데미 편(金光不二夫 외 역), 전게서, pp. 116~122.

배제되어 기술면이나 제도면에서 보수적인 성격을 강하게 하였다. 또 한편 편력직인층이 유럽 전 지역을 왕래하면서 유럽 기술수준의 평준화에 공헌도 하였다.[47)]

봉건적 생산방식의 생산력이 발달함에 따라 길드는 성장 · 전문화하여 새로운 직업이 출현, 보다 개량된 도구가 개발되기에 이르렀고, 또 직인층이 분화되고, 그 가운데 특히 높은 수입과 특권을 가진 계층이 생겨 이들을 고등직인이라 불렀는데 교회나 봉건영주의 예속에서 벗어나 자립을 하기도 하였다.

15세기경에는 기술이 진보되는 경향이 어느 정도 인정되었고 생산력의 동력기반을 근본적으로 변화시키는 필요성이 생겨 수력 · 풍력 에너지를 이용하게 되었다. 그러나 18세기 후반 이후 영업의 자유 경쟁원칙이 채택되어 길드는 해체되었다.

2. 시계기술과 메커니즘

(1) 생활의 규제 — 시계의 등장

시간의 관념은 이미 원시시대부터 생겨, 여러 가지 연구를 시도하여 어느 정도 정확한 시간을 측정하려고 시도하였다.

자연 가운데서도 가장 기본적으로 인간생활에 크게 영향을 주는 것에 하늘에서 별들의 움직임과 달(月)이 차고 이지러짐, 그리고 매일의 태양 움직임, 그 세 가지이다. 이 가운데 별의 움직임과 태양의 경로는 1년을 주기로 하여 변화한다. 이 세 가지에 의해 1년, 한달, 하루가 사람들의 생활을 규제하게 된 것은 당연하다.

그래서 원시시대는 종교적인 의미에서 특정한 별이나 태양이 특정의 위치에서 출입하는 시기를 측정할 필요가 생겼다. 농경문화가 시작됨과 아울러 계절의 변화를 포착하기 위해 보다 정확하게 별의 위치와 태양의 고도를 알기를 원했고, 사람들이 도시에 살게 되면서 공통의 시간을 가질 필요가 생겼다. 일하는 시간, 상행위의 약속 등으로 하루를 아침 · 낮 · 밤이라는 정도로는 불충분하여 물 시계 · 해 시계 · 모래 시계 · 불 시계(또는 촛불 시계) 등 옛날부터 여러 형태의 시계가 개발 사용되었다. 일본에서는 절에 향불시계, 기생사회에 예능을 지닌 기생의 화대를 셈하는 線香시계도 있었다.[48)] '불 시계'는 물 시계에 비교하여 정밀도가 뒤지고 한정된 특수장소에서만 사용되었다. 그 외에도 자연의 꽃의 개화시간을 이용한 '꽃 시계' 등 여러 가지가 고안, 사용되었으나 시간측정의 주류는 되지 못했다.

그러다 과학기술이 발달됨에 따라 천문관측을 하거나 천체의 운동을 연구하기

---

47) 伊東俊太郎 외 편, 전게서, p. 280.
48) 伊東俊太郎 외 편, 전게서, p. 727.

위해, 수도원에서는 정확한 기도시간을 알기 위해, 근세 초에 시민의 상거래의 발달, 또 바다에서는 대양항해의 발전에 따라 선박의 항해기술상 위치를 결정할 때 위도는 천체관측으로 할 수 있으나 필요한 경도의 측정에는 정확한 시간을 알 필요성이 대두되어 기계시계가 만들어졌을 것으로 판단된다. 그 결과 1520년경에 때마침 발명된 것이 진자시계이다.

(2) 정밀공작기술 — 기계시계

수공업으로 육성된 기술 중에는 고도의 정밀조작 기술을 발전시킨 것이 기계시계 제작기술이다. 시계를 제작하는 기술은 중세사회에서 싹터 근대적인 금속가공의 공작기술을 낳았고, 다른 분야에 비해서 현저하게 뛰어난 고도의 정밀가공 기술은 산업혁명과 기계제 대공업을 준비하는 요소의 중요한 하나가 되었다.

11세기경부터 추가 붙은 기계시계가 등장하였다. 기계시계가 만들어지려면 속도를 일정하게 하는 조속기가 발명되지 않으면 안 되었다. 최초의 발명자는 앙리 드 윅크로 그는 1364~70년에 걸쳐 시간을 알리는 시계를 만들었다고 한다. 1390년경에는 영국, 프랑스, 독일의 각 지역에서 시계가 만들어져 대성당의 탑에 설치되기도 했다.

기계시계에서 가장 중요한 메커니즘은 탈진장치(escapement)이나, 이것은 조속기와 기어 등의 전도기를 중계하며, 조속기에 동력을 주어 이것을 진동시키는 장치인

그림 6·13 蘇頌이 건조한 천문시계탑(1090)(탑 내의 수차의 구동바퀴에 특수한 탈진기가 붙어 있다)

데, 동력원의 에너지를 조금씩 방출시켜 시간을 지키게 하는 것이다.

탈진기의 최초의 것은 중국의 蘇頌(1020~1101)이 11세기 말에 지은 「신의상법요」(1092)에 천문 시계용으로 기록되어 있다(그림 6·13). 여기서는 물의 낙하를 이용한 메커니즘이 세계에서 가장 오래된 것이나, 중국에서는 이 장치가 권력의 빈번한 교체로 인해 아깝게도 전해지지 않고 있다.[49)]

유럽에서는 기계시계가 14세기에는 분명하게 있었으며, 이미 13세기의 기록에 탈진기의 기본원리를 포함하는 장치의 기록이 있다. 이것은 중세의 우수한 기술자인 프랑스人 비라르 드 오네쿠르(Villard de Honnecourt, 1190~1260년경)에 의한 기록 중에 있는 것이며, 추의 낙하를 막대에 감겨져 있는 로프의 저항으로 제어하는 조립식이다(그림 6·14).

유럽에 나타난 최초의 기계시계[50),51)]는 관기어, 두 개의 작은 추가 붙은 T자형 막대의 조정장치 및 이것을 연결하는 막대와 두 개의 갈고리 판으로 이루어지는 탈진장치를 가지고 있으며, 이것에 의해 큰 추의 낙하 에너지를 제어하도록 만들어져 있다(그림 6·15). 이런 시계는 대단히 커서 탑시계에 적합하며, 유럽 도시의 큰 공공건물과 수도원, 대성당에만 사용되었다.

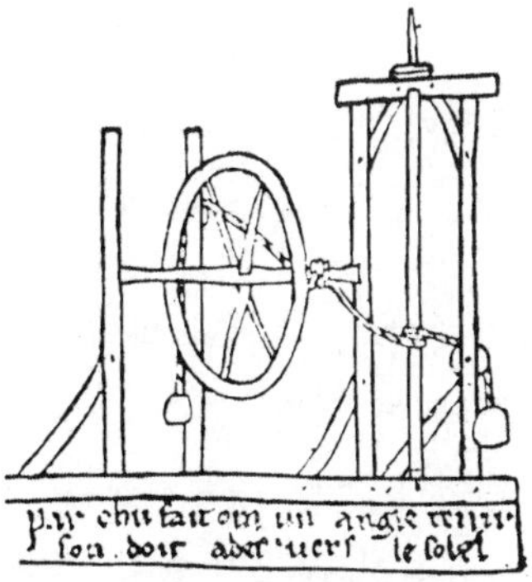

그림 6·14 비라르 드 오네쿠르에 의해 기록된 탈진기

그림 6·15 最古의 기계시계

49) 鈴木善次 외, 전게서, pp. 113~114.

50) T. K. Derry · Trevor I. Williams, 전게서, pp. 226~228.

51) S. Lilley(伊藤新一 외 역), 전게서, pp. 67~69.

16세기 이후에는 태엽을 동력원으로 하는 소형이고 정밀한 회중시계가 뉘른베르크에 나타났다. 그러나 너무 고가여서 일반적인 시계로는 되지 못하고 부호들의 기계 장난감에 불과하였다.

1582년에 갈릴레오가 진자의 등시성 이론을 연구하고, 그의 아들과 시계를 만들려고 하였으나 성공하지 못하였다. 네덜란드의 물리학자 호이헨스(C. Huygens, 1629~1669)[52]는 진자의 등시성을 시계의 속도조정 시스템에 응용하여 1657년에 최초의 항해용 진자시계를 만들었다.

호이헨스는 자기가 사용할 기구를 스스로 만들고, 자기가 렌즈를 연마하거나 소재의 본질에 관한 명확한 지식을 가진 직인, 기술자 겸 과학자라 할 수 있을 정도로 유명하였다. 그는 영국 왕립학회에 속한 네덜란드人으로 근대 초기의 파리 국립천문대(1672년 완성)에서 일을 한 국제적 인물이었다.

그는 유명한 저서 「진자시계」를 1673년에 출판하였는데 등시적인 진자의 운동에 관한 이론과 진자시계를 설계하여 그림으로 표시하였다. 그런데 이 진자시계는 하루에 10초 정도의 오차밖에 생기지 않을 정도로 정밀하였다고 한다. 이 시계야말로 원동기・전동기・작업기를 하나로 종합한 시계의 원형이었다.

또 항해중의 선박이 현위치를 알고자 하면 위도와 경도의 측정에 의해 확정되는데 정확한 기계시계는 위도와 경도의 측정을 위해서는 꼭 필요한 물건이 되어, 사용하기에 충분히 오래 견디는 항해용 정밀시계인 크로노미터(chronometer)를 개발하기에 이르렀고, 실용적인 것은 18세기 후반에 하리슨(J. Harison, 1693~1776)에 의해 실현되었다. 하리슨은 1728~1759년에 걸쳐 항해용의 크로노미터 4종을 제작하였는데 기계시계의 극치라 할 정도였다. 이로써 항해의 확실성과 안전성이 보장되었다. 한편 팔목 시계는 19세기 초에 보급되었다.

(3) 기계시계의 의미

시계는 인간에 의해 만들어진 최초의 자동기계이며, 시계의 발달사에는 동력전달의 기구나 다른 메커니즘 원리의 전개가 집약되어 있다.

당시의 시계기사는 대형 진자시계의 각 부품이나 소형 회중시계의 작은 금속부품을 되도록이면 정밀도를 가지고 정확하게 가공하지 않으면 안 되었다. 시계사가 가지는 정밀공작 기술은 수차 등의 큰 동력을 사용하는 기계를 만드는 중기 기술자와 결합되어 근대 기계공작 기술을 탄생시키는 모체가 되었다. 또 산업혁명에서의 기계체계 중 동력전달 기구의 기술적 기초를 구축하였다.

52) 伊東俊太郎 외 편, 전게서, p. 728.

시계기술은 그 후 1918년에 미국의 와렌(Warren)이 전기시계를 만들었고, 1927년에는 수정진동자에 전압을 가해 대단히 정확한 주파수를 만드는 수정시계(현재는 300년간 1초 정도의 오차)를 발명하였으며, 현재는 '원자시계'가 실용화되어 국제적인 시간의 기준이 되고 있다.

3. 섬유공업의 발흥

의류는 식량 다음으로 생활필수품이다. 그래서 이 진보의 시대에 섬유기계도 근본적인 변화를 하였다고 하여도 조금도 이상한 일은 아니다.[53)]

기계의 발달, 특히 수차로 움직이는 해머와 타격기로 중세에서 최초로 이익을 얻은 수공업은 섬유공업이다. 야금과 채광을 제외하면 직물제조는 공업답게 발달한 몇 개 안 되는 중세 수공업의 하나였다. 왜냐하면 이 시대의 특수하고 묘한 금융형태로 중세의 길드는 그들의 수공기능이 아무리 높은 수준에 있더라도 항상 자본의 부족으로 대단한 방해를 받아 도구와 기계의 도입과 발달을 지연시켰다.

직물공업은 실제로 몇 개의 수공업 복합체이다. 그 하나하나가 별개의 길드 형태를 만들어 배타적인 사업을 경영하고 있었다. 이렇게 되어 직물제조의 모든 조작은 나누어지고 각 그룹의 직인에 의해 처리되었다. 13세기에는 물레가 도입되어 직물제조의 두 공정을 기계화시켰다.[54)]

물레에는 두 개의 형태가 있다. 하나는 그림 6·16과 같은 형으로 부인이 물레를 돌리면서 실을 감는 것이고, 다른 하나는 그림 6·17과 같이 감는 것을 플라이어 기구에 의해 행하는 것이다. 플라이어(flyer : 실을 감는 쇠) 기구의 작동은 그림 6·18로 알 수 있을 것이다.

그림 6·16 플라이어를 사용하지 않은 물레(14세기)

53) S. Lilley(伊藤新一 외 역), 전게서, pp. 65~66.
54) R. J. Forbes(田中 實 역), 전게서, pp. 113~115.

그림 6 · 17 플라이어가 붙은 물레

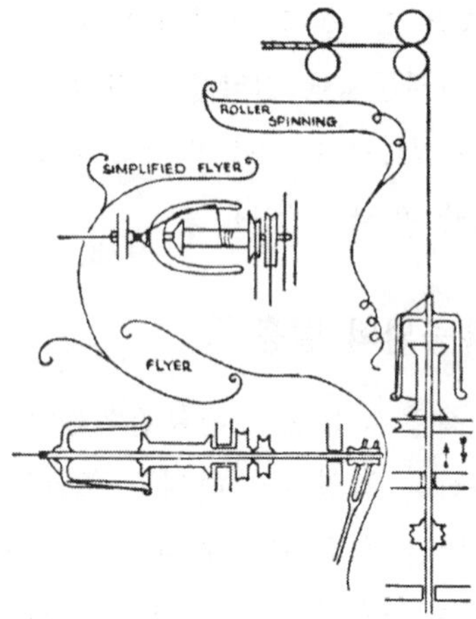

그림 6 · 18 플라이어 기구의 발전

이 두 개의 형은 이후 방사 기술의 발전에서 두 가지 원형이 되었다. 플라이어가 없는 물레는 산업혁명기의 주에느기와 밀기, 또 플라이어가 붙은 물레는 수력 방적기, 링크 방적기의 원형이 되고 있다.[55)]

이 기계화를 가능케 한 유일한 원인은 여러 종류에 필요한 자재와 자본과를 공급한 큰 은행가와 상인이 직물공장에 자금을 공급하였기 때문이다. 그래서 이 직물공업은 많은 자본이 축적된 이탈리아나 영국과 같은 부자 나라에 집중되었다. 이들 길드에 속하는 직인은 스스로 자기의 점포를 경영하는 다른 길드의 직인과 달라 숙련노동의 특질을 가지고 근대형의 임금 노동자가 되었다.

6.8 야금기술의 변혁

인류의 역사는 석기 시대 · 청동기 시대를 거쳐 B.C. 1500년경부터 철기 시대에 진입하였다. 그러나 산업혁명 이전 실제로 철이 사용된 것은 동양이나 서양이나 공구 · 농구 · 무기 · 못 · 바늘 등 한정된 용도였고, 양적으로도 여러 재료의 사용량 중 일부에 지나지 않았다.

그러던 것이 14 및 15세기경 고로법(Hochofen)이 라인강 중류지역에 생겨 16세기 각국에 전파되어 제철기술의 대변혁이 일어났다.

---

55) 鈴木善次 외, 전계서, pp. 116~118.

1. 고로의 등장과 2단계 제철법

철의 원료인 철광석은 산화철이므로 용광로 안에서 다량의 탄소를 연소시켜 고온의 상태에서 산소를 탄소와 화합시켜 탄산가스로 제거(환원)시키고 남은 철금속을 얻는다. 예로부터 현대에 이르기까지의 제철법은 모두 이 원리에 따르고 있다.

제철기술의 역사는 크게 2단계를 거쳐 왔다.[56),57)] 제1단계는 목탄을 연료로 하여 연철을 제조하는 직접제철법의 시대로 용광로의 온도를 충분히 올릴 수 없기 때문에 철은 반용융상태로 얻어지며, 그 안에는 목탄·광석·기타의 불순물의 일부가 함유되어 있었다. 철광석에서 쇠를 제련할 때는 내화성의 돌로 축조한 렌로, 슈우도웍로 등이 사용되었다. 렌로나 슈우도웍로는 노 내에서 철광석이 해면상의 덩어리가 되면 노벽을 파괴하여 끄집어내고 단련하여 철로 사용하였다.

제2단계는 서부 독일과 북 이탈리아에서 14세기에 개발된 고로(용광로)를 사용, 수차로 강력한 송풍을 하여 용해된 선철을 제조하고 이것을 다시 정련로에서 가열하여 탄소를 제거[脫炭]하여 연철(가단철)을 얻는 고로-정련로라는 간접제철법의 시대였다. 이러한 고로법에서는 수차로 움직이는 수력 풀무를 사용하여 노 내의 온도(1350℃ 정도)를 높이고 용융된 선철을 만들 수 있었다. 이 선철이 만들어진 것은 16세기이다. 이것은 송풍기의 원동력으로 수차를 도입하여 공기를 강하게 노 내에 공급할 수 있게 된 것이 최대의 원인이다(그림 6·19 참조).

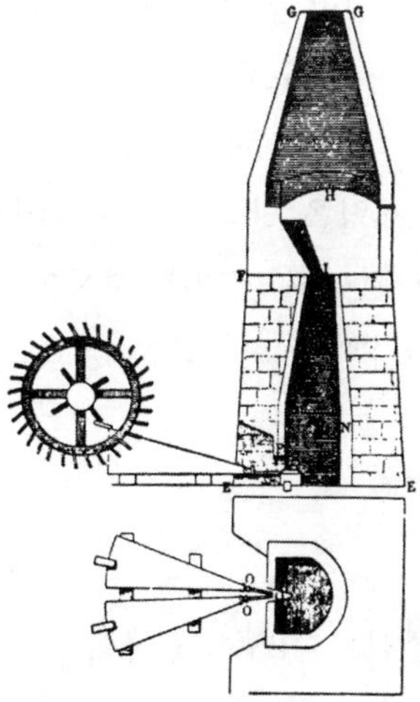

그림 6·19 15~16세기의 용광로

56) 荒井政治 외 편, 전게서, pp. 122~123.
57) 伊東俊太郎 외 편, 전게서, pp. 1054~1056.

이와 같은 2단계 제철법은 오늘날의 거대한 제철기술의 기본이 되고 있다. 또 이러한 금속의 제련·정련은 산화·환원이나 증류, 아말감법 등 화학이론의 형성을 준비하였고, 또 광석 시험법은 화학분석의 기초가 되는 등 근대화학의 학교 역할을 하였다.

목탄을 사용하는 고로의 높이는 16세기까지는 대개 4.5 m 정도였으나, 대형의 목제 풀무가 출현한 17세기 이후는 한층 높은 것이 되었다(18세기의 목탄로는 10~14 m 높이가 되는 것도 있었다). 고로는 렌로가 1일당 8 kg 정도의 생산능력을 가진 데 비해, 최초의 것도 1일당 2~3톤의 능력이 있었으며, 개량된 후의 것은 1일당 10톤을 넘었다.[58)]

철의 주조가 가능하게 되고 주조대포가 등장하면서 마침내 소총의 출현을 가져와 전쟁의 형태나 축성술에 큰 변화가 왔다. 또한, 전쟁은 새로운 고로법에 큰 시장을 제공했으며, 군사기술의 발전은 총기의 금속부분 가공이나 대포의 보링을 위한 금속가공 기술을 발전시키기에 이르렀다. 이렇게 볼 때, 야금과 광산기술에는 수차가 상당히 큰 역할을 했다.

6.9 중세의 3대 발명

중세 봉건사회를 해방시키고 근대 시민사회를 형성시키는 계기를 만든 것은 14~15세기에 이루어진 인쇄술·원양 항해기술·화약의 '3대 발명'이라고 한다.

이들 기술은 근대적인 산업이나 문화·교통의 기초를 준비하였고, 어느 것이나 세계 문화발전의 기초를 이룬 것은 말할 것도 없고 나아가서 여러 과학·기술이 과학기술 문화를 배양하고 경제력을 발전시켜 드디어 현대에서의 자본주의 사회의 발달을 초래하였다. 이들 3대 발명의 기원은 중국이며, 유럽에서 개량되어 기술적으로 성숙되고 보급되어 중세사회를 변혁하는 중요한 요인이 되었다.

1. 인쇄술 — 의소소통의 혁명

(1) 종 이[59), 60)]

인류 최대발명의 하나인 종이는 105년 중국의 채륜에 의해 발명되었다. 종이는

---

58) 山崎俊雄 외 편, 전게서, p. 63.

59) 下間賴一, 전게서, p. 165, pp. 171~172.

60) 伊東俊太郎 외 편, 전게서, p. 209.

식물성 섬유로 만들며, 중국에서 오랜 세월이 지나고 복잡한 경로를 거쳐 유럽에 전파되었다. 751년 아라비아人이 중국인의 포로로부터 중국 전통의 제지기술을 터득하여 793년에는 다마스쿠스에서 목면을 원료로 하는 최초의 국립제지공장이 만들어져, 드디어 사라센人의 손을 통해 이집트에는 960년, 모로코에 1100년, 그래서 1150년경 아라비아 문명과 유럽 문명의 주요 접촉점인 스페인에 이르렀다. 1189년에는 남 프랑스, 13세기에 이탈리아, 14세기는 독일로까지 확산되었고, 1494년에는 영국에 최초의 제지공장이 건설되었다. 대서양을 건너 미국은 1690년 경이다.

대체로 13세기경부터 널리 종이가 제조되고, 15~16세기에는 각지에 제조공장이 있어 대량으로 제조되고 가격도 내리게 되었다. 그림 **6·20**은 중국 한 나라 때의 제지기술의 공정도이다. 이 종이의 출현과 밀접한 관계가 있는 것이 인쇄이다.

그림 6·20 한 나라 때의 제지공정

문자를 쓰는 종이는 고대 이집트 시대에 만들었다고 하는 파피루스(Papyrus)에서 유래된다. 파피루스는 이집트 나일강 삼각주 지대에 자라는 수초라고 한다. Paper(영국), Papier(독일, 프랑스)라는 용어는 바로 Papyrus에서 딴 이름이다.

다음에는 양피지가 있다. 小아시아, 서부 아시아에서 발명된 것이라 한다. 양 또는 산양의 가죽으로 만든 것이나 중국에서 전해진 제지기술로 15세기경부터는 사용되지 않았다.

(2) 한국(조선)의 인쇄기술[61),62),63)]

한국의 인쇄기술은 7세기경인 삼국시대 말부터 시작하여 통일신라시대 초경에는 실용화되었으리라 짐작되며, 고려시대에는 눈부신 발전을 하였다.

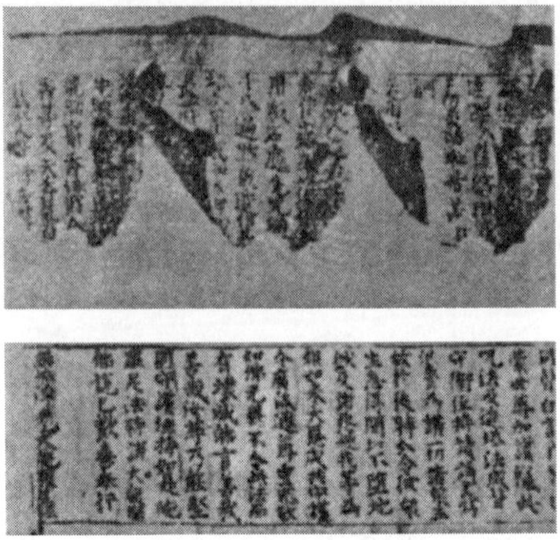

그림 6 · 21 세계 最古인 한국의 다라니경

목판인새로 현재 남아 있는 인쇄물로서는 1966년, 경주 불국사 안에 있는 3층 석탑인 석가탑에서 전문이 인쇄된, 길이 6 m의 목판 인쇄물인 「무구정광대다라니경(無垢淨光大陀羅尼經)」(706~751)이 발견되었는데(그림 6 · 21), 이 석가탑이 751년에 건조되었고 그 후 한번도 사람의 손이 닿지 않은 점으로 보아 현존하는 세계 最古의 것으로 보고 있다. 일본에서 770년에 인쇄된 「백만탑다라니경」과 중국에서 인쇄된 「금강반야바라밀경」이 현재까지 보존되어 있다. 또 거란의 침략을 계기로 1011년(현종 2)에 「초판고본대장경」이 간행되었는데 몽고의 침략으로 불타 없어지고 1236년(고종 23)에 시작하여 16년에 걸쳐 세계에서 가장 오래되고 최대의 판목인 「8만대장경」을 재조(再彫)하여 경남 가야산 해인사에 보장하고 있다. 정확하게는 81,258판으로 이것은 안팎으로 새겨져 있어 16만여 면을 이루고 있다. 이 「팔만대장경」은 세계문화사상 보존하지 않으면 안 되는 문화재이다.

금속활자에 의한 인쇄는 고려 1227년(고종 14)부터 10년간에 걸쳐 주자(鑄字)를 사용하여 「고금상정예문」(28~50권)을 간행하였다고 전해지고 있으나 현물이 없어

---

61) 伊東俊太郎 외 편, 전게서, p. 61, p. 224.
62) 會田軍太夫, 전게서, pp. 47~48.
63) 中山秀大郎, 전게서, pp. 39~40.

추정할 따름이다. 그러나 현재 파리 국립도서관에 소장된 「직지심체요절－직지심경」은 1377년(고려 우왕 3) 청주목 흥덕사에서 주조된 활자로 간행된 것이며 세계에서 가장 오랜 현존 금속활자본으로 높이 평가되고 있다.

금속활자의 주조는 조선왕조 초기부터 본격화하였다. 1403년 태종은 대신들의 반대를 무릅쓰고 청동활자의 주조를 강행하였는데 계미자라 부른다. 인쇄기술 향상의 열의는 세종에 이어져 1420년에는 경자자의 주조와 규격화된 출판의 작성이 이루어지고 효율도 높았다.

이렇게 8세기경 중국·조선·일본 등 동양을 중심으로 개판문화의 꽃을 피운 인쇄술이 유럽에서 처음으로 이루어진 것은 동양보다 700년이나 뒤진 15세기 초이다.

(3) 활판인쇄술 — 구텐베르크

인쇄술의 발명은 3단계로 구분할 수 있는데, 최초는 목제의 판목에 의해 인쇄되었고, 다음 단계에 목제활자가 사용되기에 이르렀다. 이것들은 어느 경우나 하나하나 글자를 조각하여 만들어야 했고, 이것에 의한 인쇄에는 큰 노력이 필요하였다. 마지막으로 된 것이 금속활자이며, 같은 자모의 활자는 모두 하나의 주형에서 주조할 수 있었으며, 규격화된 호환성 부품이기 때문에 대량생산이 가능하였다(그림 6·22 참조).

그림 6·22 당시의 인쇄소(1586)

중국에서 목판인쇄는 6세기에 등장하였다. 흙으로 만든 활자가 사용된 것은 1045년경 畢昇에 의해 발명되었고, 목제활자는 1314년경이었다. 그러나 중국 문장에 필요한 활자의 종류가 너무 많은 것이 주조활자의 넓은 이용을 방해하였다.

인쇄술은 1294년에 페르시아에 도달하였으나 그 후 1세기 사이는 더 이상 확산되지 않았다. 유럽에 사용된 기술은 중국과는 달랐다.[64),65)]

중세 이후 독일은 인쇄출판의 중심지가 되었다. 프랑크푸르트 서쪽 라인 강변에 있는 마인즈市에서 태어난 구텐베르크(Johann Gutenberg, 1398~1468)는 금속활자에 의한 인쇄를 개시한 사람으로 유명하다. 그는 마인즈市의 전통있는 귀족가문에서 태어났다. 또, 당시 르네상스 시대의 수도원 등에서 종교에 관한 복사체의 출판이 성행되고 책의 수요가 급격하게 확대되고 있는 시대인 만큼, 그는 금·은의 세공사로 활약하면서 납 활자의 주조를 시작하였다. 이 납에는 주석과 소량의 안티몬을 넣고 납에 경도를 주도록 연구하여 '삼원합금(三元合金)'의 활자를 만들었고, 1445년에 '삼원합금'에 의한 주자활자로 활판인쇄술(typograpy)을 발명하였다. 이 인쇄술은 구텐베르크의 가장 큰 공헌이고, 또 삼원합금은 그 후 500년이 더 지난 지금도 인쇄용 활자합금으로 사용되고 있다.[66)]

최근의 연구에 의하면 하렘의 코스트(Coster, 1370~1440)가 처음으로 흩어진 주조활자를 사용하여 인쇄한 것을 1448~1454년 사이에 구텐베르크가 이 기술을 개량한 것이라 한다.[67)] 그런가 하면 42줄의 성경은 1452년 구텐베르크가 착수하였고, 요한 후스트(Johann Fust, ?~1466)와 피터 세퍼(Peter Schöffer, 1430~1502)가 1455년경 완성하였다고 한다.

구텐베르크가 최초로 인쇄한 것이 한 페이지에 42행 2단으로 되어 있는 '42행 성서'(Gutenberg Bible, 1425~1455 ?)이다(그림 **6·23**).

그림 6·23 구텐베르크와 처음으로 인쇄된 성서

64) S. Lilley(伊藤新一 외 역), 전게서, pp. 70~72.

65) T. K. Derry · Trevor I. Williams, 전게서, pp. 235~242.

66) 會田軍太夫, 전게서, pp. 50~54.

67) R. J. Forbes(田中 實 역), 전게서, p. 133.

1470년 구텐베르크의 제자이기도 한 프랑스인 니콜라스 존슨은 베네치아 公國에서 인쇄업을 시작하여 로마 서체를 발명하였고, 1494년 역시 베네치아에서 인쇄업을 시작한 마누치우스는 이탤릭체의 창시자로 유명하다. 파리의 소르본 대학에서는 1470년에 인쇄를 시작하였고, 1478년에는 옥스퍼드 대학에서 출판국을 창설하였다.

(4) 활판인쇄술이 인류에게 끼친 영향

미국의 서지학자 다그라스 마그마트리(D. C. McMurtrie)는 「서적-인쇄와 제본의 이야기」(*The Book; Story of Printing and Bookmaking*, 1950)에서 활판인쇄술의 발명이 인류에게 끼친 영향에 대해 다음과 같이 말하였다. '인류의 문화사상 중요한 점에서 활판인쇄술에 견줄만한 큰 사건은 없다. 인류의 모든 분야의 일과 경험이란 인쇄라는 매개물을 통해 넓고, 높고 멀리 또 깊이 확산되어 무지와 사이비 종교의 억압에서 인류를 해방시켰다. 인쇄된 언어가 인간의 사고방식이나 행동에 미치는 위대한 힘은 그 후 신문이나 출판물에 여러 가지 제한을 두어 억압하는 데에서도 알 수 있다'고.[68]

인쇄술이란 기술은 '암흑의 중세'에 종지부를 찍었고, 특히 학문보급, 즉 학문의 민주화와 그로 인한 인간정신의 왕성한 힘의 해방에 기여한 바 크다. 유럽의 전 영토에 확산되어 종교개혁을 촉진시키고 르네상스를 일으키는 기폭제 구실도 하였다.

인쇄술의 보급[69),70)]으로 다수의 도서출판이 이어졌고, 르네상스 시대의 문학의 보급이나 전달에 큰 공헌을 하였으며, 그 당시까지 귀족계급 · 승려계급이라는 특권계급의 독점물이었던 학문이 서민계층에 확산되어 대중화에 한몫을 하였다. 1517년에 시작된 마틴 루터(Martin Luther, 1483~1546)의 종교개혁 운동에도 이용되었다. 이렇듯 활자인쇄에 의한 많은 문서의 발생은 무지, 압정, 불합리에 대항하는 유력한 무기가 되었고, 르네상스 문명의 중요한 기틀이 되기도 하였다. 또, 종교서적의 보급인데 기독교에서의 성서의 보급, 불교에서의 경전의 보급에도 기여하였음은 물론, 동 · 서양 유럽의 문화가 접촉되어 있는 지역에는 학술적 정보, 문화성과의 교류가 이루어졌다.

쇠가 물리적 도구를 민주화시킨 혁명이라면 인쇄는 의사소통의 혁명, 또는 사고의 도구를 민주화시킨 혁명이라고까지 말하는 학자도 있다. 그래서 그 후 수 세기

---

68) 伊東俊太郎 외 편, 전게서, p. 61.

69) 中山秀太郎, 전게서, pp. 38~39.

70) 會田軍太夫, 전게서, pp. 47~48.

에 걸쳐 일어난 발명속도 증가의 한 요인이 되기도 하였고, 정보의 전파가 대단한 속도로 빨라지고, 그리고 이 활자는 유니폼(군복)보다 앞서 표준화 · 호환 가능성 · 양산 시스템에서는 선도자의 역할을 하였고, 인쇄물과 서적은 지식 · 정보 · 학문의 대명사가 되었다.

2. 나침반 — 항해술

예로부터 방위를 알기 위해서 태양 · 북극성 · 달 등 하늘에 있는 목표물을 활용하였다.

나침반은 수평면 내의 기준방위를 표시하는 항해 계기로, 배의 진행방향이나 배의 위치를 확인하기 위해 사용된다. 나침반의 원리는 자침의 성질을 이용한 것으로, 자침이 남북을 지시하는 성질은 이미 B.C. 3세기 중국에서 '지남차'로 알려져 있었다. 이것은 자철광을 목편 안에 넣고 물 속에 띄워 남북을 아는 것이다. 나침반이 중국에서 항해에 이용된 것은 11～12세기경 지남선으로 남 아시아 연안의 항해였다. 이것이 유럽에 전해지면서 설계면에서 크게 개량되어 나침반이 되었는데 항해용 자석의 사용은 13세기부터이다.

나침반의 사용으로 당시 동 지중해를 중심으로 한 해상무역의 기반이 확립되었다.

나침반은 이탈리아의 아마루피에서 발명되었다고 하며, 페레그리누스(P. Peregrinus)가 1268년에 이것을 하나의 진귀한 현상으로 기록하였을 뿐이며, 아라비아 사람은 그보다 앞서 지중해와 인도양의 항해에 나침반을 사용하였다.[71]

중세사회에서의 상업의 발달은 내륙 · 근해 항해를 활발하게 하고 운송기술에 큰 진전을 가져왔다. 이 운송기술은 운하 항만의 건설 · 확대, 수문식 운하의 도입, 말이 끄는 도구(馬具) · 바퀴 · 선박의 개량 등이며, 특히 범선의 진보는 현저하였다.

13세기까지의 범선에서는 선체의 조종에 가장 중요한 구실을 하는 조타기구는 빈약한 것이었다. 이것은 선미에 큰 T자 모양의 노(櫓, oar)를 설치한 것인데 선체의 대형화에 제약을 주었다. 이러한 배는 지중해나 북해의 연안 항해에는 적합하지만 원양 항해를 실현할 수는 없었다.

13세기 유럽에 나타난 새로운 키(舵)는 용골의 연장인 선미재와 고정시켜 배와 일체화한 것으로, 선박에 대한 조종성이 대폭 높아지게 되었고, 이것으로 선체의 대형화와 범선의 개량이 진전되어 15세기에는 온전한 돛단 배가 출현하였다(그림 6 · 24). 이와 동시에 방위 측정용의 나침반(그림 6 · 25)이라든가 천문 관측을 위

---

71) 伊東俊太郎 외 편, 전게서, p. 1088.

그림 6·24 15세기 말의 전체 돛단 배

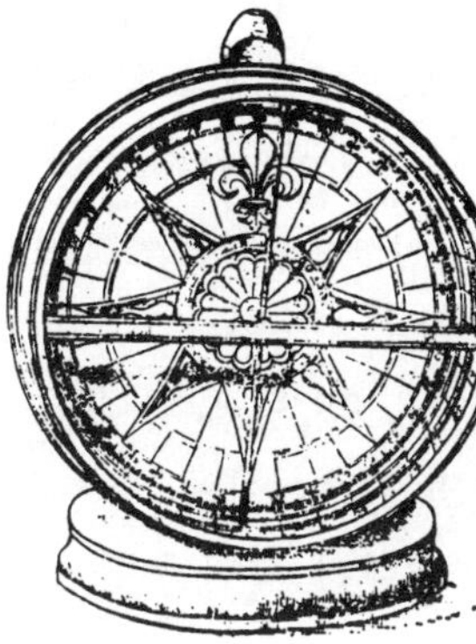

그림 6·25 나침반

한 기기 등을 설비한 대형의 범선이 15세기 말에서부터 대양 항해를 개시하고, 유럽에서는 미지의 세계에 진출하기에 이르렀다. 이러한 것이 없었더라면 미국 대륙의 발견·탐사·정착은 도저히 일어날 수 없었다. 결국 항해와 여행의 범위가 비약적으로 확대되었다.

이 항해에 의한 신천지의 개척은 지중해 여러 도시의 쇠퇴와 스페인, 영국, 네덜란드 등의 대서양 여러 나라의 흥융, 이들 여러 나라에 의한 식민지 경영과 노예노동 및 자원의 수탈, 세계 시장의 전개, 부·자본의 축적 등 중세유럽의 사회적·경제적 여러 조건에 큰 변동을 불러일으켜 봉건적 여러 관계를 뒤흔드는 요인이 되었다. 범선이 대양에 진출함에 따라 선박 자체의 대형화도 두드러졌다.[72)]

이렇게 발달한 범선이 가진 기술적 가능성을 이용하여, 15세기 말에서 16세기에 걸쳐 콜럼버스, 바스코 다 가마, 마젤란 등이 활약해서 이후 광대한 세계 시장이 개척되었다.

3. 화약 — 군사기술

화약 중에서 가장 오래된 것이 흑색화약이며, 언제, 어디서, 누구에 의해 발명되었는지는 분명치 않으나 1150년경 북송시대에 전쟁터에서 사용되어 13세기에서 14세기에 걸쳐 중국에서 유럽에 전해졌다. 그러나 이전에는 많은 저술가들이 중국과 인도에서 발명되었다고 주장하였다. 그런데 현재 명확해진 사실은 13세기 말에서 14세기 초에 걸쳐 서방의 발명이라는 것이다.[73)] 기록에 의하면, 671년 동 로마에서

---

72) 鈴木善次 외, 전게서, pp. 121～123.

73) R. J. Forbes(田中 實 역), 전게서, p. 117.

화약(그리스 불, Greek fire)이 시리아의 기술자 칼리니코스(Kallinikos)에 의해 발명되었고, 673년에는 사라센의 침공을 막기 위해 콘스탄티노플에서 사용되었다. 중국人은 1232년에 통 안에 화약을 넣어 화살과 연결하고 발화·폭발시키면서 날려 보내 통신용으로 사용한 '화전(火箭)'은 로켓의 원조라 할 수 있는데 이것이 흑색화약을 사용한 최초의 기록이다.[74]

몽고人 魏勝이 1282년에 발명하였다는 날으는 불화살(飛火矢)의 기록이 있다. 가루로 만든 탄소와 초석과의 가연성 혼합물, 즉 참된 화약은 1320~1330년 사이에 라인강 하류지역에서 발견되어, 일찍이 1331년에는 독일 군대가 화약병기를 사용하였다고 한다.

흑색화약이란 칼리 초석(KNO_3)과 유황, 목탄가루를 일정한 비율로 혼합한 것이다. 이때, 칼리 초석을 얻는 것이 제일 어려운 일이었다. 이것은 습토에 부패된 식물이나 동물의 내장물을 함유시키고, 일정한 시간이 경과된 것에서 압출하는 방법에 의해 제조되었다. 중국에서는 옛날부터 알려져 있어 13세기 고려·원나라 군사가 일본을 침략할 때 사용한 철포는 이 화약을 사용하였다.[75]

유럽에서는 화약을 던지는 방법으로 사용하고, 대포의 출현을 가져왔다. 1340년의 독일 군대에 의한 테루니의 포위에서는 최초로 주철제의 염포(焰砲)가 사용되었고, 청동포와 주철포, 또 1398년에 소총이 출현하였다. 대포와 소총의 제조에는 대량의 금속을 필요로 하였을 뿐만 아니라, 새로운 기술적 수단과 보다 복잡한 노동용구가 필요하게 되었다. 그렇게 하여 각종 드릴링 머신, 보링 머신, 기타 다른 기계들이 만들어졌다.

화약은 전쟁무기, 군단의 편성, 전쟁의 방법, 축성술 등 군사기술의 중대한 변화를 가져왔고, 화약병기의 출현은 전쟁의 기계화를 의미하며, 총포의 규격화로 곧이어 조직적인 군사훈련, 규격제복, 최후로는 징병제도까지 실현되었다. 또한 기사계급의 몰락과 봉건제도의 해체를 촉진시켰으며, 또 산업면에서는 광산에서의 채광에도 이용되었다.

---

74) 소련 과학아카데미 편(金光不二夫 외 역), 전게서, p. 106.
75) 鈴木善次 외, 전게서, pp. 123~124.

제 7 장

르네상스 — 인간과 자연의 발견

중세 봉건사회는 14세기경부터 교회중심의 세계관이 무너지면서 해체되기 시작하였다. 중세적 문화와 봉건적 사회구조의 쇠퇴는 새로운 사회체제와 새로운 문화, 즉 근대세계와 근대문화로써 르네상스·종교개혁·유럽의 세계진출·과학혁명 등으로 구체화되었다. 특히나 지리상의 발견은 새로운 시대의 과학과 기술을 수단으로 삼고, 해외로 진출하려는 현대국가의 의지가 합하여 이루어진 성과였다.

근대는 르네상스와 함께 시작되었다. 13세기를 보내면서 유럽에서는 서서히 경제적 여러 조건에 변화가 생기는 동시에 도시에 살고 있는 시민에게도 사상적인 변혁이 시작되는데 특히 이탈리아에서는 중세의 봉건적 인간관에서 벗어나려는 운동이 고조되었다. 그래서 르네상스는 14세기에 이탈리아에서 시작되고, 15세기에 절정에 이르고 16세기와 17세기에 다른 유럽 여러 나라로 번져갔다. 고대 그리스·로마 문화의 부흥을 목표로 하는 문화적 운동과 이에 따른 사회적·경제적 여러 변혁을 의미한다. 한편 정신적 영역에서 일어난 운동으로 르네상스의 문화적 운동은 인문주의자로 대표되는 대학 외의 지식인이나 예술가들에 의해 담당되고, 새로운 인간의 발견, 즉 정신적 영역에서 일어난 운동으로 개인주의적 인간관을 탄생시켰다. 르네상스의 과학은 중세적 학문의 변혁을 요구한 여러 활동의 일환으로, 중세의 전통을 이어받음과 동시에 많은 점에서 전통에서의 불연속성을 나타내고 있다.

사실상 르네상스는 여러 분야에서 발견의 시대이다. 새로운 과학법칙, 예술과 문학의 새로운 스타일, 새로운 종교적·정치적 관념, 미국을 포함한 새로운 육지의 발견 등, 그래서 르네상스는 변화와 융합, 준비와 試行의 시기라 할 수 있다.

7.1 르네상스의 사상

1. 르네상스의 의미와 과학부흥[1),2)]

르네상스(Renaissance)라는 말은 원래는 '재생(또는 부흥)'이라는 의미이다. 여기에서 다루는 르네상스는 14세기에서 16세기에 걸쳐 유럽의 여러 나라에서 일어난 문예·학술 등의 변혁을 지칭하는 것이며, 주로 그리스도교 이전의 그리스·로마의 고전문화의 재발견으로 '재생'이라는 말이 사용되고 있으나, 한편으로는 '문예부흥'이라 일컬어지기도 하는 사회발전의 원동력이다. 농업을 주체로 하는 봉건적 사회제도 속에 도시가 융성하고 상업과 수공업이 활발하게 되었으며, 기독교 세계에서도 개혁이 일어나서 유럽인의 정신세계에 변혁을 가져다 준 지도정신으로, 개인의 사상과 표현과의 재생이고 인간성의 개성과 자유를 존중하는 휴머니즘(humanism, 인문주의, 인간주의)이었다. 이는 인간정신의 탄생이고 인간의식상의 개혁운동이며, 주로 예술·문학·과학·철학 분야에서의 운동이었다.

인문주의란 인간부흥을 표방하여 인간성을 강조하고 고전의 수집, 고대문화를 연구함으로써 인간의 교양을 높이고자 하는 일종의 시민운동이다. 이 운동은 각 분야에 나타난 인간활동의 하나의 전환기였으나 이들 운동을 추진하는 원동력이 된 것은 여러 가지 기술의 발달에 따른 지방도시의 흥융, 세계 시장의 확대라는 경제구조의 발전이었다.

12세기의 변혁을 선두로 유럽 사회는 서서히 근세의 새벽을 맞아 14세기 말부터 이탈리아에서는 지중해 무역으로 번영한 여러 도시를 중심으로 자유스런 정신이 성숙되었고, 15세기가 되면서 오랜 탐험항해와 스페인, 포르투갈에 의한 해외영토의 확장으로 유럽인의 지라학적 시야가 넓어졌다. 또 그리스·로마의 고전문화의 부흥으로 봉건적 사고방식에서 근대적 정신의 발흥을 보게 되고, 합리적 정신과 과학적 정신이 강하게 주장되었다. 이는 근대적 과학정신의 탄생이다.

이러한 가운데 선구자 노릇을 한 사람은 영국의 진보적 철학자(철학사상가) 로저 베이컨(Roger Bacon)이고 이탈리아 태생으로 14세기의 대표적 3대 휴머니스트인 대 시인으로 단테(Dante, 1265~1321), 페트라르카(Petrarca, 1304~1374), 보카치오(Boccaccio, 1313~1375)가 있다. 단테의 「신곡」(*Divine Comedy*), 보카치오의 「데카메론」(*Decameron*)은 어느 것이나 인간성을 주장한 것이었다. 그 근대적 정신은 종

---

1) 鈴木善次 외, 전게서, p. 20.

2) 會田軍太夫, 전게서, p. 58.

교 그림에서 인간을 그린 레오나르도 다 빈치, 라파엘로(Raffaello, Sanzio, 1483~1520), 미켈란젤로(Michelangelo, 1474~1563) 등의 예술에서 발전되었다.

르네상스의 문화는 먼저 이탈리아 각 도시에서의 신흥 부르주아(bourgeois)와 지식계급에 의해 파악된 봉건성에 대한 의욕적인 투쟁에 근거한 서민적 문화 이데올로기에 의해 구현된다.

르네상스는 중세기적 교권에서 탈피하려는 새로운 숨결에서 신중심의 사회에서 인간중심의 사회로 바뀌고 자연으로부터 합리성과 자유를 배우고자 하는 의욕, 자연을 통해서 실험하고 경험에 의해 체험을 합리화하여 전혀 구속이 없는 자유롭고 인간적인 자극에 의한 인간의 발견을 도모하고자 하는 것이고, 아울러 자연의 발견이기도 하였다. 여기서 과학적 정신이 탄생되어 과학으로 근대적 과학에의 싹이 트기 시작하였다. 또 도시생활, 도시적 서민생활의 향상을 위해 모든 기술이 발전하여 왔고, 그래서 기술은 또 과학과 같은 자격으로 파악되었다.

그와 동시에 중국에서의 화약·나침반의 도입, 인쇄술의 발명이 이루어져 기술이 중요시되고, 직인적 기예가 학문으로서의 지위가 확보됨에 따라 기술자의 지위가 향상되어 지금까지 분리되었던 학자와 기술자(職人)와의 결합이 이루어지는 분위기가 조성되었다. 이때, 기술자측을 대표할 수 있는 인물로는 레오나르도 다 빈치였고, 학자측에서 기술에의 접근을 시도한 사람은 베살리우스와 아그리콜라였다. 그래서 르네상스는 과학부흥이기도 했다. 이렇게 하여 르네상스는 과학과 기술(또는 예술)을 융합하여 일체화시키고 지동설을 탄생시켰으며, 인체해부의 과학적인 기초를 확립하여 근대적인 과학혁명에의 길을 개척하였다.

2. 이탈리아의 르네상스[3), 4)]

이탈리아가 르네상스를 선도한 이유는 우선 13세기 이전에 봉건제도가 쇠퇴하고, 도시 상인들이 세력을 장악한 사회가 형성되었다는 점에 있다.

십자군과 지중해 무역을 통해서 상업과 화폐경제가 일어나 유럽 중에서도 수공업이 발달하여 신흥 부르주아 계층이 형성되었고, 이들을 중심으로 직인과 농민의 운동을 지원하면서 봉건귀족과의 투쟁으로 일찍부터 봉건제도가 해체되고 각 도시는 각기 독립된 국가처럼 되어 있었고, 그곳에 사는 시민은 평등한 입장에서 정치에 참가하여 자치국가를 형성하고 있었다. 아울러 시민들 사이에는 자유의 정

3) 동아출판사, 전게서, 제11권, pp. 67~68.
4) 羅金重一 외, 전게서, pp. 158~160.

신이 강해 창조적 의식도 싹터서 르네상스 정신이 먼저 자랄 수 있었다.

그 가운데서도 피렌체는 유럽에서 금융의 중심지이기도 하였고 전형적인 도시국가로서 신흥 부르주아 계층은 자기들의 문화를 만들기 위해 고대문화를 부활시켰는데 이것이 르네상스 문화운동이다. 그것은 '휴머니즘'의 기치를 내걸고 봉건적 속박에서 자유로운 노동력의 해방과 富의 소재인 '자연'의 부활을 갈망하였다. 이렇게 이탈리아의 르네상스는 신흥 부르주아 계층의 재력을 바탕으로 성장하였고, 1453년 터키에 의한 콘스탄티노플의 함락 후에는 그리스 학자들의 망명지가 되기도 하였으며, 피렌체는 상업과 학문이 크게 번영하였다.

한편 피렌체 도시국가의 유력자이고 지배자이면서 최대 금융업자인 피렌체의 메디치(Medici)가의 보호하에 많은 학자 · 문인 · 예술가가 배출되었다.

7.2 르네상스 시대의 과학과 기술

1. 르네상스의 과학[5)]

르네상스의 과학에 관해서 첫째로 고려해야 할 것은 인문주의 운동의 영향이다. 인문주의자들의 활동은 대학 외의 지식인의 대두를 초래하였고, 보수적인 대학에 대한 비판적 세력을 탄생시켰다. 그들은 15세기 후반 비잔틴으로부터 손으로 작성한 원고의 대량 유입에 따라, 중세에는 알려지지 않았던 고대 그리스 · 로마 · 헬레니즘 시대의 저술을 소개하여 플라톤주의, 원자론, 회의론의 부활을 유도하였다. 한편, 16세기에서의 고대 그리스의 수학적 저작의 재발견은 근대수학의 발전에 큰 영향을 주었다.

둘째, 15세기 중의 인쇄술의 발명은 인문주의 운동의 영향을 보다 크게 하여 구두문화에서 서적문화로의 전환을 촉진하였다.

셋째, 플라톤주의 및 신 플라톤주의에 연결된 마술적 전통의 부흥은 중세의 신학을 중심으로 한 사변적 학문에 대해 마술이나 연금술과 같이 자연에 직접 작용시키는 실천적 · 조작적인 학문을 제시하였고, 그 신비주의적 수학 찬미는 수학에의 새로운 관심을 일으켰다.

넷째, 항해술 · 건축학 · 기계학 등의 직인적인 기예가 학문으로 지위를 높여 담당자들이 사회적으로 주요한 지위를 차지하게 되었다. 특히, 기계학(mechanics)은 자연학과 수학과의 혼합적 학문으로, 수학자들의 관심을 모아 이론적 기계학이라

---

5) 伊東俊太郎 외 편, 전게서, pp. 1121～1122.

는 새로운 역학(mechanics)이 그 전통 중에서 형성되었다. 또, 항해술은 달력을 변경하는 문제와 함께 천문학의 발전에 큰 영향을 주었다.

다섯째, 해부학의 발전은 베살리우스가 대표할 만큼 인체의 해부를 통해 고대의 권위적인 저서로부터 해방을 촉진시켰고, 또 식물학은 서적을 통해서만 알고 있던 식물을 직접 관찰하는 것을 시작으로 식물학을 위해 대학에 식물원이 설치되기에 이르렀다.

마지막으로, 인문주의와 종교개혁의 영향으로 이룩된 교육개혁은 중세적 학문상에 충격을 주었다.

에라스무스(Desiderius Erasmus, 1466~1536)와 뷰디(G. Buďe, 1468~1540) 등 인문주의자들은 신학을 중심으로 한 중세의 대학교육에 대해 고전문학에 의한 인격형성을 목표로 한 교육을 제창하여 많은 아카데미를 창설하였고, 그들의 활동은 16세기에 많은 대학에서 이루어진 교과과정(curriculum) 개혁에 큰 영향을 주었다. 그래서 대학의 개혁에까지 이어지고 신학을 중심으로 하는 중세적인 학문관에 대해 개개의 학문을 독자적인 학문으로 연구하는 태도가 생겨, 결과적으로 이 새로운 학문관은 17세기의 과학혁명에 계승되고 있다.

2. 최초의 과학적 천재 — 레오나르도 다 빈치

(1) 시대를 앞서 간 사람[6)]

레오나르도 다 빈치(Leonardo da Vinci, 1452~1519)(그림 7·1)는 르네상스 시대에 활약한 예술가로 기술자, 과학자, 발명가였다. 그는 그림·조각은 물론, 문학·음악을 비롯하여 의학, 특히 해부학·식물학·생리학·물리학·역학·수학·지리학·천문학·기상학·건축학·토목학·수리학·병기에서 화석에까지 거의 모든 영역에서 탐구의 안목으로 사색하며 활동하였으며, 자기의 역량, 재능에 대해 절대적인 자신감을 가진 '만능의 천재'의 한 사람이었다.

그는 '최후의 만찬', '모나리자' 등 12개의 그림을 그린 단순한 화가만은 아니다. 5,000매에 이르는 노트라든가 최근(1967) 스페인의 마드리드에서 발견된 700매의 노트는 레오나르도 다 빈치가 여러 분야의 과학이나 건축, 토목, 병기 등에서 기술에 능통한 과학자요, 기술자로 자신의 기술적 재능을 당시의 기술적 수준 이상으로 높게 발휘하였다.

이탈리아·르네상스의 대표적 인물로서 이 문예부흥 시대라 불려진 시대는 과학

---

6) 會田軍太夫, 전게서, pp. 60~61.

그림 7·1 레오나르도 다 빈치

이나 기술이 철학 및 예술과 혼합되어 존재한 시대로 그가 이룩한 업적도 위에서와 같이 광범위한 분야에 걸쳐 있었다. 이 광범위한 분야라는 개념 자체가 근·현대이고, 과학이나 기술이 전문적으로 나누어져 발달되어 가는 과정은 레오나르도 다 빈치 이후이다.

전문적인 분화는 혼돈 속에서 전체를 파악함으로 시작된다. '만능의 천재'라 불려진 레오나르도 다 빈치와 같은 존재는 근대 과학·기술의 초창기에서는 필연적인 존재였다고 생각된다. 그는 진정한 의미에서 르네상스의 휴머니스트이다.

(2) 레오나르도 다 빈치의 과학·기술[7),8)]

실제 레오나르도 다 빈치의 예술과 과학이란 '자연'의 여러법칙을 관찰하고 조사하는 그런 방법을 사용하였다. 자연계는 항상 운동을 하고 있기에 레오나르도 다 빈치는 있는 그대로를 관찰, 실험에 과학적 정신을 마음껏 발휘, 자연을 통해서 과학적 정신에 의해 자연의 합리성을 예술에 표현하고자 하였다. 원근법과 조화의 감각은 과학과 예술의 융화이다.

인체를 이상적인 비례로 생각하고 3차원의 제도로 그림을 그리면서 원근법을 구사하는 등, 예술과 기술을 융합하여 일체로 하고 있어, 그의 밑바닥에는 근대적 과학정신이 흐르고 있었다. 새나 물고기, 곤충이 날라다니는 모습 등을 과학자로서 면밀히 조사 연구하여 비행기의 원리, 헬리콥터, 프로펠러까지 설계하였다.

당시 미술기예 직인의 해부는 인체의 표면구조를 알기 위한 표면층해부였다. 레오나르도 다 빈치는 직인들의 표층해부의 경지를 넘어 정신과 생명에의 호기심에서 내부의 해부로까지 파고들어 단순히 구조의 해명뿐만 아니라 기능의 해명을 시

7) 平田 寬, 전게서, 상권, pp. 140~145.

8) F. Dannemann(安田德太郎 외 역), 전게서, vol. 2, pp. 227~242.

도하고자 하였다. 그래서 과학적 해부학에 도달하고 있으며, 남녀 사체를 30구 이상 해부하여 근대적인 경험적 과학, 실험적 과학을 눈뜨게 했다. 골격계와 근육계가 대부분이나, 그 가운데 인체의 흉부와 복부를 표시하는 해부도(그림 7·2), 자궁 내에 발육한 태아의 그림(그림 7·3) 등 800매의 해부도의 대부분이 영국의 윈저(Windsor) 왕립도서관에 보존되어 있다고 한다.

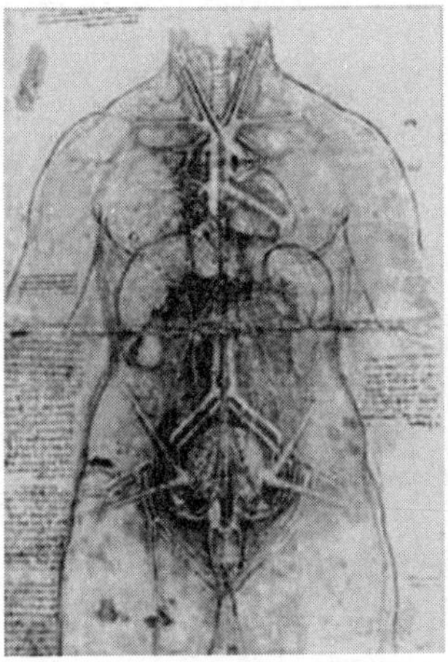

그림 7·2 인체의 흉부와 복부의 내장을 표시하는 해부도

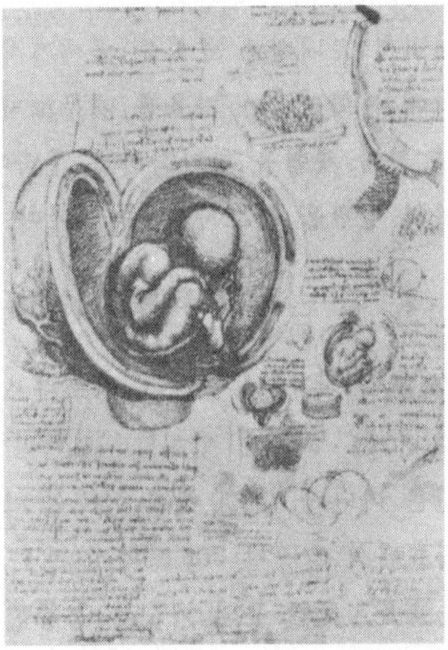

그림 7·3 자궁 내에 발육한 태아

인체 등을 해부하고 새가 나는 방법을 관찰하여, 그곳에 법칙이 있음을 알았다. "자연은 자기의 법칙을 깨뜨리지 않는다"고 레오나르도 다 빈치는 말하고 있다. 그런데 이 법칙은 역학적이고 기계적이다. 스케치에는 플로렌스의 직물공장, 밀라노의 철공소, 대포 제작소[그림 7·4(c)], 사원의 시계 등이 있으며, 방직기의 개량[그림 7·4(d)], 동력이나 조인트, 기어 등의 전달장치, 비탈면 등의 기계의 역학적 연구에서는 작업하는 기계와 동력을 공급하는 원동기를 구별하였고, 스프링을 이용하여 움직이는 차, 재료의 여러 가지 강도시험, 영구기관의 불가능성, 일의 원리(에너지 보존법칙), 금속가공에서의 평판압연, 펌프·수차 등 헤아릴 수 없을 정도이다.

군사기술[9]에서는 1482년 30세 때 당시의 지배자 로도비고 스포르차(Ludovico Sforza, 통칭 Il Moro, 1479~1500)의 초청을 받아 갔을 때 자기의 기술적 재능을 발휘하려고 로도비고 일 모로에게 제출한 '자기추천장'에는 군사기술에 능통하고 성

9) 中山秀太郞, 전게서, pp. 44~55.

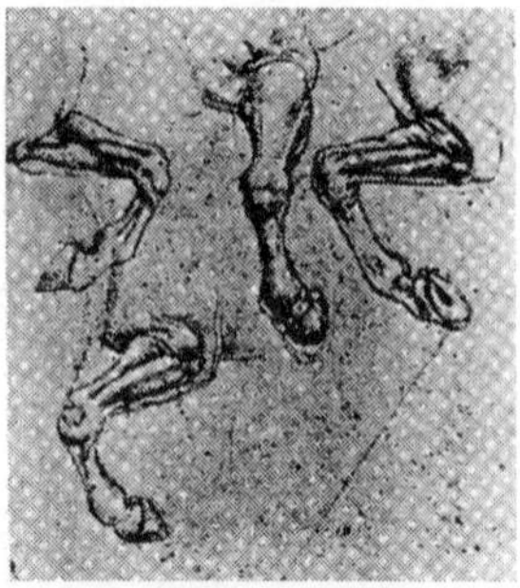

(a) 말의 스케치

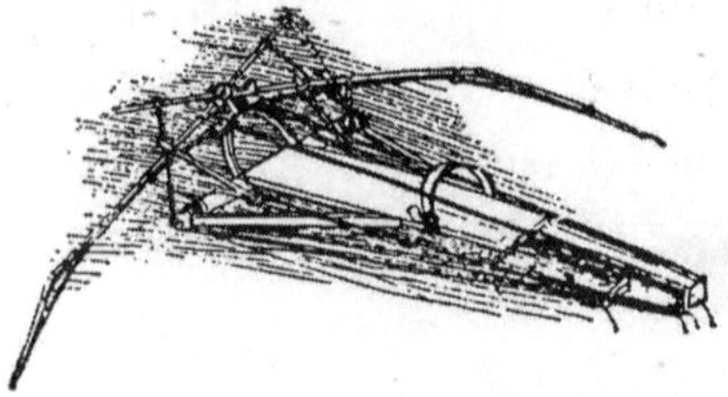

(b) 인력비행기

(c) 대포주조소

(d) 자동 사권기

그림 7·4 다 빈치의 스케치

을 공격하는 도구와 가장 효율이 좋은 투석기를 고안하였고, 소리를 내지 않고 터널을 뚫는 방법과 전차·기관총, 각종 대포 제조법을 알고 있으며, 관개 수리(水理)에 능하고 운하공사의 준설기를 만들 수 있으며, 마지막으로 그림이나 조각에도 능통하다는 10개 항의 내용을 기록하고 있다.

화약병기에 사용하는 탄환의 최초는 철탄, 석탄(石彈), 납탄, 백열탄, 산탄(散彈) 등 다양하였으며, 한 대의 대포차에 몇 개의 포신을 붙여 한꺼번에 몇 발의 탄환을 발사하는 풍금포라고 부르는 장치도 있었다. 실제로 레오나르도 다 빈치는 몇 곳의 전쟁에 참가하여 군사기술자로 활약하여 능력을 발휘하였다고 한다.

3. 수 학

중세 후기 이후 계속되어 온 아바기스트(로마 자파)와 알고리스트(아라비아 숫자파)의 투쟁은 르네상스에 의해 수학자 사이에는 아라비아 숫자의 사용이 일반화되어, 흑판을 사용할 때도 아라비아 숫자가 채용되었다.

독일의 수학자 J. 비드만(J. Widman, 15세기 후반)은 상업용 산술책을 저술하여 상행위에서 초과(meer)와 부족(minus)을 의미하는 기호의 플러스(+), 마이너스(−)를 발명하였다. 이것이 일반의 가법, 감법의 기호로 인쇄되었던 것이다.

르네상스 시대에도 아라비아어 책이나 그리스어에서의 아라비아 번역본, 또 그리스어 원본의 발행이 이어지는 가운데, 영국의 실용수학의 제1인자인 R. 로버트(R. Robert, 약 1510~1558)는 그의 저서 「기술의 기초」(*The Ground of Artes*, 1540~1542)에서 계산판에 등호($z \rightarrow =$), 플러스(+), 마이너스(−)를 사용하고 있으며, 1557년에 발간된 「才知의 연마」(*The Shetstone of Witte*)에서는 대수가 취급되어 제곱근이 √, 세제곱근이 ʍ와 같은 현대에 가까운 기호를 사용하고 있다.

이탈리아의 수학자 타르탈리아(Niccolo Tartaglia, 1500~1557)는 미완성의 저서 「수와 계량의 일반론」(1556)이 있다. 그는 실제면에서 탄도(彈道)를 수학적으로 논해서 고도를 45도 각도로 할 때 최대의 착탄거리가 얻어진다고 하였다.

프랑스의 수학자이며 법률가인 비에타(Francois Vieta, 1540~1603)는 근대 대수학의 父로 불려지며, 대수학 분야에서 활약하여 대수를 처음으로 기호적으로 취급한 저서 「해석학서론」(1591)으로 유명하다. 이 책에서는 문자기호를 사용하여 방정식을 풀이하는 기본적인 연산방법을 확립하였다.

4. 생 물 학

이 시기의 생물학에는 일부이긴 하여도 아리스토텔레스나 플리니우스와 같은 고대인의 지식에 의하거나 중세의 동물우화집에 등장하는 교훈적, 공상적인 동물과 식물의 경향이 남아 있다. 그러나 연구조사의 주류는 동물·식물을 자신의 눈으로 관찰하거나, 많은 동물·식물을 채집해서 비교 연구하고 분류하는 것이었다.

이 시기에 식물학의 개척자라면 독일산 식물을 최초로 설명한 O. 브룬펠스(Otto Brunfels, 1489~1534), 독일산 식물의 기관에 관한 생물학적 의의에 주목한 H. 보크(H. Bock, 1498~1554)와 저서 「식물지」(1543)에서 다수의 야생식물과 약 100종의 재배식물에 학문적 명명을 시도한 L. 푹스(Leonhart Fucks, 1501~1566)의 세 사람이 있다.

그 밖에 이탈리아 철학자, 식물학자 및 의사인 체살피노(A. Cesarpino, 1519~1603)는 그의 저서인 「식물에 대해서」 16권(1583)에서 식물을 수정기관에 의해 분류하였으며, 또 「의학문제」 2권(1593)에서는 하비보다 앞서 혈액의 순환도 다루고 있다. 그리고 스위스의 박물학자이며 해부학자인 G. 보앵(G. Bauhin, 1569~1624)은 그의 주요저서 「식물의 일반지」(1619)에서 이미 알고 있는 식물 6,000종을 二명명법으로 분류하여 총목록을 만들었다.

동물학자로는 스위스 사람 게스너(C.V. Gesner, 1516~1565)가 있다. 그는 개업의사이며 그리스어 교수이기도 했다. 그의 주된 저서인 「동물지」 4권(1155~1158)에 당시의 지식을 집대성하고 그림 설명도 많이 넣었다. 그는 화석에 관한 논문을 발표하기도 하였다.

프랑스의 박물학자 브롱(Pierre Belon, 1517~1564)은 그리스, 터키, 시리아, 이집트 등으로 연구여행을 하면서 연체동물, 조류 등을 조사하였다. 그의 저서 「새의 성질의 역사」(1555)에 있는 도해 중에는 인간과 새의 골격을 비교하고 있다. 여기서 그는 비교 해부학을 강조하여 인간과 새의 여러 가지 골격 중 비슷한 뼈의 유사성을 지적하고 있다.

5. 의 학

스위스 출신으로 의학자, 자연과학자, 신학자 및 철학자인 파라셀수스(Theophrastus Paracelsus, 1493~1541)는 의학을 배워 일시 바젤 대학에서 교수로 근무하였으나 각지를 방랑하였다. 그는 연금술에 홍미를 가졌으나 연금술의 진정한 목적은 금을 만드는 것이 아니라 질병을 치료하는 약제를 만드는 데 있다고 결론지었다. 그의 이러한 주장은 의료화학(iatrochemistry)으로 발전하였다. 그는 연금술의 4원소설(화, 공기, 수, 토)과 3성분설(수은, 황, 식염)을 믿고 있었다.

오늘날 아메리카 전래설이 유력시되고 있는 매독은 콜럼버스의 제1회 항해 직후인 1493년 바르셀로나市에서 유행되기 시작, 1495년에는 독일 · 프랑스 · 스위스, 1496년에는 네덜란드, 1497년에는 영국과 스코틀랜드, 1498년에는 인도, 16세기초 중국에까지 만연되었다. 그러나 매독의 병원체 스피로헤타-팔리다(Spirochaeta-pallida)는 독일人 샤우딘(F. R. Schaudinn, 1871~1906)과 호프만(P. E. Hoffmann, 1868~1959)에 의해 발견된 것은 20세기 초인 1905년이었다.

유럽에서 매독이 만연되기 시작할 무렵, 이탈리아의 의사이며 병리학자인 시인 프란카스트로(Girolamo Francastro, 1483~1553)가 의학시 「매독 또는 갈리아병」 3권(1530)과, 「접촉전염과 전염병에 대해서」(1546)에서 병의 증상과 치료에 대해 설명하고 있다. 이때, 전염병에 대해서는 미생물 병원설을 세우고 있다.

치료기술, 특히 외과 수술은 이때까지 큰 변화가 없었으나 기구를 사용하고 있는 그림 판이 많이 남아 있다. 당시 전쟁 터에서 부상으로 생기는 출혈에 의약 대신 혈관을 묶게 하는 치료법을 시작한 것은 프랑스의 이발사이며 외과의인 파레(Ambroise Paŕe, 1510~1590)였다.

18세기에 마취제로 에테르를 사용하기 전까지는, 수술에서 환자의 통증을 줄여주는 수단인 대마 · 아편, 여러 가지 약초의 뿌리, 껍질, 종자나 알코올 등을 사용하였다.

6. 기 술

근대문명의 도래에 큰 영향을 준 것이 활판인쇄의 출현인데, 발명가로서 구텐베르크와 J. 푸스트(Johann Fust, 1466년 죽음), L. 코스테르(L. Coster, 약 1440년경 활약)를 거명하며, 3인 모두 초기의 활판 인쇄업에 관계되나, 오늘날은 구텐베르크(6.9의 1에서 설명)가 활자인쇄술을 생각한 것으로 판단하고 있다.

독일 출신의 광산학자로 지질 · 광물학자, 의사이고 인문주의자인 아그리콜라(7.4의 2에 설명)는 「금속에 대해서」로 근대산업의 탄생에 큰 영향을 주었다.

말의 힘에 의지하는 인양기, 수차에 의한 양수장치에는 일련의 흡상 펌프가 하나의 수차로 움직이고, 배수용 수차에서는 상류식 수차가 사용되고 있다. 송풍기용 동력장치도 사용되었고, 또 이 시기에는 추의 낙하에 의해 시침이 움직이는 구식의 시계도 널리 사용되었으나, 구동력에 의해서 시계를 연속적이 아니고 단계적으로 움직이는 탈진기가 붙은 시계가 등장하였다.

수천 년 전 이집트에 세워졌던 높이 23 m, 무게 327톤의 大오벨리스크를 로마제국의 칼리굴라(Caligula, 37~41 재위)帝가 이집트에서 운반하여 聖베드로 대성당의 한 곳에 옆으로 눕혀 놓은 것을 1586년에 그곳에서 340 m 떨어진 대성당 앞에 운반하여 세우게 되었다. 이 작업은 르네상스 시대의 대표적인 기술적 성과의 하나로 꼽힌다.

이 공사는 건축가 D. 폰타나(D. Fountana, 1543~1607)가 면밀한 계산을 하여 노동자 800명, 말 140필, 주된 기구로 권상기 40대, 약 13 m의 강력한 지렛대 5개와 그 밖에 지주나 목재, 철제의 도구류를 준비해서 1586년 4월 30일 새벽부터 작업을 결행하였는데, 한 사람의 희생자도 없이 무사히 끝마쳤다고 한다.

탐험시대에는 항해용의 대형 범선이 수없이 많이 만들어졌으며, 그만큼 기능적인 선박의 설계가 이루어지기도 하였고, 수차로 풀무에 바람을 불어넣어 쇠를 용해하기도 하였다.

전쟁에는 화살이나 투석기도 사용되었으나, 화기사용이 늘어나면서 화약의 효과를 좋게 하거나 총포의 성능을 향상시키기 위해 노력하였다. 대포제조에는 피렌체 출신의 야금기술자로 유명한 이탈리아의 비링구치오(7.4의 1항에서 설명)가 크게 기여했다.

7.3 유럽 사회의 세계진출 — 지리상의 대발견

유럽 세계의 경제발전에 대단히 큰 역할을 한 것이 중세에 있어 지리상의 대발견이다. 15세기 후반의 자본주의 경제의 발생에 의해 큰 자본, 새로운 판매시장, 원료원 및 노동력 자원이 필요하게 되었다. 유럽의 강국, 특히 해양국(스페인, 네덜란드, 포르투갈 및 영국)은 지구상의 모든 지역의 토지를 경쟁적으로 획득하려고 노력하였다. 이 경쟁으로 대규모의 전쟁이 이어졌고, 유럽에서 화폐유통이 발달됨에 따라 금이나 귀금속을 얻고자 원정군을 파견하게 되고, 이러한 역사적 사실이 새로운 항로를 발견하게 되는 중세 항해자의 과제가 되었다.

1. 의미와 동기[10), 11)]

십자군의 원정, 마르크폴로의 「동양견문록」과 신대륙·신항로의 발견을 계기로 남북 아메리카, 동 아시아 방면으로 식민, 무역, 포교의 활동을 전개하여 그 결과 유럽에 의한 세계지배와 세계문화권의 기초가 형성되는 동시에, 인간의 시야가 넓어져, 미지의 대륙의 존재와 지구 구체설이 실증되면서 신학이 주장하던 지구중심의 우주관인 지구평면설 등이 부정되었다. 에스파냐, 포르투갈, 네덜란드, 프랑스, 영국 등 소위 근대적인 국민국가의 성립을 가능케 하였으며, 상업자본의 비약적 발전과 공업생산의 증대는 사회·경제적 구조를 근본적으로 변혁시켜 중세의 봉건제도가 몰락하는 결정적 계기가 되었다. 그래서 지리상의 발견은 르네상스·종교개혁과 더불어 근대의 출발점으로서 큰 의미를 가지고 있다.

그 동기는 미지의 세계에 대한 동경과 동양에 대한 서유럽인의 관심과 호기심이 점차 높아짐에 따라 유럽 세계의 확대팽창운동의 연장으로서 동양에 이르는 새로운 항로를 찾아내려는 것이었고, 동방무역에 참여하여 동양물산의 취득을 바라는 시민계급의 경제적인 요구와 르네상스 시대의 항해술의 발전으로 나침반이 이용되는 등 과학발달과 결부가 되어 이루어진 것이며, 한편으로는 동방에 있는 향료, 비단, 목면, 금은 보석 등의 산물을 아라비아와 이탈리아 상인의 비싼 중간착취를 당하지 않고 직접 구득하려는 것이었다.

---

10) 羅鐘一 외, 문화사, pp. 168~130, 1987, 한국방송통신대학.
11) 辛寧滿 외, 전게서, pp. 187~189.

2. 탐험항해자들

르네상스의 특색 중 하나는 지리상의 대발견이다.[12)][13)] 과학발전이 바로 유럽 세계의 세계진출의 조건이 되고, 중세 말기의 항해는 나침반의 도입과 천문학 및 천문학적 원리에 기틀을 둔 항해용 기기에 의해 큰 위험이나 사고가 줄어들고, 그 결과 항해술은 한층 큰 목표를 세우게 되었다. 그래서 유럽 세계의 세계진출은 이탈리아, 포르투갈, 에스파냐(스페인) 등이 중심이 되어 일어났다.

이탈리아 피렌체 출신의 의사이고 천문학자 · 지리학자인 P.d.P. 토스카넬리(Paolo dal Pozzo Toscanelli, 1397~1482)는 대서양의 새로운 바다 지도를 만들고, 세계가 둥글다라는 입장에서 콜럼버스가 대항해를 할 수 있게 하였다. 이와 비슷한 시기에 포르투갈의 왕자이며 '항해자'인 엔리케(Henrique, O. Navegador, 1394~1460)(그림 7 · 5)는 아프리카 서해안의 탐험과 인도 항로의 개척을 지망해 천문대 · 항해학교를 세워 항해자를 양성하였고, 또 컴퍼스를 개량하고 선박을 건조하여 탐험항해를 일으켰다.

신대륙(아메리카 대륙)의 발견자 콜럼버스[14)](Christopher Columbus, 1446~1506)(그림 7 · 6)는 이탈리아의 제노바 출신으로, 어릴 때부터 항해에 나섰다. 자금원조 문제로 처음에는 다소 고생을 하였으나, 스페인의 이사벨라 여왕의 원조를 받아 1492년 8월 3일 산타 마리아호(약 240톤) 등 세 척에(그림 7 · 7) 150명이 승선하여 팔로스港을 출항한다. 그는 항해 도중 자석의 기우러짐과 기온변화를 조사하면서 대서양 횡단에 성공하여 69일 째인 10월 12일에 현재의 바하마 여러 섬 중 산 살바도르를 발견하고 인도의 한 섬으로 알고 원주민을 인디안이라 호칭하였다. 다음 해에

그림 7 · 5 '항해자' 엔리케

그림 7 · 6 Ch. 콜럼버스

12) 平田 寬, 전게서, 상권, pp. 145~148.
13) 伊東俊太郎 외 편, 전게서, p. 605, p.976
14) Crompton's Encyclopedia, vol. 5, pp. 474~479.

귀국하여 그는 크게 환영을 받았고, 그 유명한 '콜럼버스의 달걀'(그림 7·8)이라는 일화도 생겨났다. 이어 제2(1493)·제3(1498)·제4(1502)의 항해를 계속하였다. 제2항해에서는 도미니카·자메이카 등을 발견하였고, 제3항해에서는 트리니다드·오리노코강을 발견하였지만 본국의 음모로 체포당한다. 제4항해에서 온두라스, 파나마를 발견하였으나 자메이카에서 조난을 당하고 귀국하였으나 실의에 빠져 죽게 된다. 그는 최후까지 아시아에 도착하였다고 믿었고 그가 발견한 땅이 신대륙(오늘날의 미국)임을 몰랐다(그림 7·9 참고).

그림 7·7 산타 마리아호의 복원과 산타 마리아 선단

그림 7·8 콜럼버스가 유명한 달걀의 실험을 보여 주는 장면

피렌체 출신의 이탈리아人 아메리고 베스푸치(Amerigo Vespucci, 1451~1512)는 상인이면서 항해자로, 스페인의 탐험대에 참가하여 아메리카에 1497·1499·1501·1503년 등 네 번이나 항해하였고, 1499년에는 남 아메리카의 베네수엘라를 발견하였다.

포르투갈의 항해자 바스코 다 가마(Vasco da Gama, 1469~1524)는 1497년 7월 8일 약 170명을 세 척의 배에 태워 리스본을 출항하여 11월 22일 희망봉을 돌았다. 그 후 폭풍우와 반란이 있었으나 다음 해인 1498년에 인도 항로를 발견, 인도에 도달하게 된다.

최초로 세계를 일주한 사람은 포르투갈의 항해자 마젤란(Magellan, 1480~1521)(그림 7·10)이다. 그는 스페인의 카를로스 1세의 원조로 1519년 다섯 척의 배와 270명의 선원으로 산루갈항을 출항하여, 1522년 9월 6일 귀항할 때에는 배 한 척에 승원은 18명만이 살아남았다. 비록 그가 1521년 필리핀에 도착해 원주민과 싸우다가 죽었으나, 문명세계에 태평양의 항로를 개척하여 주었고 지구가 둥글다는 사실을 확인한 셈이다. 그림 7·11은 지리상의 발견 항해지도이다.

그림 7·9 신세계 발견 당시, 인디언 중에는 이런 奇形人의 종족이 있다는 풍문이 나돌았음

그림 7·10 마젤란

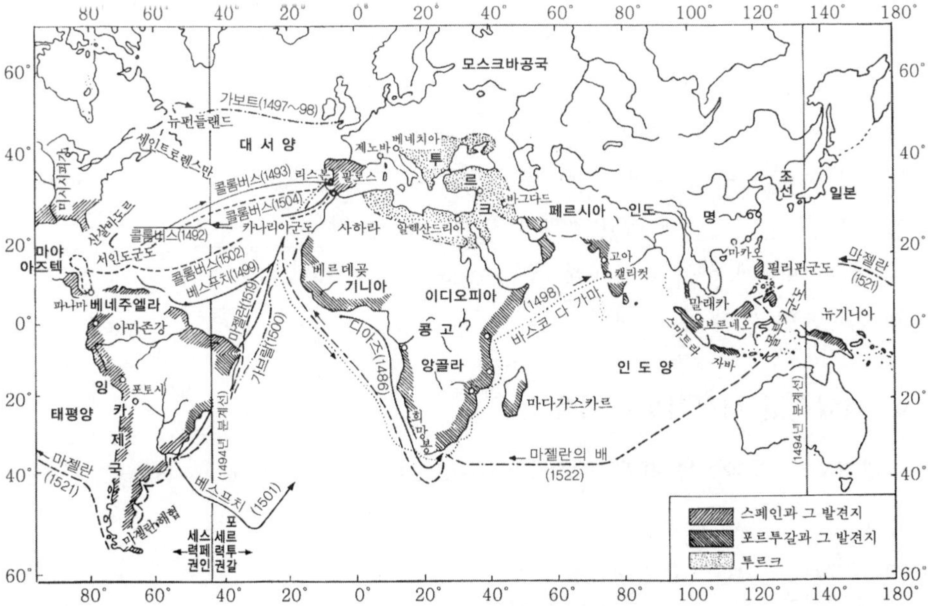

그림 7·11 지리상의 발견 항해지도

3. 발견항해의 결과

지리상의 발견이 유럽 사회에 미친 영향은 매우 컸다. 우선 새로운 인도 항로의 개척[15)]으로 동양의 산물이 값싸게 대량으로 들어오게 되었고, 한편 신대륙에서 감자·담배·코코아·옥수수·설탕·커피 등이 대량으로 들어와 유럽人들의 일상생활에 큰 변화를 주었다. 특히 신대륙에서 유럽에 상업 및 공업자본의 토대가 된 금·은이 대량으로 들어오자 화폐량이 늘어나고 물가를 앙등시켜 이른바 가격혁명(The price revolution)을 야기시켰다.

새로운 항로와 신대륙의 발견[16)]으로 세계무역의 중심은 지중해에서 대서양과 인도양으로 이동되었다. 또 16세기 전반에 걸친 유럽의 상업은 그 교역상품의 다양화, 교역량의 급증, 시장의 확대, 이윤과 자본축적의 증가 등 이른바 상업혁명(Commercial revolution)이 일어났다.

세계 각지의 지형이 명확하게 되어 지도제작이 크게 진보하였고, 프톨레마이오스의 낡은 지리학에서 탈피가 가능하였다. 또 상인이나 포교자가 정보를 수집하는 루트(route)가 만들어져 세계적인 커뮤니케이션 시스템의 싹이 튼 것도 이 시대가 가진 의미의 하나이다. 다른 한편으로는 대항해의 루트에 편성하여 유럽의 학문·기술·사상·종교 등이 각지로 확산된 것도 역사적으로 중요하다. 특히 화약병기의 전파는 아시아 각 지역에 큰 충격을 주었다.

그 밖에도 지리상의 대발견은 당시 알려져 있던 세계의 범위를 넓혔고, 군주의 재산을 풍족케 하여 유럽에서 자본주의적 발달을 촉진하였으며, 또 항해술·나침반·해도·지도·지리학 등 자연과학의 많은 분야에 근본적인 영향을 주었을 뿐만 아니라 유럽에서 지도작성의 급격한 발달과도 밀접한 관계가 있다.[17)]

아시아 여러 민족에 대해서 백인이 우세하다는 인종차별론(全 지구가 백인종의 세력권화)과, 흑인 인디언에 대한 유례가 없는 잔혹한 탄압을 발생시키는 하나의 계기가 되었다. 이렇게 하여 유럽人의 개척정신은 근대 400년 동안 그들에 의한 세계지배의 원동력이라 할 수 있다.

4. 과학적인 세계지도—아틀라스

세계지도의 제작[18)]은 세계 각지로의 탐험항해와 깊은 관계가 있다. 콜럼버스의

15) 羅鍾一 외, 전게서, pp. 174~175.
16) T. K. Derry · Trevor I. Williams, 전게서, pp. 66~69.
17) 소련 과학아카데미 편(金光不二夫 외 역), 전게서, p. 145.
18) 下間頼一, 전게서, pp. 27~29.

신대륙 발견 이전의 세계지도로는 프톨레마이오스의 지리학서를 기초로 한 라틴어역의 「우주지」(*Cosmographia*)가 간행되었으며, 1482년의 독일어판은 최초의 목판지도로 유럽, 아시아, 아프리카가 포함된 세계지도이다. 그러나 프톨레마이오스의 지도는 지구라는 둥근 면을 평면으로 바꾸는 방법이 충분하지 못해, 지구상의 참모습이 변형되었으므로 개량시킬 필요가 있었다.

이 무렵, 네덜란드의 지리학자인 메르카토르[19](Gerhardus Mercator, 1512~1594)는 1569년에 「원통 투상법」이라는 화법을 고안하여 지도제작법을 개량하는 데 큰 기여를 하였다. 이로서 24쪽 그림, 132×198 cm의 유명한 세계지도가 완성되었다. 이 방법은 지구의 적도에 외접시켜 가운데가 텅 빈 원통을 두고, 지구의 중심에 광원을 넣어 원통면에 지구의 표면을 투상시키고, 이 원통을 펼치면 「메르카토르 투상」이 된다. 그는 아들과 함께 「아틀라스」(*Atlas*, 1595)라는 107쪽 그림의 세계지도를 남겼는데, 유럽 여러 나라의 지도집에 개개의 대륙의 지도와 전 지구의 개관을 추가하여 이후 아틀라스는 지도책이란 의미가 되었다. 그림 7·12는 메르카토르에 의한 세계지도이다. 사실상 세계지도의 완성이라고 할 수 있다.

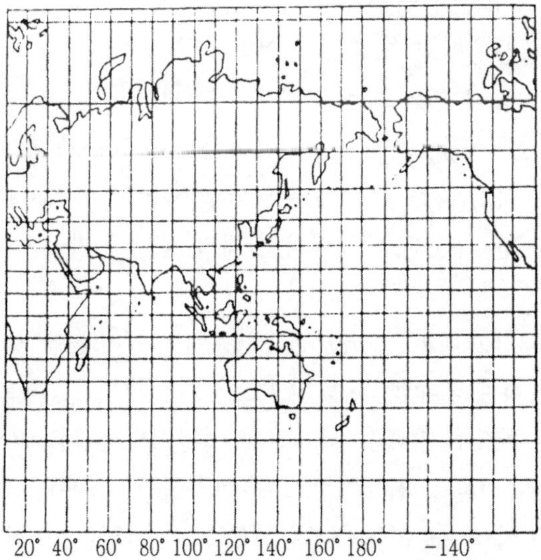

그림 7·12 메르카토르의 세계지도(부분)

19) F. Dannemann(安田德太郎 외 역), 전게서, pp. 280~284.

7.4 광산과 야금의 발달 — 두 사람의 기술자

사람들의 생활은 르네상스 시대를 거치면서 점차 향상되어 갔다. 많은 기술자가 생활에 필요한 것을 경험에 의해, 또 인간의 예민한 직감을 활동시켜 시행착오에 의해 생산하였고, 16세기경이 되어 각종의 기계, 건축 등에 관한 기술서가 간행되었다.

1. 청동대포의 주조 — 「비링구치오」

금속의 제련법과 가공기술이 개량되어 금속의 생산량이 증가됨에 따라 채광기술도 발전하였다. 그에 따라 채광은 농업에서 독립하여 전문적인 광부가 나타나 채광의 지식과 경험이 쌓이게 되었다. 이와 같은 전문적인 채광부가 중심이 되어 활약하는 광산지방의 중심에 광산도시가 형성되었다.[20]

광산은 대개의 경우 후카가와 같은 봉건영주에 의해 소유되고 있었으며, 채광부는 일정한 채굴의 자유를 얻기 위해 항상 봉건영주의 규제와 투쟁하게 되었다. 그런 가운데 광산법을 제정하여 영주와 왕과 제후 사이에 채굴조건이 조정되었다. 광산업은 자본주의적 생산방식의 모태가 되었다.

이들 광산과 야금기술에 관계되는 대저서가 16세기 중반에 출판되었다. 하나는 이탈리아의 비링구치오[21](Vannoccio Biringuccio, 1480~1539)가 지은 「피로테크니아」(火工術)이며(그림 7·13), 다른 하나는 독일의 의사였던 아그리콜라의 「금속에 대해서」이다. 이 두 저서를 통하여 매뉴팩처 시대의 광산과 야금기술의 자취를 알 수 있다.

비링구치오의 「피로테크니아」(*Pirotechnia*, 10권)는 1540년에 출판되었는데, 금속의 용융, 대포, 종 및 화폐의 주조, 화약의 제조에 대해서 기술하고 있으며, 이 책은 특히 대포(청동포)의 주조에 관해서 상세하게 설명하고 있다. 그의 대포의 주조에 대한 연구는 대포주조 기술을 진보시켰으나, 이는 봉건 제후나 신흥상업 자본가들이 군사력을 강화하고자 하는 요구에 부응하는 것이 되었다. 당시의 대포는 포신에 문제가 있었고, 청동의 성분도 일정하지 않아 수십 발을 발사시키면 파열되고 명중률도 극히 낮았다. 그래서 어떻게 하면 강하고 명중률이 높은 대포로 만들 것인가 하는 것이 그의 과제였다.

---

20) T. K. Derry · Trevor I. Williams, 전게서, p. 140, p. 142.
21) 伊東俊太郎 외 편, 전게서, p. 871.

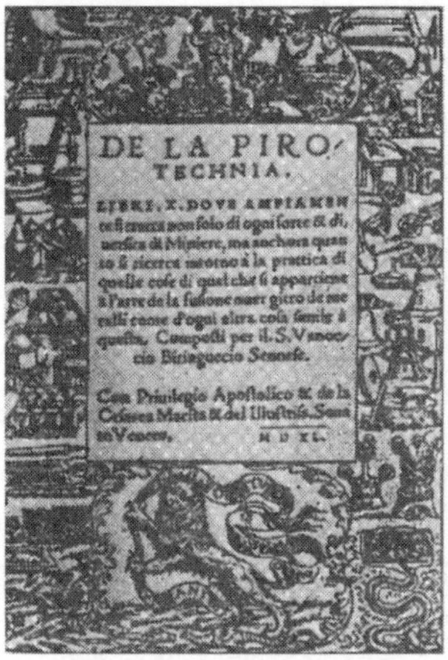

그림 7 · 13 피로테크니아

그림 7 · 14 16세기의 대포주조 공장

먼저, 지금까지의 대포제조 기술의 경험에서 배우고, 청동의 제조, 주입(鑄入), 화약의 양 등을 일정량으로 표시하고 규격화해서 만들기에 이르렀다. 그가 만든 대포는 명중률이 좋아 중세의 기사도적 전쟁과는 전혀 다른 전쟁형태가 생겨나 군사작전에도 영향을 주었다. 또, 대포의 출현[22]은 포탄 · 탄환의 비행과 관계되는 탄도학, 대포의 이용과 관련되는 계산의 수학, 화약성분의 가장 적절한 배합의 연구를 위한 화학, 큰 구경의 대포를 운반하기 위해 차량을 붙이는 수송수단의 발달에도 크게 영향을 주었다.

2. 채광 · 야금기술 — 「아그리콜라」

한편, 아그리콜라[23), 24)](Georgius Agricola, 1494~1555)(그림 7 · 15)는 「금속에 대해서」(*De re metallica*, 12권)를 1556년에 출판하였다. 「금속에 대해서」(그림 7 · 16)에는 광산에서의 채광과 광석을 정제하여 금속을 만드는 과정까지 기술되어 있다. 광맥을 탐사하는 방법, 갱도를 만드는 방법, 갱도의 배수 · 환기, 광석을 지상에까지 올리는 방법, 선광법 · 정련법 · 노동조건까지 포함하여 광산과 관련된 전반에 대해서는 물론, 작업에 사용되는 양수기, 권상기, 송풍기, 야금로의 구조, 정제의 방법에 이르기까지 292개에 달하는 목판화를 넣어 상세하게 설명되어 있는데, 이 저서를 집필하는 데 무려 20년이 소요되었다.[25]

22) 소련 과학아카데미 편(金光不二夫 외 역), 전게서, p. 139.
23) T. K. Derry · Trevor I. Williams, 전게서, p. 39, p. 92, p. 129.
24) 伊東俊太郎 외 편, 전게서, p. 10.

그림 7 · 15 아그리콜라

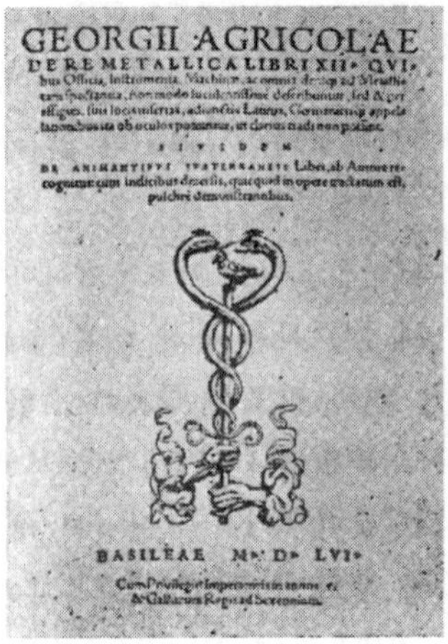

그림 7 · 16 데 레 메탈리카

갱도에 관해서 한 가지만 살펴보면, 그때까지 광산의 갱도에서 침수되는 물의 대처에는 인력이나 축력이 주된 동력원이었으나, 이때는 지름이 11 m나 되는 대형수차를 사용해 대형 양동이를 들어올려 물을 퍼 올리고 3단조의 흡상 펌프에 의해 배수하는 등, 그때까지와는 다른 규모로 작업을 하였고, 또 풍차를 사용하여 갱도 내의 환기를 하는 등 획기적인 것이었다. 이와 같은 작업을 원활하게 하기 위해 동력을 전달하는 기어나 축의 전달장치도 정교한 것이 요구되었다. 그는 광업에 정진하려면 과학에 정통해야 한다고 주장하여 철학(지금은 물리학 포함), 의학, 천문학, 도량학, 계산술, 법률학 등의 지식의 중요성을 강조하였다. 그런 한편으로 광산 특유의 질병인 분진에 의한 호흡기 장애, 유독한 규소광물의 취급 등 미해결의 문제도 광산학의 발달과 아울러 많게 되어 이것도 아그리콜라가 다루어야 할 문제가 되었다.

7.5 근대 세계를 향하여

1. 16세기에서의 동양과 서양의 기술[26)]

중세 말에서 근세 초까지의 유럽의 기술을, 같은 시대에서의 아시아, 특히 중국의 기술과 비교한다면 양자의 사이에는 17세기 이후의 양자의 발전에서 볼 수 있을 정도의 큰 차이는 없었다고 본다. 이 점의 고찰에서는 명나라 말기인 1637

25) S. Lilley(伊藤新一 외 역), 전게서, pp. 87～92.
26) 加茂儀一 편, 기술의 역사, pp. 45～49, 1956, 매일신문사.

년에 宋應星(Sung Ying-hsing, 시대 미상)이 지은 「천공개물(天工開物)」에서 찾을 수 있다. 이 책은 중국이 아직 유럽의 과학·기술의 직접적인 영향을 받지 않은 시대에 저술된 중국의 기술을 집대성한 것이다. 따라서 이 책에 기록된 기술은 중국 고유의 기술이라 보아도 된다.

몇 가지만 보면, 수차가 잘 발달되어 기어장치에 의해 작동되고 있고, 파종기가 붙은 쟁기가 이미 사용되어 있기 때문에 이것은 유럽보다 앞서 철제가 사용된 것이다. 방적기는 옛날부터 발달하여 유럽에 전해졌고, 물레는 유럽에서는 13세기에 발명되었으나 중국은 훨씬 빠르다. 특히 유럽의 근대사회에 가장 중요한 영향을 준 제지기술·화약·나침반은 중국에서 전달된 기술이다. 이렇게 본다면 적어도 중세 말기의 중국의 문명은 당시의 유럽 문명에 뒤지지 않았다.

(1) 서양의 기술

그렇다면 기술적으로 높은 수준에 있었던 이 아시아의 문명이 16세기 이후의 세계 문명의 발전에서 왜 유럽의 문명에 뒤쳐지고 말았을까? 그 원인으로서는 여러 가지를 거론할 수 있을 것이다. 사회적·경제적으로는 유럽 사회는 중세 말 이후 바로 봉쇄경제를 벗어나 광역경제로 진입하고 15세기 이후 근세에 들어와 동양과 신대륙으로의 신항로의 발견에 의해 세계경제에 돌입하였다. 그 결과 교역이 성행하고 도시경제와 화폐경제가 일어나 시민계급과 자본주의가 대두되고 운수기관이 곤비로 개선되어 생산력 증가에 대한 요구가 높아져 이것이 자본주의의 이윤추구에 자극되어 기술의 발달을 촉진시켰다.

한편, 그 과정에서 중세적 봉건사회는 붕괴되고 농노는 해방되어 자유농민이 되고 직인도 길드적 구속에서 해방되어 자유직인이 되었기 때문에 그들의 기술적 개선에 대한 의욕이 강하여졌다. 동시에 점차 흥하고 있던 근대국가는 부강정책에 힘입어 무기제작의 기술은 물론 다른 산업기술의 발달도 꾀하게 되었다.

그리고 이와 병행하여 사상적으로는 유럽에서 시민계급의 발전에 따라 르네상스에 의해 싹이 튼 인간의 해방, 존중의 원리가 진전되어 그것으로 말미암아 인간의 노동력을 절약, 생활의 향상과 풍요로움을 실현하기 위한 기술적 개선의 노력이 성취되어 기술의 사회적 평가도 충분하지는 않으나 높아지게 되었다. 시민사회 안에서는 사고의 자유가 존중되고 합리주의가 발전, 중세적 미신을 타파하여 중세에 몰가치적으로 보였던 자연에 가치가 부여되어 르네상스 시대에 싹이 튼 자연 유정(有情)의 관념이 자연을 객관적으로 보는 방향으로 나가는 한편, 자연을 공리적으로 이용하여 개선하는 기술의 발전으로 유도하고, 다른 한편으로 자연을 관찰하고 그 법칙을 찾아냄과 동시에 실험에 의해 확인하는 자연과학 발생의 길을 열었다.

르네상스 시대에는 아직 미분화된 과학과 기술이 16세기 이후에는 분화가 시작, 각각 전문화되었다. 그래서 17~18세기에 자연과학, 특히 물리학·수학의 기초가 확립되었고 한편, 기술은 매뉴팩처적 생산방식에 기초하여 인력·축력·풍력·수력 등 자연력이 동력으로 크게 발달하였고, 18세기 이후에는 기술은 자연과학과 결합되어 산업혁명에 도달하고 그 발전이 현대문명을 형성하였다.

(2) 동양의 기술

그런데 아시아는 근세 초에 유럽에서 근대문명의 최초의 세례를 받았으나 중국은 그 후 고립주의를 취하고 한국이나 일본도 쇄국주의를 오래도록 고집하였다. 그 결과 아시아는 중세적 봉건제도가 강하게 지배, 계급제도가 엄격하여 농노나 대부분의 농민은 봉건적 제약에 얽매이었고, 중국에서는 풍부한 노예 노동력으로 농업기술을 개선하는 노력을 하지 않았고 동시에 이 봉건제도하에서는 자연경제가 지배하여 교통기관도 발달하지 않았기 때문에 생산력의 증대에 대한 사회적 요구도 없었다. 그 결과 도시경제나 시민사회도 발전되지 않았다.

비록 시민계급이 형성되고 부의 축적이 되었어도 봉건적 세력에 종속되어 유럽에서의 시민사회와 같이 봉건제후에 대항하여 자기의 정치적 기반을 만들 정도의 자주력을 가지지 못하였다. 그래서 아시아의 오랜 문명국에서는 근대적 자본주의가 발전하는 여지가 없었고, 산업기술이 발달하지 못하였기 때문에 기술에 대한 사회적 평가도 낮았다.

또 동양에서는 인간해방을 주장하는 르네상스 운동도 일어나지 않았고 인간의 존엄과 평등을 확고히 하는 이념이 생기지 않았기 때문에 인간의 노동력을 업신여기고 복지를 위한 사회적 노력도 기울이지 않았다. 그래서 자본주의도 미숙, 합리주의도 철저하지 못하고 비판철학도 생기지 않았다. 그 대신에 의리나 인정, 음양·오행설에 기초한 비합리주의가 지배하여 자연현상도 그 관념에 의해 설명하는 데 만족하여 자연에 대해서 유정적이고 자연과의 합일을 이상의 경지로 생각, 자연을 객관시하는 것을 두려워하였다. 따라서 자연현상의 분석, 법칙의 발견에 무관심하여 근대적 자연과학도 등장하지 못했다. 그 결과 아시아는 16세기 이후 근대문명의 발전에서 유럽보다 대단히 지체되지 않을 수 없었다.

제 8 장

과학혁명과 기계론적 자연관의 형성

16세기는 직인적 전통과 학자적 전통 사이에 장벽이 허물어지기 시작하는 모든 분야에서 준비시대였다. 자연과학의 근대적 방법은 서서히 실험적 방법으로 발전하였다. 이에 대해 17세기는 갈릴레오, 케플러, 뉴턴과 같은 사람들의 선도로 이제껏 알 수 없었던 승리의 행진, 항진의 광경을 보여 주고 있다. 자연과학과 수학과의 내면적 융합, 병행하여 엄밀한 귀납적 연구방법의 완성이 이루어졌다.

과학혁명은 일반적으로 과학이론이 급속하게 변혁되어지는 것을 말하며, 좁은 의미로는 16~17세기에 근대과학이 성립된 역사적 사태를 의미한다. 이 경우에는 동상 누눈자를 대문자로 하여 'the Scientific Revolution'이라 기록한다. 토마스 쿤(Thomas Samuel, Kuhn, 1922~)의 「과학혁명의 구조」(*The Structure of Scientific Revolution*, 1962)는 일반적인 과학혁명을 말하며, 또 스노(C. P. Snow)의 「두 개의 문화와 과학혁명」(*The Two Cultures and Scientific Revolution*, 1959)은 현대 및 가까운 장래의 과학의 대 비약을 과학혁명이라고 부르고 있다. 좁은 의미의 예가 일반화된 것은 고이레와 버트필드에 의해서이다.

최근에는 길리스피가 「과학과 기술」(*Science and Technology*, 1965)이라는 저서에서 16~17세기의 과학혁명을 '제1의 과학혁명'이라 부르고, 18세기 말에서 19세기 초에 생긴 과학의 개혁을 '제2의 과학혁명'이라고 불렀다.[1]

좁은 의미로 보아 16~17세기의 과학혁명은 코페르니쿠스의 「천구의 회전에 대해서」와 베살리우스의 「인체의 구조에 관해서」가 출판된 1543년부터 뉴턴의 「프

1) 伊東俊太郎 외 편, 전게서, p. 165.

리키피아」가 발간된 1687년까지 생긴 과학업적을 지칭한다. 지동설을 강조할 때에는 '코페르니쿠스의 혁명'이라고도 한다. 이와 같은 과학혁명의 물결은 F. 베이컨, R. 데카르트, G. 갈릴레오, J. 케플러, R. 보일러, W. 하비 및 뉴턴의 손에 의해 여러 분야에 침투하여 근대과학의 기초와 발전을 약속하기에 이른다.

과학혁명의 본질은 자연을 연구할 경우, 일체의 선입관이나 편견 없이, 그 대상을 자신이 스스로 손으로 관찰하고 실험해서 그 결과를 체계화하거나, 또는 그 사고법으로 귀납법을 구사하는 것이다. 이 경우 실험할 때의 물질관은 기계적 · 입자적이어야 하며, 역학적 · 수학적으로 인식되어야 한다. 동시에 확실한 실증성이 요구된다.

8.1 과학혁명이 형성된 배경

1. 과학혁명의 개요

과학혁명이 생긴 배경을 살펴보면,[2] 첫째는 중세적 전제이다. 그리스적 학문이 본격적으로 유럽에 번역 소개된 것이 12세기였고, 13세기에는 유럽 대학의 자유학예의 내용이 압도적으로 기독교적 아리스토텔레스주의가 되는 경향을 보였다. 한편으로 직인들은 대부분 자유학예와는 무관한 기계적 학예를 형성하였고, 상인들은 아라비아식 계산법을 배우기 시작하였다. 14세기에는 치밀한 논리학적 논의를 자연학적 영역에서 전개한 학자들이 등장하여, 스콜라적 아리스토텔레스주의를 비판하는 분위기가 조성되었다.

여기서 기계적 학예[3]는 후고(de St. Victor, Hugo, 1096~1141)가 1130년경 자유 7학과에 대응하여 7 기계학을 근간으로 (1) 기계, (2) 무기 · 무기제조 · 전쟁술 · 건축, (3) 선박운항 · 상업 · 지리, (4) 경작 · 목축 · 가정, (5) 수렵 · 어로 · 요리법, (6) 의술 · 약초학, (7) 연극술 · 놀이 기술 · 스포츠 등 일곱 종류의 기술을 하나의 학문으로 취급한 데서 비롯된다. 이를 테면 최초의 종합적 기술이다.

둘째는 스콜라적 아리스토텔레스 주의의 학문구조 자체를 철폐한 사실이다. 그 배경으로 르네상스 · 종교개혁 시대의 사회적 변동과도 결합한 심각한 사상적 위기의 존재 때문이다. 중세의 기계적 학예를 자유학예와 결합시키는 고급 직인들이 르네상스의 후원자(patron)에 의해 형성되는데 그 대표적인 예가 레오나르도 다 빈치

2) 伊東俊太郎 외 편, 전게서, pp. 166~167.

3) 荒井政治 외 편, 전게서, pp. 290~291.

이다. 인쇄술의 발명과 프로테스탄티즘(protestantism)의 발흥은 서적문화를 형성하여 그때까지 문자와는 인연이 먼 사람들을 지식의 세계로 안내하였다.

셋째는 새로운 사회층의 실용주의적 관심은 자연을 관조되는 대상으로 존재하는 것이 아닌 적극적으로 활용하는 대상으로 보기 시작하였다. 이와 같은 자연관은 당초는 신 플라톤주의적 신비주의나 의화학적 마술의 전통과도 결부되어 있었으나 17세기에 접어들어 실험을 위한 독자적인 논리를 형성하는 사상가가 등장하여 신비주의적 색채를 소멸시켰다.

넷째는 코페르니쿠스의 지동설의 수학적 천문학이 프톨레마이오스의 전통적 체계에 서로 경쟁하게끔 되어 일상적인 감각적 세계기록에 대한 의심의 눈이 떠져, 새로운 확실성의 기준이 탐구되기에 이른다. 그리하여 학문의 실용주의적 측면을 강조하고 아리스토텔레스적 본질주의는 거부된다. 데카르트는 수학적 확실성을 진리의 기준으로 선정한다. 또 근세에서의 아르키메데스적 정신을 가지고 갈릴레오의 실험적 정신과 수학적 정신의 결합은 새로운 수학적 과학을 탄생시켰다.

다섯째는 실험을 행할 때의 물질관은 기계론적, 입자론적이 된다. 이러한 구도는 케플러, 갈릴레오, 데카르트 등 대표적인 과학혁명 추진자들에게 똑같이 인식되어 보일의 입자론적 실험화학의 기초가 되었다. 하비의 「심장 및 혈액의 운동에 대해서」(1628)의 혈액순환설을 수용한 것이 데카르트 등 기계론적 생물관의 중심이 된 것도 생물학에의 새로운 견해가 지배적으로 되었다는 증거이다.

여섯째는 수학 자체는 대수화되어 그리스 기하학에서의 탈출이 시작된다. 전체 학문 구조 중에 지위가 현저히 향상되어 학문으로서 자율적 연구의 대상이 된다. 뉴턴과 라이프니즈에 의한 미분적분학의 형성은 과학혁명 시대에서 수학 변혁의 한 보기이다.

일곱째는 뉴턴이 회원, 만년에는 회장으로 활약한 런던의 왕립학회가 1662년에 설립된 것이다.

8.2 과학혁명의 기초형성

1. 실험적 방법의 탄생[4)]

과학과 기술을 진보시키는 데 제일 필요한 것은 새로운 원리·방법 및 사실을 탐구하는 것이라고 베이컨이 주장하였다. 그와 같은 원리와 사실은 직인적 기술 및

4) 山崎俊雄 외, 전게서, p. 64.

실험적 과학에서 유도할 수 있다. 과학은 관찰을 병행하여 실험적 방법을 자기 것으로 함에 따라 근대과학이 되었다. 관찰은 자연에 대한 수동적 방법이나, 실험은 어느 가설을 세워 그것이 옳은가의 여부를 확인하는 능동적 방법이다. 이 방법은 인간이 목적 의식적으로 노동수단을 가지고 자연에 활동을 주는 생산수단을 모델로 하고 있다. 따라서 실험은 자연을 탐구하는 방법으로 고대로부터 있던 것이 아니고, 중세 말기에 도시의 성립에 의해 직인의 생산활동이 활발해짐에 따라 프랜시스 베이컨 등이 '실험과학'을 제창하였으나, 과학의 필수적인 방법으로 정착된 것은 16세기 후반에서 17세기에 걸쳐 영국에서 시작되었다. 이 시대는 영국에 절대주의가 성립된 시대, 즉 엘리자베스 여왕과 제임스 I세의 시대이며, 매뉴팩처적 공업생산이 시작되고 여기에 호응하여 세계무역의 중심이 영국으로 옮겨진 시대였다.

그 당시 옥스퍼드나 케임브리지 대학과는 달리, 대 상인 크레샴의 유언에 의해 세워진 런던의 크레샴 대학이 중심이 되었다. 교과서의 주석이라 할 교수법을 꼭 필요로 한 것이 아니고, 가령 천문학 교수는 승선하여 항해기구의 사용방법을 실물로 가르치고, 기하학의 교수이면 이론만이 아닌 응용까지 강의하는 등, 수업에서는 이론과 응용을 결부시킨다는 강의규칙이 있었다. 학자의 지식(관찰)과 직인들의 경험(기술)을 결합시켜 자연의 탐구방법으로서의 실험적 방법이 탄생되었다.

2. 지동설 — 코페르니쿠스의 혁명

탐험항해와 세계지도의 제작은 천문학의 발전과 관계가 있다. 그래서 르네상스 말기에는 천문학사상 대변혁(천동설에서 지동설로)이 생기고, 베살리우스는 해부학과 더불어 과학혁명의 선구자적 역할을 했다.

15세기에 와서 달력의 문제가 등장, 달력을 변경하는 문제의 해결에는 새로운 천문학의 계산법 확립이 기대되고 있었다. 정확한 달력을 만들기 위한 이론체계를 연구하고 있던 코페르니쿠스(Nicholas Copernicus, 1473~1543)는 프톨레마이오스의 우주체계가 잘못되었음을 알고 지동설을 제창, 그래서 태양중심설은 '프톨레마이오스의 체계'를 붕괴시켰고 이 후 3세기에 걸쳐 천문학 연구의 중심뿐만 아니라 사회적 및 철학적 투쟁의 중심으로 지식혁명이 시작되었다.

지동설을 주장하여 근대 천문학의 큰 길을 개척한 큰 인물 코페르니쿠스[5](그림 8·1)는 폴란드 출신으로, 구라고프 대학에서 법학과 의학을 수학하고 볼료냐·로마·파두바 등에서 약 30년간 유학하여 신학과 천문학을 공부하였다.

중세를 통해서 유럽을 지배한 법왕청 공인의 프톨레마이오스의 천동설에 대한

5) 伊東俊太郎 외 편, 전게서, pp. 370~371, p. 610.

그림 8 · 1 코페르니쿠스

우주체계는, 혹성운동의 모순해결에 많은 주전원(周轉圓)을 가정하는 어려움이 있었다. 코페르니쿠스는 태양을 우주의 중심으로 하여 단순한 우주체계를 그렸고, 이때 이미 지구의 지동설을 인정하였다. 그래서 천동설에 항상 곤혹을 느끼고 있는 가운데 혹성의 불규칙 운동을 지동설로 설명하여 처음으로 내혹성(수성, 금성)과 외혹성(화성, 목성, 토성)을 구별하여 우주도를 제시하였다(그림 8 · 2).

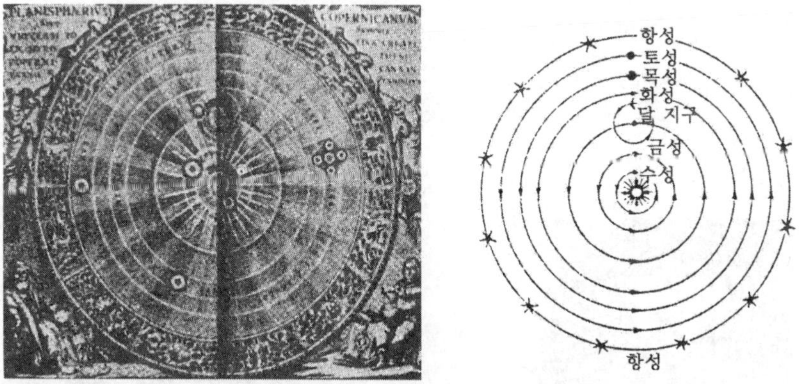

그림 8 · 2 코페르니쿠스의 우주체계

그의 지동설[6]에 세계의 중심은 태양이지 지구는 아니었다. 지구는 다른 여러 혹성과 마찬가지로 하나의 혹성으로 세계의 중심에 정지하고 있는 태양의 둘레를 공전하고 있다고 하였다. 또 혹성의 운동은 비교적 간단하게 설명된다. 바깥쪽에서 (i) 부동의 항성구, (ii) 30년 주기의 토성구, (iii) 12년 주기의 목성구, (iv) 2년 주기의 화성구, (v) 달과 함께 1년 주기의 지구, (vi) 9개월 주기의 금성구, (vii) 80일 주기의 수성구로 되어 있다. 그렇게 하여 이들 중심에는 태양이 있다.

6) F. Dannemann(安田德太郞 외 역), 전게서, pp. 259~272.

이렇게 해서 천동설에서 지동설로의 근본적인 전환이 일어나 지금까지의 아리스토텔레스적인 천하계와 천상계라는 법칙적 · 질료적 구별도 철폐되고, 근대 천문학의 골격이 만들어졌다고 본다. 그러나 당시로서는 기독교 교리와 위배되고 고대의 아리스토텔레스적, 프톨레마이오스적 우주와도 대립이 되어, 태양중심설[7)]에 대한 구상은 이미 1515년 5월 이전에 집필되었다고 보이나, 만들어진 원고를 30년 이상 공표하지 않았다.

독일의 수학자이며 천문학자인 레디쿠스(George J. Rheticus, 1514~1574)의 권유로 그가 죽던 해인 1543년 당시로서는 혁명적인 우주론인 「천구의 회전에 대해서」(*De revolutionibus orbium coelestium*, 전 6권)를 통해 지동설(태양중심설)을 발표했다. 이 지동설은 그 후 갈릴레오나 케플러, 뉴턴에 의해 완성되나, 그 영향은 단순히 천문학뿐만이 아니고 기독교에도 타격을 주었으며, 사상적으로도 사람의 사고방식을 크게 변혁시켰다. 그래서 중세 기독교 신학의 속박으로부터 과학을 해방시키고 자율정신을 의식할 수 있게 하였으며, 우주에 대한 인류의 '사고의 틀'을 해체한 분기점이 되었다. 이 사실은 17세기에 만들어진 과학적 세계관의 출발점이다.

코페르니쿠스의 천문학이 근대 자연과학의 한 분야로 성립되기 위해서는 15세기에 시작되는 지리상의 대발견, 대항해시대(1492년의 콜럼버스 · 1497년의 바스코 다가마 · 1519~1522년의 마젤란 등)라는 배경 없이는 사실상 불가능하였다.

이때, 코페르니쿠스의 지동설을 열렬히 지지한 사람으로 이탈리아의 철학자이고

그림 8 · 3 브루노

그림 8 · 4 종교 재판소에서 형을 받은 죄인의 화형장면

7) S. Mason(矢島祐利 역), 전게서, pp. 135~143.

범신론적 세계관을 수립한 수도사인 브루노(Giordano Bruno, 1548~1600)(그림 8·3)가 있다. 그는 이 때문에 수도회에서 추방되어 스위스, 프랑스, 영국, 독일 등을 전전하다가 체포되어 8년간의 옥중생활 후 로마 시내에서 화형(火刑)에 처해져(그림 8·4) 진리의 순교자로 파란만장한 생애를 마감하였다..

3. 근대 해부학의 시작 — 베살리우스

인체해부의 역사는 B.C. 4세기경의 알렉산드리아 학파(헬로필로스·에라시스트라토스) 이전으로 거슬러 올라간다. 갈레노스는 고대의학에서의 해부학의 지식을 체계화하였고, 중세 아라비아 의학에서 해부학의 수준은 이븐 시나의 「의학규범」에서 알 수 있다. 르네상스 시대의 북 이탈리아에서는 해부가 중요시되어 몬디노(Mon- dino, 1275년경~1326)의 「해부서」(1362)는 중세 최초의 인체해부 교과서이다. 레오나르도 다 빈치의 해부도는 많이 남아 있다. 근대해부학은 베살리우스의 「인체구조론」에서 시작되며, 갈레노스 이후의 많은 잘못을 수정하였다. 이후 해부학은 착실하게 발전을 계속하여 오늘에 이르고 있다.

인체해부학은 예술가이기도 한 다 빈치의 해부도에 의해 근대적인 요소를 가지게 되나, 그 후 인체해부는 의학적인 입장에서 시작되기에 이르러, 근대 해부학의 기초를 베살리우스(Andreas Vesalius, 1514~1564)가 구축하였다.

근대의학의 기초를 다진 과학혁명의 선구자적 인물이며, 인체의 과학적 해부학의 진정한 개조(開祖)가 된 베살리우스[8](그림 8·5)는 벨기에 사람으로서, 의사요 약제사의 가계이다. 그는 파리에 가서 의학을 공부하였고, 그 후 북 이탈리아로 건너가 23세 때 파두바 대학의 외과학과 해부학의 교수가 되었다.

당시의 의사들은 높은 교단 위에서 자신은 해부에 손을 대지 않고, 고대 갈레노스류의 해부 책을 읽으면서 해부는 단하의 이발 외과직인에 맡기고 있었다(그림 8·6). 외과의사는 의사 중에서도 보통 신분이 낮고 해부는 능하나 이론을 몰랐다. 의사가 지시하는 대로 단지 학생들에게 표시하는 정도였다. 봉건제도가 의학의 발전을 방해한 경우로 생각할 수 있다.

파두바 대학은 인체해부가 허용되었다. 갈레노스의 가르침을 믿은 베살리우스는 가르침을 확인하기 위해서 해부를 한 것이다.

1537년 이후, 이탈리아의 파두바 대학 의학부의 자유스러우면서도, 한편으로 인체해부와 실물 설명 및 강의가 의무화된 엄격한 규율하에서 인체해부를 조수에게

---

8) 平田 寬, 전게서, 상권, pp. 168~170.

그림 8 · 5 베살리우스

그림 8 · 6 중세 해부학의 강의

맡기지 않고 자신이 직접 집도하였고, 베살리우스는 갈레노스의 교과서에 실제 개나 원숭이의 해부결과를 인체로 기록된 것을 보고 200군데의 잘못이 있음을 지적하였다.

1543년 출판된 「인체의 구조에 대해서, 7권」[9](*De humani corpolis fabrica libri septem*, 줄여서 *fabrica*)은 처음으로 계통적인 인체해부에 대한 소견을 밝힌 것이며, 신체의 뼈 · 근육 · 혈관의 명칭을 부여하였다. 이 책 안에는 300개 이상의 정교한 목판화의 해부도(전신의 골격도가 3매, 근육도가 14매)가 마치 살아 있는 것처럼 그려졌다고 한다. 책의 내용은 (1) 골격, (2) 인대와 근육, (3) 맥관, (4) 신경, (5) 내장, (6) 심장, (7) 뇌 및 감각기관이다. 우주론과 마찬가지로 해부학, 생리학에서의 변혁도 17세기를 맞이하게 된다.

4. 물리학의 탄생 및 진공의 발견[10),11)]

1600년에 영국에서 출판된 길버트(William Gilbert, 1544~1603)(그림 8 · 7)의 「자석에 대해서, 6권」라는 저서는 약 18년간의 전기 · 자기에 관한 연구의 결집이며, 이것은 전자기현상이 근대과학의 대상이 되었고, 영국에서의 최초의 물리학서이다. 이탈리아에서 귀화하여 영국의 의사로 엘리자베스 여왕의 주치의가 된 길버트는

9) F. Dannemann(安田德太郎 외 역), 전게서, vol. 2, pp. 355~360.
10) 平田 寬, 전게서, 하권, pp. 216~221.
11) S. Mason(矢島祐利 역), 전게서, 상권, pp. 148~148.

그림 8 · 7 엘리자베스 여왕 앞에서 실험하는 길버트

크레샴 대학과 밀접한 관계를 가진 서클을 만들었고, 그의 저서는 나침반을 취급하는 선원, 나침반을 만드는 금속단련 기술자, 야금, 광산직인의 경험과 이를 이론화한 그 자신의 연구의 합작이라 할 수 있다.

「磁氣에 대해서」는 B.C. 600여 년 그리스 시대에 탈레스가 발언을 하고 있고, 13세기에는 프랑스의 피엘 드 마리클(Pierre de Maricourt)이라고도 부르는 페르투스 페리그리누스(Petrus Perigrinus)가 자석에는 두 개의 극이 있어 같은 극은 반발하며, 다른 극은 끌어당긴다고 실험을 통하여 지적하였다. 길버트는 자침에 의한 편각현상은 알고는 있었으나 그 원인이 무엇인가 하는 의문을 제기하였고, 지구 자체가 전부 천연자석으로 되어 있는 거대한 자석임을 실험적으로 명확하게 확인하였다. 이 실험적 방법이 높이 평가되어 갈릴레오와 더불어 근대과학을 연결하는 선구자로 보고 있다. 그는 또한 지동설을 승인한 최초의 영국人이기도 하였다.

네덜란드의 뛰어난 수학자, 물리학자인 스테빈(Simon Stevin, 1548~1620)은 정역학의 3부작인 「균형의 원리에 대해서」(1586), 「계량의 실제에 대해서」(1586), 「물의 무게의 원리에 대해서」(1586)를 썼는데, 과학자가 자기 저서를 라틴어가 아닌 자국어로 쓴 것은 스테빈이 처음이었다. 그는 지레와 도르래, 기타 단일기계에 대해서 힘과 진로의 관계를 표시하는 법칙인 '가상변위의 원리'를 세워 갈릴레오 이전에 낙하실험을 하고 있다.

이탈리아의 물리학자 토리첼리(Evangelista Torricelli, 1608~1647)(그림 8 · 8)는 로마에서 수학을 배웠고, 갈릴레오의 「신과학대화」를 읽고 크게 감동하였다고 하며, 그의 최대업적은 "자연은 진공을 싫어한다"고 하는 종래의 아리스토텔레스적인 생각을 타파하여 '토리첼리의 진공'(1643)을 만들었다. 이것은 인류가 만든 최초의 진공이다. 또 이 실험으로 1643년에 수은기압계도 발명하였다.

진공의 존재가 과학적으로 증명되고부터 여러 가지 방면에 실험이 계속되고, 약 100년 후에는 증기기관이 개발되어 산업혁명이 일어났다,

진공을 본격적으로 만든 실험 과학자로는 법률과 수학, 역학, 축성학을 수학한 독일인 오토 폰 게리케(Otto von Guericke, 1602~1686)(그림 8·9)이다. 그는 독일의 실험과학의 창시자이기도 하며, 1654년 마그데부르크 시장이었을 때, 그가 만든 진공 펌프로 관중들 앞에서 실험을 하였으며, 진공실험을 정리하여, 「진공에 관한 마그데부르크의 신실험」(1672)이라는 제목으로 발표한 바 있다. 동시에 최초로 전기를 일으키는 장치를 고안한 학자이기도 하다.

그림 8·8 토리첼리

그림 8·9 게리케

프랑스의 과학자이고 동시에 철학자인 파스칼(Blaise Pascal, 1623~1662)은 오늘날 금전등록기의 원조인 최초의 계산기를 발명하였고, 1653년 '파스칼의 원리'를 발견하였다. 그는 저서 「시골 사람에의 편지」(1656~1657), 「명상록」(1670)으로도 유명하다.

네덜란드 출신의 호이헨스는 천문학자, 물리학자로 「시계」(1658), 「진자시계」(1673), 「빛에 대한 논술」(1678) 등의 저서가 있다. 그는 빛의 본질에 대해 뉴턴의 입자설과는 달리 파동설을 지지하였으나, 뉴턴의 명성에 가리어 1세기 후에 빛을 보게 되었다.

5. 케플러 시대의 천문학

코페르니쿠스의 체계를 더욱 정확하게 하였으며, '혹성의 운동법칙'을 발견하여 중요한 과학적·실제적 과제를 해결한 독일의 천문학자 케플러(Johannes Kepler, 1571~1630)는 가난한 집안에서 태어나 처음에는 신학을 공부하였으나, 같은 학교

의 교수로부터 수학과 천문학을 배웠다. 1600년에 티코 브라헤(Tycho Brahe)의 조수로서 티코가 남긴 관측자료를 이용하였으며, 또 길버트의 자기이론도 도입하여 혹성의 운동에 관한 법칙을 만든 직업적 과학자이다.

케플러의 우주론[12),13)]에 관한 최초의 저서인 「우주의 신비」(1597)에서 고대 그리스의 신비적 사상에도 관심을 가지고 있었으며, 피타고라스 학파에도 흥미를 보여주었다. 당시 알려진 혹성의 수는 6개(수성, 금성, 지구, 화성, 목성, 토성)인데 그 이유를 정다면체의 수(5)와의 사이에 수적인 조화관계를 기하학적으로 설명하고 있다. 그 후 계속되는 연구에서 혹성의 운동에 관계되는 3개의 법칙, 즉 '케플러의 3법칙'을 밝혔다. 1609년의 저서 「신천문학」에서는 제1법칙(타원법칙)인 "혹성의 궤도는 타원이며, 태앙을 하나의 초점으로 하고 있다"와, 제2법칙(면적속도 일정의 법칙)인 "혹성의 속도는 혹성과 태양을 연결하는 선이 같은 시간 내에 같은 면적을 가지도록 변화한다"로, 천문학상 획기적이고 혁명적인 사건이 되었다.

또, 세계의 수적 질서와 신의 수적 조화에 의한 세계의 창조를 결부시킨 천문학 · 음악 · 기하학의 책으로, '세계의 화성학'으로 불려진 「세계의 조화론」(1619)에서 제3법칙(조화의 법칙)인 "태양 둘레의 혹성의 공전주기의 제곱은 혹성의 태양으로부터의 평균거리의 세 제곱에 비례한다"를 발표하였다. 이 세 법칙으로 천문학은 새로운 한 장을 열게 되었고, 고대 · 중세의 천문학은 그 역할을 다하게 되었으며, 케플러의 천체운행 이론이 완성된다.[14)] 케플러에 의해 처음으로 태양계의 공간적 배치가 명확하게 되고 천체의 여러 가지 상황을 운동학적 평형에 의해 설명할 수 있는 길이 열렸다.

1618년에서 1621년에 걸쳐 집필한 「코페르니쿠스 천문학개요」 중에 케플러는 코페르니쿠스와 대단히 다른 천문학의 방법에 대해 설명하고 있다. 천문학에는 다섯 가지의 부분이 있다고 케플러는 말하고 있다. 첫째는 하늘의 관측, 둘째는 관측되어 보이는 운동을 설명하는 가설, 셋째는 우주의 구조에 대한 물리학 또는 형이상학, 넷째는 천체의 과거 및 미래에서의 위치의 계산, 다섯째는 기기의 제조 및 사용법을 다루는 부분이다.

한편, 프랑스 파리에서는 1667년 왕립천문관측소가 건설되어, 망원경이 옥상과 지상에 조립되면서 천문연구의 중심지가 되었고, 영국의 그리니치 천문대는 1675년에 설립되어 해상에서의 경도를 결정하는 문제를 해결하고자 하였다.

---

12) S. Mason(矢島祐利 역), 전게서, 상권, pp. 144~147.

13) F. Dannemann(安田德太郎 외 역), 전게서, vol. 3, pp. 189~201, pp. 213~254.

14) R. J. Forbes · J. E. Dijksterhuis(廣重 徹 외 역), 전게서, pp. 147~149.

케플러의 후계자로 볼 수 있는 독일의 천문학자 J. 헤벨리우스(Johannes Hevelius, 1611～1687)는 자기 집에 직접 천문대를 만들어 도서실, 개인용 인쇄기는 물론 천체관측기까지 마련해서 관측하였다고 한다. 그의 최대의 공적은 달의 정확한 지도인 「월리학」(*Selenographia*, 1647)이며, 달의 검은 반점을 물의 집합체로 보고, '한냉의 바다', '폭풍의 대양'이라 이름 붙였고, 혜성을 관측・연구하여 「혜성지」(*Cometographia*, 1668)라는 저서를 발표하였다.

8.3 근대과학의 성립 — 기계론적 자연관의 발생

15, 16세기에서의 르네상스는 다음 17세기에서의 근대과학을 성립시키는 기반이 되었다. 르네상스에서 생긴 자유스러운 분위기, 절대시된 신학사상에 대한 회의 등이 새로운 과학의 방법이나 자연관을 탄생시키는 데 역할을 한 것이다. 그러나 기독교와 과학이 대립적인 위치에 있는 것이 아니고 기독교적 자연관(신・인간・자연의 대응)이 근대과학을 생겨나게 한 요인이 되었다고 볼 수 있다.

근대에 와서는 그리스 이후의 목적론적 자연관에 대신하여 인과적 자연법칙을 탐구하는 기계론적 자연관이 제기되었다. 이 자연철학을 특징지우는 것이 데카르트의 기하학적 자연관, 프랜시스 베이컨의 실험적 기법 및 갈릴레오의 수학적 정식화이며, 오늘날의 자연과학의 원류를 이룬다. 근대 과학사상의 중요한 두 기둥은 첫째, 데카르트의 '기계론적 자연관', 둘째, 베이컨의 '자연의 기술적 지배의 사상'을 확립한 사실이다.

1. 방법론의 선구자 — 프랜시스 베이컨[15), 16), 17)]

제17세기 초에는 근대과학의 발전은 시작되었으나 그 진행은 대단히 느렸고, 그 새로운 특성은 충분히 인식되지 않았다. 제17세기 사이에 직인적 전통과 학자적 전통과는 점차 새로운 연구방법에 자리를 마련하고 있었다. 새로운 방법의 성질과 그 응용의 유효성을 알고 있었던 사람은 드물게도 프랜시스 베이컨뿐이었다.

근대의 과학기술 사상을 확립한 프랜시스 베이컨(Francis Bacon, 1561～1626)은 영국의 왕실, 중신의 아들로 태어난 저명한 재판관임과 동시에 철학자이며 정치가

15) 鈴木善次 외, 전게서, pp. 28～29.

16) 平田 寬, 전게서, 하권, pp. 192～193.

17) S. Mason(矢島祐利 역), 전게서, 상권, pp. 151～158.

이다. 그는 과학의 활동에는 직접 가담하지 않았으나 과학연구에 대해서는 두 가지의 큰 역할을 하였다. 그의 저서 「학문의 전진」(*The Advancement of Learning*, 1605)을 통하여 신비주의나 마술과 영혼의 연구는 무익하고, 과학연구는 인간의 감각에 명확하게 감지되는 실제의 사실만을 대상으로 하여야 한다고 주장하였다. 아울러, 첫째는 학자적인 전통과 직인적인 전통의 통합 필요성을 지적하여 "인간의 지식과 힘은 合一된다(지식은 힘이다)"는 말을 할 정도로, 논의를 위한 논의를 하는 스콜라학(schola학)에 비해서 인간생활 개선에 필요한 학문의 건설에 목표를 두었다. 이것을 「학문의 대혁신」(1620)이라는 저서에서 밝혔다. 그는 「새 기관」(*Novum Organum*, 1620)에서 연구를 위한 지도원리인 '자연은 순응함으로 정복된다'라는 금언을 남겼다.

기술자는 학자로부터 과학적인 방법을 몸에 익혀 능률을 올릴 수 있고, 학자는 경험이나 실험을 통해 자연현상을 보다 정확하게 파악할 수 있다고 말했다. 자연계에 숨겨진 원인·법칙을 발견하는 방법으로 관찰 이외에 실험을 강조하였는데, 자연계에 적극적으로 활동을 가하는 방법으로 직인들의 생산활동을 모델로 한 것은 2차 생산·산업도 어떤 의미에서의 실험, 즉 "성과를 가져오는 실험"이라고 부른 사실로도 알 수 있다. 둘째는, 지금의 경험이라는 사실과 관계되나 과학의 방법으로 경험적 사실에서 일반화를 시도하는 귀납법의 유용성을 시사한 사실이다. 귀납법은 현재로는 널리 사용되고 있는 방법이고, 특히 생물학분야에서 많이 사용되고 있다. 그러나 자연현상을 귀납하여 갈 때 완전귀납은 불가능해서 불완전귀납이 되지 않을 수 없다.

위의 두 가지 외에 베이컨은 과학의 연구태도에 대해서도 언급하였다. 그가 죽은 후에 출판된 저서 「뉴 아틀란티스」(*Nova Atlantis*, 1628)에 기록한 학자 사이의 조직의 필요성에 대해서도 역설하여, 후에 로버트 보일에 의해 창설되는 런던 왕립학회(Royal Society of London) 탄생의 계기가 되고 있다. 학회의 설립은 학자 사이의 정보교환 역할을 하며, 과학의 연구를 촉진시켰다.

2. 기계론적 자연관의 시작 — 데카르트

르네 데카르트(René Descartes, 1596~1650)(그림 8·10)는 17세기 프랑스의 유명한 철학자, 수학자, 자연학자이며, 근대 철학, 과학사상 형성에 결정적 역할을 수행하였기 때문에 '근대철학의 아버지'로 알려져 있다. 대학에서 공부에 별로 흥미를 가지지 못하고 여러 곳에서 학문의 대상을 찾아 유럽을 순방하다가 네덜란드에 정착하였으나, 만년에는 스웨덴의 왕실에 초대되어 강의를 하다 병사하였다.

그림 8 · 10 데카르트

그는 자연철학[18]에서 첫째는 역학에서 발전한 수학적 방법을 검토하여 일반화하는 것이고, 둘째는 이 방법을 사용하여 자연의 움직임의 일반적인 역학적 영상을 형성하는 일이었다. 그래서 물리적 과학 중에서 발전하여 온 수학적 방법에 강한 인상을 주었다. 데카르트의 체계에서 모든 물질적 존재(또는 우주)는 동일한 역학의 법칙에 지배되는 기계이다.

그의 최대 공적은 수학의 분야로 대수학과 기하학을 결합하여 해석기하학이라는 새로운 학문분야가 확립되었고, 뉴턴의 미적분학의 길을 열어 갈릴레오가 중시한 수학적 방법을 과학에 도입하였다.[19]

그의 저서에는 「방법서설」(1637), 「성찰」(*meditationes*, 1641), 「철학의 원리」(1781) 등이 있으며, 주된 저서 「방법서설」에서 데카르트는 중세풍의 스콜라학에서 자기의 이성을 해방시켜 나가는 사상편력을 적었다. 데카르트는 과학이 스콜라학과 달리 어떠한 권위에도 종속되지 않고 이성에 의해 명확한 것만을 믿으며, 관찰과 실험, 분석과 종합에 의해 진리를 찾는 방법을 가지고 있음에 주의를 기울여, 이 과학이 직인의 일과 연결되면 인간생활의 개선에 큰 역할을 한다고 기록하고 있다. 이러한 점에서 데카르트는 「굴절광학」(1637)을 연구하여 렌즈가공 직인과 협력까지 하였다. 또 해부학, 생리학, 화학, 의학 등도 연구하여 하비의 「혈액 순환론」을 증명하면서 푸줏간에서 폐와 심장을 사서 조사도 하였다. 그는 단순한 과학자가 아니라 당시의 과학성과를 일일이 나열할 뿐만 아니라 자연전체를 어떻게 볼 것인가를 고찰한 과학사상가로서 "사유하기 때문에 존재한다"(cogito, ergo sum)는 정신의 존재를 인정하고, 물질의 세계와 신을 중심으로 한 정신세계인 '물신이원론

18) S. Mason(矢島祐利 역), 전게서, 상권, pp. 179~190.
19) 平田 寬, 전게서, 하권, pp. 194~197.

(物神二元論)'을 주장하여 근대의 기계론적 자연관의 기초를 확립하였으며, 자연학 · 인간학 · 윤리학 등을 신학에서 분리하기에 이르렀다.

데카르트에게 우주는 하나의 큰 기계이며, 신은 그 기계를 만든 기술자이다. 이 기계론적 자연관은 인간을 포함한 동물에도 적용되었다. 즉 동물의 생체적 작용을 자동 기계장치로 표현하려 하였고, 그래서 하비의 혈액순환 발견(1628)을 인정한 최초의 한 사람이기도 하였다. 이 사고방식은 신은 처음에 정한 '자연법칙'에 따라 세계를 전면적으로 지배한다고 생각한 것이다.

3. 기계론과 입자론

데카르트는 기계의 부품에 해당되는 자연계의 부품은 눈에 보이지 않는 미립자로 생각하여 이것의 모양과 크기, 역학적 운동에 의해 자연의 모든 현상이 설명된다고 하였다. 이것을 역학적 입자론이라 하며, 고대 원자론의 발전형태라 생각할 수 있다. 또, 데카르트는 동물체나 인체까지도 기계장치라고 생각하였다. 예를 들어, 신경작용에 의해 신체 각부가 활동하는 상태를 뇌에 도달한 혈액이 염(炎)이라고도 하는 '동물정기'로 바뀌고, 이것이 신경관 속을 흐른다고 판단하였다(「인간론」).

기계론에 있는 이러한 적극적 측면을 데카르트는 더욱 발전시켜, 이 우주를 단순한 기계로 보지 않고 진화하고 발전된 것으로 내다보았다. 이것은 같은 시대의 많은 기계론자들과 데카르트를 크게 구별하는 점이었다. 처음 신은 '완전히 굳은 무한의 물체'를 만들고, 이것을 분할하여 어떤 방향에 운동을 주어 카오스(混沌)를 만든다. 별도로 신은 역학의 법칙(관성의 법칙이나 운동량 불변의 법칙)을 만들고, 그 다음은 물체가 자력으로 하늘을 만들고, 별 · 태양 · 지구를 만든다. 이와 같은 상세한 생성의 경과가 「우주론」 후반에 기록되어 있으며, 드디어 지구의 지각의 생성(「철학원리」 4부)이나 인체의 생성(「인체의 기록」, 1648)에 이르고 있다.

그러나 데카르트는 이 발전적 자연관을 자기의 철학으로 발표하지는 않았다. 갈릴레오의 종교재판에 충격을 받아 교회권력과 타협하는 길을 택하여 신이 없이는 수행할 수 없는 발전적 자연관을 수정하였다.

4. 새 과학방법의 개척 — 갈릴레오

직업적 과학자이기도 한 갈릴레오 갈릴레이[20, 21](Galileo Galilei, 1564~1642)(그림

---

20) 江澤洋 외, 科學史入門, pp. 1~57, 1965, 미스즈 書房.

21) 平田 寬, 전게서, 하권, pp. 201~209.

그림 8 · 11 갈릴레오

8 · 11)는 이탈리아의 피자에서 태어나 피자, 피렌체市, 파두바 등에서 학구생활을 보낸 인물이다. 그는 연구에 대해서 명확하고 아름답게 표현하는 문학적 재능도 뛰어났고, 그는 연구의 새 과학방법으로 사물을 관찰하는 것만으로는 만족하지 않고 측정하여 수량화하고 물리현상에 수학을 응용하는 과학의 수학적, 실험적 관계식을 유도하는 데 노력하였다. 이것은 그의 최대 공적이었다. 1589년 그는 피자대학의 임기 3년의 수학강사가 되어 유클리드의 기하학과 프톨레마이오스의 천문학을 강의하였고, 1592년에는 파두바 대학의 수학 正교수가 되었다.

그가 생애에 걸쳐 목표한 것은 신학사상에 빠져 버린 아리스토텔레스파의 우주론이나 운동론의 타파였다. 1609년에 망원경을 제작, 천체관측을 하여 달 표면의 凹凸, 태양의 흑점, 목성의 위성 등을 발견하여 1610년에 「성계의 보고」에 발표하였다. 그 밖에도 은하나 성운(星雲)이 별들의 모임이라는 사실도 보고되고 있다.

또 저서 「황금계량자」(1623) 중에서 철학의 대상이 되는 것은 책에 있는 것이 아니고 우주라는 자기들 눈앞에 항상 열려 있는 위대한 '책'에 있다고 하여 실제에 대한 필요성을 설명하였는데, 이것은 아리스토텔레스의 생각을 무비판적으로 받아들인 그때까지의 아리스토텔레스파에 대한 도전이었다.

그의 구체적인 비판은 지동설의 실증을 포함하여 우주론을 전개한 「천문대화」(1632)(두 개의 주된 우주체계에 관한 대화), 새로운 동역학을 설명한 「신과학대화」(1638)에서 볼 수 있다. 「천문대화」는 망원경을 통해 알고 있었던 태양흑점의 발견 외에도 목성의 네 개의 위성, 토성의 두 개의 위성 등을 발견하여 아리스토텔레스파의 우주체계를 부정하고 코페르니쿠스의 지동설을 실증한다. 그러나 천문학분야에서는 케플러의 업적에는 미치지 못하였다. 그의 최대 업적은 새 과학방법의 길을 연 것이며, 「신과학대화」(두 개의 새로운 과학에 관한 대화)에서는 근대 물리학의 기

초인 관성의 법칙과 낙하물체의 법칙을 발표하였다.[22),23)]

갈릴레오의 운동론 분야에서의 큰 역할은 자유낙하 법칙의 발견이다. 아리스토텔레스의 운동론에 따르면 물체의 본성은 목적론적으로 운동이 존재하는 것이며, 그 낙하속도도 무게에 비례하는 것이었다. 여기에 대해서는 이미 14세기에 뷔리당(Jean Buridan, 1300~1358년경)으로부터 비판이 있었으며, 그는 운동하고 있는 물체에 외부에서 임퍼터스(impetus)라는 힘이 작용하여 운동이 지속된다는 이론을 제창하였다.

그는 이와 같은 생각을 발전시켜 운동론 중에서 아리스토텔레스적인 목적론과 뷔리당이 주장하는 역학적 실체론을 배제하고, 자연현상을 수학적으로 취급하는 상태로 분해하고, 수학적 용어로 운동의 경과를 되도록 정확하게 기록하는 데 노력한 결과, 피사의 사탑에서의 실험이나 비탈면을 사용하여 물체의 낙하속도와 낙하거리, 시간과의 관계를 실험적으로 검증하였다. 이때, 그는 분석적 방법, 종합적인 방법이라는 이름을 사용하여 무려 100회 이상이나 반복실험하였다고 하며(그림 8·12), 그 내용은 「신과학대화」를 통해 알 수 있다. 갈릴레오의 연구방법은 수학적 방법과 실험적 방법을 결합한 것이며, 여기서 새로운 수학적 과학을 창출하였다.

갈릴레오는 만년에 종교재판에 넘겨지는데, 그 이유는 코페르니쿠스의 지동설을 지지했기 때문이다. 이것을 과학과 종교의 대립으로만 생각하는 경향이 있는데, 그는 결코 무신론자가 아니었기 때문에 재판은 인간적인 배경에 의한 것으로 풀이된다.

그림 8·12 비탈면의 실험

5. 망원경과 종교재판

갈릴레오의 기술 가운데 광학기계에 대한 업적은 망원경이며, 그 렌즈 제작상의

22) 會田軍太夫, 전게서, pp. 69~80.

23) R. J. Forbes · J. E. Dijksterhuis(廣重 徹 외 역), 전게서, pp. 157~166.

기술이다.

코페르니쿠스의 지동설은 천문학자 사이에 많이 보급되었다. 케플러의 화성의 운동법칙의 발견(1609, 1619)은 그의 현저한 성과의 하나였다. 갈릴레오는 오랫동안 코페르니쿠스의 우주체계를 믿고 있었으며, 일반국민도 지동설이 일상생활로 보아 기묘한 학설이라고 여겼다. 이때, 네덜란드의 안경점에서 만든 원통의 안경을 토대로 갈릴레오는 1609년에 대안용 凹렌즈, 대물용 凸렌즈로 조립한 배율 30배의 망원경(그림 8 · 13)을 새로 만들어 천체를 관측하고부터 사태가 급변하였다. 망원경에 비친 달은 지구와 같이 산이나 언덕이 있고 태양에는 흑점이 있으며, 목성 둘레에는 위성 4개(실제는 14개)가 돌고 있음이 명확해졌다.

그림 8 · 13 갈릴레오가 만든 망원경

천체는 그때까지 이야기되어 온 고귀한 것이 아니고 지구와 같으며, 또 위성의 발견은 지동설의 사고방식의 자연스러운 증거가 되었다. 말하자면, 망원경은 그것을 보는 사람이면 누구나 지동설의 확신을 가르치고 우주의 원리를 발견시키는 과학기구가 되었다. 망원경으로 해상을 쳐다보면 적보다 2시간 앞서 적의 정세를 아는 군사기구도 되고, 이탈리아의 왕후, 귀족이 필요로 하는 물건이 되었다. 망원경은 군사용이기도 하였으나 민중에게 지동설을 전파하는 과학기구였다.

이와 같은 지동설은 당시로서는 단순한 천문학설이 아니고 사회사상으로 확산되는 가능성을 가지고 있었다. 그렇다면 지동설의 사상이란 무엇인가? 그것은 아리스토텔레스의 천동설이 그러하였듯이, 하늘과 땅을 분명히 분리하여, 하늘을 신성한 세계로 보는 데 대해, 하늘이 원운동을 하면 지구도 원운동을 한다는 의미로 천지의 동등성을 주장한다. 천동설이 말하는 하늘은 불변 불멸하는 것이 아니고 땅과 마찬가지로 생성, 소멸한다는 것인데, 1604년 새 별의 출현이나 달 표면의 凹凸이나 태양흑점이 생기거나 소멸되는 사실로 명확하게 되었다. 천동설의 불평등성이 중세의 봉건제도를 보강하는 사고방식으로 법왕청 공인의 학설인데 반해 지동설은 평등의 사상을 표현한 것이다.

갈릴레오는 이와 같은 지동설의 주장을, 그의 증명과 함께 주 저서인 「천문대화」에 기록하였다. 로마 법왕청이나 교회권력을 지키고자 하는 수도사나 일부 학자들이 '반 갈릴레오 단체'를 만들어 저서의 판매금지와 지동설 대 천동설의 과학논쟁을 일으켜 1615년 재판에 회부했는데, 고문을 하면서 지동설의 오류를 폭력적으로 강요한 것도 지동설이 반 봉건적인 사상을 가지며, 이것이 민중에게 확산되는 것을 두려워 하였기 때문이었다(그림 8·14). 재판정을 나오면서 "그래도 지구는 돌고 있다"는 말이 전해지고 있지만 그는 근대과학의 창시자임에는 틀림없다.

그림 8·14 갈릴레오의 종교재판

8.4 기계론적 자연관의 확립

17세기에는 과학의 중심이 중세 말기의 상업적 번영과 르네상스 문화의 중심인 독일과 이탈리아로부터 지리상의 대발견으로 이익을 얻은 대서양에 가까운 지역인 프랑스, 네덜란드, 남부 이탈리아로 이동하였다. 케플러와 갈릴레오는 근세 초기의 과학에서 독일·이탈리아의 성과의 정점에 선 인물이었으나, 17세기에는 과학의 중심이 지리적 위치의 변화에 따라 과학자인 인간의 형도 바뀌었다. 케플러와 갈릴레오는 두 사람 다 직업적 과학자였으나 프랑스・영국・네덜란드에서 등장한 과학자의 새로운 型은 아마추어였다. 바로 프란시스 베이컨과 르네 데카르트이다.

1. 혈액순환학설 — 하비

기계론적 생물관을 확립한 윌리엄 하비(William Harvey, 1578~1657)(그림 8・15)는 영국의 의사이며, 케임브리지 대학에서 의학을 배운 후 이탈리아의 파두바 대학에 유학하면서 해부학자 파브리지오(Girolamo Fabrizio 또는 Fabricius, 1537~1619)의 사사(師事)를 받았다. 1602년 런던으로 돌아와 왕립의학교의 교수가 되었다. 1619년에 혈액순환설을 확립하였으나 10년 후인 1628년에 발표하였다.[24)]

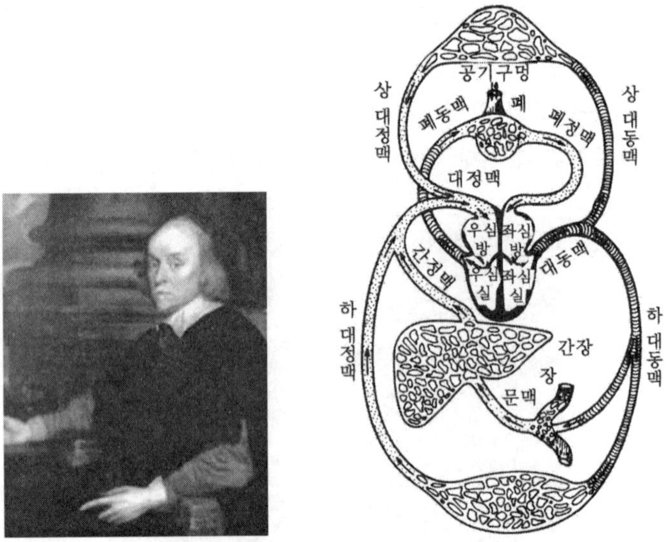

그림 8・15 하비와 혈액 순환론

해부학과 생리학을 배우면서 갈레노스의 심장의 운동, 혈액의 운행에 대한 학설에 의문을 품고 128종이나 되는 동물의 심장운동을 관찰하여 새로운 학설을 제창하였다.

갈레노스는 심장은 수동적으로 움직인다고 했으나, 하비는 심장을 떼내어 혈액이 없어도 운동을 하는 데서 심장은 자동적으로 수축되는 것이며, 이는 심장이 펌프 구실을 한다는 의미라고 주장했다.

하비는 심장이 심근(心筋)의 자발적인 수축에 의해 수축・확장(이완)의 주기적

24) 平田 寬, 전게서, 하권, pp. 232~234.

운동을 하여 혈액을 동맥으로 밀어냄을 확신하였고, 또 파두바 대학 코롬보(Matteo Realdo Colombo, 1516~1559) 교수의 '폐순환설'을 지지하여 포유류의 태아와 물고기의 혈액유동의 구조에서 유추하여 심장 → 폐동맥 → 폐 → 폐정맥 → 심장이라는 일방통행식 혈액 유동경로의 폐순환의 존재를 주장하였다.

또, 혈액의 운행에 관해서는 스승 파브리지오가 1603년에 발견한 정맥 밸브가 정맥혈을 심장으로 되돌아가게 하는 방향으로만 흐른다는 데에 관심을 갖게 되어 일방통행이라고 생각하였다.

이어 동맥·정맥에의 결찰실험(結紮實驗), 심장 안의 혈류량의 정량실험에서 혈액순환의 학설을 검증하였다. 즉, 실제의 해부에서 심장의 위의 2실(심방)과 밑의 2실(심실)과의 사이에 있는 판막(밸브)이 한 방향으로만 열리는 사실을 알고, 혈액은 심장의 좌심실에서 대동맥을 통해 나오고 소동맥으로 흐르며, 그리하여 정맥계를 통해 대정맥과 우심방에 되돌아온다고 하였다.[25),26)]

혈액의 이 대순환이 완성되면 혈액은 우심방에서 판막을 통해 우심실로 들어가 폐동맥에서 폐로 유입되고, 이어 폐에서 폐정맥을 통해 좌심실로 흐르는 소순환을 시작한다. 다음에 혈액은 좌심방에서 판막을 통해 좌심실로 흘러, 신체의 상하를 순환하기 위해 다시 대동맥을 통해 유출된다. 즉, 심장 → 동맥 → 정맥 → 심장의 체순환을 증명하게 된다.

혈액순환에 관한 논문 「동물의 심장 및 혈액의 운동에 관한 해부학적 연구」(1628)는 15년 이상의 관찰과 실험, 세론의 강한 반박을 고려하여 발표하였다. 하비의 학설은 심장·정맥 및 동맥이 혈액운반의 역학적 체계를 구성한다고 밝혔으며, 이것이 새로운 기계론적 철학에 중요한 기여를 하였다. 그는 혈액 순환설 외에 「동물의 생식에 관한 시론」(1651)에서 유명한, '모든 것은 알에서(Ex ovo omnia)'란 말을 남겨 자연발생설을 대체로 인정하였다. 그는 생리학적인 혈액 순환설에서 과학의 개혁을 추진한 중요한 인물의 한 사람이며, 이로 말미암아 실험생리학의 출발이 되기도 하였다.

파두바 대학의 교수로 의학부에 근무한 산토리오(S. Santorio, 1561~1636)는 「의학적인 저울의 기술」(1614)에서 물리적인 실험으로 인체의 신진대사를 처음으로 연구하기 시작하였는 바, 무릎 운동·식사·수면·기타 생리적 실험 전후에 걸쳐 체중의 증감을 약 30년간 끈기있게 연구하였고, 개량형 온도계를 만들어 처음으로 인간의 열의 진단에 사용하였으며, 동시에 맥박계도 만들었다.

---

25) S. Mason(矢島祐利 역), 전게서, 상권, pp. 245~248.
26) 山崎俊雄, 전게서, pp. 67~69.

'현미경 사용의 아버지'라고 불리는 이탈리아의 해부학자요, 생리학자인 말피기(Marcello Malpighi, 1628~1694)는 피자 대학 교수로 있을 때에 실험 아카데미에 참가하였고, 생명현상을 기계적으로 추구한 결과의 하나인 「폐장에 대해서」(1661)라는 저서에서 하비가 해결하지 못한 동맥에서 정맥에의 연결에 대해 그는 현미경으로 모세혈관을 발견하여 바른 해답을 남겼다.

또, 식물에 대해서도 현미경을 사용하여 연구하였으며, 「식물의 해부학」(1675, 1679)에 대한 저서가 있고, 식물의 호흡작용을 연구하여 잎사귀 뒤에 있는 공기 구멍을 발견하기도 하였다.

마취약이 발견되는 19세기까지는 외과수술이나 출산의 고통은 대단한 것이었다. 고통이 심할 때는 임산부는 의자나 침대에 결박을 당한 상태로 수술을 받는 경우도 있었다.

페스트(Pest, 급성전염병)는 6세기 중 근동에서 유럽을 습격한 세계적 대유행 이후 거의 300년 주기로 반복해서 세계사에 등장하는데 그 가운데서도 1337~1338년 동은 원나라 중국에서, 서는 영국, 러시아 · 이집트 등도 포함하여 전 지구적 규모로 확산, 유럽 인구의 1/3(1,500~2,000만명)을 희생시킨 이후 400년 이상 계속되었다. 1665년 영국을 습격한 페스트로 런던에 유학중이던 뉴턴도 위험을 피해 고향으로 피난하였다. 페스트균의 발견은 1894년 홍콩에서 유행할 때 프랑스에서 파견된 예르상(A. Yersin, 1863~1943)에 의해 달성되었다.

2. 입자론적 물질관 — 보일

데카르트의 입자론이나 기계론은 또 화학을 근대적 화학으로 체계화시키기 위한 사상적 요인이 되었다. 근대화학의 조상이라는 영국의 보일[27),28)](Robert Boyle, 1626~1691)은 당시의 영국 시민혁명의 발전 중에 런던이나 옥스퍼드에서 낡은 이론, 곧 스콜라 이론에 대항하기 위해 결성한 새로운 과학자의 단체에 참가하여 연금술이나 3원질론(수은, 유황 · 소금) 등 낡은 화학이론을 비판할 필요에서, 「회의적인 화학자」(1661) 등을 저술해 화학을 과학적 학문으로 발전시켰으며, 새로운 과학자의 모임을 결성해 최초의 근대적 학회의 하나인 왕립학회(1662)가 되었다.[29),30)]

이 학회는 주로 순수이론 및 실험의 연구, 이른바 베이컨류의 발표를 하고, 정

27) S. Mason(矢島祐利 역), 전게서, pp. 261~263.
28) 鈴木善次 외, 전게서, pp. 32~34.
29) 會田軍太夫, 전게서, pp. 144~145.
30) F. Dannemann(安田德太郎 외 역), 전게서, vol. 3, pp. 380~382.

치 · 사상 · 종교 등에 관련되는 문제는 거론하지 않기로 하였다. 그래서 물리학, 해부학, 기하학, 천문학, 항해학, 역학 및 자연현상에 관계되는 일반적 문제를 다루었다. 예컨대 혈액의 순환, 정맥의 판막, 코페르니쿠스설, 혜성이나 새 별의 문제, 망원경의 개량, 이와 관계되는 유리 렌즈의 연마문제, 또 공기의 측정, 진공의 문제, 토리첼리의 실험, 물체의 낙하진동의 문제 등, 어느 것이나 당시로서는 새로운 문제, 발견 등에 대해 논의되었다.

그리스 시대 데모크리토스에 의해 제창된 원자론은 아리스토텔레스의 원소론 때문에 17세기까지 햇빛을 보지 못하였다. 그러나 피엘, 카산디가 1649년에 「에피쿠로스 철학의 체계」를 지어 원자론을 소개한 이후 다시 주목을 받게 된다.

원자론에 의하면 자연계에는 진공이 존재하며, 따라서 실험적으로 진공을 만드는 것은 원자론을 위해 유리하다. 당시 광산의 발달로 흡상 펌프가 사용되었는데 펌프의 고장으로 토리첼리, 게리케, 파스칼 등이 대기압을 연구해 진공을 실험적으로 만들 수 있었다.

이러한 소식을 전해 들은 보일도 대기압 연구에 힘을 기울여, 기압이 물의 비등점에 영향을 주며, 물이 얼어 체적이 팽창하는 사실도 연구하였다. 또 1658 ~1659년 사이에 훅이 제작한 공기 펌프를 사용한 실험에서 공기의 탄성을 표시하고 소리의 전파, 물질의 연소, 동물의 호흡에 공기가 필요함을 입증하였다. 그 연구의 성과를 1660년 「공기의 탄성과 그 효과에 관한 물리학적 · 역학적 신 실험」으로 출판하였고, 같은 책의 제2판(1662) 중에 유명한 기체의 압력과 체적의 법칙인 '보일의 법칙'이 설명되어 있다. 그는 1660년의 저서를 통해 물질이 알맹이 상태인 경우의 현상을 설명하는 데 좋다고 하였다. 보일은 입자론적 물질관의 부활의 길을 열었다. 이 사실은 이후 물질구조에 관해서는 뉴턴의 연구에 선구가 되었다고 한다. 또 이것이 플로지스톤설과 18세기의 라부아지에의 근대적 원소관이 탄생하는 데 밑거름이 되었다.

왕립학회에 초청된 로버트 훅[31](Robert Hooke, 1635~1703)은 실험과학의 중요성을 인식, 다방면에 걸쳐 실험 · 관찰을 하였으며, 현미경을 사용하여 만든 관찰 기록집 「마이크로그래피아」(*Micrographia*, 1665)에 탄성을 밝힐 목적으로 조사한 코르크(cork) 조각의 스케치가 수록되어 있는데 이것은 '세포의 발견'으로 전해지고 있으며, 그는 빛의 파동설을 논하거나 뉴턴의 만유인력에 대해서도 논쟁을 벌였다고 한다.

---

31) 伊東俊太郎 외 편, 전게서, p. 897.

한편, 파리에도 과학 아카데미가 창립되어(1666) 국내·외에서 우수한 학자가 모여들었다. 그 중에 네덜란드에서 회원으로 선발된 학자가 호이헨스(Christian Huygens, 1629~1695)이다. 그는 천문학, 수학, 물리학에서 그 재능을 발휘하여 토성의 위성 발견, 진자시계의 이론, 광학에의 기계론적 이론을 전개하였다. 호이헨스는 데카르트가 시도한 기계론적 자연관을 과학적으로 정밀화시키고 발전시킨 인물로 평가되고 있다.

3. 역학적 세계관의 기초—뉴턴

뉴턴[32](Isaac Newton, 1642~1727)(그림 8·16)은 아르키메데스 시대와 아인스타인 시대 사이에 과학사상 가장 위대한 과학자의 한 사람이다. 갈릴레오가 죽은 해에, 그리고 코페르니쿠스가 죽은 지 100년 후에 태어났다. 케임브리지 대학에 입학하여 갈릴레오, 데카르트, 카산디, 케플러 등 앞서간 사람들의 연구성과를 비판적으로 흡수하여 수학과 역학, 광학에 관한 독자적인 연구를 수행하였다.

뉴턴의 업적 중 중요한 연구[33]는 빛의 분산에 의한 태양의 스펙트럼 연구(1666), 미적분법(fraction법)의 고안(1667), 반사망원경의 제작(1668), 뉴턴환(박막)에 의한 색의 연구(1675), 운동의 법칙과 만유인력론(1687), 냉각의 법칙(1701), 무지개의 이론 및 회절현상, 기타 광학의 여러 연구(1704) 등이 있다. 운동의 기본적인 세 법칙과 만유인력의 법칙에 의해 지상의 물체나 지구상의 밀물·썰물에서 달이나 혹성·혜성에 이르기까지 그들 운동을 이론적·종합적으로 해명하는 데 성공한 그의 정연한 역학적 체계 등을 기록한 「프린키피아」(*Principia*), 즉 「자연철학의 수학적 원리」(*Philosophiae Naturalis Principia Mathematica*, 1687)와 광학의 연구를 모은 「광학」(*Opticks*, 1704)이라는 두 가지 유명한 저서가 있다.

뉴턴은 먼저 항해기술과 연결되어 발전하여 온 천문관측에 획기적인 역할을 한 망원경에 관심을 두어 개량한 끝에, 구면수차와 색수차를 없애기 위해 새로운 凹면경을 사용한 반사망원경(그림 8·17)의 제작과 동시에(1668) 새로운 광학이론을 제시하였다(「빛과 색의 신이론」 1672).[34] 즉, 뉴턴은 태양의 백색광이 실은 고유의 굴절능력(파장)을 가지며, 그 이상 분해되지 않는 빨강에서 노랑까지의 단색광의 합성물임을 처음으로 밝혔다. 그는 또 '뉴턴 링'이라 불리는 박막의 간섭현상을 실험하였는데, 평판 유리 위에 반지름이 큰 구면의 렌즈를 포개고, 위에서 수직으로 빛

32) 山崎俊雄 외 편, 전게서, p. 76.

33) 會田軍太夫, 전게서, p.155, p. 158.

34) F. Dannemann(安田德太郎 외 역), 전게서, vol. 4, pp. 23~37.

그림 8 · 16 뉴 턴

그림 8 · 17 뉴턴의 반사 망원경

을 보내 구면에서 반사하는 빛과 밑의 평면에서 반사하는 빛이 간섭하는 것을 확인하였다.

미적분의 발견에 있어서는 뉴턴과 독일의 철학자이고 수학자인 라이프니츠(Freiherr von Leibniz, 1646~1716) 사이에 장기간에 걸친 치열한 선취권 다툼이 있었다.[35] 뉴턴은 그의 증언을 통해 미적법(자신은 流率法, fluxion이라 부름)은 1665~1666년에 걸쳐 발견하였고, 공표한 것은 1704년이었기 때문이다. 라이프니츠는 1684년에 발표하고 있다. 원리적으로는 일치하고 있으나 뉴턴은 운동의 연구에서, 라이프니츠는 기하학의 연구에서 유도하여 뉴턴이 먼저 발견하고, 라이프니츠가 먼저 공표하고 있다.

또, 뉴턴은 매뉴팩처 생산에서 사용되기 시작한 기계에 착안하여, 그때까지의 갈릴레오의 지상의 역학과 케플러가 만든 천문학을 연결시켜 주 저서 「자연철학의 수학적 원리(프린키피아)」[36),37)](1687)에서 천상계와 지하계에서의 운동의 통일원리의 발견(만유인력의 발견)이 보고되어 있는데 이로 인해 역학이 독립된 과학이 되었고, 이 만유인력의 발견으로 기계론적 · 입자론적 자연관이 확립되었다(그림 8 · 18).

뉴턴의 최대의 공적은 '만유인력의 법칙'의 발견이다. 뉴턴은 1666년 어느 날 사과가 떨어지는 것을 보고, 이 물체를 낙하시키는 지구의 인력이 달에까지 미친다고 생각하여 계산하였다고 보는 '역제곱의 법칙'(引力은 거리의 제곱에 반비례)을, 13년 후인 1679년 훅의 영향을 받아 다시 계산해서, 같은 역제곱의 인력법칙이 태양과

35) F. Dannemann(安田德太郎 외 역), 전게서, vol. 3, pp. 281~295.
36) 江澤洋 외, 전게서, pp. 68~74.
37) R. J. Forbes · E. J. Dijksterhuis(廣重 徹 외 역), 전게서, pp. 214~222.

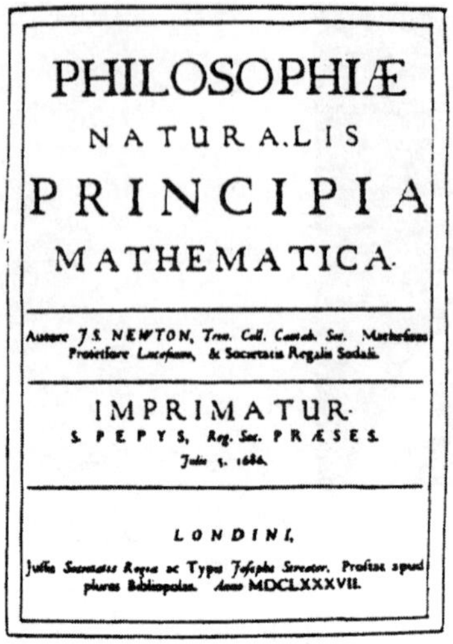

PHILOSOPHIÆ
NATURALIS
PRINCIPIA
MATHEMATICA.

Autore J S. NEWTON, Trin. Coll. Cantab. Soc. Matheseos Professore Lucasiano, & Societatis Regalis Sodali.

IMPRIMATUR.
S. PEPYS, Reg. Soc. PRÆSES.
Julii 5. 1686.

LONDINI,
Jussu Societatis Regiæ ac Typis Josephi Streater. Prostat apud plures Bibliopolas. Anno MDCLXXXVII.

그림 8 · 18 프린키피아

혹성 사이에도 성립됨을 '케플러의 법칙'에서 역으로 이 인력법칙을 유도하여 해결하였다.[38] 이 사실은 「프린키피아」 제3편의 「세계체계에 대해서」에서 전개하였다.

그는 만유인력에 중요한 운동의 기본적인 세 법칙을 세웠다. 제1은 관성의 법칙, 제2는 운동방정식, 제3은 작용과 반작용의 법칙이다. 그는 이 세 법칙을 사용하여 지구와 달의 인력을 계산하는 방법을 고찰했는데, 인력은 각기 질량의 곱에 비례하고 중심까지의 거리의 제곱에 반비례함을 명확히 하였다(역제곱의 법칙).

코페르니쿠스가 태양중심설을 발표하고부터 약 65년 후에 케플러가 천체운행의 이론을 완성시키고, 그 20 수년 후에 갈릴레오는 지상에서의 운동이론을 제시하고 있다. 드디어 이 천체의 운동과 지상의 물체운동과를 하나의 역학적 이론체계 안에 통일하여 기계론적 우주관을 정립하였는데 이를 완성한 그 인물이 뉴턴이다.

이와 같은 과학상의 업적에도 불구하고, 뉴턴의 철학적 견해는 보수적이어서 자연관 중에 신의 존재를 긍정하고 신의 위치를 자리매김하고 있다. 그는 「프린키피아」 제3편의 끝부분 '일반주석'에서 "신은 이 아름다운 우주를 만든 설계자이며, 끊임없이 이 아름다운 우주라는 기계를 지키고 돌보며, 질서를 유지시키는 지성이 있는 기술자"라고 하였다. 이렇게 본다면 과학혁명은 과학과 종교의 대립이라는 관점에서 취급할 수 없고, 중세를 지배한 스콜라 철학과 새로운 철학과의 교대로 인식해야 한다고 생각된다.

뉴턴에 있어서는 자연계가 역학과 신의 분업으로 되어 있으며, 이러한 점이 같은

38) S. Mason(矢島祐利 역), 전게서, pp. 214~221.

기계론이면서 우주진화를 탐구한 데카르트의 자세와의 차이점이다. 뉴턴의 기계론은 과학을 초월해서는 안 되는 근거가 있다는 의미에서 실증주의적인 기계론(역학적 자연관)이라 하여도 좋다.

마지막으로, 근대과학과 고대과학을 간단히 비교하여 보면 다음과 같이 요약할 수 있다. 근대과학을 사상사적으로 보면, 스콜라 철학 안에서 이용되고, 명맥을 유지하여 온 아리스토텔레스적 자연관의 타파이다. 한편, 방법론적으로 보면 고대과학은 논증의 학문이며, 그 안에는 때로 독단이 들어가기도 하였다. 여기에 대해 근대과학은 실증의 학문이라고도 할 수 있다. 고대과학 중에 있었던 합리적 · 수학적 방법과 근대의 실증적 · 실험적 방법이 가미되어 이루어진 것이다. 실증적 정신이 충만한 것이 근대과학이다. 근대과학의 객관성이 긍정되는 것은 바로 이러한 이유 때문이다.

4. 과학자의 공동체 — 학회의 성립

왕과 제후, 귀족이 수학적 · 실험적 과학에서 교양에 자극을 받아 과학자들에게 물심양면의 원조를 하다가 왕과 제후, 귀족을 대상으로 하는 학회(아케데미아 또는 협회)란 것이 생겼다. 이 학회의 출현으로 연구자 사이의 상호비판의 장이 생겨 개인만의 과학적 · 기술적 창의에 의존하지 않는 새로운 방향이 제시되었다.

학회다운 학회가 처음으로 실립된 것은 1603년 로마에서 만들어진 '산 고양이 아카데미아(Academia dei Lincei)'(그림 8 · 19)였고, 이어서 결성된 것이 갈릴레오의 죽음(1642) 후에 바로 만들어진 '실험 아카데미아(Academia del cimento)'였다.[39] 주로 물리학상의 실험은 이론적 고찰을 문제삼지 않고 시행하였다. 이 아카데미아는

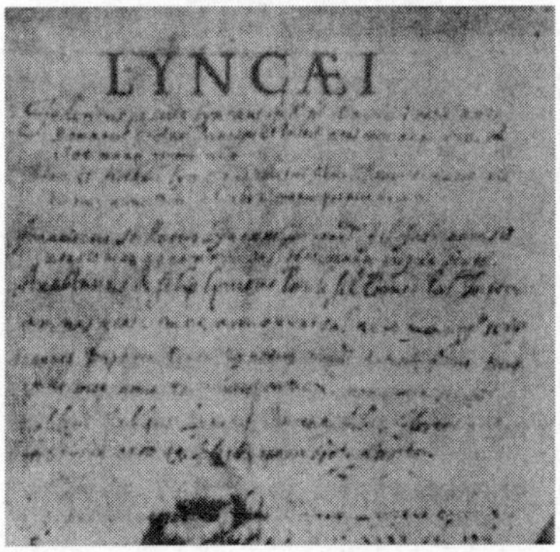
LYNCÆI

그림 8 · 19 山猫 아카데미아의 설립 결의서

39) 平田 寬, 전게서, 하권, p. 197.

학회지도 발간하고 회합도 하였으나, 그 당시의 교권적 정치 압력하에서는 10년밖에 존속되지 못하였다.

과학사상 가장 중요한 학회라고 하면 1645년에 기본 틀이 형성된 영국의 '왕립학회(Royal Society)'이다. 이 학회는 과학자 R. 보일이 런던에서 1644년경에 시작한 'invisible college'가 핵심이 되었다. 그 후 이 조직은 발전적으로 해체가 되고, 찰스 II세도 개인자격으로 적극 참가한 법인조직으로서의 왕립학회는, '물리적 · 수학적 · 기계적 모든 것을 연구하기 위한 것'이며, 구체적으로는 '자연의 지식을 활용하기 위한 런던의 왕립학회(Royal Society of London for Improving Natural Knowledge)'가 1662년 7월 15일에 인가장이 나왔고,[40] 현존하는 가장 오래된 학술잡지의 하나인 학회지 「*philosophical transaction*」(그림 8 · 20)의 제1권이 수년 후에 발간되었다. 자기의 연구과제에 따라 연구하는 순수한 과학자들의 연합이었다. 이 학회에서 유명한 과학자가 많이 배출되었으며, 가장 뛰어난 인물은 뉴턴이다. 그 헌장에는 '이미 잃어버린, 이용할 수 있는 모든 공예와 제조술을 회복하는 것'과 '모든 유용한 공예, 제조술, 기계적인 실제의 일, 기관(engine), 발명을 개량하는 것'을 명확하게 밝히고 있다(신 · 형이상학 · 도덕 · 정치 · 문법 · 수사학 · 윤리 등에는 간섭하지 않는다).

영국 왕립학회의 영향을 받아 프랑스에서는 1666년 루이 XIV세(1643~1718 재위) 때에 코르베르트(J. B. Corbert, 1619~1683)에 의해 과학의 응용이 프랑스의 공업과

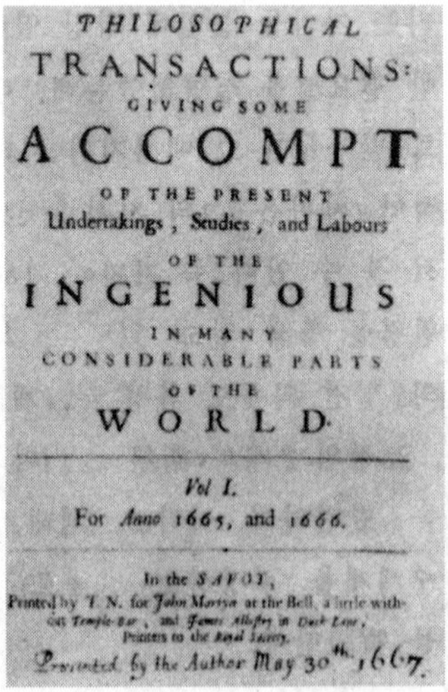
PHILOSOPHICAL
TRANSACTIONS:
GIVING SOME
ACCOMPT
OF THE PRESENT
Undertakings, Studies, and Labours
OF THE
INGENIOUS
IN MANY
CONSIDERABLE PARTS
OF THE
WORLD.

Vol I.
For Anno 1665, and 1666.

In the SAVOY,
Printed by T. N. for John Martyn at the Bell, a little without Temple-Bar, and James Allestry in Duck Lane,
Printers to the Royal Society.
Presented by the Author May 30th, 1667.

그림 8 · 20 philosophical transaction의 제1권 표지

40) S. Mason(矢島祐利 역), 전게서, 상권, pp. 281~292.

상업을 발전시킬 것이라는 생각으로 파리에 '과학 아카데미(Academie des Sciences)'가 설립되어 루이 XIV세도 이 아카데미를 방문하였다. 이때 회원수는 20여 명이며, 국왕으로부터 급여를 받았고 정부에서 부과하는 과제를 연구하는 직업적 과학자였다. 따라서 일종의 관제 과학 아카데미였다.

18세기 말의 프랑스 혁명기간 중에는 폐쇄되었다가(1793) 1795년에는 이름을 바꿔 '국립연구소'로 되어 내용이 더욱 충실하게 되었다.

5. 연금술에서 의화학으로

이 시기는 연금술의 신뢰와 지지가 뿌리깊었으나 최성기는 지나가고, 연금술의 변모와 더불어 새로운 사상이 주입되어, 의화학이라는 새로운 과학분야가 싹트기 시작하였다.

의화학의 탄생에는 연금술의 사상이나 목적, 실험방법은 관계가 없다고 하더라도, 연금술사들이 지금까지 사용하였거나 발견한 약품류나 실험용 기구류의 상당수가 사용된 것만은 틀림없다.

파라셀수스는 이미 제7장의 3절 5에서 약간 언급하였으나 의학과 연금술을 합일시키므로 의화학을 새로운 하나의 과학으로 만드는 데 노력하였다. 여러 시대를 통해서 연금술은 한편으로는 화학적 수공업과 다른 한편으로는 신비적 종교와 결부되어 있었다.

파라셀수스[41]는 연금술을 자연의 원료를 인간에게 유용한 완성물로 전환시키는 과학이라고 정의하였다. 이 정의에는 모든 화학적·생화학적 기술을 포함하는 것이었다. 그의 정의에 따르면 의사나 약제사는 물론 용광로의 기술자, 요리사나 제빵 기술자까지도 연금술가이다.

의학에 있어서는 파라셀수스는 육체의 건강이 4체액에 의해 결정된다는 견해를 이어받아 인체는 원래 하나의 화학계로 연금술가의 두 원소인 수은·유황과 그 자신이 새로 추가한 제3의 원소인 소금으로 구성되어 있다는 이론을 세웠다. 그래서 그는 질병이란 3원소간의 평형의 결여로 오는 것이며, 평형을 회복하는 것은 광물질의 의약이지 유기질의 치료약이 아니라고 하였다.

그래서 의화학의 방법은 논리적이라기보다는 신비적 통찰과 경험적 탐색에 따르는 경향이며, 그의 이론은 약제사에게 보급되어 약제사의 지위를 변혁시켰다.

연금술에서 의화학으로의 과도기를 상징하는 인물로 벨기에의 의사, 화학자인

---

41) 平田 寬, 전게서, 상권, pp. 165~167.

반 헬몬트[42](J. B. Van Helmont, 1577~1644)가 있다. 그는 파라셀수스의 영향을 받아 신비주의적인 색채가 강한 물질이론에 기초를 두어 화학·생리학 및 의학이론을 전개하고 있다. 그가 죽은 후 1648년에 출판된 「의학의 발전에 관해서」는 파라셀수스를 계승하여 의화학을 한층 발전시켰다. 하나의 질병은 그 원인·작용·위치에 따라 특이하고, 따라서 특유의 치료약 — 하나의 단순한 무기질 또는 식물 — 에 의해서 처리해야 한다고 강조하였다. 일반적으로 "치료라고 하면 그 경우의 원인 제거에 있지 결코 증상의 제거에 있지 않다"고 하였다.

글라우버(J. R. Glauber, 1604~1668)는 독일 화학자로 처음에는 연금술을 신봉하였으나 산과 염기에 관한 생각을 명확하게 하였고, 또 초석과 황산에서 초산을 만들 때 얻어지는 황산소다를 발견하여 그 이름을 '글라우버 소금' 또는 '불가사의의 소금'이라 하여 설사약, 이뇨제에 응용하였다.

고대의 4원소(불, 공기, 물, 흙)나 중세 연금술의 3원소(수은, 유황, 소금) 대신에 원자와 비슷한 것으로, 신의 운동에 의해 생기는 감지되지 않는 미립자의 존재를 주장한 보일도 과학혁명 담당자의 한 사람이다.

8.5 과학·기술과 산업

이 시기의 기술은 재질이나 설계, 공작법의 실용화에는 개량이 엿보였으나, 새로운 기술인 증기 터빈을 실용화하려는 노력으로 그 인물로는 이탈리아의 브란카(G. Branca, 1571~1640)가 있는데, 산타 카사 성당의 건축기사로 있을 때 몇 가지 종류의 발명 중 하나인 증기 터빈의 응용장치(그림 8·21)를 고안했다. 헤론의 발명에 힌트를 얻었으며, 많은 연동장치로 제분기를 운전하였다고 한다.

물의 흐름을 동력으로 이용한 작업은 그 종류가 많으나 제사공장을 수력으로 구동하거나 제지공장에도 수력을 이용하였다. 이 시기에 대규모의 양수장치가 프랑스에서 만들어졌다. 1685년에 완성된 양수장치는 지름이 12 m, 14개의 하류식 수차가 만들어져 높이 16 m까지 물을 올렸고, 이 수차의 출력은 무려 75마력이나 되었다고 한다.

한편, 활판인쇄가 발명된 지 100여 년이나 되어 인쇄술의 개량과 발전이 대단하였고, 대포의 제조도 다른 무기와 함께 발전하였다. 그림 8·22는 당시의 대포를 보여 주고 있다.

---

42) 伊東俊太郎 외 편, 전게서, p. 880.

그림 8 · 21 증기 제분기

그림 8 · 22 17세기 청동제 카농 대포

제 9 장

계몽주의 사상과 과학

계몽주의[1]는 일반적으로 17세기 후반에서 18세기를 통해서 영국, 프랑스, 독일 등 유럽의 문화와 사고방식에서 등장한 경험론적, 합리주의적인 사상 전체이다.

당시의 지식인들은 그들 자신이 '계몽'되었고 자신들의 시대가 그 이전의 미신·무지·독단 등으로부터 깨어난 '계몽된 시기'라고 생각하였을 것이다. 계몽주의의 목표는 교회의 교리나 기타의 편견으로부터의 해방, 즉 인간정신의 근대적 해방이라는 측면도 있고, 종래의 절대주의 사회에서의 모든 권위를 타파하고자 하는 시민사회의 자기주장이기도 하였다. 거기에는 중세적·봉건적 사회를 허물고 밝은 이성적인 세계로 개혁코자 하는 강한 풍조가 보였다. 그렇게 하여 계몽주의 안에는 이신론(理神論), 무신론, 경험주의, 합리주의, 개성주의, 자유주의, 자연법, 사회계약법 등의 사상이 포함되어 있으며, 따라서 '이성의 세기'(Age of Reason), '비판의 시대'(Age of Criticism)라고도 한다. 계몽주의는 종교적으로 내세의 행복이 아니고 현세에서의 시민의 행복을 원하고 있다.

생물학 분야에서는 다윈을 중심으로 하는 '진화론'이 발표와 동시에 생물계뿐만 아니라 사회 일반에 큰 반응을 일으켜 진화론의 시비에 대해 생물학자, 사회사상가 및 교회의 성직자들이 큰 논쟁을 벌였다.

계몽주의 사상과 연관시켜 생각해야 할 중요한 사상은 이것이 원인이 되어 프랑스 혁명(1789~1799)이나 미국의 독립전쟁(1775~1783)이 일어난 사실이며, 더욱이

1) 平田 寬, 전게서, 하권, pp. 265~266.

자본주의 생산방식을 확립시킨 산업혁명(18세기 말)도 간접적인 관계가 있다. 그렇게 하여 이 시기에는 전기의 실험연구가 본격적으로 싹트기 시작하였고, 근대화학의 탄생이 라부아지에로 말미암아 기초가 다져졌다.

9.1 계몽주의 사상과 과학

1. 계몽주의 사상과 과학[2)]

18세기 유럽의 계몽주의와 과학(science in Enlightenment)과의 관계는 세 가지의 국면에서 논의된다. 첫째는 이 시기에 과학은 '신에서 떠남'을 달성하였다는 국면인데 이것을 '聖俗革命'이라 부르는 학자도 있다. 17세기 말 영국 · 프랑스에서 명확하여진 이신론, 범신론의 경향은 자연에 관한 논의에서 신의 역할, 즉 창조의 책임자이고, 계획(Holy Design)의 입안자이며, 질서의 원천이라는 신으로서의 불가피한 역할에 대한 의문을 키웠다. 신은 자연에 존재하여 있으나 자연을 초월한 인격적인 존재라는 기독교적인 신 개념의 핵심이 18세기에 와서 분명하게 흔들리기 시작하였다. 특히, 데카르트 주의를 이어가면서 뉴턴의 운동학을 기계론적인 구도 속에서 수용하고자 한 프랑스의 계몽주의자 F. 볼테르, D. 디드로, J. 달랑베드 등의 계보에서 이러한 '신에서 떠남'이 기본적으로 달성되었다고 한다.

둘째는 이와 같은 '신에서 떠남'현상은 학문 내지 과학의 성격을 바꾸었다는 점이다. 17세기까지의 자연철학자들이 똑같이 자연탐구를 최종적으로는 신의 계획의 이해를 목적으로 하여 행하였는데 비해 계몽주의에서는 무엇보다 인간의 행복을 위한 것이 되고, 따라서 그것은 기술로서의 성격을 강하게 가지게 되었다.

계몽주의 씨앗의 하나로 프랑스 혁명에서 세계 최초라 할 수 있는 고등과학기술자 양성기관인 에콜 폴리테크닉이 생긴 것은 이러한 시대적 배경을 전제로 한 것이다.

셋째는 과학을 매개로 하여 역사의 진보주의를 탄생시켰다는 사실이 중요하다. 기본적으로 반종교적 입장이며, 이성의 해방과 과학지식의 증대만이 인간을 진실되게 행복으로 유도한다고 생각, 과학의 진보에 대해서는 낙관주의에 철저하였다.

역사는 근대에 들어와서 그 진보의 길을 걷기 시작하였다고 하는 역사관과 낙관주의가 계몽주의를 지배하고 있다고 보아도 좋다.

---

2) 伊東俊太郎 외 편, 전게서, pp. 313~314.

낭만주의는 기본적으로 이러한 계몽주의에 대한 반발로 이해되며, 실제로 낭만주의에는 과학에 대한 심각한 비판을 포함하고 있으나 괴테 등에게는 분명하게 계몽주의와 낭만주의가 혼재하고 있다.

9.2 계몽주의 사상과 그 주변

뉴턴의 역학이 확립되면서 사람들은 과학의 가치를 인정하고 인간생활 중에 합리적 정신, 인과론적 인식이 강력한 위치를 차지하게 되었다. 그것은 지금까지 계속되어 온 과학만능주의의 출발이기도 하였다. 한편, 이와 같은 합리적인 것에 반발하여 감정을 중시하려는 움직임도 있어, 문학이나 예술방면에서 얼마간의 움직임이 보였는데, 이것이 낭만주의를 뜻한다.

1. 계몽주의 사상가의 활동

(1) 볼 테 르[3]

뉴턴 역학이 최초로 수용된 곳은 영국이 아니라 프랑스였다. 1726년 5월, 프랑스 귀족의 횡포로 영국에서 3년간(1726~1729)의 망명생활을 해야 했던 프랑스의 볼테르(Voltaire, 1694~1778)는 정치·종교·사상·문화 전반에 걸쳐서 묘하게 프랑스의 전제정치를 비판하여 프랑스 혁명을 사상적으로 준비하는 계몽사상 운동의 선봉이 되었다. 이런 가운데 뉴턴의 역학을 접해 공명한 그는 귀국 후 그 보급에 열을 올렸다.

그는 1732년 뉴턴의 「프린키피아」의 번역에 노력하였고, 1734년 「철학서간」을 지었으며, 다시 1738년에는 「뉴턴 철학의 여러 가지 원리」를 출판하여 당시 프랑스에서 지배적이었던 데카르트의 자연학에 대해 뉴턴의 역학이나 광학을 쉽게 소개하면서 뉴턴의 사상, 즉 실험관찰과 수학적 합리성을 중시하는 사고방식을 넓혀 계몽운동의 일익을 담당하였다. 그는 뉴턴 역학을 통해서 자연과학적 지식의 확실성을 파악하였으나, 뉴턴 역학에서 결핍되었다고 보는 인간적 측면을 존 로크(John Locke, 1632~1704)의 심리학, 정치철학에서 찾아 보완하였다.[4]

---

3) F. Dannemann(安田德太郎 외 역), 전게서, vol. 4, pp. 458~461.
4) S. Mason(矢島祐利 역), 전게서, 상권, pp. 354~356.

(2) 백과전서파와 디드로

프랑스 절대왕제와 결탁한 승려 · 귀족계급과 부르주아 · 직인 · 농민과의 대립은 제1차 영국과의 전쟁(1741~1748)을 계기로 점차 심화되었다. 이와 같은 시기에 디드로(Denis Diderot, 1713~1784)와 달랑베르 등의 백과전서파가 등장하여 과학계몽에 힘을 기울였다. 디드로는 기술의 진보와 인간의 사회생활을 풍요롭게 함을 확신하면서 영국의 백과사전을 프랑스어로 번역하는 일을 시작한 사람이나, 철저한 합리주의자는 아니고 낭만주의적인 면도 가지고 있었다. 그는 「백과전서」(*Encyclopedistes*)를 만들면서 지금까지의 낡은 권위인 전제와 교회권력에 종속된 일체의 지식을 바꾸어 객관적으로 자유스럽게 진리를 찾는 듯한 태도로 임하였다. 또한, 그는 반전제 · 반교권사상을 가진 사람이면 세계관은 불문에 붙이고, 집필자를 결집시켜 무려 160명 이상의 사람을 모았다. 그는 여러 가지 위기 · 박해를 무릅쓰고 22년간 전 28권(본문 17권, 도판 11권)에 이르는 대출판(1751~1772)을 가능케 하여 프랑스 혁명의 사상적 준비로서의 구실을 단단히 하였다.

달랑베르(Jean le Rond d'Alembert, 1717~1783)(그림 9 · 1)는 프랑스의 수학자, 물리학자, 철학자로 신학 · 의학 · 법률학을 배웠으나, 역학의 연구에 종사하여 강체의 운동론을 정리해서 해석역학의 기초를 이룩한 '달랑베르의 원리'를 세웠다.

그림 9 · 1 달랑베르

또한, 프랑스에서는 인류를 구원하는 것은 신이 아니고 인간 자신의 이성에 의하여, 과학의 실용화를 통해서 가능하다는 생각이 고개를 들어, 드디어 콩도르세(Marguis de Condorcet, 1743~1794)에서와 같은 진보사관이 생겨났다. 그의 저서 「인간정신 진보의 역사」(1794)는 진보사상을 명확히 하였다. 이 사실은 뒤에 콩트에 의해 다시 보강된다.

2. 반계몽주의 사상가의 활동

(1) 과학 만능주의에 대한 반작용[5]—낭만주의

근대에 있어서는 그리스 이래의 목적론적 자연관 대신, 인과적 자연법칙을 탐구하는 기계론적 자연관이 제기되었는데, 자연계 일반을 대상으로 하고 경험적·실증적 과학이 주류를 차지하고 있는 자연철학을 특징 지우는 것이 데카르트의 기하학적 자연관, 갈릴레이의 수학적 정식화, F. 베이컨의 실험적 기법이다. 이것이 오늘날 자연과학의 원류를 이루고 있다. 그런데 18세기 후반이 되면서 과학계몽 사상이 강력하게 등장, 영국에서는 산업혁명의 싹이 트며, 이런 동향에 대해 반계몽사상이 등장하게 되는데, 이 본질적 특색이 낭만주의(Romanticism)이다. 수학화되고 기계론적이 된 과학이 인간의 욕구와 감정 등과는 무관해지고, 자연으로부터 조화·생명·신비·멋 같은 것들을 제거해 버린 데 대한 반동인 동시에, 과학이 너무 어려워지고 전문화되어 지적 엘리트의 전유물이 되었을 뿐만 아니라, 권력과도 결탁하여 통제와 억압의 수단으로 사용하게 되었다는 사고에서 비롯한 정치적 과학자들의 반과학적 태도가 이른바 반계몽주의이다.

낭만주의라는 것은 합리적인 것에 반발하여 감성적, 주관적인 것을 의지하거나 믿는 것이며, 주로 문학이나 예술의 세계에서 그 활동이 보였다. 이들 분야는 합리적인 것과 별로 관계가 없기 때문이었다.

낭만주의자로는 독일의 시인 슐레겔(Schlegcl, 1772 1829)과 같은 전형적인 인물 외에 앞서의 디드로, 합리주의자로 보이는 루소(Jean Jacgues Rousseau, 1712~1778)와 같은 사람들도 포함되어 있는데, 이 사실은 인간의 사상이 어느 정도 동적인가, 또 복잡한가를 나타낸다고 볼 수 있다. 루소는 「학문예술론」(1750)에서 유명한 "자연으로 돌아가자"는 명언을 남겼다.

독일의 낭만주의자로는 괴테(J. W. Goethe, 1749~1832)(그림 9·2)를 들 수 있다. 괴테는 셰익스피어(William Shakespeare, 1564~1616)와 같이 최고의 문학가의 한 사람으로 일컬어지나 동식물학, 지질학, 광학 등 과학분야에서도 활약하였으며, 인간의 입 천장을 구성하고 있는 한쌍의 뼈인 상악골(上顎骨)의 연구는 화석학상 귀중한 것이며, 또 뉴턴의 색채론에 반대하였다. 그 배경으로 수학을 이용한 자연연구, 즉 요소분석주의적인 방법에 반발하였다고 본다. 그의 색채론은 직관에 의존하는 것으로 설득력이 부족하였다. 그가 낭만주의자 속에 들게 된 것은, 이러한 기계론적 우주관에 반발하여 유기체적 우주관의 입장을 가졌기 때문이었다.

5) 鈴木善次 외, 전게서, pp. 38~39.

그림 9·2 괴 테

반계몽주의 활동은 문화면만이 아니고 영국과 같이 산업혁명이 진행된 곳에서는 과학기술의 도입에 따른 여러 가지 피해가 표면화되어, 반과학주의, 반계몽주의가 생겨났다. 즉, 기계화에 따른 노동자의 실업, 산업형태의 변화에 의한 이해관계 등으로, 대중의 불만이 폭발해서 기계를 파괴하는 등의 운동이 벌어졌다.

(2) 낭만주의와 과학[6)]

아서 로베조이(Arthur O. Lovejoy, 1873~1962)는 낭만주의에는 때로는 상반되어 교류가 되지 않는 다양한 정치·문예·철학사상의 요소가 포함되어 있음을 인정하여 이들 여러 형태는 복수형(romantisms)을 가진다고 말하기도 한다. 한편 1960년 이후 쿤의 '파라다임론'(paradigm, 과학자의 공동체에 일정기간 모델적 문제·모델적 해법을 주는 과학업적을 의미함)을 시초로 과학도 문화권이나 시대에 따라 그 형태·구조를 달리 하는 여러 과학(sciences) 중의 하나로 보는 경향이 뚜렷하여졌다. 따라서 낭만주의와 과학의 두 개념이 가지는 폭넓은 뜻을 어떻게 규정하느냐에 따라 서로의 관계도식이 바뀌어진다.

가령, 과학을 뉴턴 역학체계에 대표되는 물리학이론에 근거한 자연탐구를 하는 것으로 하고, 낭만주의를 18세기 말에서 19세기 전반에 걸쳐 탄생한 반계몽주의·반합리주의 운동이라고 해석하면 양자의 사이에는 분명한 대립도식이 떠오른다.

고전역학에서 전제되고 있는 관찰주체와 대상과의 첨예한 분리는 자연과 개체와의 조화·융합을 동경하는 낭만주의파적 기질과는 서로 용인되지 않고, 따라서 프랑스 혁명기의 수학자·과학자인 라플라스(Pierre Simon Laplace, 1749~1827)가 그의 저서 「확률의 해석적 이론」(1812)에서 '확률론이란 인간의 무지를 조금은 부분

---

6) 伊東俊太郎 외 편, 전게서, p. 1144.

적으로 구제하는 수단'이라고 하여 '라플라스의 魔'(Laplace's demon)를 주장하였는데, 라플라스의 마에 상징되는 뉴턴 과학이 가지는 기계론적 자연관이나 결정론적 경향은 개성의 자유로운 발현과 정신의 자율성을 존중하고, 또 자연의 정적 구조보다는 동적 생성과정을 취하고자 하는 낭만주의적 심성과 대립되기 때문이다.

그러나 18세기 계몽주의의 금자탑이라고 하는 「백과전서」의 편집자의 한 사람인 디드로의 자유사상에는 뉴턴 역학의 현저한 측면인 자연현상의 계량화·수량화를 오만하다고 인간과 자연과의 융화를 설명하는 등 낭만주의적 경향이 농후하였다. 또 18세기 후반이 되어 점차 이론적 지위를 굳힌 역학 이외의 여러 과학에서는 낭만주의적 과학(romantic science)이라 할 수 있는 징조를 표시하는 것도 있다. 셰링(F. W. Joseph Schelling, 1775~1854)의 자연철학에서 강한 영향을 받은 리타(J. W. Ritter, 1776~1810)와 에르스테즈의 과학연구가 그 대표다. 그들은 인간정신은 자연의 일부이므로 자연을 반영하고 있다고 생각, 이성의 법칙과 자연법칙과의 관련성을 설명하였다.

3. 뉴턴 주의 과학자들의 활동

위에서와 같이 근대과학의 탄생은 인간의 사상이나 생활에 여러 가지의 영향을 주었다. 그 중에서도 뉴턴 역학을 신봉하고, 뉴턴 역학을 다른 과학분야에 적용시키려고 시도한 몇 사람의 과학자들이 있다. 헤일즈[7](Stephen Hales, 1677~1761)가 그 중의 한 사람이며, 그는 영국의 켄트에서 태어났다. 케임브리지 대학시절에 뉴턴 역학에 접하고, 그 영향을 받아 생물, 특히 식물의 화학적·생리적인 실험연구에서 중요한 성과를 올렸다. 1727년에 지은 「식물계량학」은 그 표제가 나타내듯, 식물체에 보이는 현상을 역학적으로 설명한 것이다. 그는 식물의 성장속도와 식물체액의 압력을 측정하였고, 즙액의 상승이나 수은계에 의한 근압(根壓)의 측정과 증산(蒸散) 등의 실험을 하였다(그림 9·3). 또 다른 「혈액계량학」(1733)은 혈액의 운동을 논하고 있으나, 거기서 검붉은 빛의 정맥혈이 폐의 모세혈관에서 선명한 붉은 색의 동맥혈로 변화하는 현상을 혈액과 모세혈관벽과의 마찰에 의한 것으로 설명하고 있다. 그는 기체에 관한 연구도 수행하여 이산화탄소에 해당되는 것을 찾아내었으나 발전시키지는 못하였다.

프랑스의 수학자이며 천문학자인 모페르튀이(P. L. Maupertuis, 1698~1759)는 영국에 건너가 뉴턴 학설을 연구하였다. 그는 지구가 양극에서 편평한 타원체임을 측

7) 伊東俊太郎 외 편, 전게서, pp. 956~957.

그림 9 · 3 헤일스의 식물정역학의 실험

정하여(1736~1737) 뉴턴의 이론을 입증하였으며, 목적론적 자연관에 기초를 두어 빛의 굴절에서 페르마(Pierre de Fermat, 1601~1665)가 '전파시간 최소의 원리'를 가정, 매질 중의 빛의 속도는 굴절률에 반비례한다는 주장을 반박하여 시간이 아니고 작용의 양이 최소가 된다고 하였다. 여기서 작용의 양을 속도와 통과거리의 곱에 비례하는 값으로 규정하였다. 1746년에 보편적 원리로 '최소작용의 원리'[8](principle of least action)를 만들었다. 작용량을 *mvs*(s는 경로의 길이)로 규정하고 운동은 일반적으로 *mvs*가 최소라는 조건에서 결정된다고 하였다.

또 모페르튀이는 생물의 유전현상 설명에서 뉴턴의 입자론적 생각을 채택, 어버이로부터 자식에게 유전을 담당한 입자가 유전된다고 주장하여 19세기에 멘델의 유전자이론의 선구를 이룬 것이라고 평가된다.

9.3 근대적 물질이론의 형성

18세기는 전반에 뉴턴 역학이 확립되어 천문학 · 수리학에 근대화의 방향이 제시되기도 하였고, 또 새로운 화학의 여러 가지 개념과 고대화학의 최후의 부활인 플로지스턴설과의 사이에 격렬한 투쟁의 시기이기도 하였다. 그러나 18세기 후반은 인간의 물질관에 변화의 조짐이 나타나 화학의 근대화가 이루어졌다.

1. 18세기 역학적 자연관

18세기 자연관을 특징지운 최대의 것은 자연과학의 모든 현상을 역학적인 방법으로 연구 · 검토하고 역학적인 원리에 의거하여 설명하려는 역학적 자연관(기계적

---

8) 伊東俊太郎 외 편, 전게서, p. 387, p. 885.

자연관)이었다. 그 기초가 된 것은 17세기 말에 성립된 뉴턴의 역학이다. 그 후 해석역학의 성장 및 칸트에 의한 철학적 해석(「순수이성비판」, 1781) 등, 당시의 다른 여러 과학에 비해 체계화되어 18세기를 통해 그 우위성이 확립되었다. 「달랑베르의 원리」(1743), 모페르튀이의 「최소작용의 원리」(1744 · 1746), 오일러의 「강체운동이론」(1750 · 1760) 등을 거쳐 1788년 라그랑주(J. L. Lagrange, 1736~1813)의 「해석역학」이 출판되었다. 이것은 근대화학 성립의 직접적인 계기가 된 라부아지에의 「화학원론」이 나오기 한 해 전이다.

근대적 물질이론의 형성을 논하려면 당연히 화학뿐만 아니라 이상의 역학이나 열역학, 전자기학 등 고전물리학 전체의 성립을 함께 생각하여야 하며, 근대화학의 성립만에 한정된 것은 아니다. 이러한 의미에서 근대화학 체계의 제1보는 18세기 말에서 19세기 초에 걸쳐 라부아지에, 돌턴에 의해 계승된다. 근대화학의 제일 전제가 되는 것이 18세기의 역학적 자연관이다.

이 역학적 자연관은 특히 18세기 중엽 이후 1세기 가까운 기간 동안 지배적 위치를 차지하였다. 19세기적 자연관의 골격이 되는 것은 전자기학과 열역학의 체계화이다. 장과 에너지의 개념이며, 한편 돌턴에 의해 시작되는 원자론이다. 전자는 자연의 연속성을 반영하고, 후자는 불연속성을 표현한다.

분명히 데카르트는 17세기 전반까지의 과학적 기초 위에서 그 기계론적 자연관을 제기하였으며, 당연히 역사적 제약하에 있으나 동시에 거기에는 동적인 자연상이 있으며, 진화의 개념도 포함되어 있다. 뉴턴은 역학적 자연관을 자기 나름의 역학체계로 확립하였기 때문에, 그 후 지배적 시대사조가 된 역학적 자연관에는 좁은 의미의 기계론적 사유의 특징, 즉 사물의 질적 차이를 무시하는 경향이 수반되는 결과를 낳았고, 데카르트의 동적인 적극면이 상실되었다. 근대적 물질관이 확립되기 위해서는 이상의 역학적 자연관을 전제로 그 약점을 극복하는 변혁이 요구된다. 그의 임무는 먼저 19세기의 것이며, 나아가 오늘에 이른다. 즉, 데카르트적 · 기계적 자연관 → 뉴턴적 · 역학적 자연관 → 19세기적 자연관 → 현대적(상대론적 · 양자역학적) 자연관으로 된다.

2. 스코틀랜드의 글래스고우 대학

물질의 질적 차이 문제를 주목하게 되면, 거기에는 하나의 중대한 근대적 물질관의 길이 엿보인다. 공기 · 물과 같이 자연에 존재하는 가장 '기본적이나 편재적인' 물질 및 연소라는 보편적 현상에 대해서이다. 이들 물질 및 과정에 관계되는 과학, 즉 공기과학에서 기체화학으로의 길이 열린다. 이것이 근대적 원소관의 출발점이 되며, 첫 걸음은 블랙(Joseph Black, 1728~1799)(그림 9·4)에 의해 답습된다.

블랙은 스코틀랜드계 포도주 상인의 아들로 프랑스 볼드에서 태어났으나, 스코틀랜드의 글래스고우 대학과 에딘버러 대학에서 수학하였다. 영국과 스코틀랜드의 합병 이후 「대영국연합왕국」이 된 것은 1707년의 일이다. 엘리자베스 여왕이 죽은 후 캘빈파의 제임스 VI세가 스코틀랜드에서 영국의 제임스 I세가 되고, 두 나라가 공통의 왕가를 추대하면서 영국의 시민혁명기를 포함하는 약 100년의 역사가 있게 된다. 이 합병은 스코틀랜드에 영국의 富를 안겨줌과 아울러 스코틀랜드人의 민족적 에너지를 영국의 국민적 활동으로 발휘하게 한다.

그림 9·4 블 랙

그림 9·5 글래스고우 대학

영국의 산업혁명사에는 많은 스코틀랜드 출신의 과학자, 기술자, 산업가, 사상가의 이름이 글래스고우 대학(그림 9·5), 에딘버러 왕립학회의 이름과 함께 등장한다. 블랙도 그 중의 한 사람이며, 글래스고우 대학에는 같은 시기에 기계제조 직인으로 와트와 「국부론」(1776)의 저자 애덤 스미스(Adam Smith, 1723~1790)도 있었다. 글래스고우 대학은 영국이 산업혁명으로 이행할 때, 그 시민 사회적·경제학적 지도이념, 자연과학 및 기술의 선도자들의 출발기지가 되었다. 산업혁명 이후에도 글래스고우 대학은 열역학의 조성자로 켈빈과 같은 활동을 하는 주요한 위치를 차지한다.

3. 영국의 공기화학 — 블랙

블랙[9]은 1756년에 교수가 되었다. 블랙의 첫 번째 업적은 그가 '고정공기'라 부른 오늘의 '탄산가스'의 발견(1756)이다. 당시 '마그네시아·아르바'(염기성의 마그네슘 탄산염)가 의약으로 사용되었다. 블랙은 이것을 가열하거나, 또는 산을 가할 때

9) 平田 寛, 전게서, 하권, pp. 273~274.

발생되는 기체가 보통의 '공기'와 화학적으로 다른 '공기'임을 정량적으로 실험하여 확인하였다. 이 사실은 모든 기체가 '공기'라는 단일의 '원소'로부터 구성된다는 지금까지의 개념을 부정하는 획기적인 첫 걸음이 된다. 이상에서 블랙은 캐번디시, 프리스틀리로 이어지는 영국의 '공기화학(기체화학)'의 출발점을 만들었고, 이 '공기화학'이 라부아지에의 원소개념 형성에 실험적인 공헌을 한다.

블랙의 두 번째 중요한 업적은 잠열현상의 발견 및 관련된 열용량 개념의 제기이다. 물의 과냉각 상태에서의 급격한 어름이 어는 온도가 상승한다는 사실을 알고 '잠열'의 개념에 도달하였다(1762). "물에 잠열이 함유되어 있으며, 잠열에 의해 물의 액체성이 유지된다"는 생각에서 "증기에는 온도계에 나타나지 않는 대량의 열이 포함되어, 열에 의해 기체의 상태를 보존한다"라고 하였다.

실험적 증명은 1764년 당시, 와트(James Watt, 1736~1819)(그림 9·6)가 기계제조 직인으로 글래스고우 대학에 근무하던 1765년에 뉴커먼(Newcomen) 대기압 기관의 수리의뢰를 받은 것을 계기로 계통적으로 증기기관의 개량에 종사하였다. 와트의 증기기관이 실용화에 성공한 배경에는 당시 열학의 대가 블랙 등 학자와의 교류로 여러 가지 새로운 지식을 습득하였고, 또 윌킨슨의 보링 머신 개발이 사실상 큰 기여를 하였다. 이렇게 본다면 산업혁명에의 이행에 핵심이 된 것은 우수한 생산기술의 확립이라고 하여도 과언이 아닐 것이다. 와트는 비교적 소량의 증기가 냉각수를 잘 가열한다는 데 주목했고, 이 결과의 해석에 블랙이 잠열현상의 결과라고 설명하였던 것이다. 그림 9·7은 와트의 작업장이다.

그림 9·6 와 트

그림 9·7 와트의 작업장

블랙의 열에 관한 연구는 라부아지에와 라플라스(P. S. Laplace, 1749~1827)에 의한 열량계의 실험을 거쳐 19세기에 열역학 성립의 선구가 되었다.

4. 연소이론의 시작 — 플로지스턴설

17세기에 보일이 원자론을 부활시킨 것은 이미 설명하였으나, 18세기에 접어들어 연금술의 전통이 살아나 물질에 관계되는 현상도 연금술의 입장에서 논의되었다. 파라셀수스(Thephrastus Paracelsus, 1493~1541)가 주장한 3원질의 생각은 17세기에 독일의 의화학자로 산업화학자이기도 한 베허(Johann Joachim Becher, 1635~1682)는 1669년에 '유성(油性)의 흙'이라는 복합물이 연소되는 원인이라는 학설을 공식화하였다.

베허의 제자 슈탈[10](Georg Ernst Stahl, 1660~1734)은 '유성의 흙'에 해당되는 것에 플로지스턴(모든 가연성 물질의 본질적 요소로 기름・지방・목재・목탄, 기타의 연료는 플로지스턴을 많이 함유)이라는 이름을 붙여, 1679년에 이 플로지스턴의 방출이 연소현상이라는 학설을 내세웠다. 말하자면 '플로지스턴설(phlogiston theory)'이라 부르는 것이다. 이것은 산소의 발견과 화학이 발달하기 이전의 연소이론이다. 이 플로지스턴은 '열의 운동', '불의 운동'이며, 동시에 '유황성의 원질' 또는 '유성의 원질'이다. 그리스어로 '탄다'를 의미한다.[11, 12]

블랙과 별도로 비열, 잠열의 개념을 발견하여 수은과 기타의 물질에 의해 빙점을 측정한 캐번디시(Henry Cavendish, 1731~1810)는 실험가로 우수한 재능을 가지고 있었으며, 최초의 논문에서 '가연성 공기(수소)'의 존재를 1766년에 밝혔다. 이것은 보통의 '공기'와 다른 화학종으로 기체의 존재를 표시하는 것으로 '고정공기'에 이은 제2의 물질이었다(1766).

캐번디시는 1777년 '공기에 대한 실험'에 착수하여(그림 9・8) 1778년에는 공기가 79.16%의 '질소'(phlogisticated air)와 20.84%의 '산소'(dephlogisticated air)로 됨을 밝혔고, 또 탄산과 수소를 연구하였다(1776). 수소와 산소의 혼합체에 전기 불꽃을 튕겨 물을 만든 사실은 대단한 연구였다(1783). 이 물의 합성실험은 정성적으로는 프리스틀리가 먼저 하였지만 정량적인 자료를 처음으로 제공한 사람은 캐번디시이다. 그는 기체의 체적과 무게도 측정하였고, 처음으로 밀도를 정하였다.

블랙의 제자 라사포드(D. Rutherford, 1749~1819)는 가스의 화학적 연구를 하여 1772년에 질소를 발견하였다. 그는 질소(당시는 '유독공기'라 함)는 연소물에서 생긴 플로지스턴 성질의 물질이 공기와 화합한 것으로 알고 있었다.

---

10) 伊東俊太郎 외 편, 전게서, p. 461, pp. 932~933.
11) S. Mason(矢島祐利 역), 전게서, 상권, pp. 331~336.
12) R. J. Forbes, E. J. Dijksterhuis(廣重 徹 외 역), 전게서, pp. 203~204.

그림 9·8 대기의 가스(화학적 조성)를 실험한 장치

슈탈의 플로지스턴설은 18세기를 통해 많은 과학자들이 믿고 있었다. 그 중 한 사람이 영국의 목사이며 화학자이기도 한 프리스틀리(Joseph Priestley, 1733~1804)이다. 그는 유니테어리언파의 목사로 정부에도 항거하고 미국 식민자의 지지자인 인물이며, 사상사에도 중요한 인물이나 벤자민 프랭클린(Benjamin Franklin, 1706~1790)과 만나면서 과학에 흥미를 가져 당시 사람들의 관심사였던 기체의 연구에 뛰어늘었다.

그는 발효작용에서 생기는 고정공기(탄산가스)의 연구에 몰두하여, 이 탄산가스를 물에 녹일 때 나는 맛에 감미료를 넣었더니 소다수란 음료가 되었다. 그래서 그를 '음료산업의 아버지'라 한다.

프리스틀리는 수은포집법을 사용해 1772~1775년 사이에 일산화질소, 아산화질소, 불화규소, 일산화탄소, 이산화질소, 염화수소, 암모니아, 아황산 가스 등 10종의 기체를 새로 발견하였다. 그래서 그는 「여러 가지 공기의 관찰」(1773)을 저서로 남겼고, 그 중에서 가장 큰 것이 '脫플로지스턴 공기(dephlogiscated air, 산소)'의 발견이다(1775). 그는 HgO를 가열하여 기체를 얻고, 그 기체 안에서 초가 힘차게 타는 현상을 알고서 이것을 '脫플로지스턴 공기'라 불렀다. 프리스틀리의 실험결과는 라부아지에의 연소이론에 크게 공헌하였다.

플로지스턴설을 믿은 스웨덴의 화학자 셸레(C. W. Scheele, 1742~1786)도 프리스틀리보다 먼저 산소의 발견을 위한 실험을 1768~1773년 사이에 행하였으나, 출판사의 태만으로 그에 관한 저서 「공기와 불에 대한 화학논문」의 발표는 1777년에 있었다. 그는 다만 '불의 공기'라 하였다. 또 1770~1777년 사이에 염소를 발견하였다.

5. 연소이론의 확립과 화학혁명 — 라부아지에

18세기에 기체에 대한 지식이 서서히 쌓이기 시작하였다. 블랙에 의해 이산화탄소(1754), 캐번디스에 의해 수소(1766), 라사포드에 의해 질소(1772), 프리스틀리에 의해 10여종의 새로운 가스(1772~1777), 셸레에 의해 염소(1772~1777)가 발견되었다. 당시로서는 오늘날과 같은 기체에 대한 인식은 없었으나 공기 중에 여러 가지 기체가 있다는 인식은 화학의 진보에는 대단한 것이었다. 이러한 상황에서 프랑스의 라부아지에가 등장한다. 라부아지에가 화학자로 활동한 18세기 후반을 '화학혁명의 시대'라 하며, 라부아지에를 근대화학의 창설자라 부른다.

18세기 말, 프랑스 과학의 절정기에 이론형성의 뜻이 강한 라부아지에[13](Antoine Laurent Lavoisier, 1743~1794)가 프랑스의 슈탈파와 영국 공기화학파의 공기(기체)의 화학적 역할의 인식을 이어받아 산소를 중심으로 연소이론의 연구를 시작, 화학의 혁신적인 체계를 수립하였는데 이것을 화학학명이라 한다. 이 화학혁명의 성과에는 18세기 계몽주의가 깊이 새겨져 있다.

라부아지에도 기체나 연소의 문제에 대해 관심을 보였고, 1772년 인이나 유황의 연소 때 공기가 흡수된다는 사실을 알았다. 다시 그것을 엄밀하게 조사하기 위해 밀폐된 레토르트 기구 속에서 납을 태워 냉각시킨 후, 금속 재의 증가량과 공기가 들어간 비율이 같다는 사실을 알았다. 이와 같은 방법을 정량적 방법이라 한다.

앞에서 말한 바와 같이 산업혁명 초기에는 화학반응, 특히 연소현상은 이른바 플로지스턴설에 의해 설명되어 왔으나, 실험과 경험에 기초하여 비로소 연소가 '산화현상'임이 밝혀졌다. 산화현상은 산소의 발견과 여러 가지 기체반응에 기초를 두고 있으며, 경험주의가 플로지스턴설을 타파하게 된 것이다.

1777년 셸레가 공기는 두 개의 가스로 되어 있으며, 그 하나는 연소를 돕는 '산소', 다른 하나는 불활성의 '질소'임을 제시하였다. 라부아지에는 셸레의 견해를 승인하고 1780년에 공기는 부피로 산소가 1/4이고, 질소가 3/4으로 되어 있다는 견해를 발표하였다. 이로 인해 그때까지 지지를 받고 있던 플로지스턴설을 부정하고 연소는 가연물과 산소의 결합이라는 새로운 연소이론을 제창, 호흡이나 연소도 산소를 흡입하고 탄산가스를 방출하는 화학반응이라고 하였다.[14]

화학조성을 표시하는 명명법을 실시하기 위해서는 성분원소를 분명하게 할 필요성이 있었고, 분석에 의해 원소를 정의함에 있어 역사상 처음으로 33종 원소를 산소와 화합하는 방법에 따라 배열, 과학적 원소관을 확립, 원소표를 제안하고 이것

13) 江澤洋 외, 전게서, pp. 81~98.
14) S. Mason(矢島祐利 역), 전게서, 상권, pp. 336~345.

에 의해 예로부터의 4원소, 3원질 및 이들의 여러 가지 배열, 변형이 일소되었다.

새로운 원소표에 근거하여 라부아지에가 처음 시작한 유기원소분석은 19세기의 유기화학 발전에의 길을 준비하였다. 그리고 화학혁명을 수행하기 위해 귀통(L. B. Guyton de Morveau, 1737~1816), 베르톨레(Claude Louis Berthollet, 1748~1822), 푸르크로이(A. F. Fourcroy, 1755~1809)와의 공저 「화학명명법」을 1787년에 간행하였고 1789년에는 최초의 근대적 화학교과서로 유명한 저서 「화학원론」을 출판하였다. 여기서 非플로지스턴 화학이 탄생하였고, 근대화학의 기초가 확립되었는데, 이로써 이른바 화학혁명이 달성되기에 이르렀다.

6. 화학혁명과 그 시대적 배경[15)]

라부아지에나 프리스틀리의 과학적 연구가 '이성과 혁명의 시대'라 일컬어지는 18세기 말에 이루어졌다는 역사적 사실은 과학도 시대나 환경, 그 위에 다른 여러 가지 문화적 · 사회적 문제와 관련되어 있음을 암시하고 있다. 또 과학의 진보가 연구자 개인의 성격이나 생활상황과도 무관하지 않음을 나타내고 있다.

라부아지에의 연구에 의해 대표되는 화학혁명은 대체로 1770~1800년 사이에 이루어졌다. 이 시기에 프랑스 혁명이 있었고, 미국 독립선언이 이루어진 사실을 되돌아볼 때 이 18세기 말은 사실상 혁명의 시대라 부를 수 있을 것이다. 화학혁명이라는 과학사적 사실과 프랑스 혁명이나 미국 독립과 같은 정치적 사건이 이 기간에 거의 동시에 일어났다는 사실이 우연적이긴 하나 서로 무엇인가의 연관성이 있었는지의 여부는 역사관에서 흥미가 있는 문제인 동시에 앞으로 연구할만한 가치가 있다고 생각된다. 그러나 같은 시대에 계속해서 일어난 기술적 · 경제적 사건을 함께 고려한다면 이 시대의 특이성이 종합적으로 떠오른다. 다음에 1760~1799년 사이에 일어난 화학혁명 이외의 각종 주요한 사건을 살펴 본다.

1760년 선(주)철 제조에서 스미턴법의 발명, 1765년 직물공업에서 하그리브스의 방적기 발명, 1769년 와트가 최초의 기관을 제작, 아크라이트에 의한 방적공업에 대한 수력기관의 개량이 있었다. 그리고 1776년에 미국의 독립선언, 애덤 스미스의 「국부론」의 간행, 1779년 영국에서의 방적공업의 개량, 1783년 영국과 미국 사이에 화해가 성립되었고, 와트는 개량 기관을 내놓았다. 1784년 선철에서 연철을 만드는 코트법이 발명되었고, 1786년 염소의 표백작용(베르톨레법)의 섬유공업에 적용, 1787년에는 미국의 헌법이 제정되었고, 1789년에는 루이 XVI의 국회소집으로 제3

15) 江澤洋 외, 전게서, pp. 101~102.

제국이 성립되었다. 1792년에는 루이 XVI세가 체포되어 프랑스 공화정체가 선언되었으며, 1793년 루이 XVI세의 처형으로 프랑스에서는 공포정치의 막이 오르고 영국과 프랑스 사이에 전쟁이 시작되었다. 1794년에는 라부아지에가 처형되고 공포정치는 종결되었고, 영국에서 선철생산은 125,000톤에 이르렀고, 1798년에는 프랑스와의 전쟁에서 넬슨 군대가 승리하였으며, 맬서스의 「인구론」이 간행되었고, 1799년에는 나폴레옹이 통치자로 등장하였다.

라부아지에의 화학혁명의 진전과 때맞추어 정치적, 군사적으로 중요한 역사적 사건이 계속 발생하였다. 동시에 영국에서 산업혁명이 드디어 그 성과를 현실화하게 되었음을 알 수 있다. 산업혁명은 분명히 16~17세기에서의 과학혁명의 영향의 실현이라고 생각되나, 산업혁명은 갈릴레오, 뉴턴에 의한 과학혁명 성취 약 1세기 후에 실현된 것이다. 이것은 특히 와트의 증기기관에 의해 상징된다.

애덤 스미스의 국부론이나 맬서스의 인구론은 산업혁명에 의해 등장한 사회문제의 표출이라 볼 수 있겠고, 이미 설명한 프랑스 혁명이나 미국의 독립선언도 18세기 초에 시작되는 계몽주의 운동에 유래되는 것이고 적어도 간접적으로는 과학혁명의 영향이 표출된 것이라 볼 수 있을 것이다.

자연과학 분야에서는 화학혁명과 병행하여 일어난 기술혁신 중에는 제철과 같이 화학과 밀접하게 관련된 문제가 포함되어 있다. 그러나 이것들은 화학 기초의 응용이 아니라 분명히 기술적 경험의 산물로써 실현된 것이라고 보는 게 타당하다.

7. 원자설 발전의 기초 — 돌턴[16), 17)]

라부아지에에 의한 화학의 정량적 연구가 이루어져 그 방법이 채용되고, 화학반응을 정량화하여 가는 경향이 보였다. 그 과정에서 프랑스의 화학자 프루스트(J. L. Proust, 1754~1826)는 탄산동 중의 탄소, 산소, 구리의 비율이 항상 일정하다는 사실을 알고, 그것을 일반화하여 화합물의 성분 원소량의 비율은 일정하다는 '정비례의 법칙'을 발견하였다(1799).

이 문제는 다른 방향에서 해결된다. 영국 맨체스터의 쿠에카파에 속하는 근대 원자설의 창시자라 불리는 존 돌턴(John Dalton, 1766~1844)(그림 9·9)이 그 사람이다. 그는 처음에 기상학에 관심을 가져 21세부터 20만 회 이상의 관측을 하여 「기상학적 관측과 평론」(1793)을 발표하였으며, 또 자신이 색맹이기 때문에 색맹에 관한 연구도 발표하여, 이후부터 선천성 녹색맹을 'Daltonism'이라 부르고 있다.

---

16) 鈴木善次 외, 전게서, p. 45.
17) 江澤洋 외, 전게서, pp. 111~142.

그림 9·9 돌 턴

그는 기체에 대해서도 연구를 하고, 1801년 기체의 팽창과 온도의 관계에서 대기압 중 수증기압의 문제로, 혼합기체 중 각 성분기체의 압력은 다른 기체의 분압과는 관계가 없고, 전 압력은 각 기체의 합이라고 하는 '분압의 법칙'을 발표하였다. 그는 A, B 두 성분으로 되는 기체에서는 "동종입자는 서로 반발하고 이종입자는 서로 반발하지 않는다"는 식으로 설명하여 화학적 원자론에 입각하게 되고, 드디어 1804년 '배수비례의 법칙'을 창출해 「화학철학의 신체계」(제1권 1808 · 1810, 제2권 1827)에 이른다. '돌턴의 원자설'은 라부아지에의 원소개념과 뉴턴의 역학적 입자관에 의거, B.C. 5세기 그리스 시대 데모크리토스 이래의 철학적 원자설을 고유의 질량을 가지는 원자로서의 과학적 원자설을 만들었다(그림 9 · 10 참조).

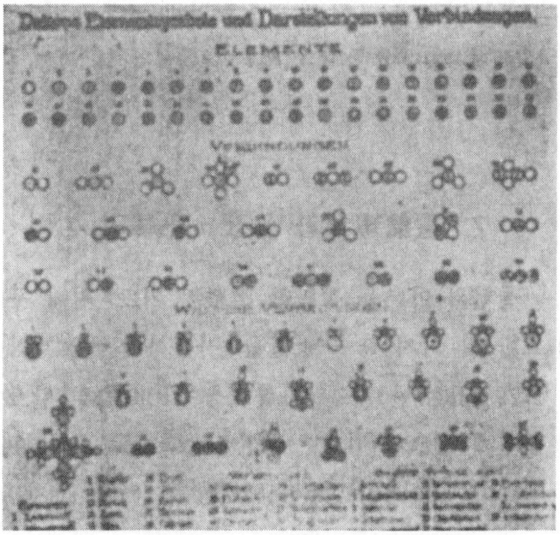

그림 9 · 10 돌턴의 원자설

돌턴의 또 다른 공적은 많은 화학기호를 채용한 점이다. 그러나 돌턴의 원자설은 당시로서는 세상 사람들의 눈길을 모았으나 약점이 있었다. 그러다가 프랑스의 게이뤼삭(J. L. Gay-Lussac, 1778~1850)의 「기체반응의 법칙」(1808)과 이탈리아의 아보가드로(Amedeo Avogadro, 1776~1856)의 「분자설」(1811)에 의해 발전, 공식화되었다. 이렇게 해서 오늘날 볼 수 있는 원자, 분자의 개념을 축으로 하는 물질관이 이루어졌다.

8. 전기현상과 전기화학의 탄생

이때 물리학의 세계에서는 18세기에서 19세기에 걸쳐 빛의 본성을 탐구하는 논쟁, 열의 본성에 대한 논쟁, 그와 관련해서 에너지 개념의 문제, 다시 전기현상의 탐구 등 여러 방향으로 연구의 손길이 뻗어 나갔다. 이러한 활약과 물질관의 변천과는 크게 관계가 있고, 특히 전기분해라는 방법을 사용하여 원소의 이온의 존재를 밝힌 것(패러데이의 역할이 큼)은 그 후 화학과 물리학의 결합을 강화하였다.

돌턴의 이론을 정확한 실험적 기초 위에 두기 위해, 원자량 결정의 유효한 몇 가지 특수방법을 사용하여 베르젤리우스(Jöns Jacob Berzelius, 1779~1848)가 원자량표를 1814년에 발표하였다. 이 베르젤리우스의 두 번째 중요한 업적은 「전기화학 이원론」이라 불리는 화학결합의 이론을 1812년에 제출하였다.

1799~1800년의 볼타(Alessandro G. Antonio Volta, 1745~1827)에 의한 전지의 발견, 발명으로 정전기에서 동전기, 즉 흐르는 전기를 발생시키는 기술이 이루어지고부터, 19세기 초 유럽에서는 전기학 연구의 붐이 일어나 전류개념의 확립과 전류의 자기작용에 대한 발견(외르스테드, 1820)이 있었다. 전류개념의 확립(옴의 법칙, 1827)의 하나는 전기분해 현상의 연구를 통해 이루어졌다.

18세기 말에 창건된 왕립연구소에서 데이비(Humpry Davy, 1778~1829)는 전류의 화학작용을 연구하였고, 후계자 패러데이(Michael Faraday, 1791~1867)가 1832년에 전기분해에 관한 기본법칙을 발견하였다. 이 법칙에 의해 전류의 정확한 측정법이 확립되었다.

스웨덴에서는 19세기 초에 베르젤리우스가 전기분해의 연구에 착수하였다. 데이비는 화학친화력이 전기력과 같다고 주장하고, 이를 돌턴의 원자론과 결합시켰으며, 베르젤리우스는 전기화학 2원론을 체계화하고, 1820년대부터 유기화학 체계가 제기되는 1830년대에 걸쳐 화학결합에 대한 최초의 체계적인 지식으로 큰 영향을 주었다.

역사적 관점으로 보아 라부아지에, 돌턴에 의한 근대적 원소・원자관은 전기현상에 관계되는 새로운 지식과 결합되어, 드디어 물질구조의 내부에까지 파고드는 이 최초의 움직임으로 전기화학 2원론이 나타나게 된 것이라 볼 수 있다.

그 바른 전개는 19세기가 거의 끝나갈 무렵 물리화학의 성립 · 전개에서 19세기 말 이후 원자구조론에 의존할 수밖에 없었다. 1831년의 패러데이 전자유도의 발견, 1824년의 카르노의 이론은 18세기에 지배적이었던 역사적 자연관에서 19세기적 고전물리학적인 세상으로 이행을 나타내는 것이라 할 수 있겠다. 즉, 물리 · 화학의 성립이나 전개가 이루어진 것이다.

9.4 생물 진화론의 등장

1. 다윈 이전의 진화론

다윈에 이르기까지의 진화론[18]의 역사에 대해서는 세 가지의 계통 또는 흐름으로 정리할 수 있다. 첫째 흐름은 고대 그리스의 진화사상으로 생물의 자연적 기원 및 그 후의 변화에 대해서 명확한 과학적 개념은 없고, 당시의 통속적 개념을 자연철학으로 다룬 것이며, 그때의 진화관념은 그리스도교 성서의 창세기에 설명된 생물의 특수 창조설에 대립되어 생긴 것으로 본다. 당시의 진화론자로는 아낙시만드로스(B.C. 6세기), 엠페도클레스(B.C. 5세기), 스페우십포스(Speusippos, B.C. 400~B.C. 339) 등이 있다.

둘째의 흐름은 18세기 후반에서 19세기 초에 이르는 프랑스의 진화론이다. 17세기 후반부터 프랑스 사상계를 중심으로 '고대인과 근대인의 우열논쟁'이 일어나, 퐁트넬(Fontenelle, 1657~1757) 등에 의해 인간 및 사회의 진보에 대한 관념이 사회에 등장하여 진화론의 탄생에 크게 기여하였다. 이러한 가운데 데카르트가 주장한 17세기의 생명기계론, 18세기에는 뉴턴적인 역학으로 기계론적 자연관이 보급됨에 따라 근대적인 진화론이 필연적으로 탄생되기에 이르렀다.

1745년에 발표된 모페르튀이의 「인간과 동물의 기원」이 결정적인 역할을 하였으며, 그 후 프랑스 진화론의 대표적인 학자 및 사상가로는 혁명 전의 계몽사상의 영향을 받은 디드로 돌바크(P. H. Dietrich d'Holbach, 1723~1789) 등이고, 1809년에 간행된 「동물철학」으로 대진화론자 라마르크가 등장한다.

셋째의 흐름은 18세기 말에서 다윈 시대에 이르기까지의 영국의 진화론이다. 18세기 말 영국의 진화론자로는 진화론의 확립자 C. 다윈의 조부 E. 다윈이 있었다.

---

18) 江澤洋 외, 전게서, pp. 148~152.

요컨대, 18세기부터 19세기까지의 진화론의 역사를 먼저 프랑스, 뒤이어 영국으로 크게 구분하여 본다면, 전체적인 흐름을 파악하는 데 좋을 것으로 생각한다.

2. 동 · 식물의 분류 — 린네

진화론이 대두되고 있는 이러한 시대적인 상황에서 자연의 체계를 탐구하는 활동이 활발하게 되고, 생물학에서는 분류학이 여기에 속하였다. 물론, 이와 같은 사상적 배경만으로 분류학(인위 및 자연분류법)이 성행한 것은 아니고, 유럽인에 의한 지리적 확대가 가져온 생물종의 증가가 있었기 때문이다.

18세기의 분류학을 대표하는 인물은 스웨덴의 식물학자인 린네[19](Carl Linne, 1707～1778)(그림 9 · 11)이다. 그는 학생시절 현미경을 사용하여 식물의 암술 · 수술을 기록하고, 식물을 그 생식기관에 의해 분류하는 방법을 생각하였다. 1732년 랩란드(Lapland)의 식물상을 조사하게 되어 스칸디나비아 반도를 8,000 km 정도 걸어 새로운 동 · 식물을 구체적으로 관찰한 결과를 「랩란드의 식물상」(Flora Lapponica, 1737)이란 논문을 발표하고, 그때 남성을 ♂, 여성을 ♀로 표시하는 기호를 사용하였다. 그는 1,800여종의 식물을 직접 자기의 손으로 분류하였다. 식물에서 중요한 기관인 꽃을 신이 체계화의 기준으론 삼았다고 하였다(그림 9 · 12).

그림 9 · 11 린 네

그림 9 · 12 린네의 저서

그런데 자연의 체계를 탐구하는 데 중요시된 것은 '종'의 문제였다. 신이 창조한 '종'을 어떻게 규정하느냐가 중요한 문제였다. 만일 이 '종'이 고정적이 아니고 변화되는 것이라면, 신의 창조라는 생각에 혼란이 생긴다. 린네는 처음 '종의 불변'을 믿었으나, 당시 식물의 성을 연구하는 과정에서 식물의 잡종이 생기는 사실을 확인

19) 平田 寬, 전게서, 하권, pp. 282～283

하고, 이것이 계기가 되어 '종의 변화'를 인정하게 되었는데, 이것이 진화론을 대두케 하는 하나의 계기가 되었다.

그는 1735년에 「자연의 체계」를 발표, 동물・식물・광물을 독자적 방법으로 카탈로그화 하였고, 식물의 종에 대해서는 암술, 수술 등의 생식기관을 토대로 하여 분류할 것을 제안하였다. 「식물의 종」(1737)에서는 전 세계로부터 약 8,000종의 식물이 등록・기록되어 있다. 그림 9・12는 린네의 저서 중 하나이다.

생명의 세계에서 나타나는 최대의 차이는 동물・식물의 차이이다. 그는 체구조의 근본적인 특징에 의해 강(綱 : classis)에서 점차 목(目 : ordo), 과(科 : familia), 속(屬 : genus), 종(種 : species)으로 세분하였고, 그렇게 하여 식물과 동물에 2명명법(속명과 종명)을 적용하였다.

3. 라마르크의 진화론

물론, 종의 변화 사실로서 바로 진화론이 발생하게 된 것은 아니다. 생물학상에서는 자연발생 논쟁, 비교 해부학상의 지식, 또는 고생물학이나 지질학의 발달 이외에 프랑스에서의 계몽사상, 진보사관 등의 사상적 배경이 있기 때문이다. 특히, 프랑스에는 모페르튀이, 뷔퐁(G. L. Buffon, 1707~1788) 등의 선구자가 있었다. 특히, 뷔퐁은 44권이나 되는 「자연지」(1749~1788)를 지어 그 안에 동물의 기관에는 퇴화하는 것이 있다는 사실을 기록해서 19세기 진화론의 기초가 되고 있다.

이 뷔퐁의 후원으로 34세 때 「프랑스의 식물지」(1779)라는 저서를 써 식물학계에 이름을 떨치게 되고, 식물의 연구에서 동물로 바꾼 사람이 프랑스의 박물학자 라마르크[20](J. B. P. Antoine de Monet de Lamarck, 1744~1829)(그림 9・13)이다. 그는 19세기 초에 「생물의 체제연구」(1802)를 발표하였고, 「동물철학」(1809)으로 생물학 역사상 최초로 체계적인 진화론을 제기하였다. 그의 진화론은 18세기 프랑스 계몽사상과 프랑스 혁명이 가지는 진보와 진화의 사상적 영향을 받은 것이며, 그 자신의 무척추동물의 연구가 기반이 되고 있다. 그는 하등동물에서 고등동물로 동물군을 분류 배열하는 데 있어, 동물체의 구조가 연속적으로 복잡화되어 가는 원인을 설명하고자 하였던 것이다.

가장 유명한 것은 「동물철학」으로 이 책에서 라마르크는 라마르키즘(Lamarckisme)이라 부르는 진화론을 세 개의 줄거리로 제시하고 있다.[21] (1) 생물은 본래

20) S. Mason(矢島祐利 역), 전게서, 하권, pp. 380~387.
21) 紫藤貞昭 편, 전게서, p. 182.

진보하여 발달되어 나가는 경향이 있다. 이것을 전진적 발달(progressive development)이라 한다. 생물은 자연생성물로 생성된 라마르키즘(Lamarckisme) 이라 부르는 하등의 생물은 점차 여러 기관을 발달시키는 능력을 가지게 되고 복잡한 체계의 생물로 되었다는 것이다. (2) 이러한 생물은 환경에 의해 여러 가지 구조 및 지능 가운데 유발된 변화가 자손에 전해진다는 사상으로 이것이 획득형질의 유전이다. (3) 새로운 환경조건과 새로운 습성은 적응적인 형태를 만들어간다. 이것이 용・불용설(use and disuse theory)이다. 이는 기관이 사용되어 발달된 성질은 자손에 전해지고, 폐용으로 왜소화된 성질도 똑같이 전해진다.

라마르크의 진화론은 아직 18세기의 자연체계라는 사상의 테두리 안에 위치하고 있으며, 진화의 연구보다는 체계화에 중점을 두고 있고, 만인을 설득시키는 이론이 되지는 못하였다. 거기다 당시 화석연구의 제1인자이고 반 진화론자인 프랑스의 퀴비에(Georges L'eopold Chr'etien Fr'ed'eric Dagobert Cuvier, 1769~1832)(그림 9・14)가 생물의 창조설을 지지하고, 천변지이설(天變地異說)을 채용하였기 때문에 강력하게 대립되어 그 권위에도 손상을 입었고 일반인에게 인정을 받지 못한 채 세상을 떠났다. 퀴비에의 저서로는 「비교해부학 강의」 5권(1801~1805)과 「네 발 짐승의 화석에 대한 연구」(1812)가 있다.

그림 9・13 라마르크

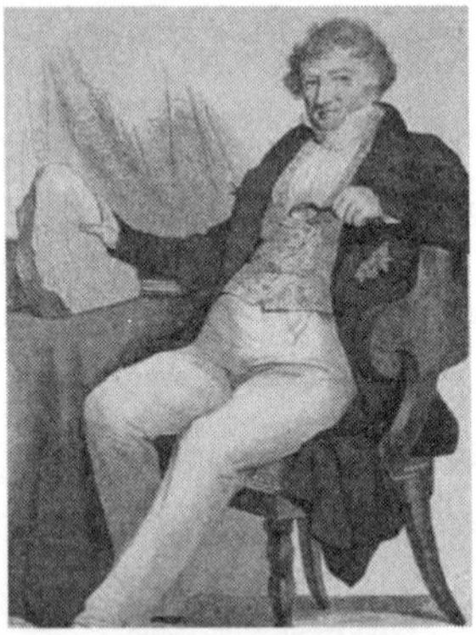

그림 9・14 퀴비에

4. 생물 진화론의 제창 — 다윈[22),23)]

다윈의 진화론은 생명탄생을 신의 영역에서 과학의 영역으로 끌어내린 혁명이라고 하는 학자도 있다. 이는 마음을 연 관찰력의 결과로 볼 수 있다.

---

22) Compton's Encyclopedia, vol. 6, pp. 34~36.
23) 江澤洋, 전게서, pp. 154~163.

라마르크가 「동물철학」을 출판한 해에 태어난 다윈(Charles Darwin, 1809~1882)(그림 9·15)도 1859년에 공개한 「종의 기원」에서 진화론을 전개하여 일반인에게 수용이 된다. 이 50년의 차이는 무엇이었을까. 첫째, 19세기 전반에 사회적 변혁이 있었음을 들 수 있다. 영국에서는 산업혁명의 뒤를 이어 자본주의가 발달해서 자유경쟁의 사상이 확산되어 가고 있었다. 둘째는 학문 세계의 이야기이다. 물리학·화학의 진보와 함께 생명현상을 인과분석적으로 취급하는 활동의 제고로, 다윈의 진화이론도 라마르크와 같은 체계화를 시도한 것이 아니고 인과론적으로 고찰한 것이 들어맞은 것이다. 거기에다 50년간 진화를 증명하는 자료가 누적되고 있었던 점도 다윈에게는 유리하였다.

그림 9·15 다윈과 그의 서재

다윈의 조부 에라스무스 다윈(Erasmus Darwin, 1731~1802)도 진화사상을 가진 사람이며, 저서 「주노미아(*Zoonomia*, 1794~1796)」에서 전화를 논하였으나 다윈은 조부의 영향도 라마르크의 영향도 부인하고 있다. 이 사실은 자기 자신이 같은 부류로 취급받고 싶지 않았으며 자기를 과시하고 싶었기 때문일 것이다.

다윈은 처음에 의학교, 뒤에 신학교에서 공부를 하나 소년시절부터 흥미를 가지고 있던 박물학에 심취해, 영국 해군의 측량함 Beagle호에 박물학자로 승선하고 1831년 12월에 항해를 시작하여 남아메리카 연안, 오스트레일리아, 남태평양의 여러 섬을 거치면서 동·식물, 지질을 상세하게 조사하고 1836년 10월에 귀항하였다. 또, 휴대하고 있었던 라이엘(Charles Lyell, 1797~1875)의 저서 「지질학원리」를 읽고, 라이엘의 방법 및 관점을 지질학에서 생물학에 확대함으로 생물종이 역사적으로 진화한 것이라는 결론에 도달, 이것이 진화론의 토대가 되었다.

귀국 후, 1839년부터 막대한 연구자료를 정리하여 「Beagle호의 항해 중 동물학」

(1840~1843)으로 발표하였다. 육종가들은 가축이나 작물을 자신들이 원하는 성질을 지닌 것들만을 선택, 번식시켜 품질개량을 하여 '인위적 선택'을 하고 있는 데 암시를 얻어, 동·식물의 진화를 설명하는데 이 학설을 적용하였다.

그때 그는 맬서스(Thomas Robert Malthus, 1766~1834)의 「인구론」(*An Essay on the Principles of Population*, 1798)을 읽고 '인구의 자연적 증가는 등비급수적이나 생활자료는 등차급수적으로밖에 증가하지 않는다. 그래서 과잉인구에 의해 불행과 악득이 생긴다'는 주장을 받아들여 생물의 증가는 기근·전쟁·질병에 의해 감소되거나 신종이 생겨난다고 확신하였다. 그렇게 하여 그의 마음 속에는 생존경쟁에 의한 '자연선택(natural selection)'과 '적자생존'이라는 '생존경쟁의 결과' 외계의 환경에 가장 잘 적합한 것만이 생존·번영하고 적합지 않는 것은 도태되어 쇠퇴·멸망한다고 하였는바 바로 자본주의하에서의 자유경쟁의 사고방식과 부합되는 것이었다. 결국 '자연선택설'이란 여러 종 가운데 생활환경에 의해 유리한 변이를 가지는 개체는 생존의 기회와 번식하는 기회가 있으나 반대로 유해한 변이는 도태된다고 하여 인간이 농작물이나 가축의 품질개량을 할 때의 인위선택과 비교하여 자연선택이라 불렀고 그래서 다윈은 변이가 누적되어 신종이 생긴다고 생각하였다.

그의 진화론에 대한 논문 「자연선택에 의한 종의 기원에 대해」(*On the origin of species by means of natural selection*, 통칭은 「종의 기원」, 1859), 「가축과 재배식물과의 변위」(1868) 및 「인간의 유래와 성 선택」(1871)은 진화론의 3부작으로 꼽히고 있다. 「인간의 유래와 성 선택」에서는 인간의 기원과 진화론을 논하였다.

5. 진화론의 반응과 생명관의 변화[24)]

다윈의 진화론은 바로 사람들의 반응을 불러일으켰다. 특히, 인간의 위치부여가 문제되었다. 다윈은 「종의 기원」에서는 문제삼지 않았으나, 1871년 「인간의 유래 및 성 선택」에서 자기의 입장을 밝혔다. 그는 인간도 진화의 산물이라고 하여 무신론자임을 밝혔다.

그에 앞서 다윈의 생각을 지지하고 반대론자와 격렬한 논쟁을 벌인 헉슬리(T. H. Huxley, 1825~1895)는 1863년 「자연계에서의 인간의 지위」를 저술해 인간이 동물에서 진화하였음을 여러 원숭이 종류와 비교하여 증명하였다.

진화론은 유럽人의 마음 속에 오랫동안 계속되어 온 기독교적 인간관(신, 인간, 자연의 세 가지 입장)을 정면으로 반대하는 것이었다. 따라서 종교계의 반발은 당연

24) 鈴木善次 외, 전게서, pp. 50~52.

한 것이었다. 한편, 독일의 헤켈(Haeckel Ernst Heinrich, 1834~1919)을 시작으로 진화론 생물학자 속으로 서서히 확대됨과 아울러, 인간사회에도 진화론이 적용되어 사회학자들이 경제 · 사회 · 정치 등에 이용하기에 이르렀다. 이른바, 사회 다윈주의(사회진화론)의 등장이며, 이 방면에서 활약한 사람이 스펜서(Herbert Spencer, 1820~1903)이다. 생물학의 다윈주의(Darwinism)가 사회학 · 윤리학에도 이용되었다.

특히, 인간사회에 적용된 것은 자연선택설이다. 생물계에서는 자연선택이 정상적으로 기능을 발휘하여 착실하게 진화가 이루어지는 데에 비해, 인간사회에서는 휴머니즘이 관여되기 때문에 정상적으로 기능이 작용하지 않고, 본래는 생존할 수 없는 성질을 가진 것이라도 생존하기 때문에 인간은 유전적으로 열악한 성질이 커져 진화되는 것이 아니고, 역으로 퇴화되어 역선택이 일어난다는 설이 나왔다. 이것을 연장하여 가면 인간은 진화(진보의 의미)하는 게 아니고 퇴화의 길을 걷게 된다는 것이다. 특히, 이 문제를 취급하여 우생학을 학문으로까지 제창하게 된 사람이 다윈의 종제 골턴(Francis Galton, 1822~1911)이었다.

우생학(eugenics)이란 인간 및 인간의 집단에 다윈의 진화론과 유전이론을 엄격하게 적용하여 인간의 유전적 열악화를 방지하여 유전적 개선을 추진하는 학문 또는 사상운동이다. 이론상으로는 결혼제한, 단종, 격리에 의해 나쁜 유전인자의 확대를 방지하고자 하는 '소극적 우생학(negative eugenics)', 일부다처제나 세제우대로 좋은 혈통이라고 생각되는 인간의 조기결혼이나 다산을 장려하는 '적극적 우생학(positive eugenics)'의 두 종류가 있으나 인간의 경우는 소극적 우생학이다. 이 우생학이란 인종의 열악화를 방지하는 방법을 연구하고자 한 것이, 뒤에 민족주의와 결합하여 나치스 독일에 의한 유태민족 탄압이라는 극단적인 사태에까지 이른다. 이 우생학은 미국에서는 인종문제와 관련되어 큰 관심의 대상이 되었다.

이때, 생물학 내부에는 이미 언급한 바와 같이 19세기가 되면서 물리학 · 화학의 진보와 함께 생명현상을 그들의 법칙으로 설명하고자 하는 움직임이 형성되어 생물체의 구조에 관해서 세포설이 등장한다.[25)]

17세기에 현미경이 일반화되고 그 과정에서 로버트 훅이 코르크 조각의 세포를 관찰해 왔고(1665), 1675년에는 말피기가 식물의 내부구조를 역시 관찰하였다. 그 후 18세기에는 두드러진 활약은 없었고, 이때 현미경의 개량과 관찰을 위한 기술의 진보는 의학이나 생물학의 연구를 크게 촉진하여 18세기 말에서 19세기 초에 걸쳐 생물체의 구조에 다시 관심이 쏠리기 시작하였다.

25) 伊東俊太郎 외 편, 전게서, p. 388, p. 389.

생물체의 기본 단위가 세포일 것이라는 생각이 사람들의 사상을 지배하기 시작할 무렵, 생물학을 물리과학이나 정밀과학만큼 향상시켜야 한다고 의욕을 보인 독일의 슐라이덴(Mathias Jocob Schleiden, 1804~1881)과 슈반(Theodor Ambrose Hubert Schwann, 1810~1882)에 의해 세포설이 제창되었다(1838). 이것은 단지 세포(그림 9·16)가 생물체의 기본 단위임을 표시하는 것에 의미가 있는 것이 아니고 생명현상을 인과분석적으로 취급하려 했다는 데 그 가치가 있다. 그는 세포설에서 "먼저 전 동식물은 세포 또는 세포에서 방출된 물질로 구성되어 있다. 다음에 세포는 어느 정도 그 자체의 독자적인 생명을 가지고 있다. 마지막으로, 모든 세포의 각기 독립된 생명은 전체로서의 유기체의 생명에 종속되어 있다"는 세 가지의 결론을 내렸다.

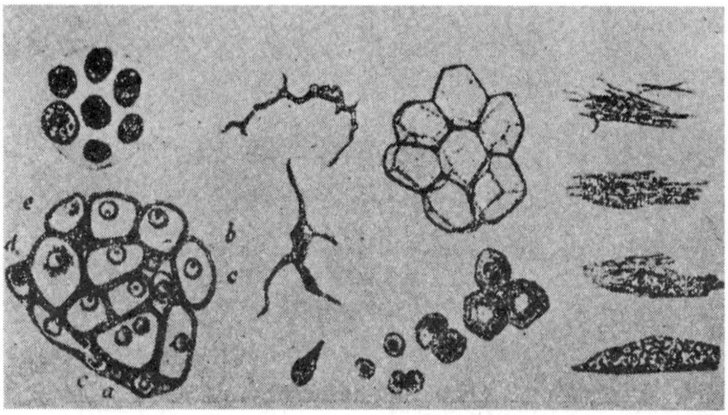

그림 9·16 슈반의 세포 그림

세포설의 등장은 19세기의 생물학·의학의 중대한 사건이었다. 생물을 통일적으로 다루는 데 기여하였고, 이후 다윈의 진화론을 받아들이는 데도 기여했다. 이른바 기계론적인 생명관을 공고히 할 수 있었다.

독일의 의학자인 피르호(Rudolf Carl Virchow, 1821~1902)는 질병이란 세포의 물리화학적 기능장애라 했다. 단일의 병의 원인만으로는 질병이 되지 않고 질병은 '사회'적 조건에서 생겨 '사회'의 변환에 의해서 치유된다고 주장하여 의학의 사회적 측면을 중요시하였다. 그는 1858년 「세포병리학」(*Die Cellularpathologie*)을 발표하여 세포설을 병리학에 도입하였다.

19세기 말에 생물학자들은 생명현상에서 생기론적 설명(생명과정, 생명현상은 일반의 물리·화학법칙적인 기계론으로는 설명할 수 없는 초경험적인 생명력이 있다는 전제)을 추방하고, 많은 사람들이 조직을 깊이 있게 연구하게 되었다. 20세기의 생물학은 유전현상의 해명으로 새로운 국면에 접어들어, 오늘날에는 디옥시리보 핵산(DNA) 등 분자 레벨에서 생명현상의 구조를 설명하기에 이르렀다.

다윈의 진화론은 20세기에 발달하는 유전학의 영향으로, 어느 정도 수정을 받게 된다. 그것은 그 자신도 명확하게 하지 못한 생물변이의 원인이 얼마간 해결되었기 때문이다.

멘델(Gregor Johann Mendel, 1822~1884)이 유명한 유전의 실험을 행한 하나의 동기는 이 변이의 원인을 탐구한 바와 같이 19세기 말에서 20세기에 걸쳐 활약한 유전학자의 대부분이 같은 문제의식을 가지고 있었기 때문이다. 드 브리즈(Hugo Marie de Vries, 1848~1935)는 진화, 유전현상의 연구에서 물리적·화학적 방법을 채용, 분자·원자에 해당하는 생물의 기본 단위로서 '세포 내의 판겐설'을 주장하고, 1900년 멘델 법칙의 재발견, 1901년 돌연변이설 등을 제창하였다. 이 돌연변이설이 다윈의 자연선택설과 결부되어 현대 정통파 진화론자들의 요인론(돌연변이+자연선택)이 되고 있다.

6. 진화론의 사상적 영향[26)]

다윈에 의해 진화의 연구는 완전히 과학이 되고 진화는 생물학의 문제가 되었다. 그렇다고 해서 진화론과 세계관, 사회사상의 관계가 단절된 것은 아니다. 과학적 진화론이 성립될 때까지는 세계관·사회사상이 진화론을 재촉하거나 제약하였지만 진화의 연구가 과학의 궤도에 오르자 이번에는 진화론쪽에서 세계관, 사회사상에 영향을 주는 국면이 되었다.

진화론의 경우, 그 사상적 영향은 극히 다면적인 것이 특징이다. 가장 일반적인 것은 사물을 과학적으로 생각하는 것, 발전 내지 진보라는 면에서 사물을 관찰하는 것, 또 여러 가지 사물을 역사적 견해로 고찰, 특수하게는 인간도 동물적 본성을 가지게 된다는 새로운 인간관의 수립이라는 사실이다.

진화론 일반이 아니라 자연선택설의 사상적 영향이라는 논의도 있는데 우승열패·약육강식(優勝劣敗·弱肉强食)의 합리화 등이 그 하나이다. 인간의 동물적 본성이라고 하는 데서 시작되는 인간의 본능주의가 진화론과 결부되는 경우가 있다. 우승열패의 합리화와 관련하여 전쟁이나 인종차별의 필연성을 강조하는 경우도 있다. 이러한 점에서 진화론이나 자연선택설은 인간 및 사회를 후퇴시키는 것 같지만 넓은 시각에서는 예로부터 근거없는 관념을 버리고 인간의 도덕이나 교육에 새로운

26) 江澤洋 외, 전게서, pp. 170~172.

고찰을 하는 동기를 부여하였다.

다윈의 진화론은 하나의 새로운 사상조류(철학사상)를 발족시키는데 대단히 큰 역할을 연출하였다. 미국의 프래그머티즘(문화적 다원주의 : pragmatism)이 그것이다. 19세기 후반 급속히 발전을 계속한 미국사회에서 독자적인 문화나 사상을 가지고 싶다는 욕망이 다윈의 진화론에 발판을 찾아 호응한 것이다.

직접적인 영향은 첫째가 경험의 획득에서 능동적인 과정의 중요시이다. 경험을 단순하게 외계로부터 인식되는 것으로 생각하지 않고 인식 내지 행동의 주체가 경험을 적극적으로 획득하여 가는 면에 주목한다는 것이다. 둘째는 경험의 획득이나 또 일반적으로 인간의 행동을 환경에의 적응이라는 점으로 생각하여 가는 입장이다. 이 사상의 창시자는 파스(Ch. Peirce, 1839~1914), 제임스(William James, 1842~1910) 및 듀이(J. Dewey, 1859~1952)이며, '이론의 실험에 의한 검정'이라는 근대 자연과학의 방법에 대한 인식론적 일반화에 있다.

특히 중요한 것은 스펜서의 진화론으로 사회와 생물과의 비교에 바탕을 둔 그의 사회유기체설 — 그것과 밀접한 관계가 있는 사회진화론 — 이라는 것이 현저한 영향력을 나타냈다.

진화론의 철학에 대한 영향에는 실증주의 과학을 부인하는 것과 앙리 · 베르그송(Henri Bergson, 1859~1941)의 생명의 본질로서의 움직임 즉, 고정화 내지는 공간화를 꺼리는 생명은 내재하는 충동에 눌리어 끊임없이 전개를 한다는 '창조적 진화'(1907)라는 사상이 포함되어 있다. 그림 9 · 17은 다윈을 풍자한 그림이다.

그림 9 · 17 다윈과 원숭이가 껴안고 있는 풍자 그림

9.5 과학·기술교육과 기술학

기술교육이 태어난 파라독스는 숙명적이다. 교육은 개인의 인간형성 과정을 어느 정한 목적을 향해서 조정한다. 사회의 이 준비는 후기 르네상스(과학적·기술적 휴머니즘, 보편적 인격의 형성, 자유와 평등의 사상)의 산물이나, 이 시대는 다른 한편으로는 멀지 않은 산업혁명을 향한 매뉴팩처의 우월시대였다. 여기에 성립된 매뉴팩처 경영계층이 사회의 지배자로서 요구한 것은 단능 노동력, 노예적 유순, 근대적 질서였다. 그래서 현대를 상징하는 단순작업을 반복하는 인간집단을 투입한 생산라인 복합체, 공장이라고 부르는 이 거대한 로봇은 매뉴팩처에 나타난 원리의 완결에 지나지 않았다. 이러한 사회 분위기 속에서 자유·평등·기회균등의 기치 아래 교육운동이 시작되었다.[27]

1. 프랑스 혁명기의 과학·기술교육

(1) 이론과 응용의 통일—에콜 폴리테크닉의 학풍

1789년에 시작된 프랑스 혁명은 이웃 여러 국가로부터 군사적인 간섭을 받았고, 혁명 때의 혼란으로 왕정제측에 가담한 기술자의 처형과 망명도 있었고, 실제 포병사관 및 공병사관의 부족도 통감하였다. 따라서 혁명정부는 국방의 필요에서 긴급하게 많은 기술자를 양성하지 않을 수 없었다.

한편으로 혁명에서의 과학자·기술자의 헌신적 역할이 인정되어 혁명의 정신에서 교육·연구기관의 설립이 요구되면서,[28] 1793년에 기술을 위한 기초 교육기관의 창설이 제안되어 1794년에 '공공공사학교'(Ecole desTravaux Publics)가 11월 30일에 개교, 25개 도시에서 경쟁시험으로 선발된 400명이 입학하였다. 전 학생에게 장학금이 주어졌고 수업년한은 3년간이다.

1794년에 개정되어 2년제가 되고 그 위에 2년간의 각 부분기술을 가르치는 학교가 설립되기에 이르렀는데 이 기초과정의 2년제가 에콜 폴리테크닉(Ecole Polytechnique, 이공과학교)이며, 기술을 가르치는 학교교육의 시초로 기술자의 양성을 담당하였다.[29] 기하학자 몽주(Gaspard Monge, 1746~1818)와 화학자 푸르크가 창립의 중심인물이며, 역학과 수학에는 라그랑주(J. L. Lagrange, 1736~1813), 푸리에(Fourier, 1768~1830), 화학에서는 베르톨레, 보클랭(L. N. Vauquelin, 1763~1829) 등, 당시 프

27) 伊東俊太郞 외 편, 전게서, p. 249.
28) 伊東俊太郞 외 편, 전게서, p. 111.
29) 會田軍太夫, 전게서, pp. 207~211.

랑스에서 가장 우수한 인재를 교수로 초빙하였다.

교육 내용으로는 첫째, 수학, 역학, 물리, 화학 등 기초과학에 대한 기초지식, 둘째, 과학적 기기와 기계를 사용하는 실습·훈련, 셋째, 과학적인 기초가 되는 도학·제도의 교육, 넷째, 그림을 그리는 방법의 기하학을 공학적 전문분야(특히 토목공학 및 기계공학)에 응용 등 이론면이 중시됨과 아울러, 이론과 응용을 통합한 종합기술 교육이라는 데 그 특징이 있다.

2년간의 전문기술을 가르치는 학교의 학과는 사관 양성을 위한 학과로는 육상포병과·해상 포병과·공병과이며, 기술자의 양성을 위한 학과로는 토목과·조선항해과·광산과·지도과 등의 종류가 있었다.

19세기 초 에콜 폴리테크닉의 교수, 졸업생 등이 이룬 공헌이 얼마나 큰 가를 살펴본다. 수학에서는 푸리에에 의한 'Fourier 급수(1811)', 라플라스의 '확률론(1812)', 코시(Cauchy)의 '복소함수론(1825)', 퐁슬레의 '투상기하(1822)' 등, 역학에서는 라그랑주의 '해석역학(1788, 1811~1815)', 프렌넬의 '광학연구(1816~1826)', 암페어·비오(Biot)·사발 등의 1820년 전후의 '전자기학연구', 화학방면에는 베르톨레, 게이뤼삭이 있고, 열역학에서는 카르노가 1824년 「불의 동력에 관한 성찰」을 출판하여 오늘날 열역학 체계의 길을 열었다.

'이공과대학'으로 시작된 이 에콜 폴리테크닉은 1805년 나폴레옹(Napoľeon Bonaparte, 1769~1821)에 의한 학제개혁 이후 프랑스에서는 과학기술 교육의 중심이 되었고, 과학과 기술을 연결하는 프랑스의 전통을 만들었으며, 기술교육에서 기초과학 교육을 중시하는 그 교육방침은 유럽은 물론이거니와 전 세계 기술교육의 모델이 되었다. 또한 과학이 전문직업으로 된 것도 프랑스 혁명을 계기로 삼았고, 또 과학의 학문내용이나 과학제도 면에서 중요한 변혁을 초래하였다. 이른바 나폴레옹이 말하는 '황금알을 낳는 거위'[30] 구실을 톡톡히 한 것이다.

2. 기술학의 성립

기계제 생산의 발달은 도량형 체계 문제를 시작으로 열기관에 관계되는 열역학, 기구학, 역학 등 과학적인 고찰을 필요로 하는 문제를 야기시켜 자연과학의 비약적 발달을 촉진시켰으나, 그 가운데서도 중요한 사실은 생산과정 자체를 과학적으로 취급하는 방법과 기술학을 처음으로 만든 사실이다.

기술학에 체계를 부여하는 최초의 시도는 독일의 괴팅겐 대학의 베크만(Beckmann)(그림 9·18)이며, 1772년에 종래의 '공예사'에 대해 '기술학'이란 용어를 사

30) 會田軍太夫, 전게서, p. 223.

그림 9 · 18 베크만

용하고 노동수단의 분류를 시도, 기술학을 일반 기술학과 특수 기술학으로 나누었다. 베크만의 기술학은 중상주의의 학문체계인 관방학(官房學, cameralism : 16~18세기를 통해서 독일에서 일어난 국가수입 획득에 관한 학설)에서 출발, 곧이어 그 낡은 껍질을 벗게 되고, 이후 포페(Poppe) 등 베크만파에 의해 기술학의 체계화가 추구되나, 기계제 생산에 대응하는 새로운 과학으로서의 기술학은 낡은 생각에서 벗어나 생산부문에 직결된 입장을 취해, 예를 들어 기계학은 레드텐바헤르(F. Redtenbacher, 1809~1863)와 바이스바흐(Julius Ludwig Weisbach, 1806~1871) 등에 의해 19세기 전반에 확립된다. 동시에 이 새로운 '학문'을 연구 · 추진하는 사회적 제도도 발달하여 신시대의 생산방법에 대응하는 사회체제가 형성되었다.

3. 기술자의 학회

독일에서는 화학기술의 발달에 따라 응용화학이나 공업화학의 성립이 두드러졌지만, 영국에서도 종래의 전쟁 등에 관한 일에 대해서 '시민을 위한 공학'(Civil Engineering)이 스미턴(J. Smeaton)에 의해 제창되었다. 매뉴팩처에서는 수공업자가 기계를 만들었으나, 산업혁명 이후의 대공업 기술자가 공학상의 문제를 논의하기 위해 독자적인 집단을 형성하기 시작하였다.

스미턴은 영국의 토목기술자, 기계공학자로서 기계의 과학적 연구를 창시하여 기계공학의 기초를 세우기도 하였고, 또 최초의 전문기술자협회인 '토목 기술자협회'(Society of Civil Engineers)를 1771년에 창설하기도 하였다. 그 후 1818년에는 세계 최초의 학회(Institution of Civil Engineers)가 창립되었다. 학회는 기술과 기술학 분야의 발달에 따라, 1840년에 글래스고 대학에서 처음으로 공학강좌가 개설되고 랭킨이 주임교수로 취임하였다. 여기서 응용역학, 동력공학, 토목공학 등이 처음으로 체계화되는 길이 열렸다.

제 10 장

매뉴팩처 생산과 산업혁명의 기술

항해술의 발달로 콜럼버스에 의해 아메리카 대륙의 일부가 발견되고, 바스코 다가마의 희망봉을 돌아가는 인도항로의 개척으로 세계무역은 매우 활발하게 되었다.

항해술의 진보와 거기에 협력한 천문학의 발달은 지리상의 발견을 활발하게 함과 동시에 새로운 국가들, 또는 식민지와의 교역의 번영도 가져왔다. 그렇게 되면서 생산방식은 수공업적 길드의 조직으로는 감당할 수가 없게 되어 우두머리 제도의 길드를 벗어난 산업자본가는 공장제 형태로 수공업자를 하나의 공장에 집중시켜 각 개인이 가진 기술이나 기능을 분업적으로 분리하여 부분품을 제작하는 분업에 의한 협업으로 생산하는 산업형태로 발전하여, 이른바 공장제 수공업(매뉴팩처) 생산 시대가 등장하였다.

르네상스와 함께 생산체제는 매뉴팩처 방식이 되고 드디어 산업혁명기의 선구를 형성하는 생산방식이 되어 이 기반에 기술의 발전을 수반하였다. 그렇게 하여 물질적 · 경제적 또는 정치적 · 군사적인 여러 사정이나 기구의 발전은 필연적으로 화폐경제의 발달을 가져와 상업적인 자본가(부호)가 형성되었다.

한편, '과학'이 '자연과학'의 의미로 사용되기 시작한 것은 19세기 이후로, 따라서 과학 → 기술 → 생산이라는 단선적인 인과적 계열을 역사적인 관점에서 유지하기는 혁신연구가 심화됨에 따라 어렵게 되었다. 과학과 기술은 서로 독립하여 발전하여 왔으나 산업혁명 초기에 기계 · 실천의 기술에서 지식 · 이론의 과학이라는 방향으로 제도적인 연계가 되었다고 본다. 이미 제8장 1절의 1항에서 설명한 7기계적 학예가 하나의 단초로 보고 인간의 손에 의해 움직이던 기계가 지금까지 없었던 새로운 동력원으로서의 증기기관에 의해 작동됨으로 생산이나 교통 등의 분야에 중대한 영향을 끼쳐 매뉴팩처를 해소하고, 자본주의적 생산방식을 확립하여 과학기술의 혁신을 한층 더 빠르게 진전시켰다. 이는 자본 · 과학 · 기술의 세 가지의 결합이 산업혁명의 토대임을 말해준다.

자본주의 생산에는 방적산업, 금속의 채굴과 제철, 가공 및 제조의 산업, 석탄채굴의 증대, 기차나 기선의 발명 등이 있다. 또 전기에 관한 여러 가지 연구가 산업에 하나의 견인차 역할이 예상되는 발전추세였다. 그래서 행운인지 불행인지는 모르나 사람들이 과학기술에 대한 한없는 희망과 꿈을 가지기 시작한 것은 이 시기 전후부터이다.

그러나 반면으로 증기기관의 눈부신 실용화가 일시적으로 심각한 실업문제를 야기한 것이나 또 석탄의 매연이 인간의 건강에 미치는 피해(공해의 싹이 틈)를 지적하는 소리가 있음을 우리는 잊어서는 안 된다.

10.1 매뉴팩처 생산의 시대

1. 자본주의적 발전에의 길이 열리다

중세에서 지리상의 발견으로 해외교역의 발전에 따른 수요의 급격한 요구에 대해서는 종래와 같은 수공업적인 제품의 생산체제가 흔들리기 시작하였다. 그래서 중세적, 수공업적인 길드에 의해 형성되어 있는 시민적 · 개인적 · 인간적 · 공예적 · 수공업으로서는 도저히 대응할 수 없는 양상이 되었다.

그 사이 발흥하여 온 상업자본가는 이 양적으로 팽창한 수요를 충족시키기 위한 생산방식으로 시민적 · 길드적 · 수공업적 생산방식에서 탈피하여 집중적 · 협업적 · 분업적인 생산방식을 만들어냈다. 즉 개인적 수공업자, 우두머리의 지배하에 예속되어 있던 직인적 작업자를 큰 작업장(공장)으로 집중시키는 방책이 강구되어 상업자본가 밑에서 양적 생산을 가능케 하는 체제가 만들어졌다.

이렇게 시민으로서 개인업자이고, 길드적 제약에 얽매여 있던 수공업자로서 기술상의 수공업적 작업자는 그 길드에서 해방되기에 이르렀다. 그들은 공장주의 지배하에 있는 공장(대작업장)의 고용인이 되었다. 그렇게 하여 하나의 공장에 집중되어 공장제 수공업자로, 이른바 공장제 수공업(manufacture)생산이라는 생산방식의 체제 속에 자기의 개인적 · 종합적 기술 · 기능이 해체되어 특수하게 분할된 기술의 작업자로서의 입장에 서게 된다. 이 시기는 산업혁명으로 향하고 있는 기술의 전단계이다. 그것은 세부적 분할이고 분업적 노동이다. 그래서 제품의 정밀도의 향상이 가능하게 되었다.

이렇게 해서 공장주의 의지는 생산에 의한 상업적 이윤추구로 발전하게 되어 여기서는 생산의 개인성에서 사회성으로 발전하는 계기를 가지게 되어 자본주의적 발전의 길을 열어 갔다.

이와 같은 16~17세기에서의 기술상의 문제는 산업, 교통 그래서 군사적인 문제였다. 산업에 관해서는 채광·야금에 관한 기술상의 여러 문제, 이를 테면 깊은 굉안에서 광석을 끌어올리는 것, 굉 내의 환기·배수장치(펌프)·용광로의 개량 등이고, 교통에 관해서는 선박의 적재량 및 항해속도의 증가, 안전율의 개선, 조종의 용이성이고, 항해중에서의 배의 위치, 자침의 편차, 밀물·썰물의 시각 결정 및 국내의 수로의 완성과 해양과의 연락이다. 군사기술로서는 화기의 제작에 관한 기술(포신의 재료와 가공), 탄도학의 연구라는 분야이다.

이들 기술에는 레오나르도 다 빈치의 군사기술·역학의 연구 등에도 나타나 있으나 이 시대의 채광·야금기술에서는 비링구치오와 아그리콜라(제7장 4절에 설명되어 있음) 두 사람의 기술상의 공적은 특기할만 하다.

아그리콜라의 「*De re metallica*」(1556)는 1912년 미국의 대통령 C. 후버 부처에 의해 영어로 번역되면서 세상에 널리 알려졌다.

10.2 매뉴팩처 생산의 기술적 단계

산업혁명은 매뉴팩처 단계까지의 수공도구에서 기계체계에 의한 생산으로 전환한 것을 그 기술적 출발점으로 하고 있다. 유럽의 중세사회에서 누적된 여러 도구의 체계는 매뉴팩처의 모태 안에 축적되고, 거기서의 분업에 기초를 두는 협업의 노동편성과 깊이 관계되면서 점차 기계제 생산으로 이행하는 기술적 요인을 형성하였다. 따라서 여기서는 산업혁명을 논하기에 앞서 매뉴팩처에서의 기술 문제를 정립해야 한다.

1. 농촌공업과 매뉴팩처 생산의 형성

15세기에 접어들면서 많은 국가에서 일부의 생산부문에 본격적으로 매뉴팩처가 탄생하였는데 매뉴팩처를 만들게 한 것은 대봉건영주와 왕이었다. 이와 같은 매뉴팩처가 조직된 데에는 두 가지의 사정이 있다.[1)]

첫째는 여러 가지 많은 제품을 대량으로 생산하고자 하는 요구가 있었고, 둘째는 어떤 제품을 만드는 데 몇 개의 전문 수공업자가 협업을 하지 않으면 안 되는 생산상의 필요성이 있었다. 또, 일부의 경우는 봉건영주·왕, 동업조합·도시와의 투쟁으로 생기기도 하였다.

자본주의는 산업혁명을 거쳐 지배적인 경제적 제도가 되나, 그 단서는 봉건적 사회 안에서 싹이 튼 것이다. 봉건사회의 말기에 상품유통이 활발하게 됨에 따라 영국이나 네덜란드를 선두로 유럽 여러 나라에 모직물업 등의 농촌공업이 현저하게 발전되었다. 여기서는 농민이나 직인이 가내노동에 의해 상품을 생산하였으나, 그들은 서로 경쟁을 통해 양극으로 분할되어 부유한 농민·소자본가 대 가난한 농민·임금 노동자라는 노사관계를 탄생시켰다. 또, 가내노동자에게 원료를 지급하여 임금노동을 시키고 만들어진 제품을 상품으로 유통시키는 자본가적 가내노동도 형성되었다. 이러한 농촌공업은 처음에는 가족노동을 중심으로 한 영세한 소경영이었으나, 국내·세계시장의 확장과 함께 점차 경영의 규모를 확대시켜 매뉴팩처의 형태를 취하게 되었다.[2)]

이와 아울러 매뉴팩처의 발달에 크게 영향을 준 과정이 도시에서 발생하였고, 이 과정이 생긴 것은 동업조합이 기술의 진보와 생산의 증대에 장해가 된 소규모의 생산, 노동용구, 전통적인 방법을 유지하고 영구화하려고 한 결과이다. 동업조합에 의한 여러 가지 방해에도 불구하고 우두머리끼리의 경쟁이 격화되었다. 결국 동업조합에는 생산의 증대, 국내시장과 국외시장의 확대에 반대하는 사람은 없었다. 우두머리 사이에는 서서히 경제적·사회적인 불평등이 증가 되었고, 파산한 우두머리는 근로자로 전락하고 재력이 풍부한 우두머리는 자신의 영역 내에 많은 생산수단을 집중시킴으로 생산을 확대하여 근로자를 고용할 수가 있게 되었다.

수공업자와 시장 사이에 끼어들어 많은 재력을 축적한 상인은 그것을 자본으로 대체하여 공업의 발달을 촉진하였다.

그와 동시에 15세기 말 항로의 대발견으로 상품의 새로운 판매시장과 원료원이 개발되어 유럽 이외의 지역과의 무역이 활발하게 되고 유럽에서는 미국 생산의 금·은을 수입하게 되어 교역이 대단히 확대되었다. 그 결과 동업조합은 증가되는 상품의 수요를 감당할 수 없게 되어 가장 선진국의 주요한 생산부문에 자본주의적 매뉴팩처가 발생되기 시작하였다.

---

1) 소련 과학아카데미 편(金光不二夫 외 역), 전게서, pp. 133~144.

2) 山崎俊雄 외 편, 전게서, p. 57.

2. 매뉴팩처 생산의 기술

매뉴팩처[3]란 농촌의 가내공업과 도시의 수공업이 토대가 된 하나의 경제적 작품이며, 수공도구에 의존하는 공장 시스템을 의미한다. 서 유럽에서는 16세기에서부터 18세기 후반에 걸쳐, 영국을 중심으로 이와 같은 경영이 성장하였다.

매뉴팩처는 노동을 분업에 의한 협업관계로 편성한 것을 특징으로 삼고 있다. 그런데 수공업의 우두머리나 직인은 하나의 완전한 생산품을 만드는 데 필요한 모든, 또는 대부분의 공정을 한 사람이 취급하는 것이 보통이었다. 또, 같은 작업장에서 일하는 직인의 수가 늘어나도 그들은 병렬적으로 배치되어 단순협업을 하는 데 그치고 노동조직에 기본적 변화는 없었다. 이와 같이 비능률적인 방법으로는 시장의 급격한 확대에 대응하여 생산성을 비약적으로 높일 수가 없었으며, 보다 우수한 형태의 혁신이 요청되었다. 이렇게 해서 분업에 의한 협업에 기초를 두는 매뉴팩처 경영이 등장했으며, 그 후 자본주의 기업에서의 노동조직의 원칙이 만들어졌다.

최초의 매뉴팩처인 견직물 매뉴팩처는 비잔티움에서 발생하였으나 비잔티움은 12세기에 견직물 제조의 독점권을 상실하였다. 시칠리아왕 로제르에 의해 침략을 당하고 견직물공들이 시칠리아로 잡혀갔기 때문이다. 1130~1148년에 로제르왕이 팔레르모에 견직물 매뉴팩처를 건설하였는데 이로 인해 이탈리아 전국토로 확산되었고 이어 프랑스, 스페인, 스위스 및 다른 유럽 여러 나라에 확산되었다. 스페인과 시칠리아는 제지 매뉴팩처가 생긴 최조의 국가이나.

12세기에는 프랑스에서 거울 제조 매뉴팩처가 등장하였으며, 영국과 독일에 식탁용 칼의 매뉴팩처가 발생하였다. 14세기에는 서 유럽의 대부분의 국가에 칼·검 매뉴팩처, 15세기에는 마차 매뉴팩처, 이어 금은 제품, 도자기 제조, 편물에 이르렀고, 동 유럽이나 아시아 및 근동 여러 나라에까지 확산되었다.

14세기 말에서 15세기 초에 야금 매뉴팩처, 금속가공 매뉴팩처(바늘 포함) 및 기타의 매뉴팩처가 파급되었다. 그런데 이들 매뉴팩처의 공통적인 특징은 각각 전문적 수공업자가 하나의 공장에 통합된 점이다.

기술적 측면[4]에서 볼 때 매뉴팩처 생산에 고유한 것으로 거론할 수 있는 것은 다음의 네 가지로, 인간의 근력을 자연력으로 바꾼 수차와 풍차의 폭넓은 이용, 기계적 전도장치(이것의 토대는 시계의 제조)의 발달, 단순한 수공업용 도구의 분화·전문화·개량, 힘 또는 속도로 정해지는 기계적 시스템의 발명이다.

이들 네 가지 기술발달의 방향 중에서 전혀 새롭게 인간노동의 성격을 바꾸고,

---

3) 鈴木善次 외, 전게서, pp. 127~128.

4) 소련 과학아카데미 편(金光不二夫 외 역), 전게서, p. 135, p. 137.

발달된 기술적 생산양식을 결정적으로 변화시킨 것은 인간의 근육의 힘을 자연력으로 대치 가능하게 한 수차와 풍차의 사용이다.

3. 매뉴팩처 생산의 노동과정

매뉴팩처에서는 종래 미분할된 생산과정을 몇 개의 작은 공정으로 나누고 한 사람, 한 사람의 노동자를 부분화·단능화된 작업에 종사시켜 하나의 생산과정을 이와 같은 부분 노동자의 유기적 통합체로 편성해서 생산활동을 한다. 분업에 의한 협업에 기초를 두는 생산공정은 산업혁명 이후의 기계제 대공업의 경영에 있어서도 기계의 분업에 바탕을 두는 협업으로 재생산되고, 또 오늘날에 있어서 자동차 등의 부품제조 공정, 조립공정에서도 볼 수 있다. 이와 같이 하나의 완성 생산품을 만드는 데 지금까지 분할되지 않았던 공정을 분할하고, 노동과정을 그 작은 공정의 유기적 통일로 재편성하는 매뉴팩처를 유기적 매뉴팩처[5]라고 부른다. 그 예를 봉침(縫針) 매뉴팩처(그림 10·1)에서 볼 수 있다.

그림 10·1 봉침 매뉴팩처의 노동과정(1762)

손 노동으로 봉침을 만들 경우, 원료는 계속하여 몇 개의 공정을 통과한다. 먼저 재료를 자르고, 담금질하고, 귀를 내고, 구멍을 뚫고, 열처리하고 연마하는 등인데 애덤 스미스에 의하면, 18세기에는 매뉴팩처 내부에서 18종의 작업으로 나누어져 있었다. 이와 같은 봉침 매뉴팩처에서는 한 사람이 하루 4,800개의 바늘을 만들 수 있었으나, 이 생산성은 수공업자가 이 공정 전체를 한 사람이 하는 경우에 비해 훨

5) 鈴木善次 외, 전게서, p. 129.

씬 높았다.

이와 같이 작업장 내 분업에 의한 협업은 생산성을 비약적으로 높일 수 있었는데 그것은 단능화·특수화된 작업에 종사하는 노동자의 숙련이 극도로 발전되고, 또 노동의 연속성·일관성·규칙성이 노동강도를 현저히 높이는 작용을 하여, 노동자의 손에 사용되는 노동용구가 단순화된 작업에 가장 적합한 모양과 기능을 가지도록 개량되었기 때문이었다.

매뉴팩처에는 또 다른 하나의 형태가 있다. 그것은 하나의 생산품을 완성하기 위해 여러 가지 부분품을 만들거나, 여러 가지 작업을 하는 개개의 독립된 수공업자들이 한 사람의 자본가 밑에 결합되는 경우로, 이것을 이종적 매뉴팩처[6]라고 부른다.

이종적 매뉴팩처의 예는 모직물 매뉴팩처(그림 10·2)에서 볼 수 있다. 양모공업은 산업혁명에서 면공업이 융성하게 되기 이전의 영국에서는 수세기에 걸쳐서 가장 중요한 제조업이었다. 이 공업의 생산과정에서는 털을 깨끗하게 물로 씻고, 솔로 빗질하고, 실을 만들고, 베를 짜고, 조직을 튼튼하게 하고, 마무리하여 염색하는 각 공정이 중요하였다.

그림 10·2 양모 매뉴팩처에서의 방사작업

이전에는 이들 여러 공정이 서로 다른 수공업자에 의해 서로 다른 장소에서 주로 가내노동으로 실시되었으나, 점차 부유한 경영자 밑에 모이게 되고 수공업자들은 경영자가 운영하는 대규모의 작업장에 모여 임금노동을 하게 되었다. 유명한 뉴벨리의 존 윈치콤의 매뉴팩처에는 수백 명의 노동자가 고용되었고, 그들은 각 공정별 직장에 작업의 숙련·비숙련에 따라 배치(직종 배정)되어 기직(機織)·마무리·

6) 山崎俊雄 외 편, 전게서, p. 58.

염색·축융(縮絨)의 직장에는 남자 숙련 노동자들이, 선모·방모의 직장에는 소년·소녀인 비숙련 노동자들이 일을 하였다고 한다.

매뉴팩처에서의 작업을 연속적으로 원활하게, 능률적으로 진행시키기 위해서는, 각 공정에 종사하는 노동자의 수 사이에는 엄밀한 비례관계가 확립되어야 한다. 따라서 필요한 최소 노동자의 수가 확정되고, 그 결과 생산 라인에 배치되는 노동자의 총 수는 항상 그 최소한도수의 정수배가 된다고 본다. 이와 같은 생산과정에서의 노동자의 수량적 관계나 그 합리적 배치·편성은 노동과정 그 자체를 과학적으로 분석할 수 있게 하였고, 근대 기술학의 하나인 관리기술학 형성의 요인이 되었다.

4. 도구의 변혁[7),8)]

위와 같은 매뉴팩처는 다수의 임금 노동자를 고용하고 노동과정을 분업에 의한 협업의 관계로 편성함으로 생산력을 크게 높이고, 비숙련 노동의 창출(노동의 등급제 도입), 노동의 일면화, 공정간의 노동자 수 사이에 엄밀한 관계 등을 낳게 되었다. 그렇게 해서 매뉴팩처는 산업혁명을 기술적으로 준비한 여러 가지 요인을 발전시켰다.

매뉴팩처에서는 완전 생산품을 만드는 생산공정이 세분화되고, 노동자는 단능화되어 단조로운 반복운동으로 귀착되는듯한 작업에 속박되기에 이르렀다. 그 결과, 그들의 손으로 사용하는 도구는 지금까지의 여러 가지 목적에 맞도록 하는 이전의 형태에서 특수한 목적에만 적합한 형태를 갖게 되고, 특수화된 운동을 실현하기 위해서는 우수한 성능을 발휘하게끔 되었다. 이렇게 해서 도구의 분화, 세련화와 함께 많은 종류의 전문적인 도구가 생기고 개량되었다. 그림 10·3은 시계가공의 공작기계이다.

이와 같이 매뉴팩처는 도구를 세분화된 작업에 종사하는 노동자의 특수한 기능에 적합시킴에 따라, 그것을 단능화하여 개량하고 현저하게 많은 종류로 한 것이나, 이러한 일은 수공업에 사용되는 여러 도구를 기계화하기 위해 반드시 필요한 기술적 전제조건의 하나였다. 여기서 이루어진 기계화가 산업혁명의 기술적 출발점이 되었다.

매뉴팩처에 다수의 노동자와 도구나 원료가 집중되고, 생산이 대규모로 됨에 따라 도구와 장치가 대형화되었으며, 보다 큰 동력원을 필요로 하게 되었다. 이 경향

7) 山崎俊雄 외, 편, 전게서, pp. 59~60.
8) 鈴木善次 외, 전게서, pp. 130~131.

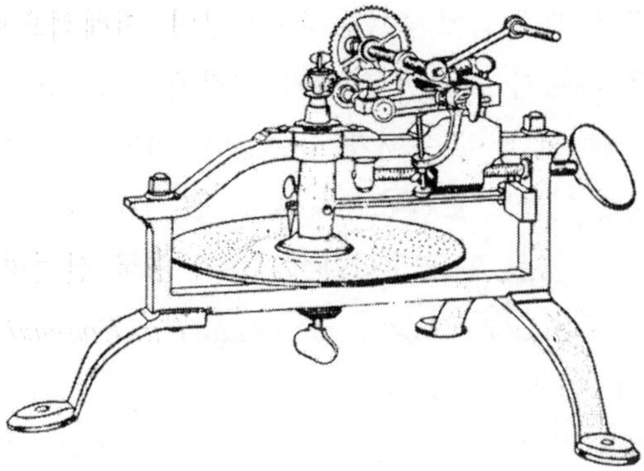

그림 10·3 시계의 기어를 가공하는 공작기계(1789)

은 권양기, 광석 분쇄기, 용광로 등의 큰 기계장치와 수차 등이 결합된 기술체계를 가진 채광·야금공업의 매뉴팩처에서도 분명해졌다. 여기서 동력원으로서의 수차의 한계가 점차 분명해지자 그것을 대신하는 가장 강력하고 기술적 응용범위가 넓은 새 동력원이 모색되기에 이르렀다.

또, 시계 매뉴팩처나 총포생산을 위한 관영 매뉴팩처 등에서는 금속재료를 가공하기 위한 선반, 볼링 머신, 연마기가 설치되어 개량을 거듭하였다. 매뉴팩처 모태 내에서 싹트기 시작한 금속가공 기술은 산업혁명의 기술체계를 완결시키기 위해서 중요한 구실을 하였다.

10.3 근대공업의 기초확립 — 산업혁명

1. 산업혁명과 현대

(1) 근대 공업사회의 개막

현대 우리들이 살고 있는 산업사회의 근원을 찾아 거슬러 올라가면 18세기 영국 산업혁명의 기술적 여러 혁신에 도달하게 된다.

산업혁명(Industrial Revolution)[9),10)]이라면 일반적으로 급속한 기술진보와 더불어 생산력의 발전이 광범한 사회적 영향을 가져오는 경우에 이 용어가 사용된다. 따라서 가축의 힘이나 수력의 도입이 농업에 큰 변혁을 가져온 유럽 중세의 기술혁신, 영국의 산업혁명 및 최근의 '지식 산업혁명'까지 거론되기도 한다.

9) 伊東俊太郎 외 편, 전게서, pp. 399~400.

10) T. K. Derry · Trevor I. Williams, 전게서, pp. 275~282.

학술적으로는 공장제 대공업에 의한 상품생산이 지배적으로 되어 자본주의적 생산방식을 확립시킨 18세기 초에서 19세기 전반에 걸친 유럽, 특히 영국에서 일어난 사회적 변동에 대해서만 이 용어가 사용된다. 이와 같은 의미에서 산업혁명을 계통적으로 논한 학자는 아놀드 토인비(Arnold Joseph Toynbee, 1852~1883)이며, 옥스퍼드 대학에서의 강의를 죽은 후에 정리한 「18세기 영국 산업혁명사 강의」(*Lectures on the Industrial Revolution of the Eighteenth Century in England*, 1884)에서 산업혁명을 특징지우는 지표가 명시되어 있다.

현대의 대표적 경제사학자 란데스(Landes, 1969)는 '인간의 숙련을 기계로 바꾸어 인력이나 축력을 기계동력으로 변화시킴으로써 수공업에서 공장제 공업으로의 전환을 가져와 그 결과 근대의 경제사회를 등장시킨 기술적 혁신이라는 의미에서 18세기의 영국에서 시작된 산업혁명을 능가하는 전환기는 없다'고 하였다. 또 로스토(Rostow, 1960)는 그의 경제발전 단계설 중에서 가장 중요한 시기는 '몇 세기에 걸쳐 선조 대대로의 생산방법을 반복하여 온 전통적 사회에서 생산기술의 끊임없는 개량과 진보가 실현하는 공업화된 사회로 도약하는, 이륙(take off)시대다'라고 하였다. 그 원형은 세계에서 최초의 도약, 즉 영국 산업혁명이었다.[11]

(2) 영국 산업혁명의 배경[12]

그렇다면 어떻게 해서 영국에서 전통적 기술로부터 산업혁명기의 여러 가지 기술이 생겼는가?

영국의 상인들은 많은 상품의 수요를 증가시켜 상업을 발전시킨 선도자였다. 무역의 확대는 산업에 사용하기 위한 자본을 축적할 수 있게 하였고 생산의 저가 시스템은 각종 규제로부터 자유로웠기 때문에 크게 성장하였다.

영국에서는 이러한 운동을 도와주는 새로운 아이디어들이 있었다. 첫째, 광범위한 계층이 과학적 연구나 발명에 흥미를 가지고 부단한 접촉을 유지하면서 산업혁명에 창의를 제공하였고, 둘째, 경제적 · 사회적 정책에서 자유방임(laisse faire)주의의 채택이다. 이 자유방임주의는 영국의 경제학자 애덤 스미스의 「국부론」(*The Wealth of Nations*, 1776) 출간 이후 더욱 활성화되었다. 셋째, 뉴턴의 역학에 대표되는 17세기 '과학혁명'의 영향을 중요시하는 견해이고, 넷째, 산업혁명에 앞서 영국 식민지 무역의 확대와 인구의 증가가 상품의 수요를 유발하여 여기에 대응하기 위해 생산성이 높은 기술이 개발되었다는 경제중시의 견해이다. 다섯째, 영국 산업

11) 荒井政治 외 편, 전게서, pp. 4~5.
12) Compton's Encyclopedia, vol. 12, p. 170.

혁명에서 발명의 아이디어 발생보다 그것을 경영적으로 실현하고자 하는 심리적 요인이 더 컸다고 하는 사회적 견해이다. 여섯째, 18세기 초에 발명된 세 가지의 기술이다. (1) 뉴커먼의 미숙하고 작동이 느린 증기기관(1705)인데 광산에서 양수용으로 사용되었고, (2) 존 케이의 날으는 베틀의 북(1733)으로 이전의 두 사람 몫보다 더 빨리 작업을 할 수 있었다. (3) 루이스 폴과 와이어트의 롤러 방적기(1738)이다. 비록 상업적으로 실용화는 되지 않았으나 기계방적의 문제를 해결하는 첫 단계였다.

분명하게 17세기 시민혁명 이후의 영국 사회가 유럽 대륙의 여러 나라에 비교하여 이와 같은 사회심리적 풍토에 혜택을 입고 있었음에도 여러 산업의 기술적 혁신이 많은 기업에 급속하게 보급된 것은 19세기가 되어서라는 사실을 어떻게 설명할 것인지 난점이 있다.

결국, 이 의문에 일치된 결론에 도달하기 위해서는 산업혁명기의 기술적·경영적·경제적인 실증연구가 더욱 진행되지 않으면 안 될 것이다.

(3) 100년간 계속되다

1769년 와트의 증기기관과 아크라이트의 방적기가 발명된 결과 하루아침에 공장이 속출하여 산업혁명이 실현된 것처럼 생각하는 사람이 있을지 모르나 실제로는 산업혁명기의 기술적 여러 혁신은 대단히 오랜 세월에 걸쳐 달성된 것이다. 만도우(Mandaux, 1961)의 선구적인 영국 산업혁명 연구에서는 18세기의 마지막 25년간을 취급하였는데, 계속된 연구에서는 산업혁명의 기간이 앞뒤로 점점 연장되는 경향이다. 대체로 영국 산업혁명기의 혁신의 발달이라고 생각되는 뉴커먼의 증기기관이나 다비의 코크스 고로가 출현된 1710년대를 기점으로 하여 산업혁명의 성과라고 생각되는 철도·동력 베틀·자동 뮬 방적기·공작기계 등이 실용화된 1820년대를 산업혁명의 종점이라면 그 사이는 100년 이상의 세월이라 보며, 그러나 일부 학자는 1750년부터 1850년까지의 약 100여년간을 산업혁명 기간이라 부르고 있다.

(4) 과연 기술혁명인가?[13)]

프랑스의 도마(Daumas, 1973)는 「기술혁신의 신화」라는 논문에서 영국 산업혁명기의 기술현대화의 혁신성을 부정하면서 산업혁명기의 주요한 기술적 혁신이라는 섬유기계와 야금이나 기계동력에는 전부 영국 이외에 선구적인 발명이 존재하고 있으며, 또 19세기 이후에도 보다 중요한 혁신이 있었음을 하나 하나 논증하고 있다. 도마의 논의에는 영국 중심의 산업혁명사관에 대한 반발도 포함되어 있다고 생

---

13) 荒井政治 외 편, 전게서, pp. 7~8.

각되나 영국의 기술사가 릴리(Lilley, 1973)도 '산업혁명의 기술적 측면은 중세 초기부터 유럽에서 진행되어 온 프로세스가 가속화된 것에 불과하다'고 밝히고 있다. 릴리에 따르면 인류사상, 기술상의 대혁명이라고 불러도 좋은 B.C. 8000년경에 시작되는 신석기 시대 혁명과 기원 후 6세기 이후의 서유럽의 기술적 여러 혁신[그 내용은 수차・원양항해용 범선・물레(紡車)・고로제철・기계시계 등이다. 제4장 1절 참고]의 두번뿐이다. 산업혁명은 제2차의 혁명 이래 계속되어 온 장기적 경향의 하나의 단계에 지나지 않고, 산업혁명기의 새 기술은 위에 거론한 중세의 여러 발명과 비교하여 혁신성이 적다고 논증하고 있다.

영국 산업혁명기의 여러 발명이 그만큼 독창적이고 획기적이 아니었다 하더라도 어떻게 하여 그와 같은 발명이 란데스 등의 경제사가가 강조하는 수공업에서 공장제 공업으로 바꾸어졌다는 사회적 변화를 일으킬 수 있었을까?

(5) 질의 문명에서 양의 문명으로[14)]

이 점에서 미국의 네프(Nef, 1953)는 재미있는 이야기를 하고 있다. 17~18세기의 프랑스에 대표되는, 산업혁명 이전의 기술의 진보는 질적인 면만을 추구하여 왔다. 이에 비해 영국의 산업혁명 이후의 기술진보의 특징은 생산량의 증가나 생산성의 향상 등 양적인 진보를 목표로 하고 있다고 하였다. 산업혁명 이전에 품질이 좋고 아름다운 제품을 만들기 위한 노력이 이중으로 겹쳐진 것은 여러 지역의 박물관이나 미술관에서 인식할 수 있다. 그런데 이들 물품은 만드는 데 많은 수고와 시간이 걸려 생산량이 적었다. 산업혁명 이후 기계나 동력을 사용하는 공장제 공업이 생겨 노동생산성이 크게 향상되고 물자의 공급이 급속도로 풍부하게 된 것은 산업혁명 전후의 방적의 생산성이나 철의 생산량이 향상되었기 때문이다.

산업혁명 시대의 기술이 남긴 '질의 문명에서 양의 문명으로'라는 경향은 현재의 에너지 문제에 그림자를 드리우고 있다. 산업혁명 이전에는 장작이나 목탄, 수차동력 등의 순환적 에너지원에 거의 의존하고 있어 1인당 이용되는 에너지량은 극히 적어 자원이 고갈되는 경우는 없었다.

그러나 석탄이라는 지하에 축적된 화석연료를 채굴하여 증기동력이나 제철에 이용되는 것이 영국 산업혁명의 중요한 기술적 측면이었기 때문에 에너지 이용량이나 물자의 가공량을 비약적으로 늘릴 수 있었다. 이 기술사상은 20세기의 석유시대에도 그대로 연결되어 왔는데 에너지 소비가 지나치게 양적으로 팽창하였기 때문에 공해와 자원고갈의 위기라는 과제를 현대의 세계에 넘겨주었다. 기계화에 의한

---

14) 荒井政治 외 편, 전게서, pp. 9~10.

능률의 향상을 지나치게 추구하는 나머지 노동의 단조화, 인간의 소외라는 현상도 또 산업혁명 후의 문명의 특징에 덧붙여도 좋을 것이다. 이때 기계의 노예가 된 프롤레타리아(proletariat)라는 새로운 계급도 탄생되었다.

이와 같이 산업혁명의 기술은 그 부정적 측면도 고려하여 현대의 우리들이 한 번 더 되새겨 보아야 할 의미가 있는 대상이다. 산업혁명의 원인·시기·기술의 평가, 문명론적인 비판에 대해 여러 가지 논쟁이 있음도 염두에 두어야 할 것이다.

2. 매뉴팩처 생산에서 기계제 생산으로[15), 16)]

18세기 후반, 영국의 비교적 소규모 생산부문의 하나인 목면 공업에서 발생된 기술적 변화는 매뉴팩처적 생산에서 기계제 생산으로의 이행을 의미하는 것이었으나, 동시에 공장제도에 기초를 두는 자본제적 대공업의 변혁을 수반하는 것이었다. 또, 이 과정은 단지 한 산업부문의 수공업적 생산에서 기계제 생산으로의 이행뿐만 아니라 영국 사회 전체를 끌어들이고, 동시에 자본가 계급과 노동자 계급이라는 두 개의 기본적인 계급이 형성되었다. 이 과정이 산업혁명이며, 산업혁명의 결과 영국은 1840년대에는 인도의 목면 원료 등의 식민지 경영 위에 군림하는 '세계의 공장'을 형성해서 근대 자본주의적 생산방식의 '본질적 특색'이 되었다.

이미 설명한 바와 같이, 대공업 이전에도 기계는 존재하였다. 그러나 매뉴팩처에서는 자본주의적 매뉴팩처의 보급이 기계기술 발달의 직접적인 전제가 되었고, 도구에 의한 손 노동이 기본이었다.

또, 기계의 사용은 장래 대공업 발달의 기초를 만든 기계발달 그 자체의 기술적 전제가 되었지만, 아주 많고 거대한 노동력을 필요로 하는 '2차적인 생산과정'에 한정되었다. 생산과정에서의 이들 기계의 존재수단은 산업혁명 이후의 기계와는 기본적으로 다르다.

이때, 와트의 개량에 의해, 산업혁명 과정에서 기계의 발달상 만능기관으로 중요한 의미를 가지는 증기기관은 원래 매뉴팩처 시대의 발명이다. 1690년 프랑스의 파팽은 대기압기관의 원리를 발견하였고, 실제 사용 가능케 한 것은 영국의 세이버리(특허는 1698)였다. 또, 금속단련공인 뉴커먼이 개량하였다(1711), 뉴커먼의 대기압기관은 대도시의 수도용 이외에 같은 해 비아비쿠샤 탄광을 시작으로 18세기 중에 광산업에 널리 보급되었다. 이것은 석탄생산 증대에 공헌은 하였으나 산업혁명의 원인은 되지 못했다.

15) Compton's Encyclopedia, vol. 12, p. 169.
16) 山崎俊雄 외 편, 전게서, p. 79.

3. 산업혁명을 일으킨 작업기 — 섬유기계[17),18),19)]

(1) 방적기의 등장

기술적으로 수공업적, 매뉴팩처적 생산에서 기계에 의한 생산으로 바뀔 때 작업기는 산업혁명의 출발점이었다. 산업혁명을 일으킨 기계는 낡은 도구, 즉 '수공업자나 가내 노동자의 재산'을 휩쓸어 버리는 기계인 작업기이고, 1735년의 와이어트(J. Wyatt, 1700~1766)에 의한 롤러 방적기를 그 출발점으로 본다. 본래 수공업용 도구에는 인간을 단순한 원동력으로 생각하는 측면과 실을 뽑는 경우의 손과 같이 대상에 작용시키는 측면이 있다. 기계의 발달은, 와이어트의 방적기계가 '손가락을 사용하지 않고 실을 뽑기 위한' 기계인 것과 같이 수공업 용구의 다음 측면에서 시작하는 것이다.

이때, 영국 면공업에서는 1733년 직포공 존 케이(John Kay, 1704~1764)가 직물기계를 개량하여 비저(飛杼 : Flying shuttle, 날으는 베틀의 북)(그림 **10 · 4**)를 발명하였는데, 18세기의 60년대까지는 일반에 보급되었다. 이 기계는 생산에서 인간의 육체적 한계를 타파하였고, 동시에 종래의 직포공의 능률을 배로 끌어올렸다. 이 기계의 출현으로 직포공의 작업은 종전보다 빨라져 방적의 실은 점차 부족, 가격은 앙등, 필요량 확보가 어려워졌다. 이 때문에 직포 제조업자의 손해가 점차 커지게 되어 방사의 생산방법이 개량되기에 이르렀다. 1738년에는 와이어트와 루이스 폴(Lewis Paul, ?~1759)은 회전속도가 다른 2개의 롤러를 이용하여 섬유의 길이를 잡

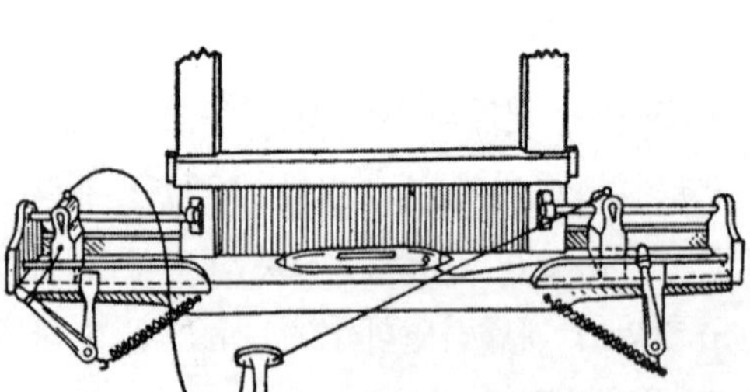

그림 10 · 4 비저(날으는 베틀의 북)

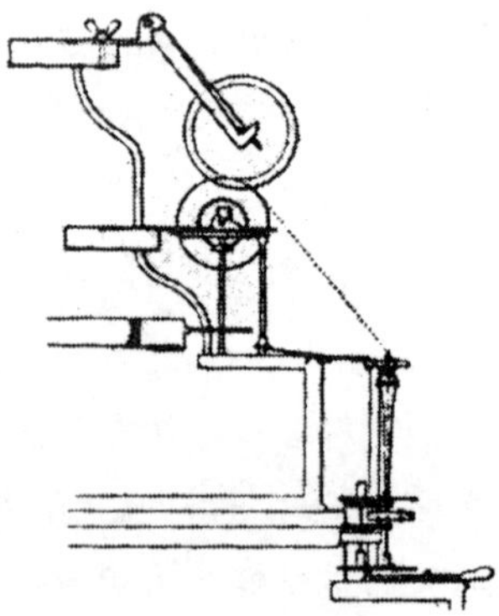

그림 10 · 5 폴의 방적기계

17) 中山秀太郎, 전게서, pp. 80~85.

18) S. Lilley(伊藤新一 외 역), 전게서, pp. 111~116.

19) 荒井政治 외 편, 전게서, pp.17~74.

아당기는 롤러 방적기의 특허를 얻었다. 처음으로 손가락을 사용하지 않고 실을 뽑는 기본공정을 수행하는 기계였으나 보급은 많지 않았다(그림 10·5).

(2) 제니기에서 뮬기로

이 방적기계의 요람기를 거쳐, 이어 결정적인 시기가 왔다. 하그리브즈(James Hargreaves, 1745~1778)의 '제니 방적기'(spinning Jenny)와 아크라이트(Richard Arkwright, 1732~1792)의 '수력 방적기'(water frame)가 섬유공업에 혁명을 가져다 주었다. 하그리브즈는 물레를 개량하여 한 사람의 근로자가 약 8인 몫의 면사를 생산할 수 있는 방적기계(그림 10·6)를 1764년에 발명하여 1770년에 특허를 얻었다. 최초의 것은 물레의 가락이 8개였는데 그 수를 쉽게 늘릴 수 있어 80나레, 그 이상의 것도 만들어졌다.

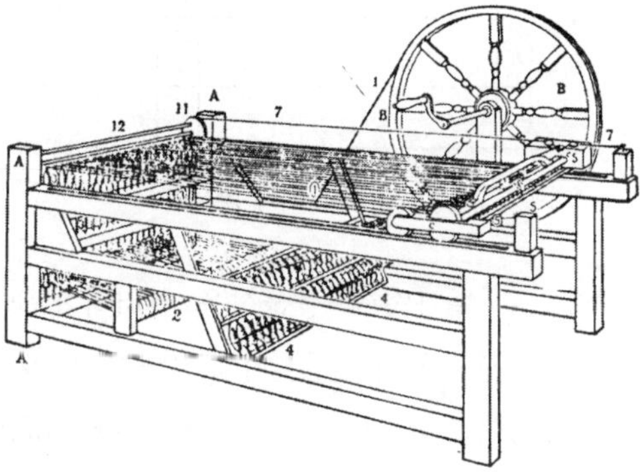

그림 10·6 제니 방적기

제니기가 만들어 내는 실은 가늘고 약해서 문제가 있었는데, 아크라이트가 1769년에 발명한 수력 방적기는 실의 강도를 종전의 것보다 향상시킬 수 있었다. 이 수력방적기는 기술적으로는 와이어트와 루이스 폴의 롤러 방적기의 연장선상에 있다. 또 종래의 물레에 있던 플라이어(flier)를 이용하였으며, 수차에 의해 동력이 공급되었다(그림 10·7). 수력 방적기는 한 개의 원동기에서 얼마든지 다수의 물레의 나레를 구동시킬 수 있는 시스템으로 할 수 있어 공장제 공업의 기본적 형태이며, 수동의 제니기와 구별하기 위해 'water frame'이라 불려졌다.

다시 크롬프톤(S. Crompton, 1753~1827)은 제니기와 수력 방적기의 특징을 살린 새로운 방적기를 1779년에 완성하였다. 이것이 뮬 방적기(Mule frame)로 이것으로 가늘고 강하며 정교한 실을 뽑을 수 있게 되었고, 또 하나의 기계가 동시에 취급할

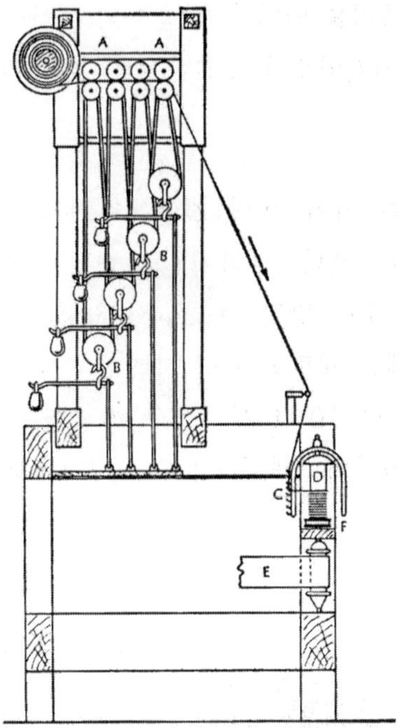

그림 10·7 수력 방적기

수 있는 나레수도 비약적으로 증가하여 생산성을 현저하게 높일 수 있었다.

한편, 뮬기는 1825년 이후 영국의 유명한 기계 기술자인 로버트(Richard Roberts, 1789~1857)에 의해 자동화되어 '자동 뮬기'(self actor)가 되었다. 이것이 산업혁명 시대의 방적기계 발명에 종지부를 찍었다.

(3) 직포공정의 기계화

방적공정의 기계화가 진행되고 생산성이 현저하게 높아짐에 따라 이번에는 역으로 직포공정과의 사이에 생산력의 교차(較差)가 확대되어 간다. 비록 존 케이의 날으는 베틀의 북이 보급되었으나 방적공정과의 교차가 넓어짐에 따라 직포에 따르는 여러 가지 조작의 자동화 방향이 탐구되어 많은 사람이 노력하였다. 그 결과 역직기(power loom)는 1785년, 카트라이트(Edmund Cartwright, 1743~1823)가 특허를 획득하였다. 그 이후 거듭된 개량으로 1787년, 1792년에 특허를 얻어 본격적인 역직기의 시대가 도래하였다.

이와 같은 면직물공업은 그 주요한 작업공정이 인간의 손에서 기계의 조작으로 바뀌어져서 최초의 기계제 공장제도를 만들어 산업혁명의 주도부문이 되었다.

생산공정에 따라 기계가 배치되는 새로운 공장제도는 이들 기계를 움직이기 위한 동력으로 지금까지의 수력에 대신하여 보다 강력한, 또 안정된 동력을 강하게 요청하였다. 이와 같은 사회적 · 경제적 요청에 호응하여 산업혁명을 동력의 면에서 추진한 것이 증기기관이었다.

4. 공장제도와 기계파괴 운동[20)]

수공업자의 육체적 한계를 빼앗아 간 기계에 의한 공장제도는, '기계에 의존하고 있는 가장 큰 이익의 하나는 기계의 덕택으로 근로자의 부주의 · 나태 · 속임수로부터 충실해질 수 있다는 점'이며, 잉여노동의 확대를 목적으로 하는 자본주의적 경영에 의해 숙련노동자를 축출하고, 광범위한 비숙련 노동자의 혹사, 처참한 부인 · 아동노동의 출현을 초래하였다. 발명된 가스 등은 공장의 심야노동에 사용되고, 공장 감독관의 보고에 따르면, 어린이나 소년이 밤이나 또는 낮에 종일토록 어느 쪽엔가 선택해 마음대로 일하게 했다고 한다(그림 10 · 8 및 10 · 9).

그림 10 · 8 뮬 방적공장에서 일하는 어린이와 부인

그림 10 · 9 19세기 초기의 공장도시의 주거

이와 같은 기계에 의한 자본주의적인 발달로 일자리를 빼앗긴 노동자는 처음에는 자기의 생활을 지키기 위해 기계를 파괴하기도 했다. 케이, 하그리브스, 아크라이트, 카트라이트 등이 발명한 기계는 파괴되고, 공장은 불타버리는 결과가 나타났다. 1779년 랭커셔의 폭동으로 시작, 기계파괴 운동의 최고조가 1811~1816년의 러다이트 운동(Luddites movement)이었다. 이 운동에 참가한 사람은 기계에 의해 생활을 위협받은 사람들만이 아니었다. 기계는 사회적으로 자본가 계급과 노동자 계급의

20) 山崎俊雄 외 편, 전게서, p. 82.

2대 계급의 분열을 시작케 하는 신시대의 상징이고, 이 운동은 신시대의 하층계급이 노동자를 앞장세워 자기의 생활을 지키기 위한 최초의 운동이었다.

기계의 사용 그 자체와 그 자본주의적 보충에 의한 소외를 구별하여, 노동자가 자기의 조직형태인 노동조합을 가지게 되고 생 시몽(Saint Simon, 1760~1825), 푸리에(J. B. Joseph Fourier, 1768~1830) 및 로버트 오웬(Robert Owen, 1771~1858) 등의 공상적 사회주의 이론을 거쳐 마르크스(Karl Heinrich Marx, 1818~1883)와 엥겔스(Friedrich Engels, 1820~1895)의 사회주의 이론에 의한 역사적 의미의 인식과 이론을 정립하기까지 근로자들은 반세기 동안 어려움을 겪지 않을 수 없었다.

10.4 증기 에너지의 이용 — 증기기관

방적기를 중심으로 한 작업기의 발전은 기계의 분업에 의한 협업에 기틀을 둔 기계제 공장제도를 등장시켰다. 이때 건설된 방적공장에서는 공정에 여러 가지 기계가 도입되어 작업기 체계가 성립되고, 인간의 손에 직접 의존하지 않는 새로운 유형의 공장이 출현하였다. 이들 기계의 동력원은 아직도 수력에 의존하지 않을 수 없었다. 수차는 오랫동안 사용 중 개량되어 효율은 다소 향상되었으나 물의 존재, 수량의 계절적 변동 등의 자연적 · 지리적 조건에 제약을 받았고, 또 출력에는 한계가 있었다. 따라서 작업기 체계가 발달하고 보다 큰 출력을 필요하게 되어 수력 대신에 새로운 동력이 요구되어 이와 같은 사회적 · 경제적 요청에 따라 산업혁명을 동력면에서 추진한 것이 증기기관이라는 사실은 이미 설명하였으며, 증기동력이 도입되어 산업혁명의 제2단계를 특징지었다.

1. 증기기관을 탄생시킨 배경[21), 22)]

(1) 사회적 배경

영국 국왕 헨리 VIII세는 16세기 전반에 영국 국토의 1/10~1/3을 차지하고 있는 수도원 영지를 몰수하여 개발의지가 강한 귀족이나 상류사회 및 상인들에게 증여를 하거나 매각을 하였다. 새로운 지주들과 몇 백 년간 토지를 소유하고 있던 사람들은 증가하고 있는 도시나 산업인구에게 식량이나 원재료를 공급하는 데 사용한다면 가치가 있을 것으로 판단, 자기들의 토지에 대한 상업적, 기술적 개발에 종

---

21) 紫藤貞昭 편, 전게서, pp. 110~113.

22) S. Lilley(伊藤新一 외 역), pp. 93~95. pp. 106~107.

사하였다. 최대의 프로젝트는 황폐한 습지를 생산력 있는 땅으로 하기 위한 배수작업이었는데, 결과적으로 17세기 초 이후 영국의 늪과 연못 지대는 비옥한 토지가 되고 수확고는 2배가 되었다.

이들 배수 프로젝트는 측량·굴삭·수력공학 및 펌프 개발에 대한 관심을 자극하였고, 또 자기의 땅에 광물자원을 가진 지주는 17세기 중엽까지는 채굴을 위한 기계, 특히 펌프에 관심을 기울여 펌프를 구동시키는 동력도 수력보다는 강력한 동력이 요구되기에 이르렀다.

(2) 배후에 있었던 과학기술

증기의 힘이 기계적 운동을 일으킨다는 사실은 예로부터 알고 있었다.

고대 로마시대 알렉산드리아의 헤론은 증기를 사용해서 증기구(蒸氣球)를 회전시켜 증기가 힘을 가진 사실을 입증하였다. 일종의 반동 터빈인 증기구는 단순한 장난감에 지나지 않았고 실용적인 동력으로는 되지는 못하였다.

증기의 성질과 이용법이 본격적으로 검토되기 시작한 것은 17세기에 들어와서 유명한 마술사로 알려진 이탈리아의 델라 포타(Portas, Della)이며, 1606년 양수를 위해 진공을 만드는 실험을 시도하였고, 영국의 람세이는 1630년 깊은 탄광 내의 작업에서 화력을 사용하여 물을 퍼올리는 특허를 얻었다.

갈릴레오도 흡입 펌프에 관심을 기졌으나 그 제자 토리첼리가 1643년에 물은 펌프에 의해 생긴 진공으로 흡입되는 것이 아니고 밑부분의 수면에 걸리는 대기의 압력으로 진공 속에 올라오며, 대기의 압력은 한계가 있어 물은 약 10 m 이상 올라가지 않는다고 하였다. 그 후 진공과 대기압과의 성질에 관한 관심이 고조되어 1650년, 마그데부르크의 오토 폰 게리케는 진공을 만드는 공기 펌프를 발명, 공기 펌프를 사용하여 대기압을 이용, 막대한 힘을 얻을 수 있음을 증명하였다.

뒤이어 보일과 그의 조수 훅은 공기 펌프로 여러 가지 실험을 반복하여 보일의 법칙을 얻었고 훅은 자신의 공기 펌프를 만들었다.

17세기 후반에는 증기와 대기압의 본성을 알게 되면서 영국의 지주 우스타(Worcester) 백작은 1663년 증기로 양수하는 특허를 획득하였다. 1690년경 보일의 조수로 활동한 파팽에 의해 실린더 내에서 증기를 비등하고 응축시켜 대기압으로 피스톤을 하강시키는 1기통기관에 대한 연구가 발표되었다.

2. 광산의 배수[23), 24)]

한편, 유럽에서는 중세 말에서 근세에 걸쳐 금속이나 석탄에 대한 사회적 수요가 증가하고, 번영하는 광산에서는 철광석이나 석탄 등을 채굴하는 갱도가 점차 깊게 되었다. 때문에 탄광 내에 솟아나는 물을 퍼내는 일이 절실하게 되었고, 광산의 배기를 위해 증기의 힘을 응용하는 시도가 진행되었다.

증기기관의 출현에 불을 붙인 사람은 프랑스의 물리학자 파팽(Denis Papin, 1647~1712)이다. 그는 오늘날 압력 솥의 원형이라는 파팽의 솥을 발명하였다. 또, 그는 간단한 대기압기관을 만들었으나 실용화하지는 못하였고 직동 고압의 증기 펌프를 고안하였다. 저서로는 「화력에 의해 효과적으로 양수하는 신기술」(1707)이 있다.

영국의 기술자・발명가 세이버리(Thomas Savery, 1650~1715)는 파팽의 대기압기관에서 힌트를 얻어 새로운 양수용의 증기기관을 고안, 1698년에 특허를 얻었다. 이것은 '광부의 벗' 또는 '화력에 의한 양수기관'이라고 불려졌다(그림 10・10). 이 기관은 용기 내에 생긴 진공으로 탄광 안의 물을 어느 높이까지 퍼올리고, 이어 수증기의 압력으로 물을 밖으로 퍼내는 것이었으나 광산에서는 실용화되지 못하고 말았다.

그림 10・10 세이버리의 기관

23) T. K. Derry・Trevor I. Williams, 전게서, pp. 315~318.
24) 소련 과학아카데미 편(金光不二夫 외 역), 전게서, pp. 234~237.

3. 뉴커먼의 대기압기관

증기기관을 양수용으로 1705년에 실용화한 뉴커먼(T. Newcomen, 1663~1729)은 파팽이 고안한 실린더와 피스톤 기구, 또는 세이버리의 분리된 보일러를 조합하고, 여기에 밸브 기구를 붙여 열을 힘으로 바꾸는 대기압기관을 발명(1712)[25, 26], 이 기관은 실린더 외부에 독립된 보일러를 설치한 기관으로 약 4kW의 출력을 내었다. 왕복동 증기기관 발달의 원형이 되었으며, 따라서 증기기관이 중단되지 않고 진화될 수 있었다. 이것은 와트 기관의 직접적인 선구가 된 뉴커먼 기관[그림 10·11 (a)]으로 와트 기관이 출현할 때까지 영국 내에는 물론 유럽 각국의 광산에 보급되었다. 이 뉴커먼 기관은 기계라기보다는 거대한 건조물과 같은 것으로 작동이 느리고, 1712년에 제작된 것은 一공정에 5분이 소요되었다. 이 기관은 보급되면서 개량되어, 특히 스미턴(John Smeaton, 1724~1792)에 의해 효율이 2배에 도달하였으나 성능은 매우 낮았다. 그 원인은 실린더 안에 직접 물을 분사, 복수시킴으로써 생기는 큰 열손실 때문이었는데, 이것을 근본적으로 개량한 사람이 와트였다.

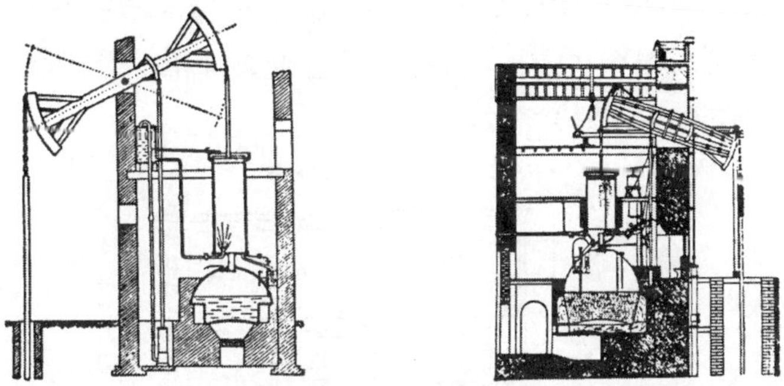

(a) 뉴커먼 증기기관(1712)　　(b) 스미턴 개량 뉴커먼 대기압기관

그림 10·11 뉴커먼 증기압 기관

4. 와트의 복동 회전기관[27, 28]

증기기관을 완성하여 산업혁명의 길을 연 사람은 제임스 와트이다. 처음에 기계제조 기술을 배워 글래스고우 대학에서 '대학의 수학기계 제작자'로 임명되었다. 그 대학에서 그는 화학 · 물리학 · 수학 등의 학자와 알게 되었고, 근대과학의 실험

25) 荒井政治 외 편, 전게서, pp. 95~99.
26) 소련 과학아카데미 편(金光不二夫 외 역), 전게서, pp. 238~241.
27) R. J. Forbes(田中 實 역), 전게서, pp. 188~191.
28) 荒井政治 외 편, 전게서, pp. 100~108.

적 방법을 몸에 익혔다. 와트는 1763년에 대학부속의 뉴커먼 기관의 모형수리를 의뢰받고, 작업과정에서 이 기관의 증기 소비량이 많은 것은 각 작업과정에서 실린더의 냉각에 있음을 알게 되었으며, 증기의 응축을 실린더와 분리된 용기 내에서 실행하는 복수기를 연구해 1769년에 복수기의 특허를 얻었다.

이 특허로 뉴커먼 기관의 한계를 타파하였으며, 증기의 응축을 실린더 자체 내부가 아니고 분리된 용기 안에서 실행한 것이며, 「화력기관에서 증기 및 연료의 소비를 경감시키는 신방법」이라는 내용이다. 종래의 기관에 비해 연료를 75%나 절약할 수 있었다. 그는 에든버러 부근에 복수기가 붙은 최초의 증기기관인 단동기관을 설치하였다.

와트 기관이 직선 왕복운동인 경우는 작업기 체계와 결합시킬 수 없다. 그는 여러 공장에서 회전운동으로 바꾸는 크랭크 축 기구의 연구를 거듭, 특별한 기구인 유성 기어(1781년 특허)와 로드의 상하운동을 회전운동으로 바꾸었다. 피스톤 막대와 빔을 연접시켜 피스톤의 상하・직선운동으로 복동기관(그림 10・12)을 만들기에 이르렀다(1783). 이 복동기관은 단동기관에 비해서 같은 실린더 체적으로 2배의 동력을 발생시킨다. 와트는 출력계, 회전 운동계 등의 많은 발명을 거듭하였고, 제어계도 증기기관에 덧붙여 연구, 1787년 부하를 변화시켜도 회전속도를 일정하게 유지시키는 원심조속기를 개발하였다.

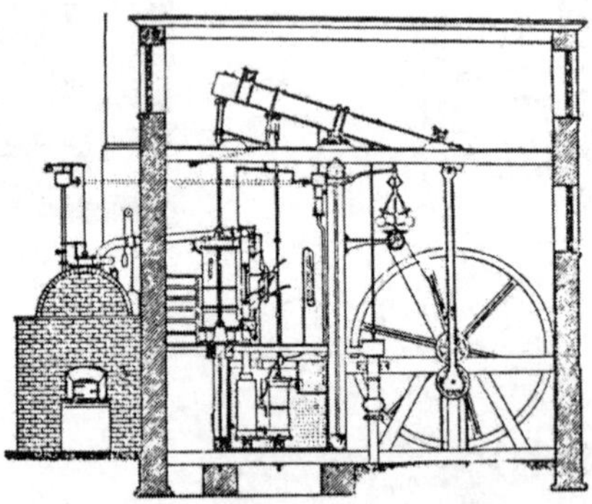

그림 10・12 와트의 복동 회전 증기기관

와트의 만능기관 발명은 도구기계를 인간적 속박으로부터 해방시켜 기계적 생산의 한 요소로 바꾸었다. 즉 하나의 원동기에 의해서 다수의 작업기를 동시에 움직인다는 기계체계가 형성된 것이다. 이렇게 하여 그가 개량한 증기기관은 광산은 물론 방적공장이나 교통기관에 폭넓게 이용되어, 문자 그대로 산업혁명의 원동력이 되었다. 와트의 증기기관이 1787년 카트라이트에 의해 수력 대신 직기에 응용되기에 이르렀다. 이 작업기로서의 직기와 동력기로서의 만능 증기기관과의 결합이 산업혁명의 기술적 제2단계로 볼 수 있다.

10.5 제철기술의 발전

기계제 대공업의 발전은 거기에 알맞는 에너지원과 소재를 얻을 수 있었기 때문에 가능하였다. 에너지원으로서의 석탄과 그 소재로 철이 산업혁명의 진행과정에서 전면에 출현했고, 그 후의 기술발전은 석탄과 철을 물질적 배경으로 전개되었다. 영국의 새로운 산업 중심지인 중추 산업지대는 '검은 도시'(black country)라 부를 만큼 석탄과 철이 이 시대 기술의 발전단계를 상징하는 기본적 물질이 되었다.

제철기술은 중세의 유럽에서 고로법의 보급으로 용광공정과 정련공정의 두 단계로 나뉘어져 있는데(제6장 8절 참조), 제철기술이 하나로 통일된 체계적 형태를 갖추게 됨으로써 제철기술의 발전이 가능해지기도 하였다.

1. 용강(熔鋼)공정의 기술

(1) 연료로서의 석탄[29), 30)]

독일에서 시작된 고로법은 15세기 말 영국에 도입되어 버밍엄, 다도레이, 셰필드의 지역은 영국 제철업의 중심이 되었다. 16세기 이후 제철업의 급속한 발전으로 그 연료인 목탄이 대량으로 소비되어 고로법이 도입된 지역주변은 삼림이 마구잡이로 벌채되어 16세기 말부터 삼림의 벌채를 금지하거나 목탄의 사용을 제한하는 법률이 차례로 제정되어 목탄의 품귀, 가격이 폭등하였다. 16세기 이후의 목탄기근은 대단히 심각한 문제였다. 영국의 제철업은 에너지를 확보할 수 없어 쇠퇴를 면할 수 없게 되고 많은 고로가 폐쇄되었다. 18세기 후반까지 필요한 철의 4/5를 스웨덴, 독일, 미국에서 수입하지 않을 수 없게 되었다.

이와 같은 목탄기근은 제철업에서 연료전환이라는 과제가 제기되어 많은 사람이 석탄을 이용하는 방법을 연구하기 시작하였다. 한편으로 목탄고로의 발전은 연료에서 오는 기술적 한계가 있고, 고로의 생산성은 목탄의 비교적 낮은 경도의 수준으로 문제가 있고, 여기서도 산업혁명의 진행과 더불어 증대되는 철의 수요에 맞추

---

29) R. J. Forbes · E. J. Dijksterhuis(廣重 徹 외 역), 전게서, pp. 311～312.
30) R. J. Forbes(田中 實 역), 전게서, pp. 195～197.

기 위해 연료전환이 필요하게 되었고, 여기서 석탄이 등장하게 되었다. 석탄의 생산은 가정용·공업용의 가열, 야금용 코크스의 제조, 유리 제조, 양조업 등 화학기술상 중요한 가스, 기타 부산물의 제조에 필요하였지만 가장 중요한 용도는 제철업에 의해 유달리 눈에 띄었다. 이 새 연료는 코크스에 의해 담당되었다.

(2) 코크스 고로(高爐)[31]

석탄은 자연계에서는 비산화물 광물이며, 연소되기가 쉽고 큰 에너지를 발생시킨다. 영국에서는 13세기에 뉴캐슬의 자유시민에게 석탄채굴의 특허장이 주어지기도 했으나, 14세기에는 빠르게도 석탄의 해독을 규제하려는 법률이 런던에서 생겼다. 그러나 목탄기근으로 연료를 석탄으로 전환하고자 하는 시도가 16세기 말부터 활발하게 되어, 1619년에 어느 정도 성공을 보게 된 영국의 제철학자인 더들리(Dud Dudley, 1599~1684)의 실험은 유명하다.

그러나 많은 기술적 곤란은 미해결된 상태이고, 실용적인 조업은 18세기 전반의 다비 가문 3대에 걸친 기술적 개발을 기다리지 않을 수 없었다.

석탄은 많은 유황을 함유하고 있어 그대로 사용하면 선철에 유황이 많이 들어가 물러지고 만다. 때문에 석탄을 증류시켜 휘발분을 제거하고 동시에 유황분까지 제거하여 코크스로 사용하지 않을 수 없다. 또 코크스는 목탄이나 석탄보다 잘 연소되지도 않고 이전부터 사용하던 수차 송풍장치로는 좋지도 않고, 새로운 송풍 시스템을 고려할 수밖에 없는 상황이었다.

코크스는 재 성분이 많고 그것을 슬러그(slug)로 노 내를 거침없이 잘 유동해야 하고 원료의 투입조건이나 고온반응에 견디는 노의 설계도 새로운 기술적 과제로 생기게 된 것이다.

이렇게 하여 코크스 고로법의 사용에 성공한 것은 영국 중부의 제철업자인 에이브러햄 다비(Abraham Darby)가문이었다. 다비 I세(1677~1717)는 1709년에 석탄을 일단 코크스로 바꾸는 과정에서 불순물을 제거, 이것을 목탄 대신에 고로의 원료로 사용함으로 문제를 해결하였다. 다비 I세가 죽은 1717년에는 실험이 충분히 진행되어 여기에 아들인 다비 II세(1711~1763)는 코크스만으로 조업에 성공할 수 있었다. 코크스만으로 조업하는 코크스법 고로를 성공한 것은 1740년경으로 기록되어 있다.

또 다비 III세(1750~1791)는 1779년에 세계 최초로 세반江에 주철 다리를 건설하여 구조재료로 철이 사용되는 신기원을 열었다.

---

31) 荒井政治 외 편, 전게서, pp. 127~130.

(3) 실린더 송풍기

18세기 후반에 영국의 각지에 코크스로가 건설되기 시작하였으나, 이 코크스로의 발전은 처음에는 지연되었다. 그 이유는 수차에 의한 송풍기구가 새로운 코크스로의 기술체계에 맞게하여 충분히 발달되지 못하였기 때문이다. 코크스로가 우수한 조건이 이루어져 발전되기 위해서는 송풍기구의 변혁이 필요하였다. 고로는 송풍기인 가죽의 풀무가 수차와 결합되면서 가능하게 되었고, 송풍기구의 기술발전은 송풍기 부분에서 시작되었다. 영국에서 고로에 의한 제철에 송풍기가 사용되기 시작한 것은 1782년이다. 1850년에는 더욱 발전된 원심송풍기가 보급되어 필요량의 공기를 고로에 공급하는 문제가 해결되었다.

연실법 황산의 발명자로 유명한 로벅(John Roebuck, 1718~1794)은 스코틀랜드 최초의 야금공장인 기아론 제철소를 세워 최신의 코크스로를 도입하였고, 이 노의 송풍을 위해 가죽제 풀무 대신에 1760년에 스미턴이 제작한 주철제 실린더 송풍기가 설치되었다. 코크스로의 현저한 발전을 위해서는 송풍 실린더만으로는 불충분하고 강력한 증기기관과 결합되어 비로소 가능하게 되었다.

18세기 말까지는 목탄고로는 대부분 소멸되고, 고로용 열풍로(공기가열로)를 제임스 닐슨(James B. Neilson, 1792~1865)이 1828년에 특허를 얻었다. 용광로에 보내는 공기를 150~300℃까지 가열함에 따라 연료인 코크스의 소비를 40%까지 낮출 수 있었고, 이 가열송풍법의 도입으로 생산성을 크게 높일 수 있었다. 따라서 고로의 구조 및 용련공정에 중요한 변화가 생겨 고로가 대형화 되었다. 이렇게 하여 근대적인 용광로의 기술적 기초가 확립되고 동시에 기계제 대공업이 그 소재로 요구하는 철을 대량으로 공급할 수 있는 체제의 일부나마 확립되었다.

2. 정련(精錬)공정의 기술[32),33)]

(1) 패 들 로

고로에서 생산된 선철을 탄소성분이 적은 단철로 만들기 위한 목탄 정련로법에 대해서는 이미 설명하였다. 석탄의 정련로에는 연료와 선철을 접촉시키면서 탄소를 제거시키는데 연료로 석탄이나 코크스를 사용하면 연료에 함유된 유황분이 철에 흡수되므로, 얻어진 단철은 물러서 사용할 수 없게 되어 석탄정련을 실시하기 위해서는 신형의 노를 개발하여야 했다.

---

32) 荒井政治 외 편, 전게서, pp. 131~136.
33) R. J. Forbes(田中 實 역), 전게서, pp. 203~205.

고로의 선철을 재용해하여 주조로 공급하기 위해, 영국에서는 당시에 반사로가 사용되었다. 반사로란 火床에서 연료를 연소시키고 그 화염을 아치형 천정에 반사시켜 그 밑에 있는 용해실의 금속 덩어리를 용해시키도록 되어 있다. 이 반사로는 연소실과 용해실이 따로 되어 있어, 연료 중의 불순물이 금속 중에 흡수될 염려가 없었다. 이 주조용의 선철 재용해를 위한 반사로를 단철 제조를 위한 정련로로 바꾸는 데 성공한 인물은 1784년 헨리 코트(Henry Cort, 1740~1800)였다. 코트의 방법에서는 투입된 선철을 석탄의 화염으로 용해하고, 화염 중의 산소로 탈탄하여 단철로 바뀐다. 탄소성분이 적어지면 용융점이 상승되어 반용해상태가 되므로 전체를 균일하게 정련시키려면 직공이 '패들'이라 부르는 철봉으로 휘저어야 하는데 이 조작을 패들링(paddling)이라 하고, 그래서 이 노를 패들로라 부르게 된 것이다(그림 10 · 13). 패들로는 목탄기근의 제약을 극복하였을 뿐만 아니라 노 내의 온도를 높게 할 수 있어 용광로 용량의 확대와 반응속도를 크게 진전시킬 수 있어 높은 수준의 생산성을 실현할 수 있었다. 이로서 양질의 단철을 대량으로 공급할 수 있었으며, 이는 영국의 귀중한 발명품이다.

이렇게 하여 얻어진 단철(특히 연철 또는 패들철이라 한다)을 판, 봉재, 각재 등으로 가공하는데, 헨리 코트 자신이 개발한 증기동력으로 작동되는 롤 압연기를 사용하였다(그림 10 · 14).

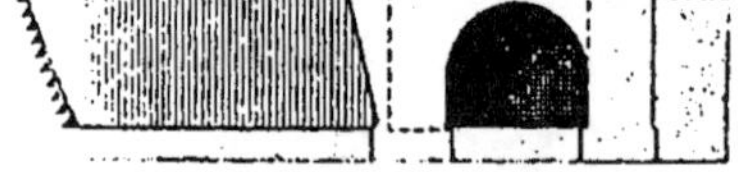

그림 10 · 13 패들로

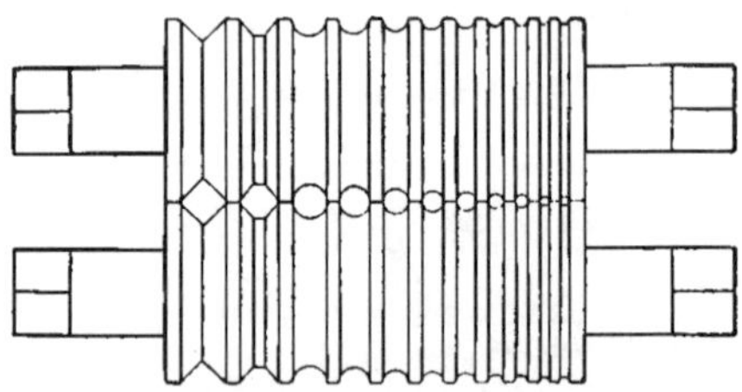

그림 10 · 14 공형(孔型) 롤

(2) 루츠보 주강법(鑄鋼法)[34]

용해된 강이 대량으로 생산된 것은 19세기 후반부터이다. 영국에서는 특수한 목적에 사용하는 양질의 강을 용융상태로 얻는 기술이 이미 1740년대에 성립되었다. 이것이 시계기사인 헌츠만(B. Huntsman, 1704~1776)에 의한 루츠보 주강법이다. 비

34) 鈴木善次 외, 전게서, p. 156.

록 소규모 생산법이지만 그는 질이 불균일한 침탄강(단철에 탄소를 흡수시켜 만든 강)을 용해하여 불순물을 제거하고, 질이 균일하고 한층 치밀한 강을 만드는 방법을 고안하였다. 1400℃라는 고온으로 높이기 위해 양질의 내화재로 만든 루츠보(pot)에 침탄강을 장입하였기 때문에 루츠보로라 불리게 되었다. 강은 칼 종류, 시계의 태엽 등 강인성이 요구되는 재료에 사용되었다.

10.6 기계에 의한 기계제작 — 금속 가공기술

금속을 가공하는 기술은 시계나 자물쇠를 만드는 기술, 또는 총포제조 기술 등 이른바 수차대공 · 대공 · 기구공 등의 공예직인으로부터 성장했는데, 기계가 발달되면서 목제에서 금속제로의 전환이 필수가 되고, 그로 인해 여러 가지 모양의 기계의 금속부품을 정확하게 가공하는 기계공작기술의 창출이 기계제 생산을 추진하는 결정적인 요소가 되었다. 산업혁명의 초기에 나타난 기계는 대부분이 목제이며, 그것들은 수공업 가운데 숙련된 직인들에 의해 수공도구로 만들어졌다. 이들의 목제기계는 인간의 손을 대신하여 기구가 작업을 수행하는 점에서 획기적인 것이나, 그것은 이중의 한계를 가지고 있었다. 하나는 나무라는 소재가 가진 물리적 강도에서의 한계이고, 다른 하나는 기계자체가 손 작업에 의해 만들어지는 데서 오는 기계 정밀도의 한계이다.

따라서 기계가 본격적으로 성장하고, 개개의 기계가 다시 연결되어 기계체계를 형성하며, 기계제 생산의 기본이 되기 위해서는 기계부품이 각 부분은 정확하게 가공된 형상을 가진 강도가 확실한 기계로 만들어져야 한다. 즉, 기계가 손 작업이 아니고 기계에 의해 만들어지고, 철제로 되면서 사회적 재생산 과정은 기계에 의해 관철되고, 자본주의의 물질적 기초로서의 기계제 생산이 확립된다. 이런 의미에서 이 시기에 등장한 금속가공기술의 새로운 전개는 중요한 역사적 의미를 갖는다.

작업기, 증기기관 분야에서의 기술혁신은 기계를 만드는 기계공작기술의 뒷받침 덕이었다. 이 기계공작기술의 발달이 산업혁명의 제3단계 또는 기술적 완성기라 할 수 있다.

1. 원통의 지름 가공 — 보링 머신[35)]

보링(boring)이란 원통 모양의 내면을 칼날이 붙은 원반을 회전시켜 다듬질하거

35) 소련 과학아카데미 편(金光不二夫 외 역), 전게서, pp. 268~270.

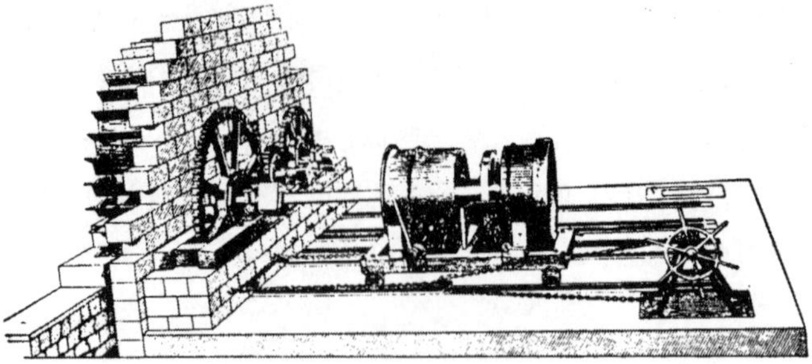

그림 10 · 15 스미턴의 보링 머신

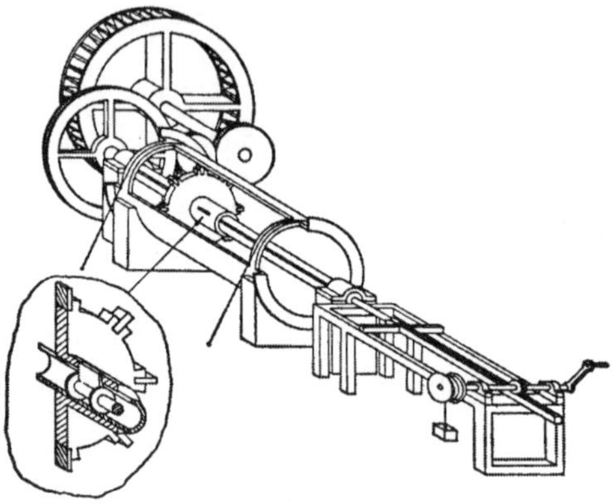

그림 10 · 16 윌킨슨의 보링 머신

나 확대하는 작업으로 이 기술은 대포의 보링을 기초로 발달하였다. 대포는 코어를 사용, 내부가 구멍이 되게 주조하고, 보링 머신(boring machine)으로 안쪽을 절삭, 다듬질하였다. 또, 증기의 힘을 왕복운동으로 바꾸는 실린더와 피스톤은 그 결합에 정밀한 가공과 다듬질이 필요하다. 이러한 필요성에서 1769년에는 스미턴이 최초의 보링 머신을 제작하였고, 1774년에는 윌킨슨(John Wilkinson, 1728~1808)이 보링 머신(그림 10 · 16)을 개량, 정밀한 공작을 가능하게 하여 증기기관 성공의 기틀을 다졌다. 이 외에도 윌킨슨은 증기 해머 · 압연기 · 주화 제조기 · 용광로 등 금속공업 발달에 중요한 많은 기계를 만들었다. 뉴커먼의 대기압기관은 여러 직종의 수공업자가 손으로 만들고, 가장 중요한 실린더의 안쪽 벽은 숫돌로 다듬질하거나 손작업이기 때문에 피스톤과의 간극이 완전치 않아 효율이 떨어졌다.

18세기 중반에 철제 실린더가 사용되면서 정밀한 보링이 필요하여, 대포의 보링용으로 제작한 스미턴의 보링 머신이 철제 실린더 가공으로 사용되면서 철제의 뉴커먼 기관 실린더가 제작되기에 이르렀다.

와트의 증기기관을 위해서는 한층 더 정밀하게 보링된 실린더가 필요하게 되었다. 대포 포신의 보링에 종사한 윌킨슨은 와트 기관을 위해서 더 정밀한 보링 머신을 발명하여 와트의 정밀한 증기기관을 만들 수 있게 하였다. 정밀도의 향상은 그 뒤 자동 공작기계가 실현되어 처음으로 가능하게 되었고, 고압증기기관을 기술적으로 가능하게 하였다.

2. 선 반(旋盤)[36), 37)]

19세기 초 영국의 공업화는 급속히 그 속도를 더했고, 와트가 발명한 증기기관은 그때까지 사용되던 어느 동력기계보다 출력이 많았으며 그 위력이 대단하였다. 방직기계나 증기기관을 제작, 개량하는 소규모의 기계공장이 영국의 각지에 세워졌다. 증기기관으로 움직이는 방직 기계류는 종래의 기계와는 달리 거의 철제이며, 또 대형이었다. 대형의 금속재료 가공은 손 작업으로 불가능하였다. 지금까지 사용하던 시계공들의 소형 선반으로는 되지 않고, 보다 강하고 큰 치수의 재료의 가공이 되는 공작기계가 필요하게 되었다.

영국의 기계기술자인 모즐레이(Henry Maudslay, 1771~1831)(그림 10·17)는 1794년에 이송대를 발명하고, 1797년에 전부 금속으로 된 나사 깎기 선반을 만들었다 이 선반에는 공구이송대가 붙어 있었다. 종래의 선반은 바이트를 작업자가 손으로 쥐고 회전하는 가공 대상물에 밀어 작업을 하였기 때문에, 고도의 수련과 긴장이 필요하고 정밀도도 낮았으며, 그 모양도 제멋대로였다.

모즐레이는 다시 기계를 개량하여 공구의 운동을 유도하는 정확한 평면을 제작해서 정밀도를 높이고, 또 나사를 회전시켜 기어로 변속되는 기구를 가지는 여러

그림 10·17 모즐레이

그림 10·18 모즐레이의 선반

36) 中山秀太郎, 전게서, pp. 92~94.

37) T. K. Derry · Trevor I. Williams, 전게서, p. 326, p. 348, p. 351, p. 354.

가지 피치의 나사 깎기 선반기계도 제작하였다. 그는 자기공장에서 기계부품의 제작을 통해 후계자의 육성에도 힘써, 19세기 전반에 영국 기계제작의 전성기를 가져왔다(그림 10 · 18).

와이어트와 폴에 의해 시작된 방적기계의 개량이 산업혁명의 도화선이 되어 와트의 증기기관이 여기에 가세하였고, 그리하여 빛나는 산업혁명을 완성시킨 것은 모즐레이가 발명한 자동 공작기계의 혜택 때문이다. 그래서 봉건제 수공업은 자본제 기계공업으로 발전된 것이다.

10.7 운송 수단에 증기기관의 도입

시장의 끊임없는 확장을 필요로 하는 대공업 제도의 발전은 대공업이 소비하는 원료 및 생산물을 대량으로, 또 빨리 수송해야 하는 운송교통 기관의 혁명이 필연적이었다. 영국에서는 내륙 운송체계가 불충분하고 정비되지 않은 단계에서 산업혁명으로 접어들었기 때문에, 물자의 유통이 확대됨에 따라 그때까지의 미발달된 교통기관 · 운하 등을 강화, 확장해서 이를 고도로 이용하는 데 노력하였다. 그러나 물과 육지의 운항에서 과거 기술체계에 한계가 있기 때문에 대공업의 발전을 저해하는 결과를 초래, 기계제 생산이 필요로 하는 운송기술 체계는 기계제 공장의 새로운 원동력이 된 증기기관을 운수의 동력으로 도입함에 따라 비로소 가능하였다.

육상이나 해상을 증기의 힘으로 움직이는 교통기관이 등장한 것은 19세기에 접어들어서이다. 와트의 증기기관은 공장의 동력 발생용뿐만 아니라 트레비식(1804), 스티븐슨(1829) 등에 의해 증기기관차에 응용이 되고, 또 풀턴(1807) 등에 의해 선박추진용, 즉 증기선에 사용되기에 이르렀다. 20세기 초 전력의 이용이 많아짐에 따라 증기기관을 발전기 운전용으로 대단한 발전을 하여 기타 여러 공업의 동력원으로서 일시적으로 독보적인 지위를 차지하게 되는데, 뉴커먼 시대의 4 kW에서 1대당 10,000 HP를 내는 것도 있어 증기압력의 상승과 더불어 다단팽창 기관(1892)이 출현, 열효율도 23%에 이르렀다.

1. 육상교통[38), 39)]

광산에서는 이미 궤도(초기는 목제, 18세기 중반부터 철제)를 사용하여 트럭으로 채

38) R. J. Forbes(田中 實 역), 전게서, pp. 250~253.
39) T. K. Derry · Trevor I. Williams, 전게서, pp. 324~325, pp. 331~332.

굴한 석탄이나 광석을 운반하였다. 처음에는 사람이 끌었고, 뒤에 말이 사용되면서 철도마차가 출현하게 된 것이다.

19세기에 접어들면서 사람들은 운송수단의 새 동력으로 증기기관을 주목하게 되었고, 증기기관을 사용함으로써 수송량이나 속도를 증가시킬 수 있었다. 프랑스의 군사 기술자 퀴뇨(Nicholas Joseph Cugnot, 1725~1804)는 대포를 차에 실어 전쟁터에서 주행할 목적으로 1763년에 증기차의 모형을 만들었다. 1769년 퀴뇨가 만든 3륜 증기자동차는 시속 3.5 km로 달렸지만 결국 파손되고 말았고, 윌리엄 머독(William Murdock, 1754~1839)은 1785년에 실험하여 다소 성공하였으며, 머독의 제자인 트레비식(Richard Trevithick, 1771~1833)은 1801년 고압증기로 움직이는 개량된 차인 '기관차(locomotive)호'를 공개하였는데, 도로상에서 시속 8~9마일이었고 경제적이지는 못하였다. 그 후 1804년 2월 2일 웨일스 탄광에서 주행한 증기차는 레일 위를 달린 최초의 증기기관차였다. 1803년에는 트레비식이 처음으로 승객을 태워 주행하는 기관차를 만들어 실제 연습도 하였다.

그 뒤 많은 발명가나 기술자의 연구에 의해 스티븐슨(George Stephenson, 1781~1848)은 여객・화물 양용의 최초의 만능적 기관차를 설계, 1813년부터 1829년까지 기관차의 설계와 실험이 여러 번 반복되었다. 1829년에는 스티븐슨의 '로켓호'(그림 10・19)가 방적공업의 필요에서 건설된 리버풀-맨체스터선(1830, 55 km)이 개통되기 직전에 시행된 증기기관차의 경주에서 시속 55 km로 우승하여 그 시대 가장 우수한 증기기관으로 인정을 받아 채택되었다.

'로켓호'는 증기기관차의 유년시대의 총 결산이며, 이후 각국에서 철도가 급속히 보급되어 1830년에는 프랑스, 1835년에는 독일, 1837년에는 네덜란드에서 철도가

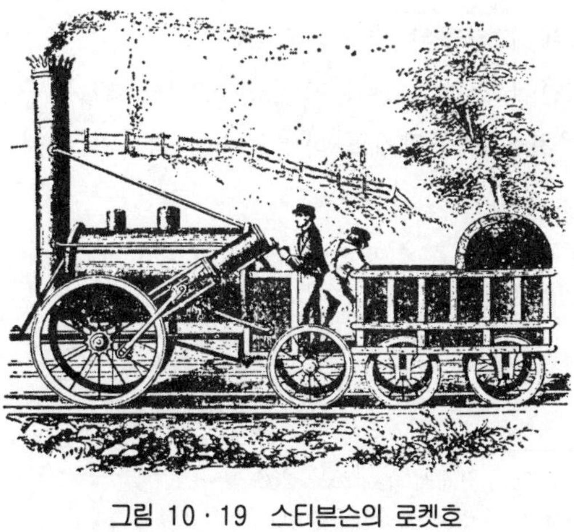

그림 10・19 스티븐슨의 로켓호

개통되었고, 미국에서는 1869년 최초로 대륙횡단 철도(뉴욕-샌프란시스코 사이 5,259 km)가 개통되어 서부개척에 결정적으로 중요한 물적 기초를 만들었다.

철도는 신속성, 대량수송, 진행의 규칙성이나 안정성이 있고, 게다가 운임이 저렴하고 기후에 좌우되지 않아 자본주의적 생산방법의 확장과 세계시장 획득의 강력한 수단이 되었다. 또, 철도의 빠른 보급은 제철업이나 기계 제작업 등의 중공업 부문의 넓은 시장을 제공하여 중공업 분야의 급성장을 초래하였다.

2. 해상수송[40), 41)]

증기기관은 육상교통의 변혁뿐만 아니라 해상수송을 위한 새 동력이기도 하였다. 미국의 피치(John Fitch, 1743~1796)는 1786년 증기의 힘으로 한 쌍의 노를 움직이는 배를 만들었고, 1807년 풀턴(Robert Fulton, 1765~1815)은 외륜 증기선 '클레르몽호'라는 길이 45 m, 폭 4 m, 150톤의 배를 만들어 허드슨강 150마일을 32시간에 항해하여 대성공을 거두었다. 헨리 벨의 여객용 증기선 '코메트호'는 1812년 클라이드강에서 정기운항을 시작하였다. 벨이 1830년 여객전용의 선박을 만들면서 증기선의 건조가 급속히 진보되었다.

그 후 증기선은 증기기관의 마력의 확대와 거기에 따르는 선체의 대형화, 외륜을 대신한 스크류의 사용, 목재에서 철재로의 선박재료의 변화 등 기술적인 과제를 해결하면서 급속히 발전하였고, 스크류 추진선의 도입은 1839년 240톤의 '아르키메데스호'의 실험항해로 시작된다. 본격적인 철선은 설계기사 브루넬(I. K. Brunel, 1806~1859)에 의해 '그레이트 브리튼호'로 실현되었다(1843). 이 배는 배수량이 3,618톤, 증기마력이 1,100마력으로 스크류 추진기를 설비하여 대서양을 정기적으로 횡단하였는데, 철판으로 만들어진 최초의 영국 선박이다.

브루넬은 다시 19세기 최대의 증기선 '그레이트 이스탄호'(배수량 2만 7,384톤, 출력 8,300마력)를 1858년에 건조하였다. 이 큰 배는 1865년 이후 전신용의 대서양 횡단 해저 케이블의 설치에 이용되기도 하였으나 경제성이 없어 19세기 말에 해체되었다.

---

40) R. J. Forbes(田中 實 역), 전게서, pp. 265~266.
41) T. K. Derry · Trevor I. Williams, 전게서, pp. 326~330.

제 11 장

산업혁명의 발전과 근대과학의 형성

영국은 1640년까지 1세기 동안 유럽국가 중 상공업이 가장 뒤떨어진 후진국이었으나 산업혁명에 의해 선진국으로 변모하였다. 영국의 혁명이 1640년에 일어나 봉건적 제약에서 대체로 해방되어 새로운 사회구조에서 영국의 산업은 선례가 없을 정도로 진전되어 앞으로 200년간의 자본주의는 이전의 어느 문명사회보다 기술에 관해서는 진보적이었다.

그 이유는 직인은 학자의 이론이 자기들의 실제의 노력에 도움이 되는 것을 알았고, 학자는 직인의 지식과 실제적 기술이 사물의 본성에 대해 자기들의 학문적 연구에 크게 역할하는 것을 발견하여 이론과 실천을 밀접하게 결합시키는 직인과 학자의 상호협력이었다.

학자와 직인 사이의 새로운 관계는 고대와 중세의 학문을 근대과학으로 전환시킨 중요한 원인 중의 하나가 된 것임에 틀림없다.

그런데 앞서 간 산업기술에서의 영국은 거의 무적의 우위는 무한으로 계속되지는 않았다. 18세기 말까지 다른 국가들도 같은 모양으로 발전을 시작하였다.[1]

19세기 후반의 산업혁명의 진전과 더불어 1789년에 일어난 프랑스 혁명에 의한 봉건적 절대주의 국가의 일소와, 1783년 미국 독립전쟁으로 이루어진 주권재민의 민주적 연방국가의 출현은, 문명제국의 체제를 크게 바꾸어 자본주의적 · 자유주의적 체제를 강화시켰다. 그렇게 하여 산업도 증기동력을 이용한 대량생산의 시대에 돌입하였다. 이런 상황은 과학 · 기술의 증진에 크게 기여하였다. 이를테면, 정보의

1) S. Lilley(伊藤新一 외 역), 전게서, pp. 102~103, p. 132.

증가로 과학기술의 지식이 널리 보급되고, 많은 사람들의 관심과 호기심을 불러일으켜 과학·기술의 진보가 인류의 번영에 그대로 비례된다는 환상을 줄 정도였으며, 대량생산에 의해 사회에는 물질적인 풍요로움이 나타나기도 하였다. 또, 국가나 공공기관은 과학 아카데미나 대학에서의 이공학과의 충실에 힘썼다.

17세기에는 기계적 철학의 영향으로 베이컨, 뉴턴, 보일 등은 열의 본질을 물질입자의 운동으로 보는 시각이었다. 그러나 18세기에 와서는 열이 무게가 없는 물질입자라는 칼로릭(caloric) 이론이 등장한다. 이런 상황에서 19세기 초 카르노가 증기기관의 열효율 문제에 기초를 놓았고, 1830년 초부터 '에너지'를 취급하여 이 에너지는 전기·자기·빛·소리·열·화학 및 역학 현상 등 다양한 형태가 나타난다고 생각하였다. 이렇게 열분야의 지식이 과학화되어 '열역학'이라는 하나의 학문분야가 생겼다.

11.1 프랑스·독일·미국의 산업혁명과 기술

1. 프랑스 산업혁명

영국이 세계사의 선두에서 산업혁명을 시작하여 '세계의 공장'으로서의 위치를 지키고 있을 때, 프랑스는 시민혁명의 전야에 있었고, 독일은 300여 연방국가군으로 이루어진 정치적 분열상태에 있었다. 또, 미국은 독립전쟁의 시기였다. 이러한 역사적 상황은 이들 나라가 그 후의 자본주의 발전을 위한 큰 변화를 가져오는 계기가 된다.

대혁명 개시 후 제1공화제, 복고왕정, 7월혁명, 7월왕정, 2월혁명, 제2공화제(보나파르티즘)와 계속되는 시민혁명(정치혁명), 그 사이의 반동기라는 과정에서 준비되어 전개된 프랑스의 산업혁명은 직접, 영국 산업혁명의 압력과 영국 자본주의의 생산력의 우위라는 역사적 전제하에서, 직접적으로 그에 대항하는 측면도 포함되어 수행되었다.

영국 산업혁명의 시작에 따른 프랑스의 기계도입은 공업 검찰관 호루카의 지도하에 제니의 방적기(그림 11·1)는 1771년에, 아크라이트의 방적기(그림 11·2)는 1780년대에, 와트의 증기기관은 1778년에 도입되었다. 1785년에는 윌킨슨의 지도로 코크스 고로가 설치되었다.

대혁명은 농민을 봉건제도하의 여러 규제에서 해방시킴과 동시에 1791년의 길드제 폐지법령, 또 매뉴팩처 검찰관과 산업규제의 폐지법령 등으로 '영업의 자유'를

그림 11·1 제니의 방적기와 그 작업

그림 11·2 아크라이트의 방적기

확립시키고, '근대적 생산력'은 해방되었다. 대혁명의 진전은 특권 매뉴팩처에 의한 '초기독점'의 체제에서 프랑스 국민경제를 해방시켰다. 특권 매뉴팩처는 부정되었으나 경영 그 자체는 반드시 해방되었다고는 할 수 없고, 그리하여 근대적인 사회기반 위에 재구성되어, 19세기 프랑스 자본주의 안에서 절대왕제의 유산으로 계승되어 간다.[2)]

2. 프랑스의 목면공업

프랑스 산업혁명에 있어서도 먼저 주도성을 나타낸 것은 역시 면업이다. 그러나 영국에서는 산업혁명기 전체를 통해 면업주도성을 관철하면서 국민경제의 자립적인 고도화가 추진, 달성된 후인 1830년 이후 철도건설이 시작된 데 비해, 프랑스에서는 면업주도의 산업혁명이 본격적으로 시작되려는 1830년대에 동시에 철도건설이 시작되고, 다른 여러 공업부문이 병행되어 산업혁명 추진에 합세하였다. 그러한 의미에서 프랑스 산업혁명의 본격적인 전개는 7월혁명 이후라 할 수 있다.

1786년 영국·프랑스 통상조약으로 영국의 면제품이 유입되어 프랑스 면업의 선진지역인 노르망디 목면업은 큰 타격을 받았으나, 혁명정부의 보호정책(1793년의 수입금지 등)으로 되살아났다. 노르망디는 제니 방적기의 보급, 또 밀·제니 방적기의 사용으로 면업의 발달이 추진되면서 그 가운데 면업의 직포공의 존재가 농촌에 일반화되었으며, 독립하여 소생산자의 기능까지도 하였다.

프랑스 면업의 하나의 중심은 알사스(Alsace) 면업이었으나 뮐루즈로 이주하여 온 중산층에 의해 뮐루즈 날염업(捺染業)※이 시작된다. 19세기 초까지는 뮐루즈 날염업에 대해 알사스의 자급적 면직물 공급이 우수하였으나, 나폴레옹 대륙체제에

2) 吉田靜一, 近代 프랑스의 社會와 經濟, 제6장, 1975, 未來社.

※ 피륙이나 실 같은 것에 어떠한 모양을 물들이는 방법의 하나

의거해 영국에서의 면포·면사수입이 금지됨으로써 알사스 날염업은 방직·직포의 두 공정을 결합한 방직-직포-날염의 수직적인 집중형태로 시작된다. 1820~1825년경에는 알사스 면업은 뮐루즈 도시 귀족출신의 면업 자본가의 지배로 융성기에 들고, 1830년대에는 프랑스 면공업의 중심이 노르망디에서 알사스로 옮기게 되었으며, 이때부터 프랑스 산업혁명은 본격적으로 전개기에 들어간다.

이른바, 대혁명 이후의 1790년대부터 1825년까지는 프랑스 산업혁명의 준비기 내지는 개시기가 된다. 또 '알사스형'이 전개시기에는 우위를 차지하였으나 '노르망디 형'으로 표시되는 '소생산자적 발전의 길'도 그 후 같이 존립하면서 프랑스 자본주의 발전의 하나의 특징을 구성하게 된다.

3. 프랑스의 제철업[3)]

제철업에 있어서는 나폴레옹 체제가 붕괴된 이후, 프랑스 제철업은 영국 제품의 유입이라는 압력으로, 패들법에 의한 공장에서는 기간 노동력을 영국인에 의존하는 '영국형 제철소'였으나, 1830년경에는 프랑스인으로 바뀌어졌다. 철도건설이 급속히 시작된 것은 1833~1834년경으로, 프랑스에서 철도 붐이 일어난 것은 1842년의 '철도법' 이후이다. 이것은 동시에 제철업의 수요를 만들었으나 프랑스 전체에서 목탄제철에서 코크스 제철로 전환된 것이 1850년이니, 영국보다 반세기 이상 뒤진 셈이 된다.

한편, 1856년에 발명된 베서머(Bessemer) 전로법(그림 11·3)은 그 2년 후에 도입되었고, 1864년에는 평로법이 르쿠룬 제철소에 도입되었다. 노동력과 막대한 연료비가 필요한 패들법에 대신하여 연속적인 제강 기술체계를 만들게 되었다. 제이

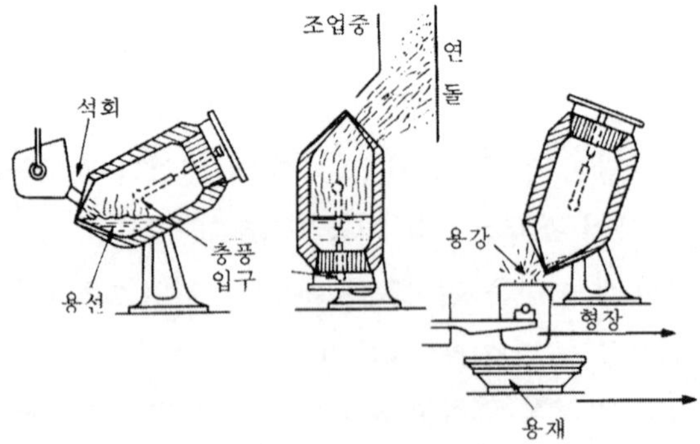

그림 11·3 베서머의 회전로

3) 山崎俊雄 외 편, 전게서, p. 105.

제제 말에 드아 윈테르는 제철에 7,000명, 철광에 8,000명, 탄광에 1,400명의 노동력을 고용하는 대기업이 되었다. 프랑스 자본주의는 1850년대 말까지 스스로 재생산 궤도를 확립하였고, 1857년의 공황은 전반적으로 과잉생산 공황의 성격을 가지고 있었다.

프랑스 산업혁명의 종료를 목표로 하는 지표는 프랑스 자본주의가 그 자유무역 정책에의 전환을 통해서 세계시장에 편입되는 1860년의 영·불 통상항해 조약이라 할 수 있다.

4. 독일에서의 개혁운동[4)]

프랑스 혁명과 나폴레옹 전쟁의 과정을 통해 독일의 정치구조는 큰 영향을 받아 정리 재편되었으나, 1815년의 빈 회의에서 주권이 인정된 나라는 불과 38개국이었다. 그 가운데 압도적으로 영향력을 가진 나라는 절대주의국 프로이센이었다. 프로이센은 나폴레옹 압제와 빈 체제의 시기에 '슈타인 하르덴베르크(Stein Hardenberg) 개혁'에 의해 동부 농업사회에서 융커(Junker)로 불리는 경영을 성립시켰다.

직영농장을 확대시킨 융커로 귀족지주는 영세한 농지를 보유한 부역체제 등을 존속시킨 프롤레타리아트가 아닌 농민층을 그 노동력으로 파악하였다. 1807년에 세습 노예제도의 폐지, 1810년에 길드제의 폐지가 이루어지나 개혁의 중심으로서의 농사제도의 부르주아적 개혁은 진행되지 않았다.

여기에 비해 교육개혁은 슈타인의 인문주의적 측면이 관철되어 피히테(John Gottlieb Fichte) 등의 영향을 받아 교육관련 장관 훔볼트(Humboldt)가 페스탈로치의 교육사상과 혁명 후의 프랑스 교육개혁을 배워 초등학교 제도의 정비와 중등교육의 개혁에 착수, 1810년에는 베를린 대학을 창설하였고, 1821년에는 기술교육을 위해 베를린 실업학교를 설립하였다. 이 영향은 독일 전 국토로 확대되어, 각지에 중등교육 과정의 기술교육 학교인 실업학교, 공업학교 등이 설립되었다.

이와 같은 교육제도 개혁의 성과는 19세기 중반에 직접 나타났다. 독일 산업혁명에서 선진적인 역할을 한 베를린 기계공업의 중심인물이었던 보르지히(August Borsig, 1804~1854)는 이들 학교에서 교육을 받은 기술자·기업가가 된 경우이다. 이들 기술교육학교는 산업혁명 전개에 앞서 대개 공업학교 등으로 바뀌었고, 드디어 산업혁명 완성기에 프로이센 주도하의 국가통일이 실현되는 단계에서 공과대학이 된다. 19세기 말의 초기에서 20세기에 걸쳐 독일 근대과학·기술발달의 근간은

---

4) 武谷三男 편, 자연과학개론, 제3권, pp. 104~105, 1963, 勁草書房.

카를스루에(1865), 뮌헨(1868), 아벤(1870), 베를린(1879) 등의 공과대학이다.

위와 같이 독일 산업혁명(1840~1850년대에서 1860~1870년대까지)의 전제조건의 첫 번째가 슈타인 하르덴베르크 개혁이고, 두 번째가 라인 좌안지역에서의 프랑스 혁명과 그 후의 나폴레옹 법전시행이라는 형태의 프랑스의 영향에 의한 '근대화'이었지만 무엇보다 중요한 직접적 전제조건이 된 것은 1818년의 프로이센 구역 내에서 관세법 성립으로 18개 연방국가가 발족되는 1834년의 독일 관세동맹의 성립이었다.

5. 독일의 철도건설과 기계공업

위와 같은 전제조건하에서 1840년내에 독일 산업혁명은 시작되나, 사실은 철도건설의 발전과 겹쳐지고 그 주도하에 진행된다. 최초의 철도건설은 1835년 뉘른베르크-페르즈 사이이나, 1848년 3월 혁명의 시기에는 총연장 길이가 4,300 km에 이르러 프랑스를 능가한다. 3월혁명 직후인 1850년대 초기에는 엘베 동쪽의 베를린 기계공업의 공장제 이행을 축으로, 또 엘베 서쪽의 라인 베스트팔렌 지역을 제철업의 중심지역으로 하여 전체적으로 급속도로 생산력이 증가되었다.

관세동맹 직전까지 20여 년간은 종업원 10명 이하의 소경영의 그룹은 관세동맹 성립 후 1855년에 종업원 860명 규모, 1865년에는 종업원 8,000명의 대공장에 이르게 된다.

그런데 독일 산업혁명에서 1840년 이후 기술자인 기업가 밑에서 기술교육을 받은 시민층 출신의 기업가(Fabrikant)가 출현한다. 취급소 역할에서 그룹으로 발전, 지멘스 형제의 역할 등을 보았을 때, 앞서 밝힌 전제로서의 교육제도 개혁의 의미가 분명해진다.

독일 기계공업은 당초 영국으로부터의 기술도입에 의지하여 설립된 것이 많고 에겔스(F. Aton, Eggles, 1882~1944)는 영국・프랑스에 파견되어 배웠으나 기술가 육성의 면으로 보더라도 교육제도 개혁은 효과적인 역할을 단단히 하였다. 유럽에서 독일의 생산력에서 프랑스를 앞서게 된 것은 1870년대이며, 독일의 산업혁명은 1870년대에 완료되었고, 1873년의 세계 경제공황의 발생을 계기로 유럽 일대, 특히 독일을 중심으로 카르텔(Cartel, 기업연합) 형성의 움직임이 시작된다.

6. 미국 남북전쟁과 기계

1776년 7월 4일, 영국의 식민지 노릇을 하던 미국 식민지는 독립을 선언하게 되고, 그에 따라 미국의 독립전쟁이 일어났다.[5] 미국의 독립전쟁(1775~1783)은 그 자체가 시민혁명적 성격을 지니고 있었으나, 그 후의 남부 노예제 대농장 경영(plantation)의 확대에서 볼 수 있듯이, 전근대성을 남기면서 전체적으로 급속도의 경제발전을 가져왔다.

19세기 전반의 남부 노예제 대농장 경영은 성장을 거듭하여 온 영국의 면공업에 대한 주요 원료공급지의 위치를 가지고, 영국의 산업자본에 종속되어 있었다. 미국의 이 미완성의 시민혁명은 남북전쟁(1861~1865)에서 북부 부르주아지의 남부에 대한 승리를 통해서 달성된다.

미국의 산업혁명은 북부 뉴 잉글랜드에서의 면공업의 공장제로의 이행으로 시작되고, 1820~1830년대에 농촌 가내공장을 추방하고 근대적 공장제로 된다. 패들 압연법 도입(1817), 엘리 휘트니(Eli Whitney, 1765~1825)의 밀링 머신(1818), 역직기의 도입에 의한 방적일관 공장의 보스턴에서의 설립(1815)에서 보듯이, 1810년대에서 1820년대에 걸쳐 산업혁명이 시작되었다고 볼 수 있다.[6]

19세기 전반기에는 제철업의 중심은 펜실베니아에서 오하이오로 옮겨지고 철강도시 피츠버그가 대두하나 목탄로를 대신하는 코크스로는 1855년이다.

북부에서는 산업혁명의 진전과 더불어 산업자본이 발달하였으나, 미국은 전체적으로 영국 자본주의의 원료공급(목화, 곡물) 시장이었으며, 또 공업제품의 판매시장으로 영국의 자본에 지배되고 있었다. 미국은 독립전쟁 후에도 영국의 식민지적 지위에서 벗어나려고 노력했지만 영국 자본주의의 재생산 구조에 빠져 들어가는 경향을 보였다.

전쟁 직전(1860), 뉴욕 등 중부 다섯 주와 뉴 잉글랜드를 합하면 미국 전 국토의 공업생산과 노동자 수의 2/3 이상이 되는 상황이면서도 남부는 전체 생산액의 1/10도 되지 않았고, 자본주의적 공업의 대부분이 북부에 있었다.

이 상황은 북부의 경제적 우위, 남부의 정치적·군사적 우위로 특징지워진다. 이 시기의 남부 총 인구 1,200만 명 중 흑인노예는 약 400만 명이며, 이것이 대농장 경영의 기간 노동력이었다. '세계의 공장' 영국은 이 시기에 목화수요인 14억 파운드의 절반을 미국 남부 목면에 의해 공급되었고, 미국으로 보더라도 총 수출액의 30 ~50%가 되었다.

거기에다 미국 특유의 서부문제에서 철도의 부설, 통신망의 발전에 의해 동부시장에 연계하려는 북부산업 자본의 요구와 노예제도의 외연적 확대를 시행하려는

5) 羅鍾一 외, 전게서, p. 206.

6) 鈴木啓介 편, 미국경제사, 제1장 6절, 제2장 8절, 1972, 東大出版會.

남부의 요구와 정면으로 충돌한다. 여기서 남부와 북부의 대립은 자본주의의 성장·발전을 움직이는 두 개의 프로그램의 대립이며, 남북전쟁은 미국에서 자본주의 발달의 장애물을 한꺼번에 타파하는 정치변혁이 되었다. 1870년대 이후의 미국 자본주의의 발전이 이를 뒷받침하고 있다.

남북전쟁은 독립전쟁에서 미해결로 남아 있던 시민혁명을 완결하여 자본주의의 급속한 발전을 가능하게 하였다. 넓고 깊게 국내시장이 열리고 공장제도가 확립되어 전쟁 전인 1863년에 법제화되었으면서도 전국적으로 적용되지 않았던 은행제도 등이 산업자본에 의해 그 기능을 시작하였고, 1860년대까지 성립된 미싱, 기관차, 농기구 등 기계공업 부분이 발전하여 공작기계 등의 면에서 대량생산 기술은 영국을 능가하였다.

제철업에서는 1868년 평로법이 도입되어 보급되고, 1870년대에는 스탠더드 석유회사가 성립되면서 미국의 선철생산은 독일, 프랑스를 능가한다. 산업혁명은 완료되고, 1873년에는 경제공황에 들어서면서 독점에의 과도기로 접어들게 되었다.

프랑스, 미국, 독일에서는 영국에 약 30～40년 뒤진 채 산업자본의 확립이 이루어진다.

11.2 전자기학의 발달 및 물질탐구

1. 전자기학의 형성

전기가 정전기에서 흐르는 전기로 발전되고, 먼저 전기 분해술에 이용된 것은 이른바 전기기술이 공학적인 양상으로 대두된 것으로 볼 수 있다.[7] 전기가 물리·화학의 영역을 벗어나 기술 내지 공학을 형성하게 된 것은 패러데이 시대에 시작되었고, 패러데이(그림 11·4) 자신의 업적의 영향이 컸다. 그 이전의 전기학의 상황은 전기학을 역학에 환원하는 것이 지배적이었다.

정상전류를 얻고 정전기학에서 동전기학으로 전환시킨 것은 1800년 볼타에 의해 발견된 볼타 전지이고, 이는 19세기 분석화학에 강력한 수단을 제공하여 전기화학의 기초를 유도하게 되었다.

패러데이의 초기연구는 염소의 액화 성공(1823), 벤젠의 발견(1825), 그리고 유리나 강에 관한 연구 등, 당시의 산업 기술상의 문제를 해결하는 화학연구였으나, 열·빛·전기·자기 또는 화학현상의 본질에 대해 다음과 같이 생각하였다. 즉,

7) 紫藤貞昭 편, 전게서, pp. 148～149.

이들 여러 현상은 어떤 힘으로 이루어지며, 이 힘은 역학적인 힘이 아니라 화학적인 '능력'(power of force)이지만 물질 내부의 입자의 '배열과 변화'에 기인한다고 보았다. 이러한 시각에서 1831년부터 본격적인 전자기학 연구에 몰두하였다.

패러데이는 볼타 전지에 의한 회로실험에서 전류에 의한 자석의 작용과 자석에 의한 전류의 작용으로 '전류의 전자유도 현상'을 발견(1831)하였다.

한편, 전류의 자기작용은 1820년 덴마크의 외르스테드(Hans Christian Oersted, 1777~1851)(그림 11·5)에 의해 발견되었다. 전기력과 자력(磁力)에 관계되는 것으로, 도선의 전류를 반대방향으로 하면 자침이 반대쪽으로 흔들려 전선의 둘레에는 자장이 형성됨을 알았다.[8] 이것이 전자기학 탄생의 계기가 되었고, 앙페르와 패러데이의 연구에 계승되었다.

그림 11·4 패러데이

그림 11·5 외르스테드

패러데이는 1834년 전기분해에 과한 유명한 두 법칙 '패러데이의 법칙'(Faraday's law)의 발견은 전기학과 화학의 밀접한 관계를 명시하였고, 전기분해의 설명은 뉴턴의 역학에 기초를 둔 역학적인 모델—'크로도우스의 쇠사슬'(그림 11·6)에 의해 설명되었다. 이로써 이온의 개념을 확립시키게 된다.

전기분해의 기구 연구를 하면서 '전극', '양이온'(cation)이라는 새 술어를 도입하였다. 전기장론의 기초(1837) 및 진공방전에 관한 실험(1838) 등 3개의 연구성과는 전기공학의 기초를 형성하게 되었으며, 전자장론의 연구를 통해 '자력선'과 '자장'이라는 용어가 생기기도 하였다.[9),10)]

프랑스의 에콜 폴리테크닉 출신의 수리 물리학자이고 화학자인 앙페르(Andre

8) R. J. Forbes · E. J. Dijksterhuis(廣重 徹 외 역), 전게서, pp. 365~366.

9) 伊東俊太郎 외 편, 전게서, p. 877.

10) T. K. Derry · Trevor I. Williams, 전게서, pp. 608~610, p. 615, p. 628.

Marie Ampere, 1775~1836)(그림 11 · 7)는 전류의 자기작용을 연구하여, 뉴턴의 만유인력 법칙과 같이 거리의 제곱에 반비례하는 인력 · 반발력이 작용하는 것을 설명해서 전기역학을 창시하였다. 1820년에 발견한 '앙페르의 법칙'으로 유명하며, 그의 주 저서로는 「전기역학 현상론」(1826)과 「과학철학시험」(1834~1843)의 두 권이 있다.

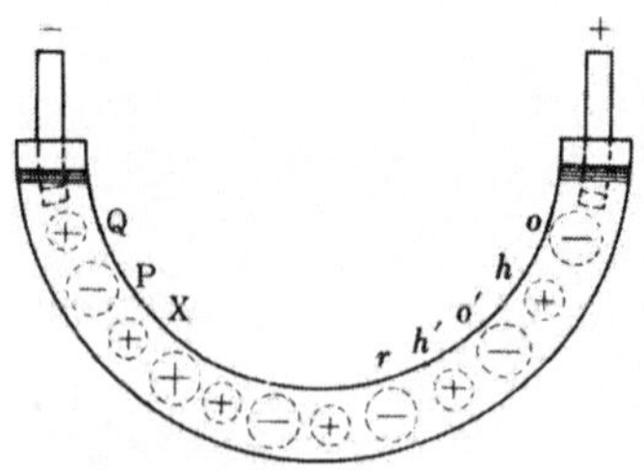

그림 11 · 6 크로도우스의 철

그림 11 · 7 앙페르

이렇게 하여 패러데이는 화학을 중심으로 전자기학을 역학에서 독립시켜, 전자기학이 전자장 개념을 축으로 한 하나의 이론체계로 성립하는 기초를 구축하였다. 패러데이의 연구기초는 켈빈卿(William Thomson Lord Kelvin, 1824~1907)(그림 11 · 8)에 의해 '전신방정식'으로 발전되었고, 1845년 이후 맥스웰(James Clerk Maxwell, 1831~1879)(그림 11 · 9)의 전자장 이론의 길을 열어 '맥스웰 방정식'의 결실을 보게 되었다. 또 1846년에는 빛의 전자파설의 선구적 고찰도 하였다.

패러데이의 주요 저서로는 「전기학 실험연구」(1844~1855) 3권과 「실험적인 화학과 물리학」(1859)이 있다.

그림 11 · 8 켈빈 경

그림 11 · 9 맥스웰

2. 열역학의 선구자 — 카르노

열역학은 영국의 산업혁명이 진행되면서 열기관(증기기관)의 공학적 해석을 통해 시작되나(와트의 지압선도 등), 열역학의 이론체계의 기초를 세운 사람은 프랑스의 에콜 폴리테크닉 출신의 카르노(Micolas L'eonard Sadi Carnot, 1796~1832)(그림 11 · 10)이다. 그의 유일한 저서로는 「불의 동력과 이 힘의 발생에 적당한 기계에 관한 고찰」(1824)이 있다.

카르노는 '카르노 사이클'[11](그림 11 · 11)에서 가역 열기관이라는 열역학의 기초 개념을 만들고, 열기관의 최대효율(가역 열기관의 효율)은 작업물질에 관계없이 고온열원과 저온열원의 온도에서만 결정된다는 '열역학 제2법칙'으로 정형화되는 '카르노의 정리'를 1824년에 확립하였다. 이 카르노의 이론은 저울로 계량할 수 없는

그림 11 · 10 카르노

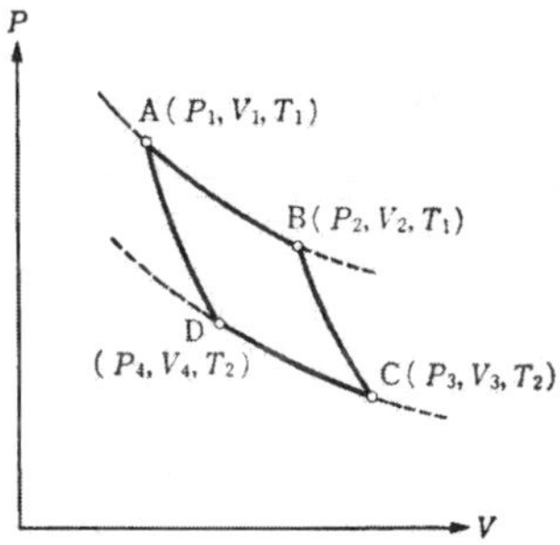

그림 11 · 11 카르노 사이클

물체인 '열소'에 기초를 둔 것이나, 그로부터 열소설적인 측면을 벗어나 열의 운동설의 입장에서 위의 카르노 정리를 열역학의 제2법칙으로 정식화하고, 1850년 열역학의 독자적인 이론체계를 성립시킨 사람이 독일의 클라우지우스(Rudolf Clausius, 1822~1888)(그림 11 · 12), 영국의 W. 톰슨 켈빈 경(1851)이었다. "열은 스스로 저온도의 물체로부터 고온도의 물체로 흐를 수 없다"(Clausius의 표현)와 자연계에 아무런 변화를 남기지 않고 어느 열원의 열을 계속하여 일로 바꿀 순 없다(Thomson의 표현). 클라우지우스는 1854년 해석적 표현을 제2법칙에 부여하고, 그로 인해 에너지 변환의 방향성을 제시한 '엔트로피'(entropy) 개념을 구축하였다.[12]

이들의 배경에는 증기기관의 가일층의 발달에 따른 기체(특히 수증기)의 열역학

11) R. J. Forbes · E. J. Dijksterhuis(廣重 徹 외 역), 전게서, pp. 284~286.
12) 伊東俊太郞 외 편, 전게서, p. 293.

그림 11 · 12 클라우지우스

적 여러 성질의 실험적 연구가 있었으나, 이러한 활동에는 맥스웰과 클라우지우스에 의한 '기체분자 운동론'의 처음 시작(1860, 맥스웰의 속도분포 법칙의 발견)이 있었고, 볼츠만에 의해 통계역학의 확립이 계속된다.

3. 에너지 변환의 과학[13)]

패러데이가 근거로 한 여러 현상의 연관이란 관점은 19세기 전반의 최대의 발견이라 보는 '에너지 보존법칙'에 의해 자연과학상의 일반원리로서의 지위를 얻었다. 에너지 보존법칙은 열역학 제1법칙의 정식화뿐만 아니라 정확하게는 '에너지의 양적 보존과 그 형태의 상호변환에 관계되는 법칙'이라는 내용이다.

에너지는 1800년 토머스 영(Thomas Young, 1773~1829)이 활력(living force) mv^2에 대해서 「자연철학 강의」에 사용한 것이 처음이다. 19세기 전반에는 힘(force)이란 말이 때때로 사용되었으나, 1840년대에 에너지 보존법칙이 발견되면서 열역학이 형성되는 가운데 에너지 개념이 명확해졌다.

에너지 보존법칙은 여러 가지 힘의 전환 · 보존에 관한 일반적인 개념과 구체적 전환에서의 양적 관계(當量)의 확립이라는 두 가지 측면을 가지고 있다. 19세기의 1830~1840년대에 많은 사람이 동시에 발견하였다고 하여 '동시발견'이라고까지 한다. 그러나 다음의 몇 사람이 핵심이다.

마이어(Julius Robert von Mayer, 1814~1878)(그림 11 · 13)는 1842년에, 줄(James Prescott Joule, 1818~1878)(그림 11 · 14)은 열의 일당량의 측정에서 1842년에, 그리고 콜딩(L. Colding, 1815~1888)이다.

또, 1847년에는 헬름홀츠(Hermann von Helmholtz, 1821~1894)(그림 11 · 15)가

13) T. K. Derry · Trevor I. Williams, 전게서, p. 341, p. 628.

그림 11 · 13 마이어

그림 11 · 14 줄

그림 11 · 15 헬름홀츠

논문 '힘의 보손에 대한 물리적 논술'을 발표함으로써 이론적 공식화가 진행되었다. 1950년대가 되어 줄의 정확한 실험을 통해 열과 일은 서로 같은 종류의 양이고, 서로 변환되며, 그 합은 보존된다는 에너지 변환의 수량적 관계를 포함한 항존성(恒存性)을 밝히는 '열역학 제1법칙'이라는 개념과 관련되어 에너지 개념이 명확하게 된다.

이 발견의 밑바탕에는 산업혁명이 끝나고 산업 자본주의가 전개되는 가운데 증기기관의 동력과 효율의 문제에 많은 관심이 집중된 것(열역학)이나 또는 열기관뿐만 아니라 전지나 발전기, 모터 등 새로운 동력의 공업상의 이용 가능성 검토(전자기학)라는 공학적 필연성이 있었음은 말할 나위도 없다.[14)]

그런데 단순한 열의 일당량뿐만 아니라 자연계의 여러 힘의 상호변환을 설명한 마이어나 헬름홀츠에 대해 말하면, 이 발견의 실마리가 된 것은 생명현상에 대한 고찰(생리학)이었다. 에너지 보존법칙이 자연과학의 일반원리로서의 지위를 획득하려면, 단지 물리 · 화학현상(무기적 자연)뿐만 아니라 생명현상(유기적 자연)을 포함

14) 伊東俊太郎 외 편, 전게서, pp. 961~962.

한 '자연의 여러 힘의 연관'이란 생각이 필요하였다.

4. 생명 · 물질 · 우주

세포설, 진화론과 함께 19세기의 3대 발견의 하나로 간주되는 이 에너지 보존법칙 발견의 의미는, 첫째로 이 발견의 실마리가 그렇듯, 처음으로 자연의 통일적 또는 유물론적인 파악을 가능케 하였다는 사실이다. 19세기 중반까지의 자연과학에서는 뉴턴 역학이 지배적이었으며, 그의 보완물로 생명소(生命素), 연소(프로지스턴), 열소(熱素), 광소(光素), 에테르, 전기유체, 자기유체 등 각 현상의 특성은 알지만 무게를 측정할 수 없는 가상물질, 즉 저울로 계량할 수 없는 물체(유체)가 유체역학과 결부되어 큰 역할을 하였다.

에너지 보존법칙의 발견이 갖는 두 번째 의미는 에너지 보존법칙을 계기로 '자연의 연결점으로서의 원자(화학)', 분자(전자기학, 열역학 등의 물리학)를 주요대상으로 한 micro의 물질구조로, 그 위에 생명현상 — 유기물(생리학), 우주로 자연과학의 연구대상이 집약되고, 집약된 연구에 의해 자연 여러 과학의 내적인 연관성이 명확하게 되어 가도록 하였다는 사실이다. 우주에 대해서는 켈빈 경이 에너지 보존법칙을 우주에까지 적용하고자 시도하였으나 실패하고, 물질적 · 통일적 실체로 '하전입자(전자)'의 생각을 하게 되었다.

헬름홀츠는 1870년에 종래의 웨버(Wilhelm Eduard Weber, 1804~1891)(그림 11 · 16)의 하전입자가 속도를 가지고 운동을 하지만 질량은 가지고 있지 않다고 보고 처음으로 질량과 하전(荷電)을 병행하여 하전입자라는 생각을 제기하였다. 이로 인해 하전입자계의 운동방정식을 세워 에너지 보존법칙에 기초하여 해석한다는 방법이 가능하게 되었다.

그림 11 · 16 웨 버

웨버도 이 생각을 받아들여, 에너지 보존법칙을 만족시키는 유한의 범위 내에서 하전 입자계의 운동을 구체적으로 논해서, 단순한 전기역학의 이론으로서가 아니고 열현상, 화학현상도 설명하려는 물질의 '분자적 구조'의 이론으로 웨버가 '전자론'을 창시하였다(1871~1875). 이와 같이 '분자적 구조'로서의 '전자론'이던, 기체분자 운동론이던 1860~1870년대의 물리학의 대상은 분자에 집중되었다. 그럼에도 불구하고 그때 그 당시의 과학자들의 기계론적인 입장과 실제의 물질구조와의 사이의 모순점의 해결은 19세기 말의 '물리학의 위기'의 시대 이후로 넘기지 않으면 안 되었다.

11.3 근대 공업화학의 발흥

인간이 인간생활에 필요한 물질을 획득하는 데 노동이란 특수한 형태를 취하게 됨은 이미 설명하였다. 인간이 자연에 적극적으로 개입하여 이를 변형해서 인간이 필요로 하는 것으로 바꿀 경우, 두 가지의 일을 한다. 형태전환과 질료전환이다. '형태전환'이란 물체의 모양을 바꾸는 것으로 기계적 운동(물리적 노동)에 의해 이루어지며, 근골계통의 노동수단(도구, 기계)에 맡긴다. 자르고, 깎고, 뚫는 등의 운동이 여기에 포함된다. 여기에 비해, '질료전환'이란 물질의 질을 바꾸는 것으로 주로 화학변화를 이용하는 것이다. 이 변화를 담당하는 노동수단이 맥관계통의 노동수단(용기, 장치)이며, 화학변화(화학적 노동)를 이용하여 생산을 하는 기술이 화학기술이다.

인간은 이미 선사시대에 불을 알고 식물의 조리라는 형태로 화학변화를 이용하여 왔다. 그리하여 농경에의 이행이 한 곳에 정착을 확실하게 하여 자연의 변화에 민감하게 되어 지식이 축적되고, 그 이후 야금, 양조, 유리 제조, 염료제조, 가죽, 비누제조 등의 화학기술이 생겨나 예로부터 실시되어 왔다. 그러나 19세기에 이르기까지의 이들 화학기술은 대부분 신비스런 베일에 가리워져 경험적인 방법에 의존하였으며, 생산규모도 적고 제조공정에 시간이 많이 소요되었다.

산업혁명에 의한 기계체계의 출현은 화학기술에도 결정적인 영향을 주어, 19세기에는 근대적인 대공업으로 전환되었다. 근대 화학기술의 특징은 첫째는 신비적인 베일을 벗고 근대화학의 이론체계와 그 방법에 의존하게 되었고, 둘째는 장치의 발전으로 대량생산을 할 수 있게 된 점이다. 근대 화학기술은 먼저 무기화학의 영역을 취하고, 19세기 후반 석탄에서 출발하는 유기화학 기술체계로 발전해 왔다.

1. 무기화학 공업

섬유공업은 그 제조 공정 중에 마무리 작업으로 표백과 염색이라는 화학적 프로세스가 내포되어 있다. 영국의 산업혁명의 중심은 이미 아는 바와 같이 섬유공업이며, 기계체계의 도입은 방적·직포부문의 생산성을 비약적으로 높였다. 여기에 비해 고대로부터의 방법 그대로인 표백과정은 긴 시간을 필요로 하며, 또 염색에 필요한 염료를 제조하는 데 장시간이 걸려 기계공정과 화학공정의 기술 격차는 아주 심각하였다. 화학공정의 기술적 혁신이 사회적·경제적으로 강제된 결과 표백과정의 혁신에서 무기화학 공업이, 염색과정의 근대화에서 유기화학 공업이 생겨났다.

고대부터 18세기 전반에 이르기까지 거의 변하지 않은 표백의 방법은 잿물(초목재, 海藻灰 등의 액)에 의한 알칼리 처리, 천일쇄(天日曬)·산성부패 밀크에 의한 산처리, 비누 세척을 반복하는 것으로, 이것은 장시간이 필요하며 아마포는 약 6개월, 면포는 3개월이 걸렸다. 18세기에 접어들어 산처리를 위해 황산의 사용이 제안되어, 이 공정은 시간적으로 대폭 단축되어서 황산의 시장이 열렸다.

황산은 종래 연금술에 중요한 약품으로, 8~9세기경에 연금술사의 손으로 명반의 증류에 의해 처음으로 만들어졌다. 또 하나의 방법으로 유황을 소량의 초석이 들어 있는 습한 유리기구 안에서 공기와 접촉시키면서 연소시키는 베르법인데 16~17세기가 되어 의료화학자들이 발견하여 만들었으나, 양산이 어렵고 가격도 비쌌다. 양산이 불가능한 이유는 그림 9·17에서와 같이 용기가 유리제품으로 용량에 한계가 있었기 때문이다. 그러나 1746년에 영국의 로벅(John Roebuck, 1718~1794)은 유리용기 대신에 납을 내장한 연실을 사용해서 반응을 성공시켜 일정한 양산의 길을 텄다. 황산의 가격은 연실법에 의해 1/4로 떨어졌다고 한다. 이 연실법의 장치(그림 11·18)는 최초의 반응이 끝나면 매번 회수하는 간헐식이었으나, 그 후 개량되어 19세기에는 질소산화물 등을 회수하는 게이뤼삭탑(1827), 로크바탑(1859)이 결합되어, 발명된 지 100년 뒤에는 연속적인 장치가 되었다. 연실법 황산은 근대 화학기술의 기점이 되었다.[15)]

천일쇄란 넓은 광장이나 하천부지에 천을 펴서 태양광선의 표백작용을 이용하는 표백이었으나, 염소가 갖고 있는 강력한 표백작용이 발견되고는 천일쇄가 화학쇄로 된다.

염소는 보통 기체이며 또 취급이 불편하고 위험하다. 1798년 영국의 테난트(S. Tennant, 1761~1815)가 소석회($CaCO_3$)에 염소가스를 흡수시켜 표백분을 만들어 이

15) 鈴木善次 외, 전게서, p. 162.

그림 11 · 17 베르법에 의한 황산제조

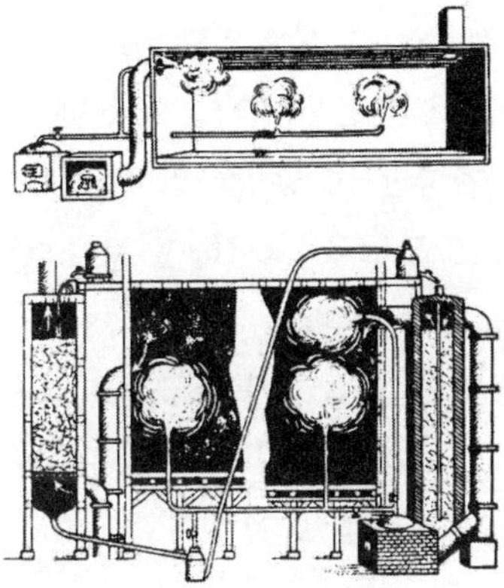

그림 11 · 18 연실법에 의한 황산제조

어려움은 극복되었다.

알칼리 처리에 필요한 알칼리 원료는 목초재를 사용하여 왔으나, 삼림의 벌채 등 자원문제가 심각하였다. 프랑스 과학 아카데미는 소금에서 탄산소다(Na_2CO_3)를 제조하는 방법에 상금을 걸었는데, 르블랑(Mocolas Leblanc, 1742~1806)이 식염과 황산 또는 석회에서 탄산나트륨을 만드는 방법(르블랑법)(그림 11 · 19)을 발명하였다. 이 탄산소다 제조의 개발은 많은 국가의 무기화학 공업발전에 크게 영향을 주었다. 르블랑은 1787년에서 1789년까지 탄산소나를 인공적으로 제조하는 문제를 연구하여, 식염에서 탄산소다를 공업적으로 생산하는 방법을 개발하는 데 성공하였다.[16)]

르블랑법은 소금 세금폐지 후의 영국에서 실업가 무스프래트(James Muspratt, 1793~1886)에 의해 최초로 공업화되었다. 원료의 하나인 황산이 대량으로 싸게 얻

그림 11 · 19 르블랑법 탄산소다 제조공장

16) T. K. Derry · Trevor I. Williams, 전게서, pp. 531~536.

을 수 있었던 것이 유리하게 작용하였다. 이렇게 하여 영국은 르블랑법에 의한 탄산소다 제조를 독점적으로 실시하였으나, 벨기에의 솔베이(Ernest Solvay, 1838~1922)가 1861년 암모니아를 이용해서 보다 경제적으로 제공하는 방법(솔베이법 또는 암모니아 소다법)을 발명하였고, 1863년에 최초의 특허를 얻어 공장을 세웠다. 또, 1865년에는 조업을 개시하여 르블랑법에 의한 탄산소다의 독점을 타파하고 독일의 생산량을 대폭 늘렸다.

섬유공업의 화학공정을 근대화하는 과정에서 출발한 산·알칼리 공업은 대공업에 걸맞은 기계체제를 갖추어 큰 연속화된 장치들을 결합한 콤비나아트(combinat)의 출현을 이루게 되었다.

2. 유기화학 공업

섬유공업에서 중요한 제2의 화학 프로세스인 염색공정에도 기술변혁이 이루어졌다. 염색에 필요한 염료는 남빛, 코치닐(cochineal), 서양 천초, 蘇芳木, 오를레앙(orl'eans) 등의 식물색소를 추출하여 사용하였다. 이들 식물에서 색소를 추출하여 염료로 만들기 위해서는 1년에서 2년까지의 시간이 걸렸고, 생산량도 많지 않았다. 이와 같은 천연염료 중에서 남빛에서 얻어지는 청색 계통의 인디고(indigo) 및 서양천초에서 추출되는 빨간색 계통의 아가네(알라자린 원명)가 가장 중요한 것인데, 인디고의 경우, 영국이 인도의 것을 독점하였고, 또 프랑스는 남 프랑스에다 대량의 서양천초를 재배하여 다른 나라를 압도하였다. 독일은 이와 같은 천연염료의 혜택을 받지 못하고 비싼 외국산에 의존하지 않을 수 없었다. 그래서 독일은 19세기 후반에 석탄 타르에서 아가네와 같은 화학구조를 가진 알리자린(alizarine)과, 천연 인디고와 같은 구조의 인디고를 합성하여 근대 유기화학 공업을 창출하는 중요한 역사적 역할을 하였다.

석탄은 제철업에서 코크스를 연료에 사용하게 되어 자원으로서의 중요성이 인식되었다. 석탄에서 코크스를 만들 때 석탄 가스와 콜타르가 부산물로 생산되나, 처음에는 양쪽 다 전부 내다 버렸다. 석탄 가스가 밝은 빛을 내면서 연소되는 현상을 알고, 이것을 조명에 이용하고자 하였다. 유럽에서는 그때까지 야간조명으로 고래기름을 사용하였으나, 영국의 머독(William Murdock, 1754~1839)이 석탄을 건류하여 석탄 가스를 발생시키는 장치를 발명하면서, 야간조업을 하는 큰 공장의 조명용에 석탄 가스가 채용되었다. 그리고 가스 등으로 가로에까지 진출해서 도시의 밤을 밝히게 된다.[17]

17) R. J. Forbes · E. J. Dijksterhuis(廣重 徹 외 역), 전게서, pp. 412~420.

한편, 콜타르 쪽은 검고 점성이 있어 취급하는 데도 불편한 물질이라 당시는 대단히 싫어했다. 화학기술의 발전은 폐기물 이용에서 출발하여 폐기물을 유용한 물질로 전환하는 경우가 대단히 많다. 유기합성 화학기술은 폐기물 콜타르의 유효이용이란 관점에서 출발하였다. 이 기술이 다른 나라에 앞서 독일에서 발달한 것은 유기화학 연구의 전통이 뿌리 깊이 존재하였고, 유기화학 연구가 콜타르를 겨냥하였으며, 대공업의 발전에 부응한 교육제도를 일찍부터 준비하여 필요한 인재(과학기술자)를 공급할 수 있었음이 큰 요인이었다.

독일은 키센 대학의 화학교수인 리비히(Justus von Liebig, 1803~1873)를 중심으로 유기화학의 연구가 왕성하게 이루어져 그 제자인 호프만(A. W. von Hofmann, 1818~1892)은 19세기 전반에 콜타르에서 아닐린이나 톨루엔, 벤젠을 분리하는 데 성공하고 있었다. 콜타르를 분석하여 연구하려면, 콜타르를 각 성분으로 분리하는 수단이 필요한데, 이를 위해서는 농촌에서 사용되고 있던 소주·보드카 등과 같은 주정성분이 강한 술 제조의 증류장치를 이용할 수 있게 되었다.[18]

리비히는 유기화학을 농업 및 의학에 이용하는 연구를 수행하여 「농업 및 생리학에 응용하는 유기화학」(1840), 「생리학 및 병리학에 응용하는 유기화학」(1842)을 출판하여 농업 및 의료의 과학화에 크게 기여하였다. 식물은 유기물이 아니더라도 무기영양물로 성장되는 것을 발견, 동물의 영양을 단백질과 지방·함수탄소, 염류로 구별하고(비타민류의 존재는 알지 못함), 또 단백질 등 생명에는 중요한 물질이 인공적으로 합성될 수 있음을 시사한 것은 역사적으로 큰 의미를 가지고 있다.

영국에 온 호프만 밑에서 유기화학을 배운 퍼킨(William Henry Perkin, 1838~1907)은 말라리아의 특효약인 키니네를 만들고자 하는 과정에서 우연히 중간물의 아닐린에서 청색염료를 유도하는 데 성공하여(1856) 이것을 기업화시켰다. 이것이 최초의 합성 아닐린 염료인 모브(Mauve)이다(그림 11·20). 모브의 발견 이후 각국에서 이닐린을 기로 한 아닐린 염료가 계속 발견되었다.

케쿨레(Friedrich August Kekule, 1829~1896)(그림 11·21)가 6각환의 벤젠 구조를 밝히고(1865)부터 유기화학은 합성기술과 밀접한 관계를 가지게 되었고, 독일의 베를린 대학 화학교실의 그레베(K. Graebe, 1841~1927)와 리베르만(K. Liebermann, 1842~1911)은 이어 아가네의 화학명인 알리자린의 화학식을 정했으며, 콜타르에서 얻어지는 안트라센에서 그 합성법을 얻어내는 데 성공하였다(1868).[19]

독일은 유기화학의 이론과 실험적 방법을 총동원하여 염료의 여왕이라는 알리자

18) T. K. Derry · Trevor I. Williams, 전게서, pp. 543~544.
19) T. K. Derry · Trevor I. Williams, 전게서, p. 544.

그림 11 · 20 퍼킨의 아닐린 정제장치

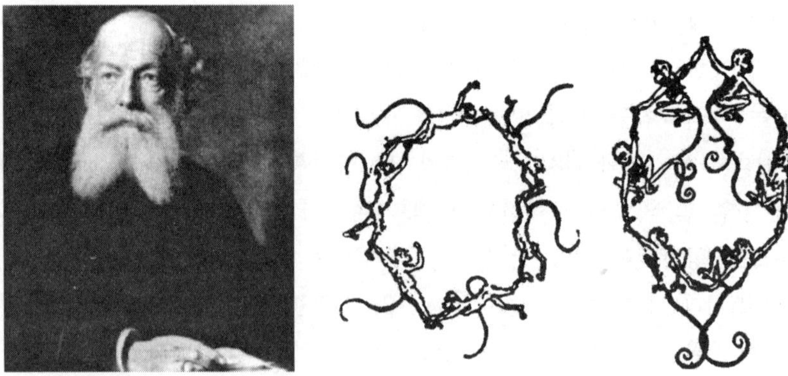

그림 11 · 21 케쿨레와 당시의 벤젠환

린과 인디고를 콜타르 성분에서 합성하는 데 성공하여 남 프랑스의 아가네 재배업과 인도의 남 재배에 파멸적인 타격을 주었다. 독일은 유기합성 화학기술의 세계적인 중심핵이 되었고, 금세기에 들어와서는 석탄에서 출발하는 고분자화학의 기술체계를 창출하기에 이르렀다.

제 12 장

근대 기술과 과학의 접근

18세기 중에는 또한 전기의 과학은 급격한 발전을 하여 1900년 이후는 '전기의 시대'라 불리우고 있다. 이때 확실한 화학기술이 개화된 것도 18세기 후반의 산업혁명 때문이었다.

1815~1918년의 시기에는 대양 항해에서 증기선의 더 한층의 발전, 철도의 성장, 섬유공업 기계화의 완성, 몇 종류의 원동기 — 수력 터빈, 증기 터빈, 내연기관 — 의 발달, 자동차와 비행기의 출현, 전력과 전신 전화와 라디오의 발전, 농업과 채탄의 효과적인 기계화, 그야말로 과학기술의 시대였다.[1] 이러한 발전의 이면에는 1850~1870년 사이에 베서머, 지멘스, 말탄 및 토마스 등에 의한 제철기술의 비약적인 진보가 있었기 때문이었다. 그래서 1860년 이후는 '철강의 시대'라고도 한다.[2]

19세기의 70년대에서 선진국의 자본주의는 독점의 단계에 진입하였다. 독점단계에서의 자본주의의 특징은 생산력 발전의 불균형성이 현저하게 되고 기술이 자연과학과 접근하여 비약적으로 발전하는 가능성이 생긴 사실이다. 이와 동시에 자본주의가 제국주의적 단계로 옮겨감에 따라 국제사회의 연계가 강화되고 상품수출 외에도 자본수출이 성행되어 자본주의적 강국에 의한 세계의 재분할이 시작되었다.

1) S. Lilley(伊藤新一 외 역), 전게서, p. 134.
2) Compton's Encyclopedia, vol. 12, p. 174.

그러나 자본이 과학이나 기술의 성과를 이용하는 것은 높은 이윤을 확보하기 위한 것이고, 기술의 발달을 촉진하는 것은 초과이윤을 획득하고자 하는 독점기업에서의 생산의 고도의 축적이다. 과학자도 연구기간을 자기의 손 안에 넣어 거대한 생산수단을 소유하는 독점기업은 과학과 기술의 최신의 성과를 생산에 도입하는 강력한 권력을 가지게끔 되었다.

또 제국주의하의 기술의 발달은 군사기술의 역할을 증대시켜 지금까지 볼 수 없었을 정도로 군비경쟁이 시작, 군사에 관련되는 기술의 전 부문이 급격하게 발달되기에 이르렀다. 그래서 대다수의 종속국이나 식민지는 독자적인 기술을 발달시키는 가능성을 약탈당해 생산력 발전의 불균등성을 초래하였다.

12.1 제철기술의 발달

산업혁명에서 실린더 송풍기를 갖춘 코크스로의 발전은 용광로의 생산성을 현저히 높이고, 여기에 대응한 정련공정의 변혁, 즉 종래의 구식인 정연로에서 패들로로 바뀌어 산업의 발전에 따라 증가된 철의 수요에 응하였다. 19세기가 되면서 철, 즉 강인한 성질을 가진 강에 대한 수요가 크게 증가하여 왔다. 특히, 증기기관을 원동기로 하는 새로운 대량 수송기관(철도 · 증기선)과 철교의 급속한 발달 · 건설은 양질의 철강을 대량으로 필요로 하였다.

이와 같은 사회적 요구에 대해서 제철기술은 이미 장치의 수준에 머물고 있던 용광로 쪽은 19세기가 되어 송풍기술의 개량에 따라 용량을 확대하면서 착실하게 발달하여 왔으나, 노동자의 수공업에 직접 의존하며 용기의 영역을 벗어나지 못한 패들로에 의한 정련공정은 용광공정에 비해 생산성이 현저히 떨어져, 획기적인 기술혁신으로 높이 평가된 패들로도 좋은 편이 못되었다.

이와 같은 사정을 배경으로 한 패들로를 대신해서, 양질의 강을 대량으로 생산하는 기술이 모색되어 근대적 용강기술의 획기적인 기술이 성립하게 된다.

1. 용광로의 가열 송풍[3), 4)]

증기기관에 의해 구동되는 실린더 송풍기를 구비한 코크스로가 발명국인 영국에서 급속도로 발전하여 19세기의 20년대에는 서섹스의 최후의 목탄 용광로가 폐쇄

3) R. J. Forbes(田中 實 역), 전게서, p. 206.
4) T. K. Derry · Trevor I. Williams, 전게서, p. 478, p. 512.

되었다.

쇠를 만드는 기술은 화학기술의 일부였으나, 종래 이 분야는 신비적인 베일에 가리워져 경험적 사실이 지배적이었다. 용광로의 조업은 여름철보다는 겨울철이 효율이 높다는 경험적 사실에서, 19세기 초까지는 노 내에 보내는 공기의 온도가 낮을수록 좋다고 생각한 것도 바로 이런 사정 때문이다. 근대과학의 방법은 이 분야에도 기술발전의 중요한 구실을 하였다.

스코틀랜드 출신인 닐슨(J. B. Neilson, 1792~1865)은 글래스고우 대학에서 화학과 그 밖의 자연과학을 청강하여, 기술의 어려운 문제를 근대과학의 실험적 방법으로 해결하는 사실을 알고 있는 기술자였다. 그는 공기를 예열하여 노 내에 공급하면 연소가 잘 되고, 코크스가 절약됨을 실험으로 확인, 여기에 관계되는 특허를 1828년에 획득하여 다음해 크라이트 제철소에서 실제 응용한 결과, 코크스비를 크게 향상시키는 데 성공하였다. 공기가 상온이었을 때 코크스비가 8이였는데 공기를 150℃로 가열하니 그 값은 5.2가 되었다. 이렇게 하여 지금까지 그대로 공기 중에 내버린 용광로 상부 용광로 가스로 공기를 예열하기 위한 열원으로 이용하는 길이 열려, 예열 송풍은 용광로의 열 경제성과 생산성을 높이는 데 크게 공헌하였다(그림 12・1).

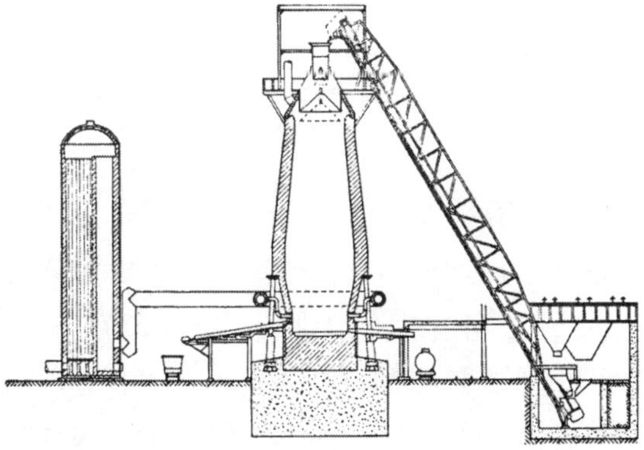

그림 12・1 승강기가 붙은 대형 용광로

이와 같은 기술은 대단히 빨리 보급되어 용광로 자체의 개량과 철에 대한 수요의 가속적인 확대를 통해, 용광로의 규모가 급속히 증대되어 갔다. 노의 높이는 19세기 중에 19 m에 이르렀고, 선철을 1일당 30톤이나 생산하는 것도 있었다. 19세기 후반이 되면서 미국의 카네기社의 루츠보로(1890년 건조)와 같이 하루 생산량 300톤이라는 높은 생산량을 가지는 것이 건설되기에 이르렀다.

2. 베서머 전로법

앞에서 설명한 바와 같이 패들로는 생산규모가 적고 철의 대량수요라는 사회적 요구에 대해서 점차 그 한계가 드러났다. 그러면서 패들로는 질이 고르지 못하고 유동성을 가지지 못해 주조가 불가능하며, 주강은 패들법보다 생산규모가 훨씬 적고 귀중하여 고가인 루츠보로에서만 얻을 수 있었다. 독일의 크루프(A. Krupp, 1812~1887)는 100개 가까운 루츠보를 병렬로 해서 동시에 용강을 만들고, 대포를 주조하여 세계를 깜짝 놀라게 하였다.

1830년경부터 철도의 부설, 기관차의 제조, 증기선의 건조, 전신선의 가설, 근대무기의 생산 등이 점차 많아짐에 따라 이들 원료인 철강의 수요가 증가되었다. 제철법이 인력으로는 수요를 만족시킬 수 없어, 여기서 기계력을 기초로 하는 새로운 방법의 출현이 요청되었다. 이때 출현한 것이 베서머의 회전로이다.

영국의 베서머(Sir Henry Bessemer, 1813~1898)는 대포의 포탄구조를 연구해서, 크리미아 전쟁에서의 경험을 통해 대포를 주강으로 만드는 과제에 당면하였다. 그도 근대과학의 실험적 방법을 기술개발에 적용하여 많은 특허를 받았으나, 루츠보강에 의하지 않고 주강을 얻는 방법을 연구하는 과정에서 빨갛게 가열된 유동상태의 선철에 공기를 보내는 것만으로 탄소가 제거되는 사실을 알았다. 이것은 용융선철에 용기의 밑부분에서 공기를 보내면 용해된 주철 중의 탄소, 망간, 규소 등과 공기 중의 산소가 발열을 수반하는 격렬한 산화반응을 일으켜, 대개 10분 전후에 대량의 선철이 강으로 바뀐다.

당시 패들로에 의한 제강밖에 모르던 사람들의 눈에는 놀라운 방법이었다. 여기서 산화반응은 발열반응이므로 외부에서 가열할 필요는 없고, 또 그 자체가 내는 열로 인해 강은 반응 후에도 용융상태 그대로이며, 주조할 수가 있었다. 이와 같은 높은 능률로 생산되는 노의 출현이 19세기 후반의 철강문명을 가져왔다. 이렇게 하여 1856년에 선철뿐만이 아니고 강도 용융상태로 대량 생산되었고, 철의 역사에 대변혁이 초래되었다.[5),6)]

그림 12·2는 1860년의 베서머 전로의 조작을 표시한 것으로 이 노는 10~15톤의 용선을 10분 전후에서 강으로 만들 수 있었는데, 패들로에서는 몇 일, 구식의 정련로에서는 몇 달이 걸리는 일이었다.

---

5) S. Lilley(伊藤新一 외 역), 전게서, p. 175.
6) 소련 과학아카데미 편(金光不二夫 외 역), 전게서, p. 309.

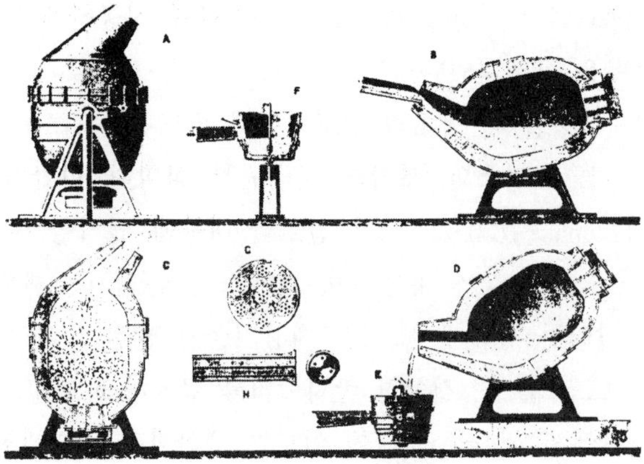

그림 12 · 2 베서머 전로

3. 평로 제강법

용광을 대량으로 만드는 기술은 전로법 이외에 평로법 또는 지멘스(Sir William Siemens, 1823~1883) · 말탄법으로 개발되었다(그림 12 · 3). 이 방법은 종래의 반사로를 사용하여 이 노 안에서 용해된 주철과 고철을 혼합하여 녹이고, 단철 중에 선철의 탄소를 흡수시켜 강을 만드는 것이다. 용강을 얻기 위해서는 노의 온도를 종래의 반사로보다 200~300℃ 높일 필요가 있었고, 또 특수한 기술의 발명도 필요하게 되었다.

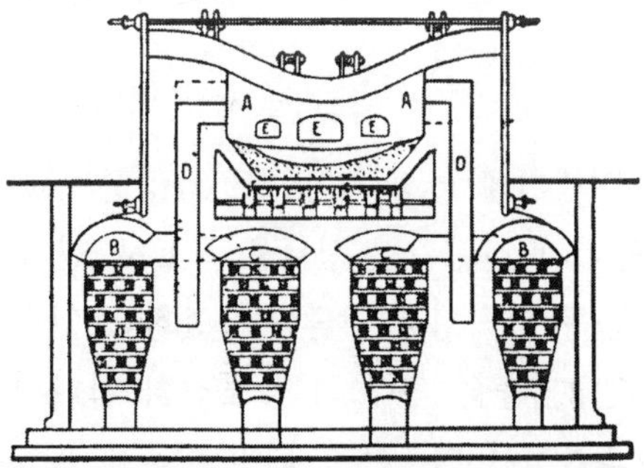

그림 12 · 3 지멘스의 평로

독일의 지멘스는 유리를 제조하기 위해 고온 가열장치로 축열식과 가스 발생로를 개발하였다. 이것은 연료의 연소 후, 배기가스의 열을 노로 들어오는 연료가스를 가열하여 예열하고, 이를 통해 노 내 온도를 높여 열 경제성을 기하는 기술이었다. 지멘스는 이 원리를 프랑스의 마르탱(Pierre Emile Martin, 1824~1915)과 공동으로 연구하여 1864년에 제강용 평로법의 공업화에 성공하게 된다. 이는 전로법과 함께 2대 제강법을 구성하였다.[7),8)]

그러나 인광석을 사용할 때 당초의 전로법이나 평로법만으로는 선철 중의 인 제거가 불가능하였으나, 재판소의 서기를 지내면서 화학과 야금학을 배운 토머스(Sidney Gilchrist Thomas, 1850~1885)가 전로의 내부에 염기성 내화물인 마그네슘(MgO)을 주성분으로 한 물질을 내장하여, 토머스 전로(염기성 제강법)를 만드는 데 성공하였다(1879). 이러한 상태에서, 이런 제강기술의 발전에 따라 열 경제의 견지에서 고로·평로·코크스로를 결합한 장치체계를 형성하게 되고, 주요원료인 철광석, 보조원료인 석탄에서 생산물인 강에 이르는 생산과정은 일관된 작업체계가 되었다. 독립한 미국에 대규모로 도입되어 제강업이 크게 번성하였다.

베서머, 지멘스와 마르탱 및 토머스의 세 개의 용강법은 철강업에 혁신을 가져왔다. 진정한 의미의 '용강시대'가 시작된 것이다. 강과 주철의 구별이 없어지고 가단성의 철은 모두 강이라 부를 수 있게 되었다.

재료로서의 철강수요는 또 가공법, 특히 압연법의 진보를 초래하여 강철재의 용도는 철도의 레일에 이어, 차량, 군함의 갑판, 교량, 건물 등에 확대되었다. 1874년에 건설된 센터루이스의 이즈교는 철강으로 만든 세계 최초의 다리이며, 1889년의 파리의 에펠탑도 마르탱 평로강으로 만들었다.[9)]

12.2 전기기술의 발전과 성장

전기의 실용화는 1808년 데이비의 아크 등에서 시작되었다. 전기기술은 18세기에는 존재하지 않았고, 19세기에 와서 처음으로 등장한 근대적인 기술의 하나이다. 근대 물리·화학에서 물질의 전자기적 성질을 목표로 전기 에너지를 만드는 장치가 개발되었고, 전기의 운동 법칙성을 기술에 응용하는 인간의 의식적 노력 속에서 전기기술이 생겨났다. 근대기술은 근대 과학 소산의 하나의 틀이다.

전자기 현상에 대한 과학적인 연구는 17세기 이후에 성행하였다. 일찌기 영국의 길버트가 지구 자기설을 주장하였고(1600), 독일의 게리케는 마찰기전기를 발명하였다(1665). 프랑스의 쿨롬(Charles Augustin Coulomb, 1736~1806)은 뉴턴의 역학을 전자기학에 도입하여 정전기력, 자기력에 있어서의 역제곱의 법칙을 발견하였다(1785).

---

7) R. J. Forbes · J. E. Dijksterhuis(廣重 徹 외 역), 전게서, p. 387.
8) 伊東俊太郎 외 편, 전게서, p. 440.
9) 山崎俊雄 외 편, 전게서, p. 149.

19세기에 접어들어 이탈리아의 물리학자 볼타(A. C. Volta)에 의한 금속전기 현상의 발견, 그 응용에 따른 전퇴(pile)(그림 12 · 4)의 발명, 데이비 및 패러데이에 의한 전기화학 현상의 연구, 그 법칙성의 발견, 저항에 대해서의 옴(Georg Simon Ohm, 1787~1854) 법칙의 발견, 전류에 의해 생기는 줄 열에 관한 줄 법칙의 발견이 계속 이어졌다. 다시 전류와 자기의 관계에 대한 외르스테드와 앙페르의 연구 등, 전자기 현상에 대한 근대과학의 해명이 급속히 진전되었으며, 이들의 연구와 연구과정에서 개발된 장치나 기기가 전기기술의 이론적 · 기술적 출발점이 되었다.

전기기술은 통신기술로 출발하여 19세기 후반에 전력생산과 백열전등을 중심으로 하는 강전기술로 발전하였다.

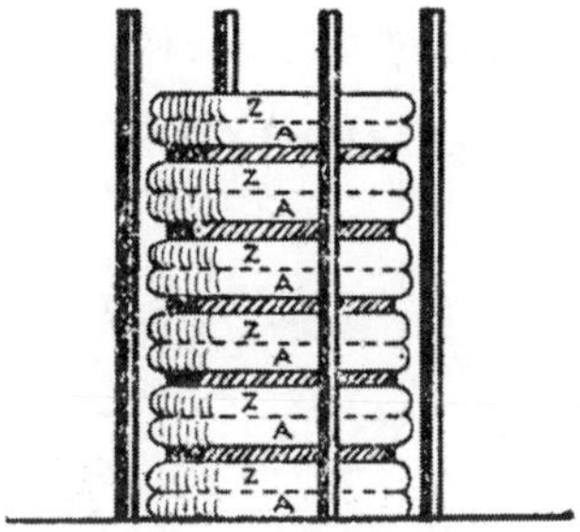

그림 12 · 4 볼타 전퇴

1. 전기의 생산과 수송

(1) 전기의 생산

전기기술은 적은 전기 에너지를 사용하는 전신기술로 출발했으나, 그 전원으로 다니엘 전지가 사용되었다. 이 전지의 기전력은 1볼트 전후로 급속하게 확대되는 전신망의 전원으로는 규모가 작고, 이것에 대체되는 강력한 발전기술이 절실하게 요청되기에 이르렀다.

발전기의 원리는 패러데이의 '전자유도 현상'의 발견(1831)에 기점을 두고 있다. 이 현상은 자기에 의해 전류를 얻는 것으로, 외르스테드가 발견한 전류의 자기작용과는 정반대의 현상이다. 피크시(H. Pixii)는 전자유도의 원리를 이용하여 전류를 얻는 장치의 제작을 시도해 전기자와 정류자의 원형을 고안하였다(1822)(그림 12 · 5). 수동으로 영구자석을 회전시켜 전기자 내에 유도직류를 얻고자 하는 것이었으나 실용적인 것은 되지 못하였다.

발전기의 본격적인 발전은 스스로 자성화 되는 원리에 기초를 두어 전기를 일으키는 발전기가 발명되면서부터이다. 자기여자(自己勵磁)란 전자석의 철심에 남아 있는 자기로 전기자를 회전시켜 전류를 발생시키고, 이 전류를 전자석의 코일에 보내어 자기를 강하게 하며, 이것에 의해 전기자의 전류발생을 강화시키는 원리이다. 이 원리를 이용하면 적은 자기량으로 대단히 큰 양의 전기를 얻을 수 있다.

독일의 지멘스(E. Wermer von Siemens, 1816~1892)는 호이스톤과 함께 1866~1867년에 스스로 자석화되는 발전기를 발표하였는데, 그의 발전기는 실용화되어 그 후 발전기의 발전에 출발점이 되었다. 지멘스의 발전기는 복T형이라 불리는 전기자를 갖추고 있었으나 발전기의 발전은 이 전기자의 개량에 의해 이루어졌다.[10)]

파리의 아리앙스社의 기사인 그람(Z. T. Gramme, 1826~1901)은 균일한 전류를 얻기 위해 둥근 모양의 철심 위에 코일을 감은 둥근 모양의 전기자를 발명, 오늘날의 직류 발전기의 원형이라 할 수 있는 발전기를 고안, 1870년에 발매하기 시작했고, 후세에 그를 '발전기의 아버지'라 불렀다(그림 12·6). 또, 지멘스 하루스케社의 기사인 알테넥(F. V. Hefner-Alteneck, 1845~1904)도 드럼형 전기자를 발명하여 발전기는 충분히 실용적으로 되었다.

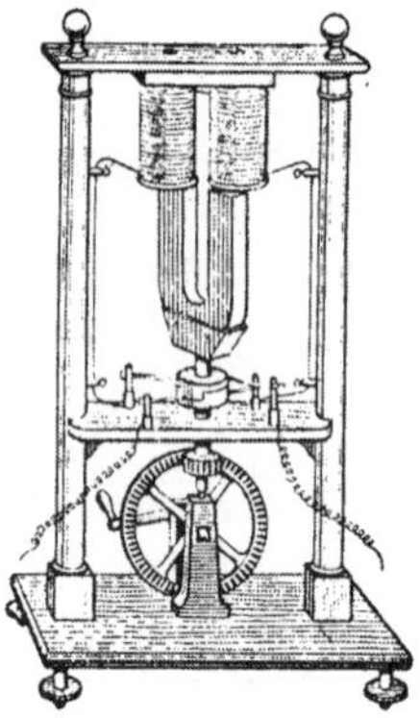

그림 12·5 피크시의 수동 발전기

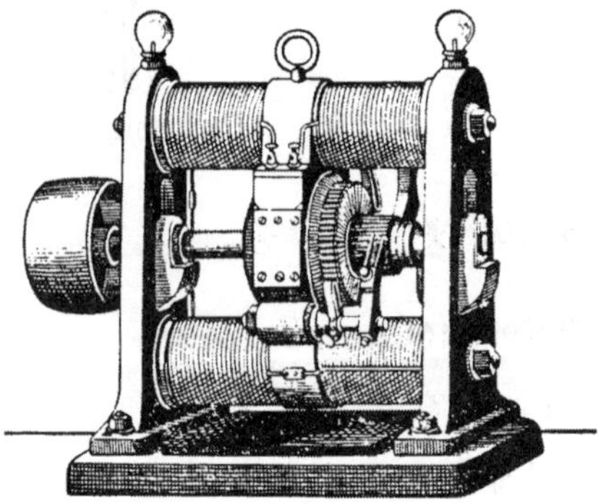

그림 12·6 그람의 A형 발전기

발전기란 기계적 에너지를 전기적 에너지로 바꾸는 장치이며, 따라서 발전기에 기계적 동력을 주는 원동기가 필요하다. 처음엔 증기기관이 이 구실을 하였다.

기계적 에너지를 전기로 바꾸는 것이 발전기이고, 전기를 기계적 에너지로 되돌리는 것이 전동기(motor)가 되는데, 이미 제11장 2절 1항에서 설명한 바와 같이 외르스테드에 의해 우연히 발견되었다.

그런데 발전기는 전기 발생기(generator)임과 동시에 입력과 출력을 거꾸로 하면 전동기(motor)로도 되는 사실이 프랑스의 퐁텐(H. Fontaine, 1832~1910)에 의해 확

10) T. K. Derry · Trevor I. Williams, 전게서, p. 613, 614, 634, 636.

인되었다(1875). 이로써 전동기가 증기기관에 대신하여 기계의 원동력으로 공장에 진출하는 길이 열렸다(19세기의 80년대). 증기기관은 여기에서도 그 역사적 역할을 끝마치게 되었다. 증기기관을 공장동력으로 사용하고 있을 때는 동력을 전달하는 벨트 등의 전도체계가 공장 내에 종횡으로 걸려 있었고, 말단의 기계에 전달된 동력의 정확성도 결여되었다. 하나하나의 기계에 각각 전동기가 배치됨에 따라 기계의 조작은 대단히 간편해졌고, 기계의 배치에도 자유스러웠다. 또, 기계의 안정성, 가공의 정밀도도 향상되었다. 기계와 원동기의 긴밀한 결합은 생산과정의 가장 합리적인 연결성을 가능하게 하고 나아가서는 기계의 자동체계를 탄생시키는 조건이 되기도 하였다.[11), 12)]

(2) 전등과 전력

전신과 전화가 지구상의 어디든 즉시 통신할 수 있게 하여 세계를 변화시켰다면 전기에 의한 동력의 수송은 그에 뒤지지 않을 정도의 혁명적 가능성을 포함하고 있다.

1808년에 데이비가 아크 등을 발명하였고, 1844년에는 후고가 아크 등을 만들었다. 실용적인 장치로 된 것이 1840년대와 1850년대의 몇 사람의 노력에 의해서였다. 비록 특수한 용도에 사용되었으나, 1870년 그람의 발전기 출현이 전력의 원가를 크게 떨어뜨려서 경제성이 있으므로 1878~1880년에는 크게 붐이 일어 철도의 역, 극장, 철공장, 시장의 조명이나 가로에도 사용되었다.

이 붐의 시기에 1820년 드 라 류(Warren De La Rue)에 의해 백금의 백열전구가 만들어졌다. 그러나 필라멘트를 사용한 백열전구가 실용적으로 사용된 것은 1880년경의 에디슨 때이다. 에디슨의 공헌은 전구의 발명에 그치지 않고 최종적으로 완성시켰다.

에디슨(Thomas Alva Edison, 1847~1931)이 발명한 백열전등(1878)이 보급되면서 뉴욕이나 런던 등의 도시에 화력에 의한 중앙 발전소(그림 12·7)가 건설되어 본격적인 전력생산과 배전체계가 구축되었다.[13), 14)]

증기기관은 그 출력에 한계가 있으므로, 전력수요가 증가됨에 따라 이를 대체할 원동기가 필요하게 되었다. 터빈이 바로 그것이다. 수력 터빈은 물의 운동 에너지와 압력 에너지를 이용하는 것으로, 옛날부터 제분용의 반동 터빈으로 알려져 왔다. 미

---

11) R. J. Forbes(田中 實 역), 전게서, pp. 284~292.
12) Compton's Encyclopedia, vol. 7, pp. 147~151.
13) S. Lilley(伊藤新一 외 역), 전게서, pp. 141~143.
14) Compton's Encyclopedia, vol. 7, pp. 157~158.

그림 12·7 전등을 켜기 위한 뉴욕 중앙 발전소

그림 12·8 나이아가라 수력 발전소

국의 프랜시스나 펠턴은 반동 터빈을 개량하여 발전기의 동력원으로 수력을 이용하는 길을 열었다. 1895년에는 나이아가라 수력발전소(그림 12·8)가 조업을 시작하였다. 물 대신에 증기의 에너지를 이용하는 증기 터빈은 영국의 파슨스(Charles A. C. Parsons, 1854~1931) 및 스웨덴의 드 라발에 의해 19세기 말에 발명되었다. 증기 터빈은 증기의 소비량이 적어도 되고 고속이고 소형이면서 출력이 크기 때문에, 증기 터빈이 실용화되면서 발전소의 증기기관이 사라지고, 발전소를 위해서 뿐만 아니라 선박의 원동기로도 중요한 구실을 하게 되었다.

전력수송의 시도는 1870년대부터 시작되었다. 1873년의 빈의 만국박람회에서 1 km 떨어진 곳에 전력을 수송하는 실험이 공개되었다. 1882년의 뮌헨의 전기박람회에서는 프랑스의 물리학자인 테프레에 의해 57 km에 이르는 직류송전 실험이 수행되었으나, 그 효율은 22%란 아주 낮은 값이었다.

전력의 원거리 수송문제를 근본적으로 해결한 인물은 독일의 AEG社의 러시아人 기사인 돌리보 도브로볼스키(M. von Dolivo-Dobrowolsky, 1862~1919)(그림 12·9)이다. 그는 1891년 프랑크푸르트 암 마인에서 열린 만국 전기박람회와 만국 전기공학회의에서 이상교류를 사용하여 170 km 떨어진 곳에서 77%의 효율로 전기를 송전하였다.

그림 12·9 돌리보 도브로볼스키

2. 전기의 응용 — 통신수단

(1) 전기통신 기술

산업혁명에 의한 기계제 대공업의 발전, 자본주의적 생산양식의 확립은 원료물자나 제품, 인간의 대량수송을 사활의 문제로 삼아, 철도나 대형선박의 급격한 발달을 초래하였다. 광범위한 지역에서의 생산이 유기적으로 결합되어 생산의 사회적 결합도가 강하게 되면, 인간의 의지나 정보를 빨리 전달하고자 하는 중요성이 커진다. 이 물적 수단이 통신기술이다. 사회적 생산, 유기체에서의 신경계통에 해당되는 것이다.

통신기술로서 인간은 봉화나 손 깃발에 의한 방법을 예로부터 알고 있었으나, 이것은 주로 전쟁과 관계가 있었다. 프랑스의 샤프(Claude Chappe, 1763~1809)에 의해 프랑스 혁명시대에 발명되어 이용된 것은 광학적 통신기(1791)이다. 이 통신기는 신호식 표식기로 탑 위나 지붕 위에 세워진 일종의 신호 통신기(그림 12 · 10)인데, 망원경으로 확인하여 다음 다음으로 중계해가는 방식이다.[15]

1794년에는 파리와 라루 사이에 이 통신기가 가설되었는데, 이는 세계 최초의 통신선이라 할 수 있으며, 샤프는 이 통신선을 텔레그래프(telegraph)라고 이름 붙였다. 프랑스 혁명전쟁 및 나폴레옹의 원정에 위력을 발휘하여 유럽의 다른 나라에도 보급되었다. 그러나 이러한 장치에 의한 통신은 기후의 지배를 받거나 전해지는 통신이 중간에서 왜곡되는 경우도 있었다. 그러나 샤프에 의해 세계의 거리를 좁힌 장거리 통신이라 할 수 있다.

한편으로는 중계기지의 건설 · 유지에 막대한 비용이 필요하였고, 산업이나 상업의 급속한 발전속도에 신호전달 속도가 미처 따라갈 수가 없어, 이를 대체하는 새로운 기술이 등장하지 않을 수 없었다. 볼타 전지의 발견이 바로 그것이다. 볼타의 전지는 전류를 지속적으로 낼 수 있어 전기 에너지의 이용에 길을 열어 준 획기적인 사건이었다. 그렇게 하여 전기분해 기술의 발전, 전지의 통신기술의 응용, 외르스테드에 의한 전류의 자기작용의 발견(1820)은 전자석을 가능케 하였고, 전기통신기술의 성립에 결정적인 영향을 주었다.

죄머링(S. Thomas Sömmering, 1755~1830)은 1809년 새로운 전기화학 전신기를 고안하였고, 1810년대에는 또 다시 전지에 의해 신호를 먼 거리까지 보낼 수 있게 되었다. 문제는 조작이 쉽고 효율이 좋은 송 · 수신장치를 고안하는 것이었다. 드디어 1825년에는 시링(P. von Canstadt Schilling, 1786~1837)에 의해서 전류 · 자침계

15) 鈴木善次 외, 전게서, p. 176.

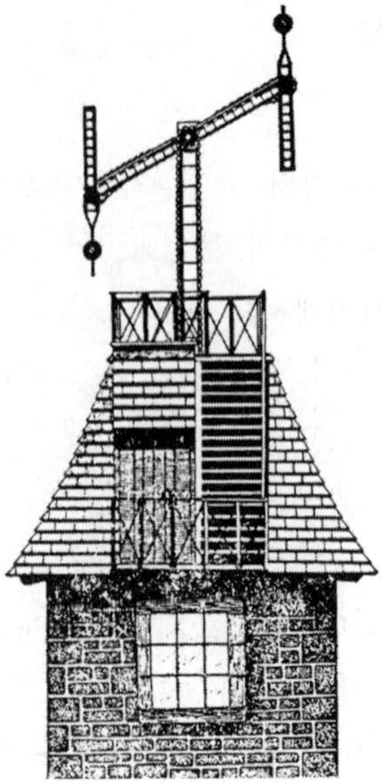

그림 12·10 샤프의 광학적 송신기

의 최초의 전신기가 발명되었다.

(2) 전신과 전화[16] ― 거리의 단축

전기의 여러 가지 응용은 19세기 최대의 업적 중 하나이나, 전기의 이야기 역시 긴 진화의 역사를 가지며 많은 사람들의 노력의 결과이다. 초기의 발달은 제외하고 1800년의 볼타의 전지의 발명에서 시작, 아크 등의 원리는 1808년 데이비에 의해 실증되고, 패러데이는 1821년의 전동기, 1831년에는 발전기의 기초원리를 발견하였다. 전신, 전화 기타 많은 응용의 기본적 여러 성질이 발견된 것도 이 시기였다.

통신에 전기를 응용하는 방법은 19세기 초부터, 때로는 그 이전부터 많은 사람들이 시도하였으나 성공하지 못하다가 1837년에야 성공하게 되었다. 1833년, 독일에서는 수학 교수인 가우스(Karl Friedrich Gauss, 1777~1855)와 물리학 교수 웨버(Wilhelm Edward Weber, 1804~1891)가 공동으로 자침식 전신기를 연구하였고, 영국의 쿡(William Fothergill Cooke, 1806~1879) 및 휘트스톤(Charles Wheatstone)은 자침식 통신기(그림 12·11)를 개발하여 실제로 응용하였다.

한편, 미국의 모스(Samuel F.B. Morse, 1791~1872)는 헨리로부터 전자석의 이론을 배워, 1837년에 최초의 전자석식 전신기의 공개실험을 실시하였다(그림 12·12). 그것은 전기 키이를 이용한 송전 시스템, 전자석에 의한 철편의 흡인과

16) S. Lilley(伊藤新一 외 역), 전게서, pp. 139~141.

그림 12 · 11 자침식 통신기

그 운동을 테이프에 기록하는 인자기(印字機)에 의한 수신 시스템, 점과 선으로 조합하여 알파벳을 표시하는 전신부호(모스 신호) 등으로 구성되었으며, 지금까지의 어느 전신보다 우수한 기능을 가진 것이었다. 당시의 미국은 광대한 국토 안에 철도망의 부설을 급속히 추진하여, 멀리 떨어진 지점을 연결하는 통신의 필요성이 아주 절실하였다.

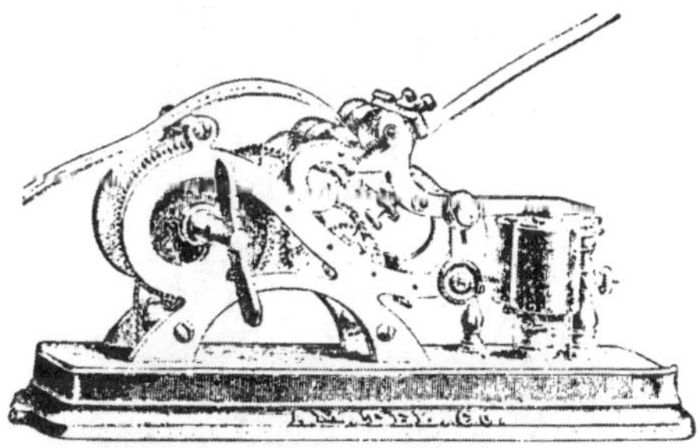

그림 12 · 12 모스 수신기

최초의 모스 전신기가 1844년 워싱턴과 볼티모어 사이에 설치되자 통신망은 급격한 속도로 확대되었고, 유럽의 통신망도 우수한 모스 전신기를 장비하게 되었다.

19세기 후반에 들어서자, 바다와 인접한 나라들을 전신으로 연결하기 위해 해저전선이 부설되었다. 영불 해협(가레와 도버 사이, 1851)이 전신으로 연결되자, 다시 1866년에는 대서양을 횡단하는 해저전선이 부설되고, 유럽과 미국은 전류의 빠르기로 뉴스나 정보를 교환할 수 있게 되었다. 그리하여 정보교환의 매개를 전문적으로 하는 통신사(로이터, 국제 통신사 등)가 등장하기에 이르렀다.

그런데 이야기하는 것을 그대로 옮기는 방법을 시도하여 오다 실용적인 전화의 발명은 미국으로 이민 온 스코틀랜드 사람 벨에 의해서였다.

미국의 벨(Alexander Graham Bell, 1847~1922)은 전자석에 근접된 철편으로 인간의 음성을 진동시킨 후, 코일에 생기는 유도전류의 강약을 통해 음성을 그대로 전하는 개인통신의 시작이라 볼 수 있는 전화기(그림 12·13)를 발명해서 1876년에 특허를 얻었다. 그런데 공교롭게도 벨과 같은 1876년 2월 14일에 두 시간 늦게 그레이(Elisha Gray, 1835~1901)도 특허를 신청하였으나 특허분쟁에 지고 말았다. 당시의 통화거리는 3.2 km를 넘고 있었으나, 1880년에는 72 km, 1892년에는 무려 1,500 km의 뉴욕·시카고선이 경제적으로 가능한 통화거리였다.

그는 벨 전화회사를 설립하여 실용적인 전화의 제조와 전화망의 건설에 착수하였고, 전화사업을 독점하여 단기간에 거대한 기업으로 성장하였다. 전신부문은 모스가 설립한 웨스턴 유니언社가 독점적으로 지배하였으나, 벨 회사의 급속한 확장으로 이름을 바꾼 AT & T社에 흡수되었다.

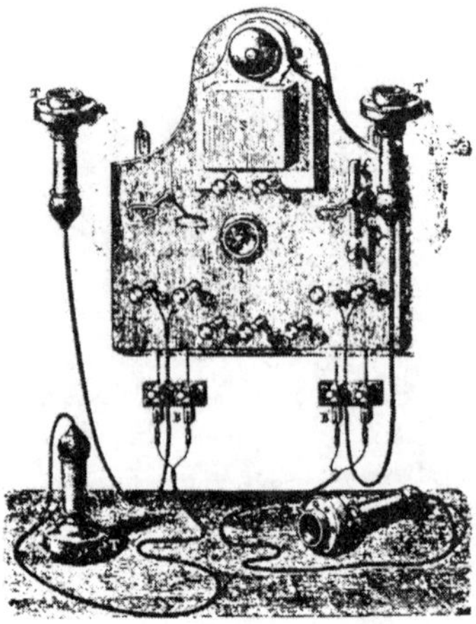

그림 12·13 벨 전화기

12.3 동력의 기술혁신 — 동력기계

18세기 중반부터 19세기 중반까지의 약 100년간, 영국에서의 방적이나 직물에 관한 기술의 발명이 계속되어 증기기관의 발명, 또 공작기계의 발명, 개량이 계속되고, 공장이 각 곳에 건설되어 생산활동이 활발하게 되었다.

19세기 후반에는 유럽의 각지에서 기술의 발명이 이루어져 새로운 동력원으로 수력 터빈이나 증기 터빈, 그리고 내연기관도 등장하였다. 거기에 전기의 연구도 이루어져 모터나 발동기가 이용되기에 이르렀다. 오늘날 기계문명의 기초가 되는 기술은 20세기 초반까지 고루고루 갖추어져 있어, 18세기에서 20세기에 걸친 200년간은 빛나는 기술적 발명의 시대였다.

1. 터빈의 발명[17] — 동력 스테이션의 출발

증기기관은 대단히 우수한 동력으로 그 위력을 발휘하였으나 크기가 크고 또 석탄을 연료로 사용하였으므로 석탄을 운반하는데 불편하여 수차 쪽이 유리하였다.

1568년 벳손(Jacques Besson)의 스케치에 수차가 있으나 이때부터 수차의 개량이 여러 기술자들에 의해서 추진되었다. 프랑스의 광산학교 교수인 부르단(Claude Burdin, 1790~1873)은 새로운 모양의 수차에 '터빈'이란 이름을 붙이고 제자인 푸르네롱(Benoit Fourneyron, 1802~1867)은 1832년에 반동형 터빈을 제작하였다. 수력 터빈은 물의 운동 에너지와 압력 에너지를 이용하는 것이며, 물의 속도변화에 따른 운동량의 변화를 동력으로 바꾼 것이다. 최초의 터빈은 약 100 m의 저수지 아래에 설치하여 2,300회전, 60마력이었다. 이어 낙차 5 m, 200마력 이상의 것을 제작하여 방적공장에서 실제로 사용되었다.

1849년에는 미국人 프랜시스(James Bicheno Francis, 1815~1892)는 고정 깃을 바깥쪽에, 회전 깃을 안쪽에 설치한 새로운 터빈을 발명하였다. 이 터빈은 장점이 많아 지금도 수력발전소에서 발전기를 회전시키는 데 많이 사용되고 있다.

위에 설명한 터빈은 물이 깃차에 들어갈 때 물이 가지고 있는 에너지의 일부를 속도로 바꾸어 반동작용에 의해서 깃차를 회전시키는 반동형 터빈이나, 노즐에서 물을 분사시켜 수류의 운동 에너지를 깃차의 회전으로 바꾸는 충동형 터빈은 1856년 프랑스의 지랄(Philippe Henride Girad, 1775~1845)에 의해 발명되어 1880년 미국의 펠턴(Lester A. Pelton, 1829~1908)이 이것을 완성하였다. 이 형식의 터빈은 수량은 많지 않으나 고낙차가 얻어지는 수력발전소에 많이 사용되고 있다(그림 12·14).

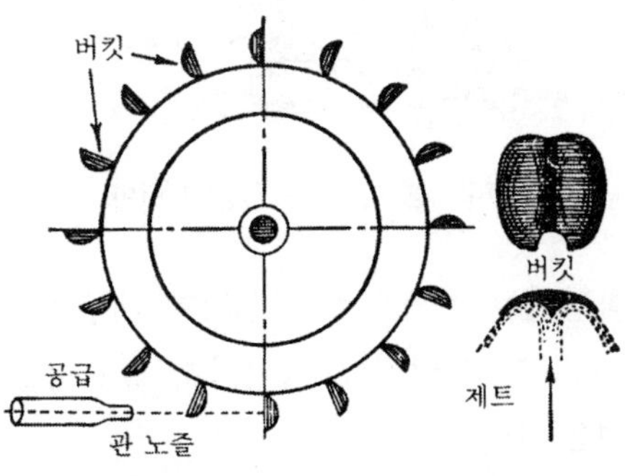

그림 12·14 펠턴의 수력 터빈

17) 中山秀太郎, 전게서, pp. 123~124.

1912년에는 오스트리아의 카플란(Victor Kaplan, 1876~1934)이 프로펠러형의 수력 터빈을 개발하여 수량의 변화에 따라 프로펠러 날개를 움직여 터빈의 효율을 최고로 유지하도록 한 것이 카프란 터빈이다. 교류발전기를 사용한 대규모의 발전소는 1889년 미국의 나이아가라에 계획이 세워져 1895년이 되어서야 출력 5,000마력의 터빈을 사용하여 가동하였는데 이것이 세계 최초의 대규모 수력발전소이다.

2. 증기 터빈의 발명[18), 19)]

증기의 힘을 이용하여 회전운동을 얻고자 한 시도는 기원 전 헤론의 증기구이다. 1626년 이탈리아의 브랑카(Giovanni Branca, 1629년 사망)의 저서에 기록이 나오고 있다.

1882년 드디어 실용으로 되는 증기 터빈이 스웨덴의 과학자 드 라발(Carl Gustaf Patrik de Laval, 1845~1913)에 의해 발명되었다(그림 12·15). 원통의 주위에 다수의 깃을 심고 노즐에서 분출되는 증기를 그 깃에 부딪치게 하여 깃차를 회전시키는 것이었다. 충동형 증기 터빈의 시초였다. 뒤이어 영국의 공장 주인인 파슨스도 증기 터빈을 발명하였는데 이것은 원통의 둘레에 다수의 깃을 몇 열로 심고 고정 깃을 가진 케이스 안에 넣은 것으로 노즐은 없고 증기는 이 다수의 깃 사이를 팽창하면서 통과하는 반동형 증기 터빈으로 드 라발의 것과는 다른 구조이다.

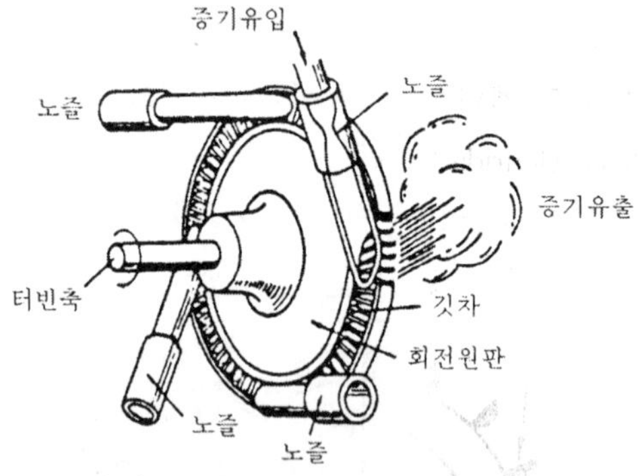

그림 12·15 드 라발의 터빈

파슨스는 발전기를 회전시킬 목적으로 1884년에 터빈을 제작하였고 8,000회전의 고속으로 회전되었다. 그리고 이 터빈에 직결하는 발전기를 발명하여 실제로 발전소에 사용하였다(그림 12·16).

---

18) R. J. Forbes(田中 實 역), 전게서, pp. 308~311.
19) 中山秀太郎, 전게서, pp. 125~126.

그림 12 · 16 파슨스의 최초의 증기 터빈 발전소

또 파슨스는 1894년 선박용 증기 터빈을 고안하여 1897년 세계 최초의 터빈을 동력으로 하는 증기선 다비니아호를 건조하여 시운전에서 34.5노트라는 당시로서는 최고의 속도를 내었다. 20세기에 진입하면서 군함이나 상선에 터빈이 이용됨으로써 점차 그 용도가 넓혀졌다.

3. 내연기관의 등장과 자동차

증기기관은 동력원으로 대단히 우수한 것으로, 그 사용은 점차 확대되었다. 큰 출력의 것이 요구되면서 증기기관은 대형화되었다. 실린더와 피스톤을 사용한 실험은 이미 1673년 네덜란드의 호이헨스나 프랑스의 파팽(Papin) 등에 의해 이루어지고 있었으나, 공업이 성행함에 따라 강력한 동력원의 필요성이 증가되었고, 그 중 하나인 증기기관이 18세기 중반부터 발명되어 실용화되었다.

실린더 안에 증기를 유입하는 것이 아니고 가연성 가스를 넣어 폭발시켜 피스톤을 움직이고자 하는 실험도 많이 하였다.

1833년, 영국의 라이트는 가스와 공기를 혼합, 그 혼합기체를 펌프로 실린더 내에 보내어 폭발시키고, 피스톤을 움직이는 장치를 고안하였으나 실용화에는 미치지 못하였다.

영국의 바네트(William Barnett)는 1838년에 실린더 내의 가스에 점화시키는 새로운 방법을 고안하였다. 실린더 외부에 부착된 두 개의 버너로 점화하는 이 방법은 정교한 착화장치로 이후 50년 사이에 이 방법이 사용되었다.

그런데 내연기관이 실용화된 것은 프랑스의 르누아르(Jean Joseph Etienne Lenoir, 1822~1900)(그림 12 · 17)가 전기점화 장치를 부착시킨 내연기관을 만들고부터이다. 1860년에 만든 르누아르의 기관(그림 12 · 18)은 그 구조가 대체로 증기기관과 같았다. 증기 대신에 밸브에서 가스와 공기를 혼합하여 흡입시키고, 전기 불꽃으로 점화시켜 배기하는 것이었다. 아주 효율이 좋은 것은 아니었으나 1865년경에 프랑

그림 12 · 17 르누아르

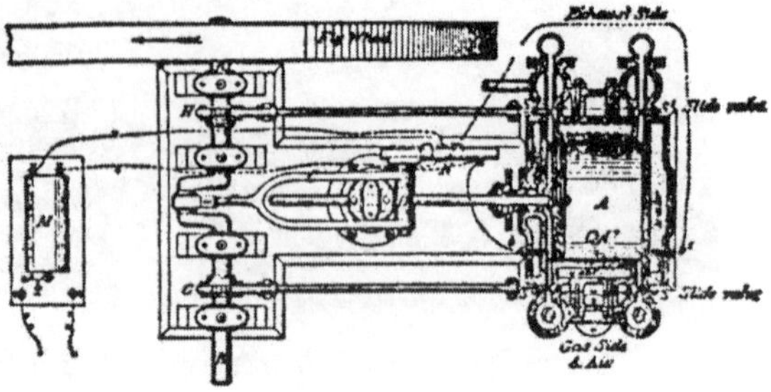

그림 12 · 18 르누아르 기관

스에서 400대, 영국에서 100대 정도가 제작되었다.

그 당시 내연기관의 효율 등에 관해 연구를 하던 프랑스의 드 로셰(B. de Roches)는 1862년에 내연기관의 작동방식으로 4사이클을 제창하였다. 혼합기의 흡입, 압축, 점화폭발, 배기를 피스톤의 2왕복으로 완료하는 이 방식을 완전히 실현한 사람은 독일의 오토(Nikolaus August Otto, 1832~1891)(그림 12 · 19)였다. 그는 내연기관의 연구를 계속하여 1877년 파리에서 개최된 만국박람회에 가스기관(그림 12 · 20)을 출품해서 금상을 받았다.[20]

그림 12 · 19 오 토

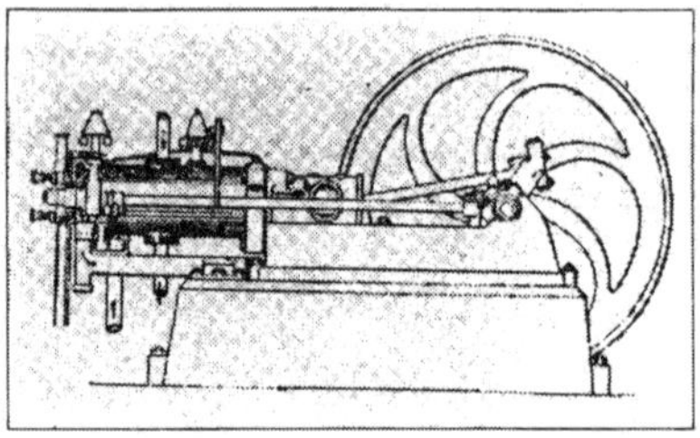

그림 12 · 20 오토의 기관

오토는 1872년 독일 가스 발동기회사를 설립하여 본격적인 내연기관의 제조를 시작하였는데, 이때 다임러(Gottlieb Daimler, 1834~1900)도 젊은 기사로 입사하였고, 그가 1876년에 완성한 4사이클 기관은 오늘날의 내연기관의 원조로 볼 수 있다. 1817년에는 특허를 얻었으며, 다음해 파리에서 개최된 만국박람회에 출품하여 당시의 내연기관으로서는 가장 무게가 가볍고 능률 좋게 운전된다는 호평을 받았다. 또, 다임러는 당시의 석유회사가 가솔린의 처분에 고심하고 있는 것을 알고, 가

20) 加茂儀一 편, 기술의 역사, pp. 134~137, 매일신문사, 1956.

솔린기관의 연구에 몰두하여 1883년에 고속 가솔린기관의 제작에 성공하였다. 그렇게 하여 다임러는 이 소형 고속 가솔린기관을 자전거나 4륜차에 부착시키려고 시도한 끝에 1.5마력의 소형기관을 만들어 마찰 클러치를 붙인 최초의 4륜 화물자동차가 1887년에 만들어졌고 시속은 18 km였다. 1890년에는 다임러 모터회사가 설립되어 자동차의 생산이 개시되었다(그림 12 · 21).

비슷한 시기에 독일의 벤츠(Karl Friedrich Benz, 1844~1929)도 내연기관을 만들고, 이를 사용한 자동차를 제조해서 1893년 시카고의 콜럼비아(Columbia) 박물관에 출품하였다(그림 12 · 22). '말(馬) 없는 마차'를 연구하고 있던 미국의 기술자는 벤츠의 자동차에 자극을 받아 19세기 최후의 몇 년 사이에 가솔린 자동차, 증기 자동차 및 전기자동차 등을 생산하였다.

그림 12 · 21 다임러의 자동차

그림 12 · 22 벤츠의 3륜차

미국의 포드(Henry Ford, 1863~1947)는 1893년에 최초로 가솔린 자동차를 만들었고, 1903년에는 지금의 포드 1호차(그림 12 · 23)를 제작하였다.[21), 22)]

21) Compton's Encyclopedia, Vol. 2, pp. 801~804.
22) T. K. Derry · Trevor I. Williams, 전게서, p. 387, pp. 392~396.

그림 12 · 23 포드의 제1호차(1903)

4. 디젤의 발명과 기타의 기관[23)]

1858년 3월에 태어난 디젤(Rudolf Diesel, 1858~1913)(그림 12 · 24)은 1880년 뮌헨 공과대학을 졸업하고 공기를 압축하는 장치 등을 고안, 고압기계의 시험제작을 시작, 몇 번의 시험제작과 실험의 결과, 1897년에 실용적인 기관을 완성하고 그 운전에 성공하였다. 이때의 기관은 단기통 직립으로 출력은 25마력이었다.

디젤의 기관은 피스톤으로 실린더 내의 공기를 고압으로 압축하고, 그 온도가 높게 된 곳에 연료를 분사하여 점화장치를 사용하지 않고 연료를 폭발시키는 방식의 기관이었다. 처음에 디젤은 연료로 미분탄을 사용하였으나, 그 후 중유가 적당하다는 사실을 알고 이 디젤기관을 1898년 뮌헨의 박람회에 공개하였다. 디젤기관의 특징은 연료비가 싸고, 기화기 · 점화장치가 필요 없으며, 열효율이 높았다는 점이다. 그러나 고온 · 고압에 견딜 수 있는 재료를 사용하여 튼튼한 구조로 할 필요가 있어 그 용도는 어느 정도 한정될 수밖에 없었다.

디젤기관은 그 후 각국에 생산되어 발전기를 움직이는 것은 물론 프랑스의 보슈는 선박용 디젤기관을 개발하였고, 그 후 1903년에는 러시아의 노벨社가 디젤기관 여객선을 만들었고, 1913년에는 디젤기관차가 제작되었다. 제1차 세계대전 후에는 각국에서 화물선이나 여객선에 디젤기관이 증기 터빈과 병행하여 사용되기에 이르렀다. 또한 독일의 반켈(Felix. Wankel)은 삼각형의 로터가 중앙에서 회전하는 반켈기관(토터리 기관)을 고안하였다. 이것이 1950년이었고, 현재는 자동차용 기관으로 실용화되었다.

한편, 당시 스웨덴 출신의 발명가이며 공업가이기도 한 노벨(Alfred Bernhard Nobel, 1833~1896)(그림 12 · 25)은 폭약으로 제조하여 오던 니크로 글리세린의 안

23) 中山秀太郎, 전게서, pp. 129~132.

그림 12·24 디 젤

그림 12·25 노 벨

전화 연구과정에서 규조토의 흡수력을 알고 니트로 3, 규조토 1의 혼합물을 다이너마이트라 이름붙여 1866년에 특허를 얻었다. 이 폭약은 광산 발파나 토지개발 등 평화적인 용도에 사용되었으나 군사적으로도 이용되었다. 그는 처음에 평화적인 사용목적을 위해 제조하였으나 철포, 기계 수뢰, 폭탄 등 군사적으로 이용되어 巨富가 되었고, '지상에서 가장 위험한 남자'로 불렸다. 그는 전쟁 억제를 위해 평화를 제창하였지만 아무런 소득이 없었고, 그 때문에 죽기 직전에 유언을 남겨 '노벨상'을 제정하기에 이르렀다. 1901년부터 매년 물리학·화학·의학·생리학·문학 및 세계평화 기여 등 5개 부문으로 나누어 인류의 평화와 행복의 증진에 공헌을 하고, 진리탐구에 독창적 활동을 한 사람에게 노벨상을 수여하도록 하고 있다.

5. 하늘의 정복[24), 25)]

레오나르도 다 빈치는 새의 날아 올라감을 상세하게 연구해서 인공 날개를 고안한 것이나 움직이는 것을 많이 고안하여 비행의 꿈을 실현하려 하였고, 1760년에 배기한 금속구로 운반하는 배를 상상하였다. 최초의 실용적 기구는 프랑스의 제지가 몽골피에(Montgolfier) 형제(형 : Joseph Michael, 1740~1810 ; 동생 : Jacques Etienne, 1745~1799)에 의해서 만들어졌다. 그들은 가열된 공기가 찬 공기보다 가벼운 사실을 이용하여 1783년 최초로 실험되었고, 드디어 1785년 지에프리즈 등에 의해 자유기구로 영국 해협의 횡단에 성공하였다.

그 후, 많은 실험과 연구 끝에 1850년에는 동력추진이 시도되었고, 1851년에 지후알이 5 HP의 증기기관을 사용한 바 있다. 1878년 리첼(C. E. Ritchell) 교수가 증기구동의 스크류 프로펠러를 부착시켜 조종 가능한 기구로 코네티컷주 상공을 비행

24) S. Lilley(伊藤新一 외 역), 전게서, pp. 152~156.
25) Compton's Encyclopedia, vol. 1, pp. 169~177.

하였다. 1898년에는 독일의 발명가가 가솔린 동력항공기를 만들고부터 기구가 바람이나 기류에 좌우되지 않았다.

'공기보다 무거운' 항공기는 몇 세대에 걸친 발명가의 꿈의 하나였다. 당시 증기기관 추진의 항공기는 아카데믹한 가치밖에 없었으나 1896년 랭글리(S. P. Langley, 1834~1906)가 만든 증기기관 추진의 모형은 약 2.5 km를 비행하였다.

비행기는 1895년 릴리엔탈(Otto Lilienthal, 1845~1896)에 의한 글라이더의 실험으로 성공하였다. 이 실험은 기류와 날개의 단면형상의 문제를 포함하여 항공역학의 연구에 가치를 표시하였다. 이것으로 네 개의 힘이 비행기의 운동을 결정한다는 사실을 알았다.

1900년 라이트(Wilbur Wright, 1867~1912, Orville Wright, 1871~1948) 형제는 글라이더의 실험을 시작하였고, 1903년 12월 17일, 그들은 4실린더 12마력의 가솔린기관을 동력으로 하는 최초의 비행기를 제작, 1905년에는 30분에 걸쳐 약 25마일을 비행할 수 있었다. 인류는 동력비행기의 시대에 진입하였다.

이후 1909년에는 블레리오(Louis Bleriot)는 영국해협을 횡단 비행하였고, 1909년과 1910년에 포란은 복엽기로 비행에 성공하였는데 약 4 km 기록고도에 도달하였고 런던에서 맨체스터까지의 거리를 24시간 비행하여 착륙은 단 한번이었다.

항공기용의 기관은 이 시기에는 대부분 4행정기관이었으나 결국은 비행기 독자적인 형식을 갖추게 되고 수랭 또는 공랭기관에 맞추어 가벼운 재료를 추구하였다. 비행기용 디젤기관의 실험은 1920년대에 시작되었고, 현재는 제트 추진기관이 군용기는 물론 널리 상업용 항공기에까지 이용되고 있다.

6. 대기업의 발생과 연구기관의 설립

(1) 대기업의 발생

이때의 대표적인 기술혁신으로 전기동력과 철강재료 및 새로운 원동기의 개발을 들 수 있다. 이와 같은 기술혁신과 생산력의 비약적 발전, 주식회사 제도의 보급은 독점체제의 형성을 가져오게 되었다. 독점형성을 결정적으로 만든 것은 1873년의 공황과 1900~1903년의 공황이었다. 공황에서 벗어나기 위해 생산이 축적되어 20세기 초에는 오늘의 세계경제를 지배하는 대독점 기업체가 많이 생겼다.

미국에서는 프론티어 정신이 소멸된 1880년대부터 독점기업이 발전하였다. 록펠러(John Davion Rockefeller, 1839~1937)가 창업한 스탠더드 석유회사가 1882년에는 미국 내의 정유소의 95%를 지배하는 기업이 되었고, 1901년에 미국의 철강업 9社가 합동하여 모건(Lewis Henry Morgan, 1818~1881)의 자본으로 세계 최대의 US

스틸이 설립되어, 하나의 회사가 영국 전체의 철강생산에 대항하는 거대한 기업이 되었다.

1892년 세계 최대의 전기 기기 메이커인 에디슨계의 제너럴 일렉트릭이 모건의 원조로 설립되어 독일에서 망명한 전기공학자이며 교류이론의 창시자인 슈타인메츠(Charles Proteus Steinmetz, 1865~1923)로 하여금 1900년에 연구소를 설치케 하고, 전구나 진공관의 기초연구에 착수하였다. 연구원인 랭뮤어(Irving Langmuir, 1881~1957)는 민간 연구자로서는 최초로 노벨상을 받았다. 벨계통의 웨스턴 일렉트릭社도 동시에 연구소를 설립하여 통신기술의 개발에 역점을 두고 있었다.

독일에서는 선진국인 영국에 대항하는 보호관세 정책과 1873년의 공황이 독점형성의 계기가 되었다. 1893년에 형성된 라인 베스트팔렌 석탄 신디케이트(syndicate)는 루르 지방 석탄 생산량의 87%를 지배하게 되었고, 1896년에는 같은 지방의 제철 신디케이트가 형성되어 독일 선철 생산고의 약 73%(1903)를 손아귀에 넣었다. 화학공업에서는 염료의 알리자린 합성(1868), 인디고 합성(1897)과 함께 발전된 8대 회사가 1904년에 이익 공동체를 결성하여 세계 염료시장을 독점하였다.

최대의 기업·연구투자의 선구인 BASF社는 암모니아 합성법을 개발하여 전쟁 후 1925년에 이 회사가 중심이 되어 세계 최대의 화학공업 트러스트인 IG 염료회사를 발족시켰다.

선진 자본주의 국가인 영국에서는 독점형성이 미국과 독일보다는 늦게 시작하였으며, 1926년에 화학공업 6社는 합동의 임페리얼 케미컬 인더스트리社, 1929년에는 철강의 빅커스社가 설립되었다.

(2) 대학의 개혁과 연구소의 창설

대학에서 기술학의 형성은 전 시대에 이어서 독일이 주도적 지위에 있었다. 독일 기술자연맹의 1864년의 결의에 따라 무수한 대학과 함께 많은 공과대학이 승격 또는 신설되었다. 미국에서는 모릴(J. S. Morril, 1810~1898)에 의한 1862년의 모릴법 이후 각 주의 대학이 공학부를 가지게 되고, 1890년 제2의 모릴법 이후 산학협동 방식이 각 대학에서 시도되기에 이르렀다. 1867년의 파리 만국박람회에서 현저한 기술격차를 발견하고 영국은 기술학 경시풍조를 가진 대학이나 학교교육에 개혁작업을 시작하였다.

이렇게 해서 기술의 발달로 인한 자연과학의 역할이 분명해지자, 군비확장과 산업계의 요구에 부응하는 연구소가 창설되었다. 독일에서는 1884년에 지멘스의 원조에 따라 국립 물리공학연구소(Physikalisch Technische Reichsanstalt)가 설립되었고, 초대 소장에 헬름홀츠를 영입하였고, 계속하여 1911년 신흥 미국에 대항하기 위해서 가이자 빌헬름 과학협회가 만들어져 그 산하에 몇 개의 연구소가 설립되었다. 영국에서는 독일의 국립 물리공학연구소에 대항하여 1900년에 국립물리연구소(National Physical Laboratory)가 창립되었으며, 처음에는 계측관계의 시험에 국한되었으나 드디어 물리, 기타 공학분야를 넓게 연구하게 되었다.

미국에서는 연방정부의 권한이 약화되고 국립표준국(National Bureau of Standard)이 1901년부터 위탁 연구제를 실시하였고, 연구자에 대한 제정적 원조는 카네기, 록펠러 등의 재단이 담당하였다.

12.4 여러 과학의 발전과 종합화

1. 과학의 생산에의 이용

19세기 후반에는 중기로부터 계속된 여러 과학의 생산에의 실제적 이용이 발전되면서 각 과학분야가 체계화되었다. 종래의 전통적인 물리학, 화학, 생물학 등과 이에 따른 응용분야의 출현이 특징적이다.

그러나 제1차 세계대전에서 절정에 도달한 과학의 자본주의(제국주의)적 이용의 실태가 명확하여짐에 따라 거기에 대한 의문・반발에서 과학자 중에 이전에 가지고 있던 과학의 생산에의 이용에 대한 낙관적인 태도 대신에 생산에서 결별한 순수과학을 이상으로 하는 생각이 생겨났다. 이러한 경향은 한편으로 과학자가 과학상의 발견을 기업활동에 활용하는 것을 부정적으로 보는 환경이 생기고, 다른 한편으로는 과학만의 전문적 분화를 촉진시켰다.[26)]

2. 물리학의 발전

열역학은 증기기관뿐만 아니라 인공저온을 실현한 냉동기에서도 원리적으로는 열기관을 역으로 작동시키면 가능하다고 1850년에 켈빈이 예상하였는데, 1873년 린데(Carl von Linde, 1842~1934)의 암모니아의 압축을 이용한 장치에서 실현되었다.

열의 과학에서 중요한 성과는 열현상을 원자, 분자의 마이크로 세계현상과 결부시킨 볼츠만(Ludwig Boltzmann, 1844~1906)에 의한 통계역학의 출현(1877)이다. 열은 고온물체에서 저온물체로 흐르는 사실은 있으나 스스로 역으로는 결코 흐르지 않는다는 성질(열역학 제2법칙)이 있다. 이 법칙은 물질을 구성하고 있는 원자의 역

26) John Desmond Bernal(管原 仰 역), 과학과 산업, p. 164, 岩波書店, 1956.

학적 운동과 결부시켜 생각하기에는 대단히 어려움이 많았다. 원자의 역학적 운동에는 시간적으로 제자리에 되돌아가려는 과정이 존재하므로 소박한 사고방식으로 원자의 운동방향을 모두 역방향으로 하면 원자의 운동·진동의 모임이라 생각되는 열도 역방향으로 흘러 열이 저온에서 고온으로 이동하는 것도 가능할 것 같기 때문이다. 그래서 에너지는 고온물체에 모여 있을 때보다는 저온물체에 유출되어 에너지가 평균화되어 있을 때가 대응하는 원자상태의 수가 훨씬 많음을 밝혔다. 하지만 볼츠만은 열이 흐르는 법칙은 원자의 운동이 보다 실현성의 확률이 높은 상태로 옮겨간다는 사실에 기초를 두고 있음을 명확하게 하였다.

전자기학에서는 맥스웰이 이론적으로 예상하고 있던 전자파를 헤르츠(Heinrich Rudolph Hertz, 1857~1894)가 실험적으로 검증하고(1888), 또 전파가 빛과 같은 규칙으로 반사하고 굴절한다는 사실을 명시하여, 맥스웰이 묘사한 빛과 전자기 현상을 통일적으로 이해해야 하는 내용을 실험적으로 확정하였다. 헤르츠는 전파의 통신에의 이용에 대해서는 부정적인 태도를 가졌으나, 최초의 검파기 '코히러(coherer)'를 고안한 로지(O. J. Lodge, 1851~1940)도 그 실용화에 대해서는 켈빈이 유선통신에 보여준 것과 같은 열의를 표시하지 않았다.

무선통신의 실용화는 로지의 코히러를 사용하여 러시아의 포포프(Alexander Stepan Ovich Povov, 1859~1905)와 이탈리아의 마르코니(Guglielmo Marchese Marconi, 1874~1937)(그림 12·26)에 의해 시도되었다(1895). 영국에 건너간 마르코니는 1897년에 무선전신회사를 창설하여 1901년에 허공에 날아가는 목소리로 3400 km나 되는 대서양 횡단통신에 성공하였다.[27]

그림 12·26 마르코니와 무선장치

27) 山崎·大本, 전기의 기술사, p. 146, 옴社, 1976.

3. 화학의 발전

화학의 연구에서는 물질의 조성을 분석하는 데서 일보 전진하여 분자 중에서 원자가 어떤 공간적 배치를 하고 있느냐 하는 문제를 취급하게 되었다. 유기물질의 원자가 이론의 발전으로 생겨난 케쿨레의 벤젠환의 착상(1865)으로 시작되고, 1873년에는 반트 호프(Jacobus Henricus Van't Hoff, 1852~1911)와 르벨(J. A. Le Bell, 1847~1930)이 각기 독자적으로 복잡한 탄소 화합물을 3차원적인 입체구조로 표시하는 방법을 만들었다.

드디어 1848년에는 파스퇴르는 화학적 조성은 같고, 광학적으로 활성인 주석산과 광학적으로 불활성인 라세미산의 수수께끼를 풀어 서로 거울에 비춘 결과 같은 결정형이지만 광학적 성질이 다르다는 것을 알고 그 차이는 입체화학에 의해 설명이 가능하게 되었다(그림 12·27).

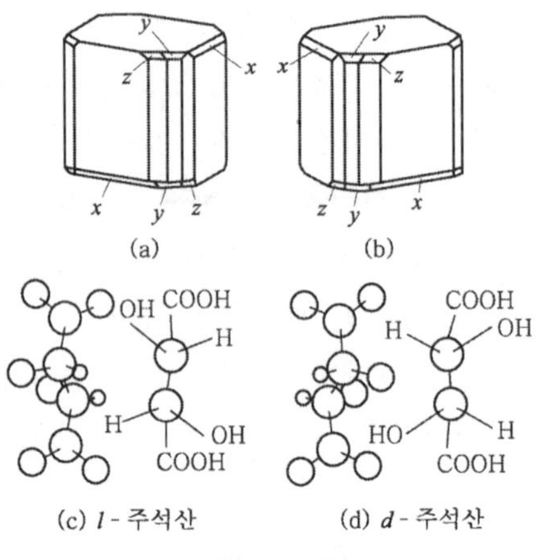

그림 12·27

19세기는 원소의 발견이 줄을 이었고, 물질에 대한 지식도 급증하면서 물질을 정돈·정리하는 필요성이 대두, 이에 세계 과학사상 처음으로 소련人이 등장하여 원소의 주기율표가 제출되었다. 멘델레예프는 당시 알고 있던 63종의 원소를 원자량이 적은 것부터 배열하여 성질이 비슷한 원소가 주기적으로 나타난다는 사실에 착안, 마치 달력의 요일처럼 배열하였다. 즉 원자량의 증가에 따라 주기적으로 나타나는 원자성질의 유사성을 멘델레예프(Dmitri Ivanovich Mendeleev, 1834~1907)와 독일의 로테르 마이어(J. Lother Meyer, 1830~1895)가 발견하여, 이것을 주기율표로 체계화한 것이다. 주기율표는 멘델레예프가 게르마늄과 같은 미발견 원소의 존재를 예상할 수 있을 뿐만 아니라 원자의 구조를 알 수 있는 중요한 구실을 하였고 양자론의 성립에 기여하였다.

4. 과학을 의료에 이용[28]—생명과학

(1) 미생물학의 기초를 닦은 파스퇴르

19세기 중엽, 화학의 발달, 합성염료의 출현은 곧 생물학, 의학의 발달에 공헌하였고, 색소가 세포연구에 사용되었다. 헤르트비히(Oskar Hertwig, 1849~1922)는 소의 수정(受精)과 핵분열을 핵을 염색시키는 방법에 의해 연구(1875)하였고, 슈트라스부르거(E. Strasburger, 1844~1912)는 식물세포로, 라블(C. Rabl, 1885~1963)은 동물세포로 염색체수가 생물의 종류에 의해 일정함을 밝혔다(1882, 1885). 염색체의 이름은 발데이어(W. Waldeyer)에 의해 주어졌다(1888). 색소는 병의 원인 미생물의 발견이나 화학요법제로도 이용되었다.

생물학에서는 19세기 후반에 세포의 내용물인 원형질의 물리·화학적 연구나 세포분열의 연구가 진행됨에 따라 미생물의 연구도 진전되었다. 미생물의 기초를 세운 인물은 파스퇴르(Louis Pasteur, 1822~1895)(그림 12·28)였다. 그는 젖산 발효유(1957), 알코올 발효(1960), 초산발효(1961)가 미생물에 의해 일어난다는 사실을 논문으로 발표하였다. 또 실험을 통해 '미생물의 자연발생'을 부정하였다(1861). 미생물의 연구는 현미경과 화학의 도움을 받아 양조업·양잠업·목축업은 물론 의료에도 큰 공헌을 하였다. 1867년 외과의사인 리스터(J. Lister, 1827~1912)는 인간의 질병에 관한 문제를 연구하고 있었는데, 때마침 파스퇴르의 연구를 기초로 석탄산 수용액에 의한 소독법을 고안해서 세균에 의한 감염을 방지하고, 외과수술의 길을 열었다. 그 당시 수술 중 감염증에 의한 사망률을 45%에서 15%로 격감시켰다.

그림 12·28 파스퇴르를 그린 우표

28) 江澤洋, 전게서, pp. 177~214.

(2) 병의 원인 세균학의 성립

미생물학의 외과적 응용에 대립되는 의학적 응용은 독일의 코흐(Robert Koch, 1843~1910)와 프랑스의 파스퇴르에 의해 이루어졌다. 1876년 코흐는 가축 탄저병의 병원체의 순수배양에 성공하여 특정 세균이 특정 전염병을 일으킨다는 병원균학설을 확립하였다. 그는 1882년에 결핵균을 발견하고, 그 이듬해에는 콜레라 병원체를 분리하였다.

화학요업의 창시자인 에를리히(Paul Ehrlich, 1854~1915)는 1878년에 유기염료가 어떤 종의 생체세포에 의해 흡수되고, 어느 종에 의해서는 흡수되지 않는 등 세균을 염색하여 현미경을 통한 연구를 고안해 지금까지 관찰하기 어려웠던 디프테리아균[뢰플러(Löffler)의 발견, 1884, 순배양], 페스트균[에르산(Yersir)의 발견, 1894], 赤痢菌(1897) 등의 균을 발견했을 뿐만 아니라 그 예방법과 치료법도 연구하였다.

(3) 전염병의 예방과 치료, 전쟁의 이용

1880년에는 파스퇴르가 닭 콜레라균을 약화시킨 백신을 주사한 닭이 콜레라 면역성이 있음을 발견했고, 같은 방법으로 면양의 탄저병 예방접종으로 면역성 획득에 성공하기도 하였다(1881). 1885년에는 광견병 백신의 제조와 그 주사에 의한 예방에도 성공하였다.

한편, 18세기 말 제너(Edward Jenner, 1749~1823)는 천연두를 예방하는 방법을 밝혀 모든 전염병에 대한 백신의 제조와 예방의 길을 열어 주었고, 병을 일으키는 미생물의 독소의 연구와 항독소의 제조로 혈청요법의 길을 열었다. 베링(Emil Adolf von Behring, 1854~1917)은 1890년에 디프테리아와 파상풍의 면역혈청을 만들었고, 1890년 고흐는 결핵의 예방약으로 투베르쿨린을 만들어서 결핵의 진단에 사용하게 되었다. 또, 메치니코프(Eli Metchnikoff, 1845~1916)는 백혈구의 식균작용을 발견하였다(1892). 이와 같이 19세기 후반에는 전염병 예방에 큰 역할을 하는 세균학, 면역학의 연구가 진행되었다.

또, 외과수술에 에테르, 클로로포름으로 마취하는 방법(1846~1847), 위 · 장을 검사하기 위해 바륨염을 마시게 하고 X선을 촬영하는 방법이 개발되었다. 이것 역시 화학 · 물리를 의료에 이용한 예이다.

이러한 가운데 에를리히는 여러 가지 화합물을 합성하여 동물실험을 하였으며, 매독의 병원체 스피로헤다(spirochaeda)를 죽이는 살바르산(Salvarsan, 1909)이나 수인병의 병원체 트리파노소마를 죽이는 바이에르 205호(1916)는 이와 같은 방법으로 제조된 합성약품이다.

그때, 독일의 염료공업의 화학자들은 말라리아 병원체를 죽이는 파마킨(1926), 메파클린(1930)을 만들었고, 1935년에는 최초로 술파제 프론토질(Prontosil ; 적색의 염료물질)을 창출하였다. 비타민이나 호르몬, 생체가 만들어 내는 천연 항생물질(페니실린 등)은 의약의 화학적 연구의 성과로 보아야 한다.

이러한 의학상의 새로운 수단은 다른 한편으로 전쟁에도 사용되었다. 예방의학을 거꾸로 이용한 생물병기는 제1차 세계대전 때는 출현되지는 않았으나, 염소, 포스겐(Phosgen), 이페리트(ypérite) 등이 독가스로 처음 사용되기도 하였다.

5. 생화학의 시작[29)]

19세기 중반에서 후반에 걸쳐 유럽에서 발효현상(좁은 의미)의 원인을 규명하는 논쟁이 전개되었다. 이 논쟁의 배후에는 양조업 발전의 요구, 세포학, 미생물학 및 유기화학의 발전이 있었다. 논쟁의 한쪽에서 리비히는, "발효는 비생명적인 효모의 분자운동이 당(糖)에 전달되는 결과로서 산화작용과 같은 것"이라 하였고, 미체를리히(E. Mitcherilich, 1794~1863)(1834)와 베르젤리우스(J. J. Berzelius, 1779~1848)(1835) 등은 비생명적인 효모의 촉매력에 의한다고 하였다.

이와는 반대로, 슈반이나 파스퇴르는 발효가 미생물에 의해 일어나는 미생물의 생활과정의 결과라고 하였다. 논쟁은 실험연구와 사색활동을 활발하게 하였다. 드디어 효모균은 단순한 물질이 아니고 세포구조를 가진 미생물임이 누구의 눈에도 명확하게 된 후인 1871년, 파스퇴르는 좁은 의미의 발효는 미생물의 생명없이는 일어나지 않으며, 넓은 의미로 발효의 원인은 미생물에 의한 것(알코올 발효에서의 효모균 등)과 그렇지 않은 것(전분당화에서의 디아스타제 등)의 둘로 나누고, 전자를 유기효모, 후자를 비유기효모로 부를 것을 제안하였다. 그러나 쿠네(W. Kuhne, 1837~1900)는 이에 반대하여 비유기효모에 엔짐(Enzym)이라는 새로운 이름을 붙였다(1878). 이것은 효모균의 세포 안에 좁은 의미의 발효를 일으키는 디아스타제 같은 물질이 있음을 암시하는 것으로, 트라우베(M. Traube, 1826~1894)와 베르틀로(Marcelin Berthelot, 1827~1907)에 의해 제안되었다.

이에 앞서 생명현상의 화학적 연구는 식물 생리화학, 혈액의 화학, 동물 생리화학, 호르몬·비타민 등의 분야에서 생물고체·기관(세포 레벨이 아니라는 의미)과 화학물질과의 상호작용의 인식에서 진전되었다. 즉, 작스(J. von Sachs, 1832~1897)는 엽록(葉綠)의 탄산동화로 전분이 되는 사실을 확인(1862)하고, 호페 자일러(E.

29) 伊東俊太郎, 전게서, p. 539.

Felix Hoppe-Seyler, 1825~1895)는 혈액의 원형질의 화학적 성분을 연구(1860~1870년대)하였다. 또, 클로드 베르나르(Claude Bernard, 1813~1878)는 간장(肝臟)에서 동물전분(글리코겐)이 합성되는 사실을 발견(1855)하고, 지방을 분해하는 디아스타아제와 같은 물질(리파제)을 예상하였다.

또, 1856년 클로드 베르나르는 실험적 방법을 인체생리학에 적용한 「실험의학서설」을 쓰고, 이 안에 생명현상의 해명을 물리·화학적 방법에 사용해 되도록 단순한 단위의 것으로 해석할 필요가 있다고 강조하였다. 그러나 현재의 단계에서는 생명의 적극적 단위는 유기 화합물이 아닌 세포라고 설명하면서 생명현상의 해명에는 器官 — 세포 — 분자의 종합적 인식이 필요하다고 시사하였다. 또, 호페 자일러는 최초의 생화학 전문잡지인 「생리화학 잡지」를 창간(1877)하여 생체에 대한 실험, 화학적 연구논문을 게재하였다.

12.5 기계론적 자연관의 붕괴[30)]

1. 19세기 말의 기계론

데카르트, 뉴턴의 우주상에 대표되는 기계론적인 자연이해의 방법은 19세기 중·후기에는 열이나 전기 등의 현상을 역학으로 환원하는 움직임으로 나타났다. 헬름홀츠는 에너지 보존법칙 전체가 '공간적 관계에만 의존하는 …… 물질의 운동에 귀착'하는 것으로 기초가 확립된다고 보았으며, 랭킨도 열역학 제2법칙만이 원자 레벨의 물리량의 관계로 재구성된다고 생각하였다.

기계관을 電磁현상에만 철저하려고 한 것은 글래스고우 대학의 W. 톰슨(sir William Thomson, 1824~1907, 켈빈 卿)이었다. W. 톰슨은 초기의 맥스웰의 전자기학의 기계론적 접근에 영향을 주었을 뿐만 아니라 자기도 연속물체의 역학적 성질과 전자기 현상과의 아날로지(analogy)를 사용하여 여러 가지 에테르(ether)의 역학모형을 고안하였다. 당시 W. 톰슨이 '사물의 역학적 모델을 만들 수 있을 때까지 나는 만족하지 않는다. 역학적 모델을 만들 수 있다면 나는 사물을 이해할 수 있으나 역학적 모델을 아무리 해도 만들 수 없으므로 나는 사물을 이해하지 않는다'고 말한 것은 유명한 이야기이다.

톰슨은 드디어 헬름홀츠의 담배 연기의 연구에 힌트를 얻어 원자만으로 에테르의 와륜(渦輪)으로 설명하는 '와원자(渦原子) 모형'을 제창하기에 이르렀다.

---

30) 山崎俊雄 외 편, 전게서, pp. 159~162.

2. 에너지론 — 오스트발트

모든 자연현상을 역학적 운동으로 환원하는 것은 물론 불가능하였다고 보고 기계론적 연구에는 중요한 진리, 물리학상의 원자론이 포함되어 있다. 여기에 대해 물리화학의 창시자이기도 한 오스트발트(Friedlich William Ostwald, 1853~1932)는 원자론 그 자체를 부정하고, 여러 현상은 '마이어에 의해 밝혀졌고, 원칙적으로 새로운 길'이라고 그는 보았다. 에너지론적인 파악에 의해 이해할 수 있다고 주장하였다.

원자 부정의 태도를 취한 오스트발트에게 영향을 준 사람은 마하(Ernst Mach, 1838~1916)이다. 마하는 인간의 인식대상이 객관적 자연에 있는 것이 아니고 색·소리·압력 등의 감각으로 성립되는 '요소'에 있고, 그들 사이의 함수관계, 방정식의 확립만이 과학의 과제라는 인식론의 입장에 서 있었다. 마하에 의하면 '물질이라 부르는 것은 어떤 합법칙적인 요소(감각)의 연관', '감성적 여러 요소의 상대적으로 안정된 복합체에 대한 사상상의 기호'에 지나지 않으며, 원자란 대부분의 물리학자가 생각하고 있을법한 '사고외부의 실재(思考外部의 實在)'에 지나지 않는다. 그 자체로 정당한 기계관에 대한 비판을 원자·에테르 등 모든 객관적 물질의 존재를 부정하는 형태로밖에 표현할 수 없었던 마하, 오스트발트의 인식론상의 결함이 분명히 나타나 있다.

3. 물리학의 위기 — 포앙카레

원자론에 극심한 공격이 가해진 것은 원자론의 정당성을 보여주는 실험사실이 없었던 시기가 아니고, 오히려 실험이 생긴 세기적인 변화 때문이란 사실은 중요하다. 이 시기는 동시에 몇 가지의 새로운 사실의 발견으로 종래의 과학, 자연관이 흔들리기 시작한 때이기도 하였다.

19세기 최대의 수학자인 포앙카레(Poincaré, Jules Henri, 1854~1912)는 1904년 물리학은 새로운 단계에 돌입하였고, 종래의 '모든 원리가 위기에 빠지고 있다'고 지적하였다. 포앙카레는 (1) 마찰에 의해 일단 열로 바뀐 운동이 회복하는 브라운 운동, (2) 정지 에테르에 기초한 로렌츠의 전기역학, (3) 전자가 원래의 질량을 가지지 못하고(이 사실은 당시 '물질은 존재하지 않는다'고 표현됨) 외견상의 질량은 전자가 끄는 에테르의 관성뿐이라는 電磁질량의 이론 (4) 큰 에너지를 멈추지 않고 방출하는 라듐을 거론, 각각 열역학 제2법칙, 상대성원리, 질량보존 법칙, 에너지 보존법칙의 파탄의 증거로 삼았다. '과학이 진보됨에 따라 …… 확립된 원리마저도 위험에 빠져있다'고 보는 것은 사실상 마하나 오스트발트와 마찬가지로 물질과 자연법칙의 객관성을 부정하는 견해에 빠지고 말았다.

4. 통계역학의 성공—볼츠만

이러한 가운데 한결같이 원자론을 옹호하고 기계관의 결함을 하나 하나 극복하여 간 볼츠만의 존재는, 그가 원자론으로 열역학 제2법칙의 확률해석이라고 보는 마이크로(micro)와 매크로(macro)의 세계를 연결하는 새로운 원리를 확립하였다는 데 중요한 의미를 가지고 있다. 볼츠만은 오스트발트 등 에너지론자가 사용하고 있는 미분방정식마저도 역사적으로 분자(원자)론적인 방법을 포함한 것이며, 여러 가지 기체의 열용량이 단순한 정수비가 되는 것도 분자론적인 고찰이 없이는 절대로 도달할 수 없다고 주장하였다. 이러한 입장은 당시의 자연과학자들의 대다수의 의견을 대표하는 것이었다.

제 13 장

20세기의 새로운 과학과 기술

물리학은 19세기에 이론과 실제상의 응용이 병행하여 진행되고 이론상의 과제도 세부의 문제를 별개로 생각한다면 거의 완성된 체계로 마무리되면서 20세기에 이르렀고, 생화학에서 생명현상의 연구는 20세기에 진입하여 세포 내부의 분자의 변화과정을 인식대상으로 하는 단계까지 왔다. 그리고 현대 생물학은 분자생물학을 등장시켰고, 유전자연구는 국가 및 기업의 중요한 관심의 대상이 되었다.

과학・기술의 생산에의 효율적 이용은 미국의 획기적 생산방식, 즉 휘트니에 의해 시작된 '호환식 생산'에서 테일러의 '과학적 관리방식'을 거쳐 헨리 포드의 '컨베이어식 대량생산 방식'으로 비약적인 발전을 하였다. 이 대량생산 방식은 1910년 포드의 자동차회사에 채택되고, 점차 다른 산업에도 그 방식이 도입되었다.

특히, 작업방식의 표준화에 의해 작업의 동작과 조작시간의 이른바 '공정관리'가 진행되는 한편, 컨베이어 시스템은 일관작업 방식에 따른 작업공정의 조직화를 점차 생산의 합리화 방식으로 요청하게 되었다. 드디어 제1차 세계대전(1914~1918)이 발발되고, 1920년에는 세계적인 경제공황과 소비에트 사회주의공화국 연방이 수립(1922)되어 파시즘 국가가 성립(독일, 이탈리아 등)하게 된다. 그리하여 미국에서는 산업자본주의 달성의 강화나 국가독점 자본주의의 충실을 기하기 위해서 과학과 기술이 점점 생산기술의 향상과 발전을 위해 동원됨과 동시에, 군사기술의 발달을 위해서도 적극적으로 이용되기에 이른다.

특히, 자본의 축적은 미국에서 적극적으로 진행되어 과학과 기술은 극도로 양산방식에 의한 생산의 확충에 관여하게 된다. 세계시장을 확보한 이른바 재벌이 등장하였고, 록펠러 · 모건 · 뒤퐁 · 멜런 등 저명한 재벌들이 석유화학, 화학공업 및 전기공업, 고무공업 등을 독점하여 발전시켰다.

그리고 한편으로 생산품의 표준화에 기인하는 저가격에 의한 품질향상을 도모하는 생산방식도 모색되어 기술혁신의 소리가 높아진다. 그렇게 하여 산업의 사회화, 공공성을 제고하고자 하는 사회적 · 문화적 의욕이 기업에 침투하는 양상을 띠게 되었다.

13.1 물리학의 변혁과 새 기술

1. 20세기 물리학의 태동

역학은 18세기에 거의 완성되고, 19세기에는 광학, 열역학 및 전자기학이 성립되었다. 전자파가 빛이라는 사실에서 광학은 전자기학에 포함되고, 19세기의 물리학은 역학, 열역학 및 전자기학이라는 세 가지 분야로 이론체계가 구축되기에 이르렀다.

당시 이론뿐만 아니라 실제에 있어서도 지도적인 위치에 있었던 켈빈은 과학이 이전과는 달리 거의 완성되었다고 보기 때문에 과학의 젊은 후계자에 대해 동정적인 말을 하였다. 그러나 켈빈은 동시에 물리학에도 두 개의 어려운 문제, 즉 첫째는 에테르의 흐름을 측정하고자 한 마이켈슨의 실험, 둘째는 고온물체에서 발산되는 빛의 스펙트럼 분포, 즉 흔히 말하는 흑체복사의 문제가 있다는 사실을 지적하는 것을 잊지 않았다. 그러나 20세기 물리학의 새로운 기초이론이 된 상대성이론이나 양자역학은 이 두 개의 어려운 문제의 연구로부터 생겼다.

생산력과 직접적인 결합관계가 강한 19세기의 물리학과 비교하면, 20세기의 물리학은 그 출발점을 기술학상의 과제에 뿌리를 두고 있다. 전자보다는 이론적인 성격이 강하였다. 1940년대에 들어서면서 이들 새로운 과학을 필요로 하는 공학상의 영역이 제2차 세계대전의 영향과 함께 원자핵공학 등의 분야에 등장하였다. 새로운 물리학이 탄생한 것은 고온, 고진공, 고전압 등의 특수한 자연조건을 인공적으로 실현되도록 한 것과 깊은 관계를 맺고 있다. 이들은 19세기 말에 급속히 발달한 전기기술 등에 힘 입은 바 크다. 동시에 전기기술에도 크게 덕을 보고 있으며, 원자의 세계를 살아 있는 모양으로 표현한 것은 전기조명의 두 가지 방법에 관계가 있다.

첫째는 아크 등과 같은 방전현상으로, 이는 원자모형의 형성에 중요한 구실을 한 선스펙트럼 연구를 촉진시켰다. 선 스펙트럼 연구의 시작은 뉴턴 시대부터였으나 그것이 분광학으로 발전된 것은 인공적인 강력한 광원이 이용되는 19세기 후반의 일이다. 둘째는 전력소비가 많은 아크 등 대신에 본격적인 전기조명의 수단이 된 백열전구이다. 백열전구를 만드는 데 필요한 고진공을 만들 수 있는 19세기 후반의 새로운 진공기술은 방전현상을 연구하기 위한 과학실험에서 이루어졌다. X선의 발견이나 원자의 구성요소의 하나인 전자 모양을 밝힌 것도 이들 새로운 실험방법에 의해 달성되었다.

그때 사용된 극판에 붙은 유리 용기와 고진공의 기술은 초기의 전구 제조를 지탱하였으나 그 뒤 전구 제조를 위해 개발된 아주 효율이 좋은 회전 펌프는 도리어 과학연구의 유력한 수단이 되었다.

또, 당시 진공 백열전구의 개량에 몰두한 에디슨은 탄소 필라멘트의 증발에 의한 전구의 안개를 방지하기 위해 필라멘트 사이에 새로운 극판을 넣는 것을 시도하다가 극판을 필라멘트 전원의 +쪽에 접촉시키면 전류가 흐르는 사실을 1883년에 우연하게 알아냈다[에디슨 효과(그림 13·1)]. 이것은 열전자 현상의 최초의 발견임과 동시에 전자관의 출발점이기도 하였다. 에디슨은 당시 전구의 개발에 집중한 나머지 열전자 효과에 대해서는 그 이상 깊이 연구하지 않았으나, 플레밍(John Ambrose Fleming, 1849~1945)이 문제를 취급하여 1904년에 2극 진공관(그림 13·2)의 발명에 이르게 되고, 이어서 드 포레스트(Lee de Forest, 1873~1961)(그림 13·3)가 또 하나의 극판인 그리드를 합해 1906년에 3극 진공관을 완성시켜 검파작용뿐만 아니라 전자관에 의한 증폭, 발진을 가능케 하였다. 보어 이론의 중요한 실험이 된 플랑크(Max Planck, 1858~1947)(그림 13·4)와 헤르츠의 실험장치는 사실상 3극관의 응용이었다.

또, 백열전구의 보급은 전구의 광도 규격화 문제와도 관계가 있고, 고온물체에서의 복사광의 연구를 자극하였다. 켈빈의 주의를 끈 흑체복사의 연구는 이들 연구의 산물이다. 흑체복사의 문제는 당시 독일에서 발달한 근대적인 야금공업에서도 고

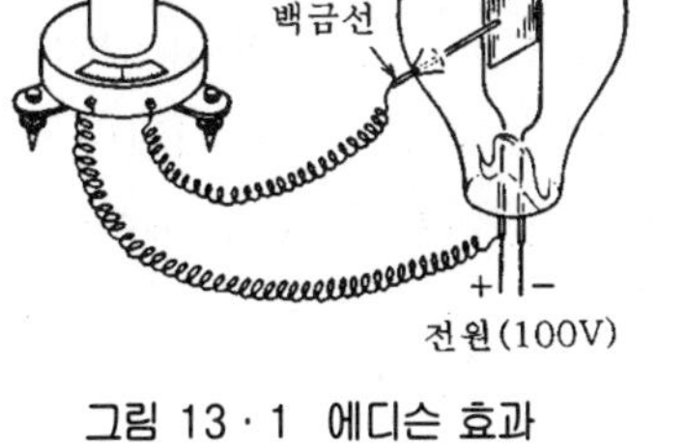

그림 13·1 에디슨 효과

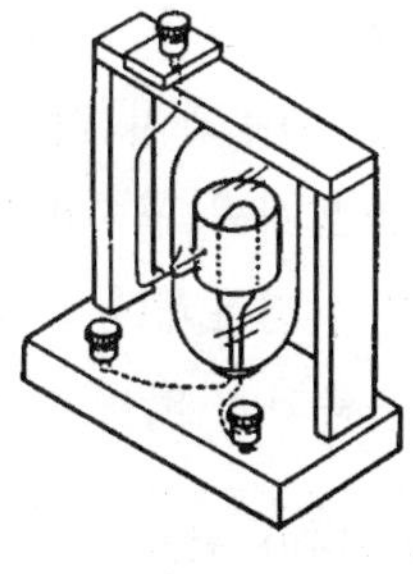

그림 13·2 플레밍의 2극 진공관

그림 13·3 드 포리스트

그림 13·4 플랑크

온로의 방출광에 의한 온도결정에 관계되는 중요한 기술학상의 과제가 되고 있었다. 흑체개념을 확립한 키르히호프(Gustav Robert Kirchhoff, 1824~1887)의 연구를 시작으로, 특히 국립 물리공학연구소에서는 빈 등의 열복사의 연구가 시도되었고, 드디어 플랑크에 의한 에너지 양자 발견의 토대가 되었다.

2. 상대성이론[1), 2)] — 아인슈타인

상대성이론을 탄생시킨 사실상의 전제는 19세기의 전자기학 속에서 존재하고 있었다. 로렌츠(Hendrik Antoon Lorentz, 1853~1928)는 1881년에 마이컬슨(Albert Abraham Michelson, 1852~1931)이 행한 실험 '지구와 에테르와의 상대운동에 관한 실험' 및 마이컬슨과 몰리(Edward Williams Morley, 1838~1923)가 행한 실험 등을 이론적으로 논하기 위하여 절대정지의 에테르를 가정해서 전자의 운동을 논하고, 전자의 진행방향에 전자가 변형되어 수축되는 것[로렌츠의 수축 가설]을 설명하였다.

한편으로, J. J. 톰슨이 e/m의 값을 측정하였을 때 음극선의 속도(전자의 속도)가 크게 될 경우, e/m의 값이 작게 됨을 발견한 것도 문제가 되었다. 이들 마이컬슨의 실험, 로렌츠의 수축, e/m값의 변화 등이 계기가 되어, 드디어 아인슈타인(Albert Einstein, 1879~1955)(그림 13·5)은 1905년 「운동물체의 전기역학에 대해서」라는 논문을 발표하였다. 이것이 상대성이론이다. 맥스웰의 전자이론은 갈릴레오의 상대성원리를 인정하지 않는다. 정지하고 있는 좌표계의 전자법칙과 등속운동을 하고 있는 좌표계의 전자법칙은 변화하여 간다는 것이다. 길이가 수축한다는 현상은 같은 시각이 좌표계에 의해 달라진다는 것에서 이루어진다.

아인슈타인은 관측되지 않는 절대 정지계를 고려하지 않고, 마이컬슨의 전자이론

1) S. Mason(矢島祐利 역), 전게서, pp. 615~624.
2) 江澤洋, 전게서, pp. 215~247.

그림 13 · 5 아인슈타인

이 어떤 관성계에도 성립하기 위한 시간과 공간의 좌표변환식을 구하려고 하면서, 두 가지 전제를 두었다. 첫째는 전자현상뿐만이 아니고 모든 물리법칙은 서로 등속 직선운동을 하는 좌표계에서는 완전히 같은 형식이 된다는 것이다. 이것이 상대성원리이다. 둘째는 어떤 관성계에서도 빛의 속도는 광원의 속도에 관계없이 일정하다는 광속도 불변의 원리이다. 이것은 상대성원리에서 말하는 관성계를 정의하고 있다.

아인슈타인의 상대성원리와 광속도 불변의 원리에서 유도되는 이론체계를 상대성이론이라고 하며, 서로 등속 직선운동을 하고 있는 다른 좌표계에의 변환을 가능하게 하는 이론이다. 이것을 특수 상대성이론이라 부르며, 일반 상대성이론과는 구별한다.

결과적으로, 시간과 공간을 이전과 같이 분리된 양으로 하는 것이 불가능해졌고, 시간 · 공간의 새로운 4차원적 세계의 묘사가 필요하게 되었다.

3. 양자역학의 형성[3),4)]

원자의 세계에서 역학이 생기는 원천은 두 가지가 있었다. 첫째는 원자의 구조에 관계되는 것으로 영국을 중심으로 발전한 켈빈, 톰슨(Joseph John Thomson, 1856~1940) 등의 원자모형을 말하며, 이들 모형은 주로 선 스펙트럼을 원자 내 입자의 역학적 진동에 의해 설명함으로써 생겨났고, 1911년의 러더퍼드(Ernest Rutherford, 1871~1937)(그림 13 · 6)의 α 선 산란실험을 통해 무거운 핵과 그 둘레를 회전하는 원자라는 원자상이 확정되었다. 제2의 원천은 독일에서 이루어진 원자역학에 특징

3) 會田軍太夫, 전게서, pp. 391~396.
4) S. Mason(矢島祐利 역), 전게서, pp. 629~632.

그림 13 · 6 러더퍼드

적인 양자의 발견으로, 1900년에 플랑크가 흑체복사의 연구에서 에너지 양자로서 최초로 발견되었고, 이와는 별도로 아인슈타인이 광전효과의 설명을 위해 제창된 광자로 나타났다.

양자를 원자모형 안에 들어가게 하는 데 성공한 사람은 영국의 러더퍼드에게 배운 덴마크의 보어(N. H. David Bohr, 1885~1962)(그림 13 · 7)였다. 그때, 보어는 에너지 수준이 조밀한 극한의 주변에서는 핵을 맴도는 전자의 운동은 고전론의 근거와 일치한다는 신 · 구이론을 연결하는 '대응원리'를 제시하였는데(그림 13 · 8), 이것은 하이젠베르크(Werner Karl Heisenberg, 1901~1976)에 의해 발전되고, 그의 행렬역학 형성의 지도적 원리가 되었다. 반면에, 프랑스의 드 브로이(Louis-Victor de Broglie, 1892~1987)는 빛을 입자로 취급, 아인슈타인의 사고의 역을 취해 고전적으로 입자인 전자에 파동성을 부여하였다. 슈뢰딩거(Erwin Schrödinger, 1887~1961)는 이 전자파를 추구하는 방정식을 찾아내어 파동역학을 만드는 한편, 행렬역학과 파동역학의 동등성을 증명하였고, 이로써 양자역학의 골격이 완성되었다(1926).

그림 13 · 7 보 어

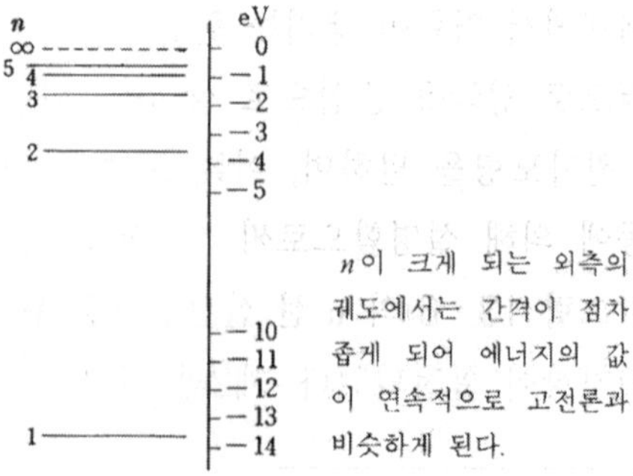

그림 13 · 8 수소원자의 에너지 단위

13.2 생화학의 발달[5)]

20세기의 과학인 생화학은 단백질, 핵산의 본성을 명확하게 하고, 비타민이나 호르몬, 항체의 형태를 밝히는 데 등장하게 된다. 그래서 효소화학의 확립이야말로 생화학의 중심적 과제였다. 또, 생명현상 연구는 20세기에 들어와 세포 내부의 분자의 변화과정을 인식대상으로 하는 단계에까지 왔다.

효모에서 생기는 무세포계 추출액인 지마아제(Zymase, 효소의 일종으로 단백질이라 생각함)가 발효를 일으킨다는 사실의 발견으로 발효의 화학과정의 연구가 진전되고, 반응의 중간단계와 대응하는 각 효소가 분리되어 노이베르크(Carl Alexander Neuberg, 1877~1956)는 알콜발효의 대사 경로를 도식으로 표시하였다(1913~1930).

무기인산이 관여되어 있는 사실도 알아냈으나 그 이유는 명확하지 않았다. 병행하여, 동물의 근육이 산소없이 수축되면 유산이 생기는 사실[홉킨스(Hopkins, 1907)]의 근원은 글리코겐(마이어호프, 1920)임이 밝혀졌고, 또한 해당과정(解糖過程)의 연구도 진전되었으며, 두 가지 연구가 맞아 당의 분해과정이 EMP 도식이라 불리는 반응계통로로 묘사되었다(에므덴, 마이어호프, 파르나스 등, 1933년경).

이 연구를 통하여 식물의 발효과정과 동물근육의 해당과정이 살아있는 세포의 에너지 해방과정과 공통의 장치를 갖고 있음이 명확하게 되었다. 이 과정에서 발견된 인산화합물 ATP[아데노신 3인산, 1929, 로만(Karl Lohmann, 1898~) 발견]는 처음에 그 역할이 명확하지 않았으나, 마이어호프(Otto Fritz Meyerhof, 1884~1951)나 리프만(Fritz Albert Lipmann, 1899~1986) 등의 연구에 의해 생세포 내에서 해방된 에너지를 아데노신과 3개의 인산의 결합 에너지형으로 저축하여 두고, 필요에 따라 인산을 떼어내어 에너지를 방출시키는 역할을 하는 것이 명확해졌다.

광합성에서의 탄소 고정의 경로도 캘빈(M. Calvin, 1911~1997), 벤슨(A. A. Benson)에 의해 방사성 동위원소 $^{14}CO_2$를 사용해서 명확해졌고, 캘빈 회로라는 명칭으로 표시하게 되었다(1948~1950).

또, 유전현상에 대해서 1930년대까지는 염색체의 현미경에 의한 관찰, 교잡법에 의한 염색체상의 유전자의 배열도 연구되었으나 유전자 그 자체의 본체나 작용은 불명확했다. 유전자설은 T. H. 모건(Thomas Hunt Morgan, 1866~1945)에 의해 제기되었고, 유전자와 염색체를 경계 지우는 연구는 1910년대부터 성행하였다. 모건은 쇼조바에의 유전연구에서 지금까지 가정으로 생각되었던 유전자가 실제로 존

5) 山崎俊雄 외 편, 전게서, pp. 167~169.

재하고, 염색체상의 일정한 위치에 일렬로 되어 있다는 학설을 내놓았다. 이어 1927년에는 뮐러(H. J. Müller, 1890~1967)가 X선 조사(照射)가 인위적 돌연변이를 일으킴을 시사하였다.

DNA(deoxyribonucleic acid, 디옥시리보스 핵산)[6]가 유전자의 본체라는 생각은 1930년대부터 시작되었다. 1944년에는 에이버리(Oswald Theodore Avery, 1877~1955)의 세균(폐염쌍구균)의 형질전환 인자의 발견으로 DNA가 유전정보의 1차적인 것이 아님이 밝혀졌다. 이어서 허시(Alfred Day Hershey, 1908~1997)와 체이스(M. Chase, 1927~)는 박테리아의 퍼지(fuzzy)를 사용해, 감염성분이 DNA임을 표시하였다(1952). 이것은 DNA가 유전자 본체임을 밝힌 것이다.

생물연구에 물리나 화학의 지식과 방법을 이용함으로써 많은 발견이 이루어졌고 의료에 큰 구실을 하였다. 홉킨스(F. G. Hopkins, 1861~1947)는 미지 영양소의 존재를 예견(1806)하였고, 1911년에 풍크(Walther Funk, 1890~1960)가 쌀겨에서 각기에 효과가 있는 성분을 찾아 비타민이라 이름을 붙였는데 B 복합체이다. 계속하여 오즈번(Thomas Burr Osborne, 1859~1929), 맥콜럼(Elmer Verner McCollum, 1879~1967)은 버터에서 비타민 A를 발견(1913)하였고, 센트 죄르지(Szent Györgyi, 1893~1986)는 비타민 C를 결정상으로 하였다. 또, 하워스(Water Norman Haworth, 1883~1950) 등은 비타민 C의 합성에 성공(1933~1943)하였고, 이후 계속해서 각종 비타민이 발견되어 결정화가 되거나 합성되었다. 수용성 비타민이 보효소(補酵素)의 역할을 하게 된 것이다. 1940년대 이후 물리와 화학의 도움을 받아 단백질, 이어서 핵산의 구조연구가 진행되기 시작하였다.

란트슈타이너(Karl Landsteiner, 1868~1943)는 혈액형을 발견(1901)하여 안전한 수혈을 가능하게 하였으며, 山極勝三, 希川厚二는 인공암을 발생시켜 암연구에 공헌하였다. 칼메트(Albert Leon Charles Calmette, 1863~1933), 게랭(C. Guérin, 1872~1961)은 결핵균을 배양하여 BCG 백신을 만들었고, 이것을 인체에 접종하였다(1908~1921). 플레밍(*Sir* Alexander Fleming, 1881~1955)은 푸른 공팡이가 세균을 죽이는 사실을 발견(1927)하여 페니실린을 만들었고, 플로리(Howard Walter Florey, 1898~1968)가 이것을 치료에 사용(1940)하였다. 또, 왁스먼(Selman Abranam Waksman, 1888~1973)이 흙 중의 방선균(放線菌)에서 스트렙토마이신을 얻어(1944), 전염병균을 죽이는 치료용 항생물질을 발견한 것은 유명하다. 그리고 도마크(G. Domagk, 1895~1964)가 전염병균을 죽이는 술파제 제1호의 프론토실(Prontosil)을 만들었고(1935), 뮐

6) Compton's Encyclopedia, vol. 4, p. 181.

러(Paul Müller, 1899~1965)는 살충제 D.D.T.(diclorodiphenyl-trichloroethane)를 발견하였다(1938). 그리하여 미국에서 페니실린과 D.D.T.의 대량생산이 시작되었다(1941). 그러나 이들은 그 후 부작용의 피해가 문제되어, 부작용이 적은 약의 연구가 성행하기에 이르렀다.[7]

13.3 생물학의 전개[8]

19세기에 등장한 세포설이나 다윈의 진화론은 현대 생물학의 사상적 근간을 만들었다. 실험생리학, 미생물학, 실험발생학, 생화학 및 면역학 등은 18세기의 생물학과는 차원을 달리하며, 19세기는 생물학이나 의학에서의 과학혁명의 세기였다.

20세기의 현대 생물학은 19세기 생물학의 직접적인 연장선상에 있다. 19세기 후반에 등장하거나 발판을 굳힌 세포학, 진화론, 미생물학, 면역학, 유전학 및 생화학 등은 20세기에 들어와서 크게 발전하였다. 전통적인 생물학 분야인 생리학, 발생학, 분류학도 큰 성과를 올리게 되었다. 19세기에 생겨난 생태학은 20세기를 상징하는 생물학이 되었다.

19세기 말 실험생물학의 발걸음이 시작되었고, 19세기 후반에서 물리학이나 화학의 방법이 생리학 연구에 도입되어 19세기 말이 되어서는 생물학의 여러 분야에 적용되어 물리학이나 화학에 의해 생명현상이 설명된다고 하였다. 점차 물리학이나 화학의 용어로 생명현상을 표현하는 방향으로 진전되어 생리학이나 생화학 분야뿐만이 아니라 유전・발생・진화・분류라는 분야에까지 넓게 적용되어 분자생물학의 탄생에까지 파급되었다.

19세기에 와서 멘델에서의 수학적 방법의 도입은 20세기에서는 유전학의 분야에 중요한 역할을 차지하게 되었다. 따라서 수학적 방법은 생태학이나 생화학 등의 적용에 의해 큰 효과를 거두어 수리생물학이라는 분야를 출발시켰다. 20세기 현대 생물학의 대부분의 분야는 물리학이나 화학의 방법을 구사하여 수학적 방법을 적용하는 실험실적 실험생물학이다.

실험실적 실험생물학은 연구대상이 점차 마이크로화하여 종족에서 개체, 개체에서 세포, 세포에서 분자로 수준을 낮추어 갔다. 이 경우 하위 수준에서의 연구에 의해 얻은 지식을 재구성시켜 상위 수준의 현상을 설명하고자 한 것이다. 생화학, 생리학, 유전학, 면역학, 발생학 등의 영역이다. 20세기 후반에는 생화학, 미생물학,

---

7) Compton's Encyclopedia, vol. 12. p. 195.

8) 紫藤貞昭 편, 전게서, pp. 254~262.

유전학은 그 연결에 의해 분자 생물학을 탄생시켰다.

한편 20세기의 현대 생물학은 야외실험의 방법도 확립되었다. 생태학은 개체 이상을 대상으로 한다. 분자-세포-개체-개체 무리-공동체의 각 수준에서의 연구는 각기 필요하고, 각 수준단계에는 각각 독특한 법칙이 활동하고 있다. 생태학의 발전은 실험실 생물학의 방향과는 반대로 개체 이상의 상위 수준에 주목하여 수준에 따른 법칙의 파악을 지향함으로 가능하였다. 그러므로 분자생물학과 생태학은 현대 생물학과는 서로 대립되는 위치이다.

집단유전학은 1920년대에 확립이 되었고 행동생물학, 즉 동물의 행동연구도 1930년대부터 본격적으로 되었다.

생물학은 의료나 농업 등 인간의 실생활과 연결되어 발전하여 왔다. 그래서 20세기의 현대 생물학도 예외는 아니다. 농업축산, 의학은 물론 농업, 어업과 깊이 관여하면서 발전하여 왔고, 공해문제는 생태학 붐을 조성하여 분자생물학이나 유전자공학이 의료 등과 관계 지워진 것도 이미 알고 있는 사실이다.

20세기에는 생물학의 연구가 국가나 대기업과 결부되어 국가가 막대한 연구비를 투자하고 노력한 결과 분자수준의 연구, 새로운 연구기기의 등장 등 20세기의 생물학은 혁명적 성과를 올렸다.

13.4 인간의 생명과 노동과학

1880년대 이후, 코흐와 그 문하에 의해 이루어진 병의 원인 미생물의 발견으로 의학을 새로운 발전단계로 이끌었다. 먼저, 병의 원인 미생물의 공격수단으로 물리적 방법(건열멸균, 증기멸균 등)이나 화학적인 방법(당시 신흥 염료공업의 산물인 색소제의 개발 등)이 시도되었다. 또, 병의 원인 미생물의 신진대사물질, 독소의 연구와 항독소의 발견에 의해 혈청요법의 길이 열렸다. 베일, 北里 공저의 「동물에 있어서의 디프테리아 면역 및 파상풍 면역의 성립」(1890)은 혈청요법의 출발점을 이루는 논문이다. 베링과 같은 코흐 문하의 에를리히는 1909년에 항 스피로헤다제, 606호 약제(살바르산)를 합성하고, 또 아프리카 기안병(嗜眠病)의 특효약 Bayer 205호의 합성에 공헌하였다. 이 약은 제1차 세계대전 시기에 알맞는 약으로 '게르마닌'이라는 이름이 주어졌고, 전쟁 후 연합군의 배상 중 가장 평가가 높은 것의 하나였다고 한다.

제1차 세계대전은 4년간의 전쟁을 통해 900만 명의 전사자와 2,000만 명의 전상자를 내었고, 그 밖에 약 1천만 명의 비전투원이 생명을 잃었다. 그뿐만 아니라 빈곤, 부상질병, 생활난, 실업과 시민의 생활에 바람직하지 못한 것을 남겼다. 시민에게는 '살 권리'의 주장이었고, 지배자에게 있어서는 새로운 사회정책의 요청이었다. 그리하여 1880년대는 비스마르크의 질병보험에 의해 의학의료는 사회정책의 일환으로 되어 이 경우의 의학은 치료를 주체로 하는 좁은 의미의 의학이었다. 질병을 호소하는 사람이 근로자이고 보험 가입자면 치료를 하는 의학의료 제도가 사회정책의 일환으로 자리잡게 되었고, 질병은 빈곤현상, 궁핍현상의 징후로 보지 않고 사회의학·사회위생학이 의학의 한 조류로 존재하게 되었고, 변혁에의 계기를 제공하는 가능성을 가지고 있었다.

따라서 새로운 사회정책에서 요구되는 것은 이 사회의학, 사회위생학을 자기집약상자 안의 물건처럼 시민생활의 깊숙한 곳까지 파고들게 하는 것이었다. 병을 호소하는 것을 기다리는 것이 아니고, 병이 시민생활 속에 얼마나 있는가를 파악하여 대책을 세우도록 요구하기에 이르렀다. 이렇게 하여 부상질병통계의 정비가 시도되었으며, 이 상병통계는 질병보험의 실시와 생명보험 사업의 발달에 따라 크게 신장되었다. 이 상병통계는 집단의 건강, 질병상황을 전체적으로 파악한 것이며, 사회위생학의 핵심적 부분이 되는 것이었다.

알프레드 클로드안(Alfred Grotyann, 1869~1931)은 바이말 시대의 독일 사회 위생학의 정점을 이룬 사람인데, 그의 역사적인 과제가 된 것은 19세기 말에 보건구호로서 실제로 행해진 실천적인 사회위생학을 이론적인 사회위생학으로 보충한 것이었다. 이 경우, 독일 독점자본이 필요한 사회 민주주의를 지배의 기둥으로 취급하는 과제, 사회위생학을 사회변혁을 향한 학문으로 하지 않고 사회 민주주의의 틀 속에 집어 넣는 과제가 큰 규정요인으로 되었다.

의학과 생물학의 차이점을 찾는다면 인권 내지 인권사상이라는 것에 도달하나, 독일의 후진성과 거기에 기초를 두는 인권사상의 희박성은 의학을 생물학으로 말소하고, 약자와 병자를 도태시켜 인간의 품종개량을 시도하는 일종의 생물주의의 소지를 허용하였다. 이 경향은 노동의학 분야에도 보여 인간의 노동 에너지 출납문제로 환원되거나, 인간기계의 통제를 노동의학의 목적으로 삼는 학설을 낳았다.

13.5 테일러 시스템과 자동화

1. 과학적 관리방법 — 테일러

제1차 세계대전 후 소련의 사회주의 정권의 수립에 자극을 받아 각국의 노동운동은 강화되고, 1921년과 1929년에 발생한 세계공황으로 자본주의 국가는 위기적 상황에 빠졌다. 두 세계대전 사이의 1920년대에서 1940년대까지는 위기대책으로 산업의 합리화 정책이 추진되던 시대였다. 합리화의 방법으로 '과학적 관리법'(scientific management)을 기둥으로 하는 관리기술이 보급되었다.[9)]

19세기 말부터 테일러(Frederick Winslow Taylor, 1856~1915)(그림 13·9)는 노동의 과학적 연구를 계속하여 1895년에 '생산고 급여제도', 1903년에는 '공장관리법', 1911년에는 '과학적 관리법의 원리'라는 논문을 발표하여 이른바 테일러 시스템이라 부르는 '과학적 관리법'의 개요를 확립하였다. 테일러가 제창한 과학적 관리법은 노동자 한 사람 한 사람의 생산능률의 증가를 목표로 한 것이다. 제1차 세계대전 중 생산증강의 요청에 의해 채용이 촉진되었으며, 1920년대의 합리화정책은 경영전반에 걸쳐 경영관리 기술을 발전시켰다. 관리의 시대라 말하는 20세기는 양 대전 사이에 그 기초를 형성하였다고 말할 수 있다.

2. 4S화와 트랜스퍼 머신

휘트니(그림 13·10)에 의해 1798년, 미국 최초로 호환식 대량생산 방식이 채용되었고, 1850년대에 확립된 호환식 대량생산은 분업의 원칙을 철저히 지켜 단순화·표준화·전문화, 즉 3S(Simplification, Standardization, Specialization)화의 기술과 다수의 공작기계 및 치공구로 이루어지는 소수의 숙련공과 다수의 비숙련공으로 조작되는 기계체계를 탄생시켰다. 컨베이어를 생산공장에 사용한 것은 1890년대에 미국의 철도 화차제조회사로부터 시작하여 급속하게 발전, 1910년대에는 3S화에 동기화(Synchronization)가 추가되어 컨베이어를 중심으로 단능기·전용기를 배치하는 기계체계로 구성되는 컨베이어식 대량생산 방식이 나타나, 일련의 공정에 종사하는 노동자군의 능률을 컨베이어 속도의 조절에 의해 관리하게끔 되었고,

그림 13·9 테일러

그림 13·10 휘트니

9) 장병주, 산업경영심리학, p. 48, p. 130, 문창사, 1999.

이 방식은 1913년 포드의 자동차회사에 채용되면서 점차 다른 산업에도 채택되었다(그림 13·11). 포드의 컨베이어 시스템은 생산능률을 획기적으로 끌어 올렸다. 당시 독일의 자동차 공장에서 한 대를 생산하는 데 180일이 소요되었으나 포드 공장에서는 단지 2일밖에 걸리지 않았다. 1920년대에는 과학적 관리법의 시간·동작 연구가 컨베이어 라인의 작업에도 적용되고 관리법의 개선이 이루어지지만, 하나의 제품을 만드는 데 소재에서 완성품까지를 자동적으로 실행, 가공과 이송을 유기적으로 결합시킨 트랜스퍼 머신(transfer machine)도 설치되었다.[10]

그림 13·11 포드 자동차의 자석 발전기의 조립라인(1913)

자본제 생산에서는 이윤의 획득과 자본의 축적이 생산의 동기이다. 따라서 보다 높은 이윤의 획득을 위해 생산성의 향상이 계속 추구되고 있다. 자본이 증가되고 생산규모가 커짐에 따라 무턱대고 하는 경영은 곤란하게 되고, 경영정책을 세워 거기에 따라 원재료, 생산수단, 노동 등의 생산요소의 상호관계를 최적으로 유지하기 위한 관리가 필요하게 되었다.

이러한 관리방식은 19세기의 개개 기업의 경영경험에 기초를 두는 개별적인 관리에서는 19세기 말에서 20세기에 걸쳐서 독점자본의 형성에 대응한 일반적·과학적 방식의 단계로 발달하였다. 개별 기업마다의 관리는 산업혁명에 의한 공장제도의 성립에 따라 영국에서 생겨나지만 엄격한 자유경쟁으로 충분하게 성장하지 못하였다.

3. 기계기술자의 증가와 경영관리

19세기 후반의 미국은 철도망의 건설, 기계공업, 철강업의 발달에 따라 공업생산이 증가되었다. 신기술의 도입, 생산공정의 기계화가 이루어졌으나 부족한 노동력

---

10) S. Lilley(伊藤新一 외 역), 전게서, pp. 313~316.

은 유럽에서의 대량이민에 의한 비숙련노동자에 의해 보충되었다. 1873년에 발생한 세계공황은 기업 사이의 경쟁을 격화시켜 자본의 집중과 독점화를 촉진시켰으며 노동자·자본가의 관계도 악화시켰다. 해고나 임금의 인하에 대항하여 숙련공을 중심으로 한 노동자 조직의 스트라이크나 태업이 계속하여 발생하였다.

신기술의 도입, 생산공정의 기계화·정밀화는 기계기술자를 배출하는 결과가 되었다. 그들은 숙련공을 대신하여 중요한 지위를 차지하였고, 생산관리에도 책임을 맡게 되었다. 1880년에 창립된 미국기계학회는 1886년 이후 '관리의 과학'에 대한 활동을 개시하였는데, 테일러가 여러 논문을 발표한 것도 학회의 연차대회였으며, 1905년에는 테일러가 기계학회장에 취임하기도 하였다.

4. 과학적 관리법과 근로자, 경영관리[11)]

테일러는 '공정한 하루의 작업량', 즉 과업(task)의 결정과 율(率)을 달리하는 '생산량 비례 급여제도'를 과학적 관리법의 두 가지 기둥으로 삼아 큰 과업·표준조건·장려임금·벌금의 4원칙을 세워서 노동자의 생산능률을 높이고 태업을 없이하고자 하였다. 과업을 결정하기 위한 '시간·동작연구'를 계획하고, 이를 실행하기 위하여 기획실과 직능적 직장(職長)제도를 제안하였다.

과학적 관리법은 근대 경영학과 노동과학으로, 또 IE(Industrial Engineering)로 발전해 갔으나, 노동(노동자)과 자본(자본가) 사이에도 큰 영향을 주었다. 노동조합은 이것이 노동자의 동작을 표준화하고, 자동인형으로 만들며, 심각한 생산경쟁을 유도한다고 이의 도입을 반대하였다.

과학적 관리법이나 컨베이어식 대량생산의 채용은 일시적으로는 생산능률을 올렸으나, 노동자의 질병이나 재해도 증가시켜 결국 노동의욕을 저하시켰다. 그 원인으로 피로의 문제가 제기되어 시간·동작연구(motion and time study)에서는 최소의 피로로 최대의 생산능률을 올리는 길브레스(Frank Bunker Gilbreth, 1868~1924)나 반스(R. M. Barnes) 등의 동작경제의 연구로 발전되었다.

한편, 메이오(George Elton Mayo, 1880~1949)는 1927년에서 1932년까지 시카고의 호손공장에서 조사·실험을 하여 생산능률과 노동의욕, 인간관계의 상호관계를 명확하게 하였다. 테일러는 근로의욕은 경제적 욕망에 의해 동기가 부여된다고 하여 그 보상으로 인간의 동작을 부품화시켰다. 사고도 표준화된다고 생각하여 인간관계를 무시하였다. 그러나 메이오의 연구는 관리에 있어서 인간관계의 중요성을 인

---

11) 장병주, 전게서, pp. 129~133, p. 50.

식시켰다.

제너럴 모터스社의 슬론(Alfred P. Sloan, 1875~1966)은 1920년대의 시장구조의 변화와 거기에 수반되는 기업경쟁 중에서 '집중적 통제에 의한 분권적 관리'의 체제, 즉 사업부제에 의한 제품정책에서 마케팅에 미치는 경영관리 방식을 개선하여 1929년의 대공황을 이겨내고, 제너럴 모터스社를 거대한 회사로 성장시켰다.

5. 대량 생산방식 — 오토메이션 시대의 도래

관리기술의 새로운 발전방향의 하나로 수학적 방법의 도입이 있다. 대량생산은 높은 정밀도의 가공과는 본질적으로 모순되는 요소를 가지며, 대량의 불량품을 발생시켰다. 품질관리는 생산공정의 전반적인 경제성을 고려한 관리수준의 설정으로, 불량품 발생을 방지하는 것을 목표로 해서 1924년 세워트(W. A. Shewhart, 1891~1967)가 관리제도에 의한 통계적 품질관리를 전개하였다. 대전 중에는 O.R.(Operation Research)도 개발되어 관리법의 수량화·정밀화·다양화가 진행되었다.[12)]

자동기계 체계의 세 가지 요소, 즉 자동가공·자동이송·자동제어는 산업혁명 이후 각각 독자적으로 발달하여 1940년까지는 그 기초를 다졌다. 높은 정밀도로 복잡한 형상부품의 다종 소량생산은 프로그램 제어와 피드백 제어를 하는 자동제어 공작기계를 발전시켰다.

대량생산에서는 1920년대에 자동차용 프레임 자동조립공장이 미국에서 조업을 시작하였다. 그러한 것의 하나로 포드 시스템(그림 13·12)을 들 수 있다. 기관 가공용의 트랜스퍼 머신은 1924년 영국에서, 1929년에는 미국에서 가동을 시작하였고, 전쟁 후에는 대규모화되고 고성능화되어 '오토메이션'(automation)이 되었다.[13)] 1948년 포드 자동차회사에 트랜스퍼 머신(그림 13·13)이 사용되어 오토메이션이라는 말이 사용되기 시작하였다. 이 말은 자동적(automatic)과 조작(operation)의 두 말을 하나로 만든 신조어로 부사장 하다(Del. S. Haarder)가 이름을 붙였다고 한다. automatic operation의 줄인 말이다.[14)]

제2차 세계대전 후 기억, 연산, 제어의 기능을 병합하여 보다 완전한 제어장치로 등장한 전자계산기는 1960년대에 오토메이션과 결합하여 자동기계 체제를 형성하였다. 또, 자동제어 공작기계에 사용되어 수치제어형의 NC 공작기계가 되고, 다량관리에 의한 자동기계 체제로 발전하였다. 관리방법도 자동기계 체계와 더 한층 밀

12) 伊東俊太郎, 전게서, p. 131.
13) 田所哲太郎, 현대과학과 기술교육, pp. 78~112, 風間書房, 1958.
14) 伊東俊太郎, 전게서, p. 142.

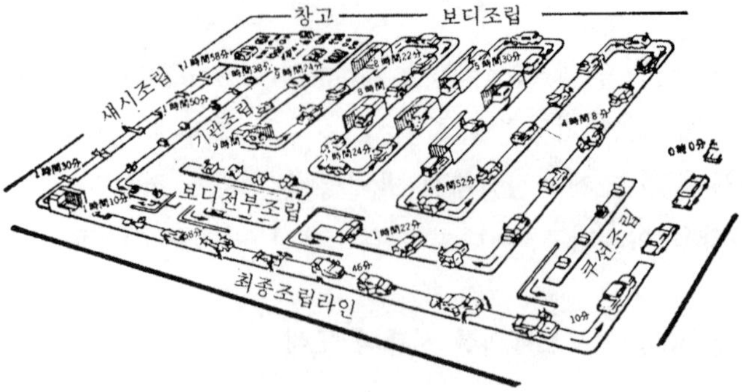

그림 13 · 12 포드 시스템

그림 13 · 13 트랜스퍼 머신

접한 관계를 맺어 더욱 정밀하게 되고, 광범위한 관리체계를 구성하였다. 이를테면 20세기의 모든 기술은 자동화로 향하여 발전하고 있었던 것이다.

이 오토메이션에는 트랜스퍼 머신을 중심으로 한 기계공장의 mechanical automation, 화학공업을 비롯, 제철공장, 제과공장, 시멘트 공장 등에 연속적인 흐름작업을 조작하는 process automation, 은행의 on-line 시스템이나 급여계산, 재고관리 등과 같은 번잡한 사무직 업무를 처리하는 business automation 등이 있다.

6. 로봇[15)]

로봇은 체코슬로바키아의 작가 칼 차베크(Karrel Cepak)가 1920년에 발표한 희곡 「로즘의 만능 로봇」(Rosum's Universal Robots) 중에 체코 용어로 '강제노동'을 의미하는 robota를 전용하여 인조인간의 의미로 사용되는 용어이다.

15) 伊東俊太郎, 전게서, pp. 1142～1143.

그 이후 SF 소설에 빈번히 사용되었으나 과학기술의 대상으로 로봇의 역사는 짧다. 1950년 전후가 그 시초로 보며, 1947년 ANC(Argomne National Laboratory)에 의해 개발된 방사능물질 취급을 위한 메니풀레이터(manipulator)의 개발, 제2차 대전의 상이군인을 위한 모터로 조작되는 의수(義手)의 개발, 그 후 우주개발, 해양개발 등이 로봇 개발에 박차를 가했다.

로봇의 유용성을 넓게 인식하게 한 것은 생산공정에 사용되는 이른바 산업용 로봇(industrial robots)에서이다. 이 개념을 미국의 데볼(J. C. Devol)이 1961년에 출원한 특허로 처음 발표되었다. 이후 미국을 중심으로 개발이 진전되어 1960년대에 뉴니메트, 바사토란 등 대표적 상용 산업 로봇이 제작되었고, 1970년대에는 실용기에 들어갔다. 일본은 세계 제1위의 산업용 로봇의 생산 · 사용국가라 일컬어지고 있다.

현재는 인공지능 로봇의 연구가 1960년대 후반부터 성행되고 있고, 또 로봇의 이동성 연구는 보행기계의 개발을 하나의 목표로 진행되고 있다. 6족 보행기계나 4족 보행기의 실용화도 멀지 않을 것이다.

실제 제품을 만들 때 가공비의 40%, 공정시간의 80%, 또는 산업재해의 80%가 손 작업이나 운반작업이라고 보는데, 손 작업을 기계화하는 중요성 때문에 작업의 조작을 자동적으로 한다고 생각하면 현대는 로봇시대에 와 있다고 볼 수 있겠다.

13.6 제2차 세계대전과 과학기술의 이용

1. 전쟁과 과학기술

제1차 세계대전은 산업혁명 이후 발달하여 온 과학과 기술 위에서 비행기, 특히 폭격기 · 전차 · 잠수함 · 독가스 · 폭탄제조를 목적으로 하는 근대적 고압화학 기술의 발전이 진전되어, 과학이 전쟁을 수행하는 데 유효하게 이용됨을 시사하였다. 그런데 과학이나 기술이 사회적 의미를 가지는 이상, 사회적 · 경제적 · 정치적 운동에서 벗어날 수는 없다. 특히, 기술의 발달은 사회의 발전사상 군사와 분리될 수가 없다. 물론, 어떠한 경우에서든지 전쟁행위가 과학기술을 진보의 방향으로 밀어붙였다고 단순하게 결론을 내릴 수 없으나, 전신기술 · 선박 · 기계 · 화학기술 등 사회가 전쟁의 방향으로 조직이 되면 군사나 군수품에 최대의 수요가 있음을 부인할 수도 없다. 제2차 세계대전에 있어서는 역사상 유래를 찾아볼 수 없을 정도로 과학자나 기술자, 과학기술이 대규모로 전쟁목적에 동원되었다.

제1차 세계대전은 과학과 기술이 최고도로 활용되어 최초의 대규모적인 과학기술 전쟁이고, 기계화 전쟁이었다면 제2차 세계대전은 근대 과학기술의 모든 성과가 전쟁의 목적을 수행하기 위해 극도로 이용된 크나 큰 두뇌전쟁인 동시에 대규모 소모전이고 미국을 제외하고는 대부분의 국가는 전쟁터가 되고 말았다.

2. 나치스 독일과 연구조직[16)]

나치스 독일에서는 1933년의 나치스 정권획득으로 이전부터 과학자 · 기술자의 학회와 협회는 먼저 기술 과학적 근로전국협동체(RTA)에 가맹되었고, 이어 다음해에 RTA는 나치스당 기술총국의 직접 지배를 받는 당 직속의 단체로 나치스 기술연맹에 합류되었다. 나치스 기술연맹은 말할 것도 없고 RTA도 파시즘 독일의 국가 정치체제를 옹호하는 정치단체이기도 하였다.

그 후 1942년에는 총통령에 의한 연구의회 설치에 따라, 과학기술 행정의 전권은 괴링 대독일 원수의 손안에 들어가 독일 과학자 · 기술자는 '완전히 조직화'되고 국수주의자가 생각하는 완벽에 가까운 상태로 전쟁수행에 동원되었다.

그러나 과학평론가 크라우자(J. G. Crowther)는 파시즘 독일에서는 공업생산이나 군대를 조직하는 데는 기막힌 수완을 발휘하였으나 '레이더의 분야에서는 과학기술연구의 자재면에서나 기술상의 방법에서도 결코 부족함이 없음에도 불구하고 과학자나 군인, 기술자 사이의 밀접한 협동을 조성하는 데는 실패'하였다고 평가하였으며, 연구자의 파시즘적 조직형태가 독일의 '과학기술의 패배'의 원인이 있다고 밝혔다. 그러나 나치스는 아인슈타인이나 보테(Walter Bothe, 1891~1957)를 시작으로 반전적인, 또는 나치스의 파시즘 정책에 동조하지 않는 과학자나 유태인을 박해하였다. 이것은 분명히 독일 과학의 진보에 부정적인 결과를 가져왔으며, 과학역사 안에 암흑의 한 페이지를 기록하였다.

3. 망명한 과학기술자[17)]

독일에 비해서 일면 반 파시즘적 성격을 지닌 미국이나 영국에서는 나치즘의 박해를 받은 독일, 프랑스, 이탈리아의 과학기술자들을 환영하는 소리를 내면서 받아들여, 그들이 반전적 의지를 갖고 있으면서도 군사연구에 적극적으로 참가하도록 하는 데 성공하였다. 영국에서는 자본주의적 위기가 과학기술의 면에 반영되어 필

16) 星野芳郎, 기술혁신의 근본문제, pp. 44~46, 勁草書房, 1969.
17) R. W. Reed(肢部 學 역), 전쟁과 과학자, p. 203, 다이아몬드社, 1972.

요한 과학기술연구의 규모가 확대되었다. 제1차 세계대전 이후 종속되어 온 과학공학연구국이나 과학적 자문평의회(1940), 특수 자격자 중앙등록, 국제노동국 등에 의해 전쟁에 동원된 영국 과학기술자는 제2차 세계대전 중 최고발명의 하나인 레이더 개발에 결정적 구실을 하였다.

반면에 미국에서는 연구비 20억 불과 원자폭탄 계획에 직접 참가한 인원만도 12만 5,000명에 달하는 제2차 세계대전의 또 하나의 거대개발인 원자폭탄으로 상징되는 산업적 기반이 있었다. 이와 같이 경제적 통수권을 국가가 총 자본의 입장에서 장악하여 총력전이라는 이름 아래 발명이나 과학의 연구, 과학자 · 기술자의 활동을 전부 정부의 통제하에 전쟁연구에 동원시킨 이 시기는, 역사를 통해서 군사기술을 더욱 급속히 진보시켰다.

역사상 최초의 실험용 원자로는 페르미(Enrico Fermi, 1901～1954)에 의해 미국의 시카고 대학에 만들어져 1942년 12월 2일 임계에 도달하였다. 페르미는 이탈리아 사람으로 1938년 중성자 충격의 연구로 노벨상을 받았으나 파시즘에 반대하였고, 또 부인이 유태인이었으므로 노벨상 수상지인 스톡홀름에서 파시즘 정권의 이탈리아로 귀국하지 않고 미국으로 건너갔다.

4. 전쟁병기의 발달과 O.R.

제2차 세계대전에서 발전된 병기류는 난기관총, 무반동포, 내전차 바주카포, 로켓포, 산소어뢰, 투사폭뢰, 화염방사기, 수중탐신기 등의 전파병기 · 전자기술병기, 헬리콥터 · 로켓 · 제트기 · 로켓 폭탄 · 탄도 미사일, 직접적인 과학병기는 아니지만, 레이더와 로란(loran, 장거리) 항법, 전자계산기 등이나 특히 그 중에서도 레이더 · 원자폭탄은 획기적인 신병기이다. 또, 생산물질과 인간자체의 전쟁행위에의 대량투입은 과학자 · 기술자의 일을 개개의 병기연구에 국한시키지 않고 전쟁터에서의 병기의 사용, 유효한 수송선단의 편성, 전투기의 배치 등 군사작전 그 자체를 과학적인 방법으로 연구하기에 이르렀다. 이것이 바로 O.R.(Operation Research : 작전연구)로 영국의 블랙킷(Patrick Maynard Stuart Blackett, 1897～1974)과 버널(John Desmond Bernal, 1901～1972)의 협력으로 개발되어 미국에도 전해졌으며, 군사과학상의 최대의 변혁으로 보고 있다.

그럼에도 독일은 O.R.을 사용하지 않았고, 소련군은 O.R.을 위한 특별부대를 운용하지 않았는데 근본적으로 다른 계급구성과 작전훈련의 과학적 요소를 작전활동에 구체적으로 포함시키는 필요성이 없었기 때문이라고 버널은 비판하고 있다.

5. 레이더[18)]

'전파 탐지기'로 알려져 있는 레이더(Radar, radio detecting and ranging)는 독일의 하인리히 헬츠, 칼 F. 브라운, C. 헬스메이어, 이태리의 말코니, 미국의 리.디.폴리스트 등 많은 학자에 의해 발명되었는데 그림 13 · 14와 같은 사용으로 제2차 세계대전 기간에는 군사행동에 결정적인 영향을 가져다 준 것의 하나이다. 직접적으로는 1934년에 영국에서 만들어진 방공과학 조사위원회의 주관하에 워트슨 와트(Watson Watt, 1892~1973)와 캐번디시 연구소에 의해 이루어졌다. 여기에는 1920년대의 방송국의 발달이나 무선 · 유선통신에 따른 전자관의 발달과, 수신회로 및 주파수 변조이론, 발진회로, 반송다중통신에 따르는 필터 회로 등의 전자기술과 회로이론의 축적이라는 전제가 있었던 것이다. 워트슨 와트 팀은 가능성의 탐구를 1930년에 시작하여 1935년까지는 80 km 거리까지의 비행기를 탐지할 수 있게 되었다.

그림 13 · 14 고사포와 연동되는 레이더

미국에서 레이더의 완성은 1940년 11월에 만들어진 MIT의 방사연구소를 중심으로 이루어졌으나, 같은 해 미국 · 영국의 군사협정에 따라 국방위원회가 소집되고, 여기서 화포, 화학, 통신, 물리의 4부문에서의 전쟁병기 연구가 지시되었다.

그런데 이 레이더의 기술은 1942년에 실제 전쟁에 등장하였고, 뿐만 아니라 이용되는 범위도 넓어져 선박이나 항공기의 안전성과 능률의 증가, 기상관측, 지도제작을 위한 거리의 정밀한 측정, 달이나 혹성 등의 표면의 과학연구 등도 포함된다.

콤프턴(Arthur Holly Compton, 1892~1962), 루미스(Arfred Lee Loomis, 1887~?), 로렌스(Ernest Orlands Lawrence, 1901~1958) 및 라비(Isidor Rabi, 1898~1988) 등의

18) Compton's Encyclopedia, vol. 20, pp. 29~32. vol. 10, p. 237, p. 256. vol. 25, p. 88. vol. 3, p. 38.

쟁쟁한 멤버가 조직되어 방사선연구소에서 만들어진 마이크로 웨이브를 중심으로 일렉트로닉스 회로, 서보 메커니즘 등의 연구의 축적은 전쟁 후「방사연구소 총서」로 발간되어 전쟁 후의 초다중 통신, 일렉트로닉스 발전의 이론적 토대가 되었다.

6. 원자폭탄 개발 ― 맨해튼 계획[19),20)]

MIT의 방사연구소는 1946년 1월에는 4,000명의 과학자가 근무하였는데 제2차 세계대전 때의 미국 전시 연구방법의 한 특징이었고, 또 다른 하나는 원자폭탄을 최초로 만든 맨해튼 계획(Manhattan project)이다.

1896년의 베크렐(Antoni Henri Becquerel, 1852～1908)의 방사능 발견 이래, 원자물리는 20세기에 들어와 양자역학이나 상대론 등과 더불어 급속하게 진전돼 그 이론 체계를 형성하기 시작하였다.

1938년의 콕크로프트(John Douglas Cockcroft, 1897～1967)에 의한 리튬 원자핵 파괴실험과 독일 가이자 빌헬름 연구소의 한(Otto Hahn, 1879～1968)과 슈트라스만(Fritz Strassmann, 1902～1980)의 중성자에 의한 핵분열의 발견은 아인슈타인의 식 $E=mc^2$으로 말미암아 인류에게 원자변환에 의한 새로운 에너지 자원을 줄 것이라는 가능성을 시사하였다.

이어서 마이트너(Lise Meitner, 1878～1968)나 프랑스의 J. 퀴리(Joliot Curie, 1900～1958), 이탈리아의 페르미 등이 연쇄반응 가능성을 지적하였고, 세2차 세계대전은 핵분열에 의한 거대한 에너지 파괴를 목적으로 한 병기인 원자폭탄이란 형태로 인류사회에 등장시켰다. 원자폭탄의 투자자체에 대해서는 당초 나치스 독일의 핵병기 개발에 위협을 느낀 과학자가 미국에서의 원폭제조를 권고하고 직접 계획에 참가하게 되었다.

그러나 나치스 독일의 항복 후는 과학자의 일부가 원폭의 사용에 강력히 반대하였다. 일본의 항복도 이미 예측되었고, 당면한 전쟁종결에는 원폭투하가 필요하지 않다는 요지의 보고도 있었다. 그러나 미국 지배층은 전후세계에서의 자기들의 정치적 우월성을 과시하기 위해 원폭을 투하했으며, 결국 1945년 8월 3일에는 나가사키, 1945년 8월 6일에는 히로시마에서 수십 만 명의 희생자를 내기에 이르렀다(그림 13 · 15).

19) Compton's Encyclopedia, vol. 5, p. 502, vol. 8, p. 86, vol. 2, p. 685.
20) 會田軍太夫, 전게서, pp. 451～453.

그림 13·15 나가사키 상공에 투하된 원자폭탄(1945년 8월)

7. 화학 및 세균병기[21),22)]

원자폭탄과 병행해 인류의 대량살육을 목적으로 근대공학을 기초로 한 과학자·기술자가 참가하기를 요청한 것에 화학병기와 생물(세균)병기가 있었다. 화학병기는 제1차 세계대전에서 신전술로 대대적으로 다루어졌다. 1915년 4월 독일군에 의한 이탈리아·프랑스 전쟁에서의 염소가스를 시작으로, 제1차 세계대전에서 약 30종의 가스 병기가 사용되었으며, 3,000종 이상의 화학물질이 연구되었다.

제2차 세계대전에서는 나치스 독일이 패망할 때까지 약 2,000종의 유기화합물이 합성되어 신경 가스인 타분·살린·소만 등의 G가스가 만들어져서, 강제수용소의 유태人이나 러시아人에게 인체실험이 반복되었다. 미국에서도 1942년에 생물전 연구를 위해서 조직된 마크 위원회를 시작으로 에조트 병기창, 포드 데드릭에서 화학 및 세균병기의 연구가 진행되어, 대전 중 2만 7,000톤의 독 가스가 제조되었다. 일본에서도 1931년에 중국 동북부 만주에서 조직된 731부대(石井部隊)가 외국에서 유래를 찾아볼 수 없는 잔학한 인체실험 및 연구를 시도하였다.

8. 과학자의 평화운동

이와 같은 과학기술의 전쟁에의 대규모 투입과 그 비참한 결과는 과학자들에게 자신들의 사회적 위치와 과학 및 사회문제에 대한 새로운 인식을 하도록 하기에

---

21) 和氣 朗, 생물화학 병기, pp. 34~38, 중앙공론사, 1966.
22) 久保綾三, BC병기, p. 119, p. 134, 삼성당, 1969.

이르렀다. 그리하여 특히 전쟁 후 1947년의 국제 세포학회에서의 생물병기 금지의 성명을 시초로 원자물리학자를 중심으로 한 퍼그워시(Pugwash) 회의, 원자·수소폭탄 금지운동에의 과학자의 적극적인 참가, 한국에서 1950년 6.25 동란에서의 미국의 특수 병기 사용 여부에 대한 항의성명 등, 과학의 전쟁이용을 적극 저지하는 행동을 하였다.

제2차 세계대전에서 맨해튼 계획, 레이더 개발, MIT 방사연구소 또는 O.R. 연구에 관여된 과학자는 그 수의 면에서나 '질'에 있어서나 20세기 전반의 자연과학계의 대표자라고 할 수 있는 맨해튼 계획의 지휘자 오펜하이머를 비롯한 관계 학자, 또 MIT에서는 라비와 루미스크 등, 영국에서는 G. P. 톰슨, 파나르 등, 독일에 남아 있던 하이젠베르크와 폰 브라운, 프랑스에서는 레지스탕스의 입장을 견지한 J. 큐리 등 쟁쟁한 30여 명을 총망라하였다.

그런데 이 사람들의 입장은 1936년의 22명의 영국 과학자의 반전성명이 시사하듯 똑같지 않으나, 예를 들어 맨해튼 계획의 경험은 과학자의 선의의 제안도 거대한 프로젝트가 되었을 때는, 결국 과학자의 손을 떠나 독점과 군부의 제도하에 들어가게 되고, 동시에 과학자 자신도 원폭제조에 참가하게 된 것을 후회하며 심각한 자기반성을 하기에 이르렀다. 그러나 전후 과학자의 평화적인 사용의 요구에 대해서 많은 장애가 있었다.

과학자의 평화운동이 전개되고 있는 한편으로, 전쟁 때에 레지스탕스 운동에 참가하여 독일 파시즘과 격렬하게 투쟁한 J. 퀴리는 노벨상 수상자로서 원자로의 사실상 발명자이나, 전쟁 후 원자·수소폭탄 금지운동의 출발점이 된 스톡홀름 어필에 이름이 있다는 이유로 프랑스 원자력청 장관으로부터 추방되는 수난도 겪었다. 미국에서는 '원자폭탄의 아버지'라 불리는 오펜하이머(J. R. Oppenheimer, 1904~1967)가 '수소폭탄'에 반대하자, 미국 국익에 반대되는 행위를 한 것인가의 여부를 놓고 시비가 벌어졌고, 국가정책에 반대하는 과학자를 배제하기도 하였다. 원자력, 일렉트로닉스, 사이버네틱스(Cybernetics, 인공두뇌학), 바이오텍스, 로켓 등 전쟁 후의 기술적 발전자체가 그 기초를 군사연구에 두고 있기 때문에, 사회와 과학·기술이 관련되는 문제 및 과학자·기술자 사회에서의 자기들 처신문제는 일단 긴급한 과제가 되지 않을 수가 없었다.

제 14 장

과학과 기술의 결합 — 제도화 · 거대화

러더퍼드로 시작되는 원자핵 파괴의 실험(1919)이 계기가 된 핵물리학의 성과가 '원자력 발전'이라는 획기적인 에너지 혁명의 원자력 시대를 열었고, 또 일렉트로닉스의 발달은 '전자두뇌(전자계산기)'의 제작과 생산관리의 합리화 붐으로 기업의 합리화, 또는 경영의 합리화 방식을 촉진시키기도 하였다.

1957년 7월에 시작된 '국제 지구관측년'을 계기로 미국과 소련은 우주공간과 우주여행의 조사라는 명목으로 인공위성이나 우주 로켓을 경쟁적으로 발사시켜, 현 단계에 있는 잠재적인 과학기술의 성과를 철저히 활용하고 있다. 그러나 세계는 자유사회와 공산사회의 2대 진영으로 나뉘어져 이른바 '냉전'이라는 잠재적인 정치적 · 경제적 경쟁의식 속에, 세계적 · 국제적 대립이란 매우 불안정한 양상을 나타내고 있는데 이를 과학기술 발달의 결과에서 오는 소산으로 보기도 한다.

전후 공해가 사회문제로 등장한 것을 자본주의 생산관계에 부수적으로 나타나는 사회적 재해로 보는 것도 과학기술이 너무 지나치게 발달한 결과로 생각되기도 한다.

현대의 과학과 기술은 점점 전문화되어 거대화 · 복잡화되고 있는데, 이는 자본주의 밑에서 제도화된 데다가 제2차 세계대전 중의 군사기술이 민간기업으로 전환된 특징도 있고, 오늘날 발생하는 여러 가지 재앙의 원인을 기술로 보는 반기술주의, 또 근대과학의 방법 그 자체를 인간 죄악의 근원으로 설명하는 반과학주의를 야기시키기도 하였다.

인류의 장래와 세계의 평화에 희망을 줄 수 있는 과학기술이 균형적인 발전을 기하도록, 과학과 기술은 인류와 인간의 입장에서 이해되어야 할 것이다.

14.1 원자력 · 일렉트로닉스 · 자동제어

1. 전쟁 후의 과학기술과 미국의 원자폭탄 독점

전쟁 후의 과학기술 발전을 규정짓는 것은 당연히 전쟁 후의 사회이다. 그런데 그 대부분의 직접적인 출발점이 되는 시점은 제2차 세계대전 중에 이루어졌다. 제2차 세계대전은 과학을 대규모로 군사연구에 동원하였으며, 과학기술과 사회의 모순을 예리하게 제기하였는데, 그 모순은 전쟁이 끝난 후에도 강력하게 과학자 · 기술자에게 작용하여 그 활동에 영향을 미쳤다.

과학자가 원자폭탄을 일본에 투하하는 것을 반대하는 청원서명을 모은 실라드(Leo Szilard, 1898~1964) 등의 과학자는 물론 원폭 투하로 전쟁에서 흘리는 피를 적게 할 수 있다고 믿었던 콤프턴 등도, 전쟁 후 원자력 연구를 포함한 과학이 정치 · 경제 · 사회체제에 깊이 관계되어 있는 것은 몰랐다. 실제로, 원자력의 평화적 · 군사적 이용법을 만드는 문제는 국제정치에서 하나의 큰 쟁점이 되었다. 동시에 군사이용에 반대하는 평화운동을 일으켜 과학기술의 사회적 기능을 찾는 문제는 점차 예민하게 되어 전쟁 후 과학자 · 기술자로서는 그냥 지나칠 수 없는 문제가 되었다.

전쟁이 끝난 후, 미국의 원자력 연구는 1947년 원자력법에 따라 육군 맨해튼 관구에서 원자력위원회로 옮겨졌지만, 원자력의 개발과 연구는 「항상 국가의 방위 및 안전보장을 확보한다」, 「목적에 종속한다」가 되어 군사이용의 관점에서 벗어나지는 못하였다. 원자력의 전쟁이용에 반대하는 국제적 여론을 배경으로 원자력 병기의 국제관리가 문제가 되었으나, UN 원자력위원회의 원자력 평화이용과 국제적 관리에 대한 미국안은 소련 등의 원자병기의 즉시폐기를 기본으로 하는 데 대해, 실질적으로 다른 나라의 원자력 개발을 억제하는 대신, 자기 나라의 원자병기의 독점을 유지하는 내용이었다. 유일한 핵보유 국가이고 핵사용국이 스스로 핵병기를 폐기하고 원자병기를 국제적 관리로 금지하여, '제2의 불의 발견'인 원자력을 평화적 목적에만 사용하도록 하는 방도의 기대는 실현되지 못했다.

미국의 핵독점 정책은 결국, 1949년 9월 소련의 원폭실험으로 무너지고, 트루먼 대통령은 원자핵에 의한 군사적 우위를 확보하여 국제정치를 손아귀에 넣기 위해 수소폭탄의 제조명령을 내려서 원자폭탄과 수소폭탄 실험이 반복되었다.

미국 원자력위원회 위원장 딘이 말한 바와 같이 지상부대에서의 전술적 원자병기나 원자포탄, 무선유도탄 등 지금은 단순하게 원자폭탄을 보유하는 정도에서 벗어나 본격적으로 원자병기는 군사작전 연구의 시작으로 이어지고 거기에 적합한 원자병기와 원자력 잠수함, 대륙간 탄도탄 등의 병기체계 연구가 시작되었다.

원자력 예산은 1951년에 9.2억 불, 1952년에 16억 불에 불과했지만, 1949년 이후 급격히 팽창하여 원자력 연구의 90% 이상이 군사용이었고, 동시에 원자력 산업에 대한 유니언 카바이트, 뒤퐁 등의 산업 · 군사복합체제의 형성이 강화되었다. 그리하여 원자력 병기, 원자력 잠수함, 대륙간 탄도탄 등 병기체제의 연구가 활발하게 시작되었다.

2. 원자력의 활용[1),2)] — 발전

세계 최초의 원자력 발전은 출력 5,000 kW의 시험제작 규모였으나, 1954년 소련에서 운전이 개시되고 1956년에는 프랑스(G-1, 출력 5,000 kW)가 뒤를 이었으며, 영국에서는 '세계 최초의 상업용' 콜더홀 발전소 제1호 노의 조업개시가 1956년 5월에 발표되었다. 그러나 콜더홀은 군사용을 제1의 목적으로 한 원자로로, 원폭제조용 플루토늄 생산을 위한 것이었다. 마찬가지로, 프랑스도 군사목적 전용을 고려한 것이었다. 여기에 비해 미국은 현저히 늦은 1957년에 원자로 운전에 대해서만 원자력 발전을 시작했으나, 이것도 1953년에 운전을 성공한 원자력 잠수함 노틸러스호 전용이었으며, 군용 원자로에 기반을 둔 것이다.

원자력 발전을 추진하는 군사노선은 아인슈타인의 '미국의 수폭제조 반대' 성명(1950), 원자병기 금지의 스톡홀름 어필, 미국 과학자연맹의 '수소폭탄이 세계의 안전을 지킨다는 생각의 오류'의 지적 등, 과학자와 시민의 반대운동을 불러일으켰다.

우리나라는 1979년에 최초로 원자로 발전을 시작하였으나, 1960년대 후반부터 미국, 소련, 영국, 프랑스, 서독, 일본 등의 선진 공업국은 이른바 고속증식로의 개발에 역점을 두고 있으며, 오늘날 대표적인 상업용 발전로는 경농축 우라늄 연료, 경수감속 냉각형식의 출력 100만kW 정도의 경수로이다.

장래의 에너지 자원 확보와 동력원으로 액체금속 냉각을 채용한 고속증식로의 개발에 역점을 둔 나라가 많다. 또 이 중간단계에는 열효율의 점에서 흑연감속, 고

1) Compton's Encyclopedia, vol. 2, pp. 685～693. vol. 17, p. 377.
2) S. Lilley(伊藤新一 외 역), 전게서, pp. 266～267.

온가스 냉각로, 연료자원의 소중한 보전의 입장에서는 중수감속로 등의 실용로의 변화가 기대되고 있다.

3. 제2차 전쟁이 낳은 전자 계산기—전자두뇌

원자로의 운전이나 설계는 직접적으로 인간의 육체적인 한계의 범위를 초월한다. 이 분야에서 큰 역할을 한 것이 전자 계산기로, 이것은 과학연구나 생산과정의 자동화에 중요한 도구가 되었다.

전자 계산기는 17세기 이후 덧셈·뺄셈·곱셈·나눗셈을 기계적으로 가능한 계산기계가 있었고, 파스칼(Blaise Pascal, 1623~1662)이나 라이프니츠(Gottfried Wilhelm Leibnitz, 1646~1716)에 의한 기계적인 계산기의 구상에 이어, 영국의 수학자 배비지(Charles Babbage, 1792~1871)는 1833년경 처음으로 계산의 전 조작을 전부 자동화가 가능하다고 판단하였다.

하만 홀레리스(Herman Hollerith, 1860~1929)가 미국 국세조사에 종사하고 있을 때인 1890년에 숫자를 펀치 카드에 넣는 방식의 특수목적의 도표작성 및 계산용의 기계(Census machine)를 도입하였다[그림 14·1 (a)]. 또 파워스(J. Powers)의 기계 등의 기초 위에 제2차 세계대전이 산파역을 맡아 전자 계산기는 전쟁의 산물로 만들어진 것이다.[3)]

1946년에 완성된 최초의 전자 계산기 에니악(ENIAC, Electronic Numerical Intergrator and Calculator : 전자 수치적분기 겸 미분계산기)은 그림 14·1 (c)와 같은데 발명자 에케르트(J. P. Eckert, 1919~1995)의 말대로, 전쟁이 계산이라는 것을 맹렬히 요구하였다.

정부·군부의 사무 처리량의 급속한 증가와 O.R.에 대한 최적의 군사전략을 도출하기 위해 고안된 것으로, 많은 양의 고속계산 처리와 탄도계산·레이더와 결합한 자동표준 화기에 끼워 넣는 계산기 등이 전자 계산기를 만드는 모태가 되었다. 최초는 부시(Vannevar Bush, 1890~1974)의 아날로그식 계산기였으며, 이어 배비지의 구상이 전기적 릴레이를 이용하여 하버드 마크 I인 최초의 범용 자동 계산기[그림 14·1 (b)]로 등장하였다.

진공관에 의한 전자 계산기인 ENIAC은 사용 진공관이 1만 8,800개, 소비전력은 150 kW, 무게가 130톤이라는 거대한 것이었으나 계산을 위해서 회로구성을 바꾸어야 하는 외부 프로그램 방식이었다.[4)]

---

3) S. Lilley(伊藤新一 외 역), 전게서, pp. 288~290.

(a) 홀레리스의 계산기

(b) 배비지의 계산기

(c) ENIAC

그림 14 · 1 개발초기의 계산기계

4. 실용적 컴퓨터와 트랜지스터

프로그램 내장방식을 만든 것은 프린스턴 고등연구소에서 핵병기 연구 중 설계에 필요한 막대한 계산처리에 고심한 노이만(John Ludwig von Neumann, 1903~1957)이다. 이 방식에 의한 계산은 도중에 명령의 자동변경이 이루어지도록 되어 있었으나, 동시에 계산기 내부의 작동원리에 2진법의 유리함이 암시되어, 이른바 현대 컴퓨터의 원형이 완성되었다. 계산기를 프로그램 기억방식으로 하기 위해 필요한 기억용량의 증대는, 수은 지연회로 방식에서 브라운관을 UNIVAC(Universal Automatic Computer)의 마그네틱 코어 연구로 비약적 발전을 하였다. 전쟁 후 발명자에 의해 기업이 창설되는 등, 비교적 적은 경영에서 시작된 컴퓨터 업계에서 1950년대에는 일약 IBM(International Business Machines)이 된다.

컴퓨터가 실용적인 것이 되는 요인으로서 무시할 수 없는 것은 쇼클리(William Bradford Shockly, 1910~1989)(그림 14 · 2) 등의 트랜지스터의 발명(1948)이다.

4) 伊東俊太郎, 전게서, p. 142.

그림 14·2 쇼클리

1930년대부터 시작되는 양자역학의 이론에 의한 실험과 시험 및 연구자 집단에 의한 이론적 검토의 반복으로 도달하게 된 트랜지스터 발명의 과정은 근대에 있어서 과학적 연구방법의 전형적인 특징이 되기도 하였다.[5)]

여기서 IBM까지의 과정을 보면 이른바 PCS(Punch Card System)는 컴퓨터의 발달에 따라 EDPS(Electronic Data Processing System)로 바뀐다. 다만 PCS에서 발전한 UNIVAC이나 IBM이 오늘날 컴퓨터의 주류가 되고 있다. 진공관이 트랜지스터로 교체되고 소형화, 기억장치계통의 개량 등이 컴퓨터의 수준을 한층 더 높혔음은 자명한 사실이다.

트랜지스터는 드디어 이론적 해명과 금속기술의 진보에 의하여 접합형이 고안되고, 다이오드와 더불어 전기회로에서 서서히 진공관을 구축하기에 이르렀다.[6)]

5. 일렉트로닉스[7), 8)]

1948년 최초의 트랜지스터가 발명되었을 때, 여기에 크게 관심을 가진 것이 군관계 기술자였다. 이후 반도체 연구는 연구자측으로 볼 때는 연구의 보물 창고이며, 정류기나 압전소자, 광전반도체 소자 등 연달아 새로운 현상이나 소자의 발견과 발명이 성공하는 역사였으나, 이 역사를 빛나게 한 모태는 군사와 통신기술의 발달이다. 군의 군사적인 면에서 전자기기의 요구는 한국의 6.25 동란을 계기로 한층 더 강조되었고, 미군은 1951년 이후 트랜지스터 이용계획을 시작하여 1955년경부터 대륙간 탄도탄 장치(그림 14·3)를 위한 병기체계의 이행은 전자기기를 군사의 필수적인 물건으로 만들었다.

5) 伊東俊太郎, 전게서, p. 741.
6) 伊東俊太郎, 전게서, pp. 715~716.
7) 山崎俊雄 외 편, 전게서, pp. 202~203.
8) R. J. Forbes(田中 實 역), 전게서, p. 307.

그림 14·3 미국 대륙간 탄도 미사일

미국 국방비는 전자병기의 비중이 1955년의 12.5%에서 1960년대에는 20%로 증가되었고, 또 이 가운데 전자공업의 생산증가의 2/3가 군용이었다. 1958년에는 미국 전자공업 생산의 54%가 군용으로 추정되고 있는 형편이었다. 1954년에 알래스카, 캐나다 및 합중국 북부에 3단계로 건설된 레이더 망은 컴퓨터와 연결되어 침입물을 자동적으로 미사일로 공격하는 반자동식 방공관제조직(SAGE, Semi-Automatic Ground Environment) 시스템을 형성하였는데, 이를 위해서 군에서는 특히 컴퓨터의 개발과 그 이용방법(소프트웨어)의 연구가 진행되었다. 이 레이더 망과 컴퓨터를 연결하는 군사 시스템은 원거리 조기경보망(DEW, Distant Early Warning), 공대지(空對地) 미사일 장비, 전투기를 위한 외륜 레이더 기지, 지대공(地對空) 미사일용의 내륜 레이더 기지, 지하기지나 폴라리스 잠수함, 원자폭탄 적재의 순양항공체제 등으로 구성되어 있었다.

이 밖에도 정보를 전략공군 사령부에 집중하여 작전명령을 전투부대로 보내는 전략공군 사령부 통제 시스템이나 대륙간 탄도 조기경보 시스템 또는 우주탐지 시스템 등 컴퓨터에 의한 미사일 제어를 시작으로, 군사전략 체제에 지금은 일렉트로닉스가 중요한 수단이 되고 있다.

이러한 가운데 장치의 소형화가 추구되어 1956년에 단마가 발표한 집적회로(IC)도 군대의 수요에 의해 육성되었다. 이것은 금속표면 처리법 등의 관련기술과 고체물리학 등의 최신의 이론적 종합으로 실현되어 고체 일렉트로닉스의 개념을 탄생시키게 되었다. 이것은 마이크로 기술, 레이더, 메이저(MASER, Microwave Amplification by the Stimulated Emission of Radiation : 유도복사에 의한 마이크로파의 증폭), 레이저(LASER, Light Amplification by the Stimulated Emission of Radition ; 유도복사에 의한 광증폭)에 의한 초다중통신, 바다 밑 동축 케이블, 우주 위성통신과 이어지는 전쟁 후의 통신기술의 전개와 함께 전쟁 후 일렉트로닉스 발달을 특징지었다.

컴퓨터 자체의 발전에 대해서는 IBM의 분류에 따를 때, 진공관을 주요소자로 하는 제1세대, 1958년경부터의 트랜지스터, 다이오드 등을 고체소자로 하는 제2세대, 1965년경부터의 집적회로를 사용하는 제3세대로 구분된다.

컴퓨터가 기계로서의 발달하게 된 것은 그 이용방법, 프로그램 언어의 개발은 물론, 소프트웨어의 발달, 정보처리의 고속화에 의해 가능하게 되었고 분할방식을 채용하고 통신회로를 이용한 데이트 통신방식을 촉진하여 컴퓨터를 광범위한 생산과정이나 교통·통신체계에 도입할 수 있게 되었다.

6. 자동제어[9)]

군사 일렉트로닉스에 큰 역할을 하고, 또 전후 기술발달을 특징지우는 자동제어 및 이론에 대해서는 제2차 세계대전으로 되돌아가지 않을 수 없다. 제2차 세계대전 중에 실시된 대공방어의 고사포와 레이더의 결합에 의한 서보 기구에 관한 연구는 자동제어 발달사에 결정적인 역할을 하였다.

육군 탄도 계산원으로 대포사정표 작성에 종사하고 있었던 위너(Norbert Wiener, 1894~1964)(그림 14·4)의 연구는 전쟁 직전부터의 섀넌(Claude Elwood Shannon, 1916~2001)의 정보이론 연구와 아울러, 「동물과 기계에 있어서의 통신과 제어에 관한 이론」, 즉 사이버네틱스(cybernetics)를 만들게 하였다.

그림 14·4 위 너

9) Compton's Encyclopedia, vol. 2, pp. 777~779.

그 밖에도 자동제어 이론의 형성에는 복소평면 이론의 나이퀴스트(H. Nyquist) 회로계의 안정문제에서 주파수 · 위상관계를 해석한 보데(Hendrik Wade Bode, 1905~) 등 많은 연구가 축적되어, 텔레비전 방송에서부터 초다중통신에 이르는 통신기술 발달의 경우에서도 볼 수 있게 되었는데, 이들은 과학과 기술의 연계를 더욱 깊게 만들었다.

자동제어의 발달(그림 14 · 5)은 1950년대에 들어와 사회적으로 '오토메이션'으로 주목을 받았으나, 화학반응 과정에서 얼마간의 파라미터의 자동적인 제어나 화력 발전소의 급수 · 연료 과정의 자동제어, 석유정제 공업의 온도와 압력의 자동제어 등, 제2차 세계대전 이전에 출현한 개별적인 자동제어 장치는 제2차 세계대전을 계기로 한 일렉트로닉스나 통신기술, 생산과정의 기계화로 말미암아 '제어공학'이라는 학문의 한 분야를 성립시켰다. 산업혁명에서의 작업기를 도구의 손으로부터의 분리라고 표현한다면, 자동제어는 제어기능(판단기능)을 인간으로부터 분리시킨 것이다.

그림 14 · 5 석유정제 공장의 외관(좌)과 기기실(우)

7. 인공위성과 시스템[10), 11)] — 우주개발

화학공장이나 제철소의 오토메이션을 출발점으로, 오늘의 생산과정에서의 시스템화는 진보를 현저히 앞당겼다. 전쟁 후, 기술의 이와 같은 경향은 과학과의 사이에도 시스템적이거나 계획적인 취급을 가능케 하는 조건을 성숙시켰다. 그 가운데서도 원자력 병기체계 안에서 개발된 로켓에 근거를 둔 우주개발의 역사는 과학과

10) 伊東俊太郞, 전게서, pp. 502~503.
11) Compton's Encyclopedia, vol. 22. pp. 341a~348d.

기술을 계획적으로 결합시킨다면 현대의 과학기술이 아주 거대한 것을 이룩할 수 있다는 사실을 분명하게 암시하였다. 1957년, 소련의 인공위성 스푸트니크 1호에 충격을 받은 미국은 나치스 독일하에서 로켓 기술의 개발에 종사한 폰 브라운(Wernher von Braun, 1912~1977)을 동원해 '국제적 위신'을 걸고 국가적 규모의 경쟁에 돌입하여 1969년에 아폴로 우주선을 발사하여 인류를 처음으로 달표면에 착륙시켰다. 그림 14·6은 로켓의 발사장면이다.

그림 14·6 새턴 IB형 로켓의 발사

이 사이 기술연구의 축적과 성과는 시스템적인 연구나 정밀한 로켓의 유도기술을 한층 더 발전시켰고, 이들의 일부를 국제적인 통신체계로 만들어 기상연구 등의 과학목적에 사용하고 있다. 그러나 로켓 기술이 군사적인 것에 기초를 둔 것처럼, 인공위성의 대부분은 군사목적으로 지구 또는 각국의 움직임을 감시하면서 핵병기 사용용으로 기능화되어 있다. 아폴로 11호에 의한 인류의 달표면 착륙 후 NASA에서의 과학자·기술자의 대량해고와 실업은 현대에서의 과학기술 행정이 정치목적에서 묶여 있는가 하는 단면을 보여 주고 있다.

인공위성에 의해 길이 열린 새 과학분야에서도 과학기술의 국제협력 문제를 제기하였으나, 위성에 의한 국제통신 체계 자체도 군사에 규제되어 있음으로 인해 각국 내의 자기 나라의 기술과학의 여러 과정과 발전단계, 방향성 등의 무시 등과 상충되어, 과학이 가지는 국제성과 선진국·개발도상국 사이의 국제협력, 평화이용과 인류복지라는 측면에서 많은 모순을 가지는데, 이들 문제는 반드시 해결되어야 할 것이다.

인공위성은 과학위성과 실용위성으로 나누며, 과학위성은 지구주변의 우주 공간 환경의 물리적 탐사, 대기권 외의 관측을 한다. 실용위성은 통신 · 방송 · 기상 · 측지 · 지구환경 · 항행(항해 또는 항공) 및 생물 등이 있으며, 또 공학적인 실험을 하는 기술위성도 있다. 물론 두 가지 외에도 군사적인 감시를 하는 군사위성도 있을 수 있다. 우주 비행사가 장기간 체재할 수 있는 우주 정거장이나 1981년 4월에 발사한 우주 왕복선(Space Shuttle)의 성과로 우주여행의 길도 열렸다.

14.2 소립자 · 생명 · 지구 · 우주의 과학

1. 소립자론[12]의 시작과 가속기의 발달

소립자 물리학은 양자역학의 성립(1926) 후에 생긴 3대 연구조류로부터 나타났다. 첫째는 양자역학을 특수 상대성이론(1905년에 아인슈타인이 제창)과 융합하는 것인데, 이것을 디랙(Paul Adrien Maurice Dirac, 1902~1984)의 상대론적인 전자의 방정식 제창(1928, 양전자의 존재를 예언), 하이젠베르크(Werner Karl Heisenberg, 1901~1976) · 파울리(Wolfgang Pauli, 1900~1958)에 의한 전자장의 양자이론 완성(1929) 등으로 시작되고, 복수 전자계를 취급한 디랙의 다시간이론(1932)으로 발전하였다.

소립자론을 낳게 한 다른 두 개의 연구는 원자핵의 β붕괴와 결합력(핵력)에 관한 것이었다. 1931년에 파울리는 핵의 β붕괴가 에너지 보존법칙과 모순되는 것처럼 보이는 난관을 극복하기 위해, 부족분의 에너지나 운동량을 담당하는 입자 · 중성미립자를 가정하였으나(27년 후 미국에서 확인됨), 다음해에 페르미는 이 가설의 이론적인 기초가 되는 β붕괴의 이론을 정립하였다. 이것은 중력, 전자기력에 이은 자연계의 제3의 힘(약한 상호작용)에 대한 최초의 이론이었다.

이와 같은 힘을 사용하여 이와넨코(D. Dimitrievich Iwanenko)와 탐(I. Tamm)은 다음해에 원자핵 중의 양자와 중성자(1932년에 미국의 채드윅이 발견)를 결합하고 있는 힘 · 핵력을 유도하려고 하였으나 계산 값이 실제보다 문제가 되지 않을 정도로 작았다. 1935년 湯川秀樹(1907~1981)가 강한 상호작용으로 핵자와 결합하는 미지의 입자의 교환성으로 핵자 ⇌ 핵자+중간자를 가정, 「소립자의 상호작용」이란 논문을 통해 중간자의 존재를 발표하였다.

1937년에는 앤더슨(C. D. Anderson, 1905~1991), 네데르마이어(S. H. Neddermeyer, 1907~)가 우주선의 안개상자 사진을 통해 우주선 안에 중간자가 있음을 확정하

12) 伊東俊太郎, 전게서, pp. 594~596.

였다.

1947년에는 二중간자론을 실험적으로 확인[파우엘이 기구에 태운 원자핵 건판에 의해 우주선 중에서 2종의 중간자를 발견한 데 이어, 다음해 싱크로사이클로톤(가속기)에 의해서도 발견됨]함과 동시에 수소원자의 에너지 레벨의 새로운 차이(람 시후트)와 우주선 중의 기묘한 입자[람다(λ) 입자와 케이(K) 중간자]의 발견이 계속되었다. 람 시후트의 발견은 제2차 세계대전 중의 레이더의 개발에서 생긴 초단파 기술에 의한 것이다.

전쟁 후 우주선 중에서 발견된 새 입자는 그 후 양자 싱크로톤 등의 거대한 가속기와 같은 검출기로 연구되었다.

2. 세포 내부의 구조[13),14)]

세포 내부의 원형질의 구조연구는 이미 19세기 말에 고정, 염색하여 현미경으로 관찰한다는 방법을 택하였다. 1925년경에는 그림 14·7(a)와 같은 세포구조의 모델이 그려지게 되었다. 그러나 이와 같은 방법으로 보이는 것은 원형질 본래의 것은 아니고, 염색의 결과 2차적으로 보이는 것이라는 비판을 받았다.

20세기 중반부터 원형질의 생명적 기능과 구조를 상호 연관적으로 인식한다는 문제의식을 가지고 있어, 물리적·화학적으로 발달한 기기를 사용한 연구에서 세포 내 구조의 인식은 깊어지게 되었다. 즉, 19세기 말에 염색법에 의해 벤다(C. Benda)가 발견하여 명명한 세포 내의 입자 미토콘드리아(mitochondria)를 1934년 벤슬리(R. R. Bensley)가 세포로부터 분리하는 데 성공했으며, 그 모양(막대기 형상 또는 공 모양)이나 화학성분, 함유되어 있는 산소 등이 조사되었다. 그 결과, 호흡에 대한 산소계인 TCA 회로와 지토크롬 산소계가 집중되어 있다는 사실을 1947년에 슈나이더(Walter Carl Schneider, 1919~)와 호지붐(G. H. Hogeboom)이 밝혔고, 미토콘드리아는 세포 내에서 호흡기관의 역할을 하는 것으로 생각되었다. 또, 미토콘드리아에는 이들 호흡으로 산소계에 의해 유리되는 에너지를 아데노신 3인산의 인식결합으로 저장하는 인산화 산소계가 존재함도 레인저(Albert Lester Lehinger, 1917~)에 알려졌다.

1952년에는 필레이드(George Eiml Palade, 1912~)가 전자 현미경을 사용하여 미토콘드리아의 내부구조를 조사, 그것이 내외 두 장의 막으로 성립되며, 내측의

13) 沼田 眞 편, 새로운 생물학사, pp. 77~88, 1973, 地人書館.
14) 大澤大夫, 新講 生物, III, pp. 224~225, 1969, 三省堂.

하나가 棚狀의 구조를 만들고 있음도 명확하게 되었다. 원심 분리기와 전자 현미경의 발달에 힘입어 드디어 세포 내 구조의 해명이 진전되었다. 필레이드에 의해 150Å 정도의 입자인 리소솜(ribosome)이 발견되었고(1953), 또 지름 500~300Å 정도의 마이크로솜(microsome, 세포 속의 미립체 발견은 1941년, 명명은 1943)이 분리 관찰되었다(1955~1956).

마이크로솜은 두께 약 70Å의 한 겹의 막으로 이루어지는 다공질조직이고 입자라기보다는 세포 내부의 막이 찢어진 것이라고 생각된다. 그 막 위에 리보솜의 입자가 줄지어 있으며, 리보솜 단백질 합성을 하는 역할을 맡고 있음이 밝혀졌다. 이러한 새로운 지식과 함께 1950년경 이후 그림 **14 · 7** (b)와 같은 세포 구조도를 그리게 되었다. 또, 세포막의 구실과 구조의 연구가 진전되어 세포막은 2중 지방질분자의 층으로 되었으며, 그 안에 큰 단백질 분자가 들어 있고, 이 분자가 막 안에서 움직이는 것이라고 생각하기에 이르렀다(싱거 · 니콜슨, 1972).

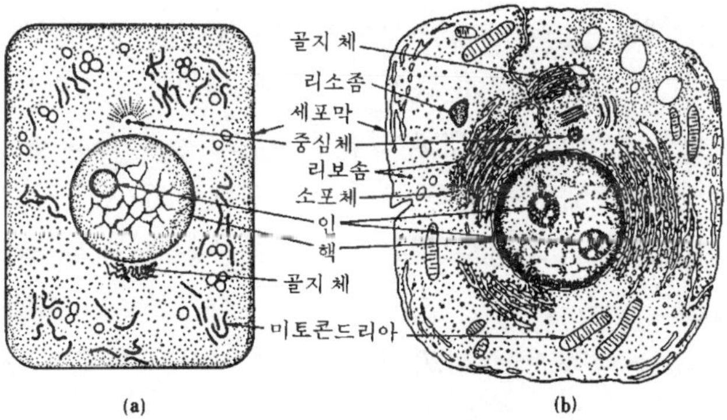

그림 14 · 7 세포 모델

세포핵에 대해서 19세기는 염색체를 중심으로 연구가 진행되어 왔으나 핵의 화학성분으로, 미셰르(J. Eriedrich Miescher, 1844~1895) 등이 발견(1868)한 핵산에 대한 연구가 20세기 후반이 되어 급진전되었다. 1950년대 초까지는 DNA를 유전자 본체로 생각하게 되었고, 그 구조에 대해서도 1953년 왓슨(James Dewey Watson, 1928~)과 크릭(F. H. Compton Crick, 1916~)이 윌킨슨의 X선 회절에 의한 자료를 토대로 공통축 둘레의 이중 나선구조를 제창하였다. 또, 1955년에는 오초아(Severo Ochoa, 1905~1993) 등이 RNA(ribonuclei acid)의 모델 물질인 폴리뉴클레오티드(polynucleotide : 중핵산)를 효소적으로 합성, 이어서 1956년에는 콘버그(Arthur Kornberg, 1918~)가 DNA를 효소적으로 합성하였다. 1960년대에는 염색체에서 단백질 합성계에 메신저-RNA가 정보를 전한다는 사실이 명확해졌다.

그런데 생명현상의 본질을 DNA의 고정성에서 찾는 것은 잘못이며, 환경 — 개체 — 기관 — 세포 — 세포기관 — 고분자 — 저분자라는 계층 구조체를 만드는 생물의 각 레벨, 또는 상호작용과 진화의 연구도 진전이 되고 있다.

3. 분자 생물학의 형성[15), 16)]

분자 생물학이란 제2차 세계대전 후에 사용된 용어이며, '생명현상을 분자 레벨에서 연구하는 학문'으로 지금까지의 생화학과 다른 두 가지의 특징이 있다. 하나는 분자유전학이라는 연구분야를 중요한 기둥으로 하여 성립되었다는 것이며, 분자생물학은 '분자 유전학과 생화학이 결합하여 시작'되었다는 것이고, 다른 하나는 생물 물리학을 포함하고 있다. 즉 분자 생물학은 생화학, 생물 물리학, 분자 유전학이라 부르는 모든 분야를 포함하여 발전하였다. 지금까지 분자 유전학이라면 주로 박테리오 퍼지(bacterio phage : 살균소)의 유전학이었다.

분자 생물학은 '생명현상을 생체 고분자의 구조와 기능에 근거하여 해명하고자 하는 생물학의 한 분야'이며, '분자 유전자와 분자 생리학의 2대 분야를 포함한다'이고 'DNA의 복제, 유전정보, 단백질 생합성, 세포기능의 조절 등의 지식을 소재로 하여 분화·발생 등 넓게 세포기능의 기초적인 현상을 탐구하는 학문'이다.

그리하여 분자 생리학이 취급하는 현상은 '효소작용, 대사, 광합성, 운동, 감각, 물질수송, 흥분전달 등'을 포함할 수 있겠고, 연구대상물로는 '효소 단백질 분자, 그 복합체인 미토콘드리아 등의 세포 내 구조체에서 근육세포, 신경세포 등'이 포함된다.

이렇게 본다면 분자 생물학은 세포를 단위로 하는 생명현상을 생물학적, 물리학적 및 화학적 방법으로 분자수준의 운동의 종합으로 취급하려고 하는 것이다.

분자 생물학은 유전자 연구의 발달과 함께 유전자 공학이라 부르는 분야를 포함, 생물의 유전자를 변환하는 일을 할 수 있게 되었다.

1930년대에 이미 생명현상에 적극적인 관심을 표명하게 되었고, 1940년대에 퍼지 DNA의 연구를 진행중이던 루리아(S. E. Luria, 1912~1991), 하쉬(A. D. Harshey, 1908~)를 중심으로 하는 퍼지 그룹, 정보학파로는 프랑스의 자코브(F. Jacob, 1920~), 영국을 중심으로 하는 구조학파도 있다.

---

15) 王虫文 외 편, 이화학사전, p. 1202, 1971, 岩波書店.
16) 伊東俊太郎, 전게서, p. 937.

4. 인간기원의 해명[17)]

인류학의 연구도 진전되어 다윈의 생각이 실증되었다. 19세기에 다윈이나 헉슬리(Thomas Henry Huxley, 1825~1895)가 인간이 원숭이로부터 진화되었다고 하였을 때 격렬한 반론이 있었다. 헤겔(Ernst Heinrich Haeckel, 1834~1919)은 「자연 창조사」(1868)에서 인간과 원숭이를 연결하는 중간적 동물이 동남 아시아에서 발견될 것을 예언하였고, 다윈은 1871년에 인간의 기원에 대해 「인간의 유래」를 출판하였다. 이에 앞서 1856년에 유럽의 네안데르 계곡에서 하나의 화석두골이 발견되어 풀로트(Carl Fuhlrott, 1803~1877)는 이 뼈의 주인을 원시적 인류로 간주하였고, 킹(W. King)이 호모 네안델타르로 부를 것을 제안하였으나 일반적으로 인정되지 않았다.

다른 한편으로 헤겔의 책을 읽은 뒤부아(M. F. Thomas Dubois, 1858~1940)가 자바에서 발굴을 시작하여 1891년에 화석 두개골과 이(齒)를 발견, 원숭이와 인간의 중간존재로 피테칸트로푸스 에렉투스(직립 원인)로 이름붙였다.

1924년 다트가 남 아프리카의 다운크스에서 화석 두개골을 발견하고, 이것을 아우스트랄로피테쿠스 아프리카누스(아프리카 남방 원숭이)로 이름붙였다. 1929년에는 중국의 북경 교외 조우코우텐에서 화석 두개골이 발견되어 시난트로푸스 페키넨시스(북경원인)로 불려지게 되었다.

1959년에는 리키 부처가 탄자니아의 올도바이 계곡에서 진잔트로푸스(猿人 : 파란트로푸스의 일종)를 발견하였다. 이와 같이 계속된 화석 뼈의 발견과 연구결과로 인류의 진화는 猿人시대, 原人시대(直立 猿人), 구인, 신인시대를 거쳐 원숭이로부터 인간이 되었다고 생각하게 되었다. 또, 명명에 있어서도 조정되게끔 되었다. 지금 일설에 따르면 다음과 같이 생각하고 부르게 되었다.

猿人(아우스트랄로피테쿠스와 파란트로푸스의 2群이 있는 외에, 호모 하벌리스로 불리는 한 무리가 있다. 약 300만 년 전부터 100만 년 전까지 생존), 原人 : 호모 에렉투스(북경原人, 피테칸트로푸스 에렉투스=자바 原人 등 오늘날 그 부르는 이름은 전자는 호모 에렉투스 페키넨시스, 후자는 호모 에렉투스 에렉투스라 하여 약 100만 년 전에서 수십만 년 전까지 생존), 호모 사피엔스[전기의 것을 구인 : 네안데르탈人=호모 사피엔스 네안데르탈렌시스, 후기의 것을 신인 : 호모 사피엔스 사피엔스(화석 현생인류)라 하여 구인은 약 100만 년 전부터 4만 년 전까지 생존]가 있다.

17) 沼田 眞 편, 전게서, pp. 219~229.

5. 새로운 지구관의 주장[18)]

1950년대 중반부터는 암석자기의 연구에서 런콘(Stanley Keith Runcorn, 1922～), 어빙(E. Irving) 등이 대륙은 이동된 것이라고 생각하였다. 대륙 이동설은 이미 1910년 위그너가 설명한 것으로, 그 생각을 뒷받침하게 되었다.

다른 한편으로는 지구 물리학이나 지질학 연구의 발전에서 해양의 연구가 진행되어, 개량된 음향 측심기로부터 대서양 해저의 산맥(중앙해령)의 전체 모양이 1950년대 말에 밝혀지게 되었다. 중앙해령에 의해 작은 지진이 반복해 일어난다는 것도 밝혀졌다. 유잉(Maurice Ewing, 1906～1974)과 히젠(Bruce C. Heezen, 1924～)은 다른 대양에도 지진원이 선상으로 밀접하여 있음에 주목하고, 인도양·북극해의 중앙해령을 발견하여 각 해령(海嶺)이 연결되어 있음을 알아냈다.

1960년 초 헤스(Harry Hammond Hess, 1906～1969) 등은 바다 밑의 이 중앙해령 부분에서 지각하의 맨틀(mantle)에 의해 열물질이 열대류로 상승하고, 두께 약 100 km의 화석권을 형성해서 연간 수 cm의 속도로 양쪽으로 이동하고, 2～3억 년의 시간이 지나면서 해구하(海溝下)에 들어간다는 「해양 밑바닥 확대설」을 생각하였다. 윌슨(J. Tuzo Wilson, 1908～1963)은 측정에 의해, 해양 여러 섬의 암석년대가 해령에서 멀어질수록 연대가 오래되었음을 확인하였다.

1963년, 지구자장이 과거 수백만 년 사이에 몇 차례 남북이 거꾸로 변환된 사실을 고려하여, 비엔과 마시우즈(D. H. Mathews)는 중앙해령에서 나온 냉각 고화된 암석의 자기는 자장의 변동을 반영해서 남북이 줄무늬 모양에 역방향으로 되어 있다는 가설을 제기했고, 3년 후 하츄라는 이를 증명하였다. 유럽 대륙 및 북미 대륙의 해령이 동서로 단층되어 있는 데 대해, 윌슨은 해령을 떨어져 있는 것으로 하여 변환단층의 가설로 설명하였다. 그렇게 하여 모건, 매켄지(D. P. Mckenzie), 파커(R. L. Parker), 르 피촌(X. Le Pichon) 등에 의해 'Plate tectonics' 설이 탄생하였다.

6. 우주공간의 연구[19)]와 우주과학

20세기에 들어와서 러셀(Henry Norris Russell, 1877～1957)은 스펙트럼 등급(온도 또는 색)과 절대등급과의 관계(항성의 주계열)를 발견하여 항성이 진화한다는 학설을 제기(1913)하였고, 에딩턴(Arthur Stanley Eddington, 1882～1944)은 별의 질량과 절대광도와의 관계를 조사하여 양자 사이에는 일정한 관계가 있음을 밝혔다. 질량이

18) 일본과학자회의 편, 현대의 자연관, -새로운 지구관과 지진-, 1975, 大月書店.

19) G. O. Johns 외(中島龍三 역), 원자에서 우주로, II, 1975, 법정대학 출판국.

큰 별은 밝은 광도를, 질량이 작은 별은 어두운 광도를 가짐을 발견(1924)하였다. 대부분의 별을 적색거성, 주계열성, 백색왜성(White dwarf)으로 분류하였다.

우주의 연구는 우리의 은하계 밖까지 확대되었다. 그것은 헤일(George Ellery Hale, 1868~1938)에 의해 1917년 윌슨山에 건조한 100인치와 1948년 팔로마山에 건조한 200인치의 반사 망원경 및 전파 망원경으로 인해 가능하게 되었다.

1924년 허블(Edwin Powell Hubble, 1889~1953)은 안드로메다 성운 중의 게페우스 종 변광성을 확인하는 데 성공하고 이를 90만 광년이라 하였고, 이 성운은 은하계 외에 있으며, 우리의 은하계와 거의 독립항성계와 비슷한 것(이것도 은하계라 한다)임을 알았다. 허블은 이렇게 하여 먼 곳의 은하계의 거리를 결정하는 방법을 개발(1929)하였으며, 성운의 스펙트럼 적방편이와 거리의 관계에서 먼 곳의 은하계일수록 보다 빨리 멀어지는 사실, 즉 우주가 팽창하고 있음을 발견하였다.

1949년 이후 팔로마山의 200인치 망원경이 운전되어 보다 먼 은하계가 관측되었고, 바데(Walter Baade, 1893~1960)는 안드로메다 성운까지의 거리를 220만 광년이라 정정하였다. 또, 민코프스키(R. Minkowski)는 광속도의 반으로 멀어져 가는 은하계를 관측하였다. 200인치 망원경은 50억 광년까지의 은하계를 탐지할 수 있고, 그보다 먼 거리는 전파 망원경이 아니고는 탐지가 되지 않는다.

레버(G. Reber)는 전파 망원경을 만들어 은하계원의 전파원을 관측(1940)하였고, 라일(M. Ryle)은 보다 큰 전파 망원경을 만들어 온 하늘의 전파원의 분포상태를 관측해 100억 광년보다 앞의 것은 전파원이 빛의 95% 속도로 멀어지고, 그 주변보다 앞쪽은 전파원이 갑자기 작아짐을 알아냈다.

1949년 가모(George Gamow, 1904~1968)는 우주 어디에든 원소의 상대적 존재비가 비슷하다는 사실과 우주가 몇 십억 도의 온도가 되는 중성자, 양자, 전자 등의 핵기체로부터 시작되고, 팽창함에 따라 냉각되며, 이들 각 입자가 덩어리로 되어 점차 오늘날과 같은 원자핵이 되었다는 우주 진화설을 제기하였다.

그 밖의 발견으로서는 1967년 무라드 전파 천문대의 휴이시(Antony Hewish, 1924~) 등이 맥동하는 전파원을 발견하고 이것을 펄스라고 부르게 되었다.

1960년대 말부터 1970년대 초에 이루어진 발견은 전파 천문학에 대표되는 우주를 대상으로 한 각종 분광분석기기의 성과로, 그 중에서도 은하중심이나 오리온 성운으로 발견이 시작된 성간분자의 연구를 들 수 있다. 또, 같은 시기에 아폴로 계획에 의한 마치슨 운석의 화학분석, 고호레크 혜성의 분광분석 및 1976년의 화성의 바이킹 계획이라는 비행체를 사용한 우주개발 프로그램의 각종 화학분석을 들 수 있다.

이들 분광분석을 통해 별이나 성간공간의 화학조성에 대한 생각은 큰 변화를 받았다. 그 중에서도 성간공간은 단순한 진공개념에서 에탄올, 메탄올, 규산, 초산, 메틸아민, 디아노아세틸렌이라는 유기물을 다량으로 함유한 성간분자의 구름이 이곳 저곳에 있고, 그 일부는 고체의 먼지가 되어서 장래의 별이나 혹성의 원료를 준비하고 있으며, 성간물질 중에는 유기물의 종류가 무한히 많아 1977년까지 관측된 42종류의 성간분자 중 31종류나 된다는 사실은 우주에 있어서의 생명의 기원이 무엇인가를 생각하게 한다.

이들 우주과학을 지탱하고 있는 기술은 앞에서 설명한 우주기기 분석과 로켓 등 비행체의 두 종류이나, 비행체나 달·금성·화성·목성과 태양계 내의 물질조성 또는 혹성구조에 대해 착실하게 미세한 데까지 조사하는 것에 대해, 우주선·X선·γ선·자외선·가시광선·적외선·밀리파·라디오파 등의 분광분석은 태양계 밖이나 은하계 밖의 물질조성은 물론 천체구조에 대해 점차 새로운 정보를 가져다 주었다.

1970년대까지의 우주과학이 별의 물리학을 대상으로 하고 있었는데 비해, 1970년대 이후는 성간화학을 대상으로 발전하였다. 관측수단이 발전되고 보다 미세한 分光분석이 가능하다면 우주의 생물학, 또는 지구 외의 문명이 존재하려면 과학의 대상이 될 수도 있을 것이다.

14.3 자원의 한계와 새 에너지 기술[20)]

1. 자원의 고갈[21)]

풍요로운 생활이란 우리들 인간이 누구나 바라는 바이다. 그 때문에 공업을 발전시키고 기술을 진전시켜 왔다. 물건을 대량으로 만들려면 거기에 필요한 각종 자원을 많이 사용한다. 인간의 수가 그렇게 많지 않던 시대에는 조금도 문제가 되지 않았으나 현재 지구상에는 60억이 넘는 인구가 살고 있는데, 이 인구는 2010년경에는 70억 이상으로 증가할 것으로 예측되고 있다. 이와 같은 많은 사람들의 생활을 풍요롭게 하려면 막대한 양의 자원이 필요하다.

지구상에 존재하여 이용되는 자원에는 한계가 있음이 분명하다. 대량으로 사용하여 나가면 빨리 줄어드는 것도 명확한 사실이다. 21세기 초반에 접어들어 지구상

20) 中山秀太郎, 전게서, pp. 199~207.
21) Compton's Encyclopedia, vol. 7, pp. 203~211.

의 자원이 유한하다는 사실을 생각하지 않을 수 없을 정도로, 우리들은 대량으로 자원을 소비하고 있다.

1975년경, 석유의 매장량이 어느 정도인가를 명확하게 밝히기는 어려우나 UN 석유장기예측검토회에 제출된 프랑스 석유 연구소의 자료에 따르면, 석유 자원량은 전부가 약 3,000억 kl인데 그 중 확인되어 있는 양은 25%인 738억 kl이고, 확실하게 가까운 장래에 채굴의 대상이 되는 것이 14%이며, 나머지 60%는 기술의 진보에 따라 채굴이 될 불확실한 부분이라고 하였다.

2. 에너지 기술의 방향

앞으로의 기술을 생각할 경우나 우리들의 생활을 풍요롭게 한다는 경우에 가장 중요한 것은 에너지의 문제이다. 지금까지 인류의 역사에서 에너지 자원으로서의 석탄이나 석유는 수요를 맞추기 위해서 언제나 필요할 때는 사용한다는 것이 전제로 되어 있었다. 모든 학문도 그 전제는 변함이 없었다. 기계공학도, 전자공학도, 화학공학도, 또 경제학이나 사회학도 마찬가지였다.

지금은 그 전제가 허물어지기 시작하였다. 따라서 종래의 학문이나 우리들의 생활태도 모두 근본적으로 재고할 시기가 온 듯하다. 만일 지금까지의 사고방식으로 그대로 살아간다면 멀지 않은 장래에 인류는 멸망한다는 중대한 결과를 가져올 것이다.

현재 사용되는 에너지 자원으로 석유만큼 편리한 것은 없다. 따라서 현재 석유가 풍부하게 사용되는 이상, 석유 이외의 에너지를 찾아 그 에너지를 사용한다는 것은 매우 어려운 일이다. 그러나 장래를 생각한다면, 새롭게 석유를 대신하는 에너지를 찾아 그 에너지를 사용하지 않고는 오래도록 계속 이어져 온 인간의 역사는 종지부를 찍을지도 모른다.

석유를 대신하는 에너지 자원의 하나에 원자력이 있다. 원자력 이용은 현재 세계에서 구체적인 계획이 확립되어 원자력 발전이 실현되고 있다. 그러나 이 원자력의 이용에는 곤란한 문제가 포함되어 있다. 즉, 핵분열로 생기는 방사능을 가진 폐기물의 처리, 온·배수 등인데, 이 문제를 해결하지 않고는 원자력 발전은 장래가 밝지 못하다.

핵분열이 아닌 핵융합 기술을 이용한다면 방사능을 가진 폐기물 문제는 해결되지만 핵융합 기술은 현재 상당한 수준에 와 있다.

가장 손쉬운 것은 옛날부터 사용되고 있는 에너지 자원들을 다시 한번 살피는 것도 중요하다. 수력은 물론 지열, 조류, 태양열의 직접 이용, 풍력 등이 있다. 어느 것이나 기술적 · 경제적 문제는 있으나 석유에 가리어 그 사용이 줄어들었다. 석유가 자유롭게 사용할 수 없게 된다면 이들을 사용하지 않을 수 없다. 앞으로의 연구가 기대된다(표 14 · 1 참조).

표 14 · 1 영구 에너지

수력발전	현재 수요의 1/20	기술적 문제 없음
밀물 · 썰물의 힘	〃 1/100	기술적 연구 필요
풍 력	〃 30,000배	소규모 이용 가능
태 양 열	〃 3,000배	소규모 이용 가능
지 열	〃 1/100	소규모 이용 가능
총 저장량	화석연료의 10만 배	소규모 이용 가능

3. 기대되는 에너지 기술

20세기가 마감되고 21세기가 시작된 이때, 과거 몇 천년에 걸쳐 축적된 과학적 지식, 기술적 경험을 교묘하게 이용한 인간의 생활은 비약적으로 향상되었다. 그러면서도 보다 나은 사회의 실현을 위해 계속 노력하고 있다. 우리들의 생활에 필요한 모든 것이 앞으로도 순조롭게 진보 · 발전하여 사회가 보다 고도로 진화하여 문명이 오래도록 유지되기 위해서는 그 원동력이 되고 있는 에너지가 앞으로도 계속하여 공급이 되어야 한다.

연료로 사용되고 있는 석유는 지구라는 한정된 공간에 존재하고 있는 이상 한계를 느끼지 않을 수 없고, 특히 한국과 같이 국내에는 자원이 거의 없고 대부분을 외국에 의존하고 있는 나라에서는 에너지 자원인 석유에 대해서 정책적 배려가 없이는 장래에 큰 어려움을 겪게 될 것이다.

따라서 앞으로의 에너지 자원으로서 연구개발을 해나가지 않으면 안 될 에너지 기술은 수력과 풍력을 위시하여 지열발전, 파력발전, 조류의 이용, 태양열의 이용, 생물자원과 이외에도 개발가능성 에너지원에 대해서 연구가 계속되어야 한다.

현재 우리들이 이용하고 있는 지구상에 존재하는 자원이 유한하다면 이들을 장래 무한정 사용할 수는 없다. 이 사실을 전제로 하여 우리들 인간의 생활을 근본적으로 생각하여 보다 오래도록, 보다 더 여유있게 인류가 생존을 연장하려면 어떻게 할 것인가를 고려할 시대가 온 것 같다.

장래의 기술은 에너지가 충분히 얻어질 것인지 아닌지에 따라 결정된다.

맺음 말

현대사회와 과학기술의 과제

우리 인간은 과거 몇천 년에 걸쳐 이 지구상에서 보다 쾌적한 생활을 하기 위해서, 다른 생물이 가질 수 없었던 여러 가지 도구, 언어, 농경용 쟁기, 방적용 물레, 수렵용 활과 화살 등을 발명하여 생활해 왔다. 사용하면서 보다 우수한 것으로 개량하였고, 차량과 같은 운반용 기계, 무거운 물건을 쉽게 들어 올리는 기중기, 옷감에 필요한 천(布)을 짜는 직물기계, 여러 가지 기계를 만드는 공작기계 등과 이들을 움직이는 데 필요한 강력한 힘을 가진 원동기를 발명해서 인간의 생활은 점차 향상되어 왔다.

자연을 관측하고, 자연의 법칙을 알며, 그것을 응용하여 우리들의 생활에 유용한 과학기술의 진보는 생활에 필요한 여러 가지를 만드는 데 큰 역할을 하였다. 특히, 18세기에서 19세기에 걸쳐 과학기술은 대단히 빠른 발전속도를 보여 주었다. 세계의 교통망은 크게 확장되고, 공업은 지금까지 없었던 속도로 우리들의 생활 필수품을 생산하게 되었다.

20세기에 접어들면서 전자공업 등의 발달로 자동화가 진전되어, 적은 노동량으로 제품을 대량생산하게 되었다. 이로 말미암아 우리들의 생활은 급속도로 향상되어 갔다. 20세기에 와서 두 번의 세계대전을 경험하였지만, 그러나 일단 전쟁이 끝나면 곧바로 전쟁 중의 과학기술이 평화적 목적에 사용되어, 우리들의 생활이 바로 회복되었을 뿐만 아니라 더 한층의 발전을 보게 되었다.

과학기술이 우리들의 생활에 끼친 영향은 절대적이었고 또한 그 결과는 실로 큰 것이었다. 생산회사는 과학기술의 성과를 받아들여 값싸고 성능 좋은 것을 대량으로 생산하는 것을 사회적 사명으로 생각하여, 우리들의 생활주변에 많은 것을 공급하였다. 이렇게 하여 우리들의 사회는 얼마든지 살기 좋도록 변해갈 수 있었으며, 과학기술의 힘으로 우리들의 생활은 한없이 향상되어 가리라고 생각하였다.

그러나 여기서 한 가지 매우 곤란한 문제가 발생하였다. 바로 '공해'라는 어려운 문제가 그것이다. 과학기술의 진보에 의해 생활필수품을 대량으로 만들다 보니, 그로 말미암아 대기오염이 발생하고, 또 하천이나 바다의 물이 오탁하게 되며, 그 밖에도 여러 가지 자연파괴가 일어나 결과적으로 우리들의 신체에 나쁜 영향을 미치게 되었다.

1960년대 이후 베트남 전쟁, 원자력 발전, 공해, 환경파괴 등 여러 가지 문제가 분출되어 논의의 대상이 되었을 때, 과학기술이 그 원흉으로 의혹의 눈초리를 받고 비난의 대상이 되었다. 특히, 1970년대는 과학기술을 비판한 지 10년이 되기도 하였다.

영국에서의 본격적인 공업화의 출발에서 2세기, 토인비의 '18세기 영국 산업혁명의 강의'에서 1세기를 조금 넘긴 오늘날 공업사회는 풍요로운 고도 소비사회가 된 반면 자원 에너지의 문제, 환경오염(공해) 문제, 인구·식량문제, 도시과밀화문제, 노사문제, 남북문제(1959년, 영국 로이드 은행 총재 O. 프랑크스가 주장 : 선진국과 개발도상국 사이의 발전 및 소득차로 생기는 국제정치, 경제의 구조적 문제) 등 수다한 문제에 직면하여 부의 증대를 지탱하여 온 기술진보 그 자체에도 의문이 던져져 인류의 위험을 예고하는 무서운 경고가 발하여지고 있다.

이 장에서는 과학기술에 대한 이와 같은 가치관의 변화나 비판이 무엇에서 유래하고 있는가, 과학기술이 가진 양면성은 사라지지 않는가, 그리고 앞으로의 과학기술은 어떻게 되어야만 하는가에 대해 생각해 본다.

1. 과학기술 비판의 사조[1), 2)]

과학기술은 당연히 인류의 평화적 공존, 인간의 존엄성이나 행복을 위해 행사되어야 한다. 그러나 이 과학기술에는 이들 목적을 쉽게 파괴하는 강대한 힘이 있기 때문에, 기존의 과학기술에 대신하는 새 과학기술이 등장하여야 한다.

과학기술을 비판적으로 보는 사상은 아주 오래된 것으로, 소크라테스나 플라톤도 객관적인 과학기술의 존재에는 의혹을 나타내었고, 16세기의 인문주의자들도

1) 紫藤貞昭 편, 전게서, pp. 274~278.
2) B. Techson(増田幸夫 외 역), 무엇을 위한 과학인가?, 1977, 紀伊國屋書店.

마찬가지였다. 근대 과학기술에 대해서도 스위프트는 「걸리버 여행기」에서 과학기술의 연구를 통렬히 비판하였으며, 괴테도 자연과학은 개체를 말살한다고 비판하였고, 윌리엄 블레이크, 도스토예프스키에 이르는 문학자도 과학기술에 대해서는 비판적인 입장을 취하였다.

오늘날 과학기술 비판의 직접적인 계기는 1960년대의 베트남 전쟁, 공해, 환경파괴라는 사태를 보고, 그 일어나는 원인의 큰 요소가 된 과학기술에 대해 사람들의 관심이 사라지고부터이다. 베트남 전쟁은 오토메이션화의 전쟁터라고도 불렀지만, 한 예로 고엽작전에서는 거의 10년간(1962~1973)에 걸쳐 미국은 제초제(2, 4, 5-T, 2, 4-D, 카고질산 나트륨과 카고질산 등)의 대규모 살포작전을 전개하였다. 대상이야 南베트남의 살림이었으나, 소규모이긴 해도 농작물과 인간도 대상이 되었다. 이와 같은 군사적인 약제살포는 산의 삼림에 막대한 생태학적인 타격을 주었다. 1차 생산자가 타격을 받으면 거기에 종속되는 생물은 드디어 파멸하게 된다. 또, 이와 같은 제초제가 동물이나 인간에게는 기형을 일으키는 원인이 되는 게 아니냐는 의문이 현실화되어 참전군인이나 민간인이 후유증으로 시달리고 있다.

환경파괴나 공해에 있어서도 구리광산에서의 광독사건이라든가 공장폐수에서 메틸은이 검출되는 사건 등을 배경으로 1970년대는 과학기술에 대한 비판이 최고조에 달했다.

그래서 1970년대의 과학기술 비판으로 주목되는 특징은 지금까지의 과학기술 비판이 주로 문학자에 의해 이루어진 데 비해, 과학자 집단 내부 또는 주변이라는 점이다. 따라서 미국에서는 '사회・정치활동을 위한 과학자와 기술자', 영국에서는 '과학에서의 사회적 책임을 위한 영국협회'가 '과학의 발전은 방향이 설정되어 있는 것이 아니고 사회적 선택과 과학자의 개인적 선택에 의해 결정되는 것'이라고 강조한 바 있다. 그렇다면 비판에 노출된 과학기술은 어디로 갈 것인가? 우리 모두의 관심사가 아닐 수 없다.

2. 과학기술의 발달과 인구증가[3)]

우리 인간은 건강한 몸을 유지하면서 각자 자기가 가진 직업에서 사회를 위하고 남을 위해, 나아가서는 자신을 위해 활동하면서 천수(天壽)를 누리기를 희망한다. 또, 생활의 향상을 위해 노력하고, 보다 쾌적한 환경을 만들고 즐거운 인생을 마치고 싶어한다. 때문에 인간은 도구를 이용해서 도구를 만들고, 또 그것을 복잡하게

3) 中山秀太郎, 전게서, pp. 5~6.

조립해서 기계를 만들어 음식물을 비롯한 옷감, 주거 등 인간의 생활에 필요한 여러 가지를 풍부하게 만들어서 오늘날의 문명을 구축하였다.

우리 인간의 생명을 위협하는 것으로는 옛날에는 홍수, 가물음 등의 천재지변, 전염병의 유행 등이 있었으나, 과학이나 기술의 발달로 인간이 이와 같은 재해에서 벗어나 안전하게 살 수 있는 가능성이 점차 높아졌다.

17세기경이 되면서 인간의 지식은 급속하게 증대되고, 그때가지 명확하지 않던 자연현상을 과학적으로 연구해 많은 법칙을 알게 되었고, 18세기에서 19세기에 걸쳐 공업기술의 비약적인 발전을 보게 되었다. 따라서 인간의 생활은 빠른 속도로 향상되고, 풍요로운 생활을 누리는 사람은 점점 늘어났다.

그렇게 되고 보니 세계의 인구도 늘어났다. 즉, 10세기경 4억이었던 세계의 인구는 19세기 초에는 10억이 되었고, 또 20세기 초에는 20억으로 늘어났으며, 1974년에는 40억에 가까웠다. 1999년에 60억이 되었고, 2013년에는 70억, 2028년에는 80억이 될 것으로 예측하고 있다. 이와 같은 인구의 증가추세(그림 1)는 과학이나 기술의 힘에 의해 무서운 질병의 대유행을 방지하고, 농경법의 개량으로 식료의 증산을 기해 쾌적한 주거를 만드는 등, 다방면에 걸쳐 인간이 안전하게 살아갈 수 있도록 되었기 때문이다. 이런 의미에서 과학이나 기술이 수행한 역할은 대단한 것이었으나, 그 역기능 또한 무시 못 할 정도이다.

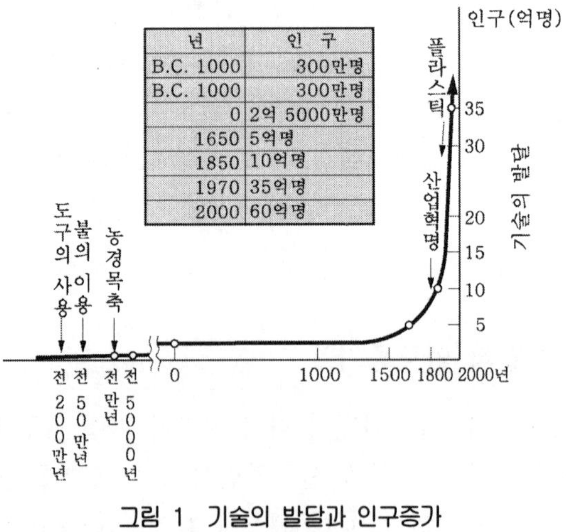

그림 1 기술의 발달과 인구증가

3. 환경문제와 과학기술

(1) 공해와 환경과학

환경문제란 말은 공해(public nuisance)와 비슷한 용어로 볼 수가 있으나, 본래는 서로 다른 개념을 가진 말이다. 공해를 인간사회 발전에 따르는 불가피한 현상으로 보지만, 여기서 환경문제의 개념을 규정할 필요가 있을 것이다.[4)]

자연은 자연을 구성하는 요소 사이에 물질, 에너지의 이동이 있어서 서로 연결이 되며, 하나의 계를 형성하고 있다(자연계). 생물은 자연사의 과정 중에서 출현하여 생물이 만드는 세계, 즉 생물계는 자연계와의 사이에 상호작용을 가짐과 동시에, 그 내부에서도 생물 사이에 식물을 매개로 상호작용을 하면서 하나의 계를 만들고 있다고 볼 수 있다(생물계). 또, 인류는 생물의 진화과정 중에서 탄생하고 독자적인 계(사회계)를 만들고 있다(그림 2).[5)]

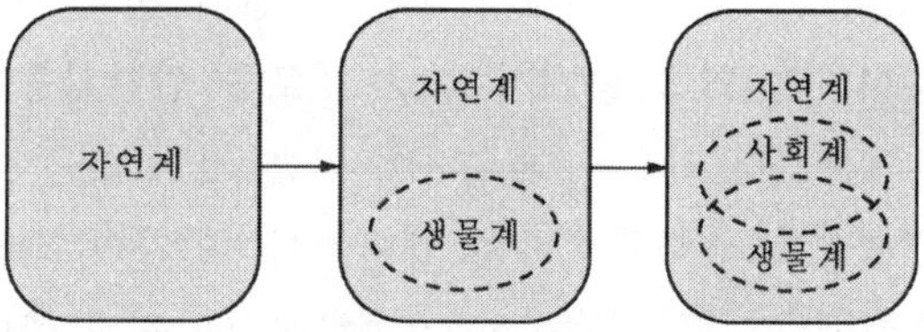

그림 2 3개의 계

인류는 말할 것도 없이 생물계의 한 구성원이나, 동시에 동물과의 사이에는 명확한 선이 그어져 있다. 동물과의 본질적 차이는 동물이 "외부의 자연을 이용하는 것뿐으로, 단순히 그들이 우연히 그곳에 있게 되어 안에서 변화를 그대로 살리는 것"인데 비해, 인류는 "자기가 일으키는 변화에 의해 자연을 자기의 목적에 봉사시키고 자연에 순응하면서 지배"한다는 점이다. 즉 자연계와의 관계에서 본질적인 차이를 인정할 수가 있다.

따라서 생물계는 자연계 중에 능숙하게 끼어들지만 사회계는 그 환경으로서 상호관계를 가지는 자연계, 나아가 생물계와도 나쁜 연관을 맺어도 별 수 없다. 자연계 및 생물계의 잘못된 관계가 존재하는 그대로 없어진다는 의미에서 자연파괴라고 부를 수도 있다. 여기서 주의하여 두지 않으면 안 될 것은 사회계와 자연계, 생물계가 서로 관계를 가지고 있다는 사실에서 자연계 및 생물계의 비틀어짐이 어느

4) 小山仁示 외, 공해와 환경문제, p. 1, 법율문화사, 1975.
5) 島津康男 외, 환경의 과학, p. 365, 일본방송출판협회, 1972.

정도 이상이 되면, 그것이 사회계에 되돌아 나온다는 점이다. 이른바 '자연의 복수'이다. 생산력이 발전하여(그렇게 하여 인구가 증가) '자연의 변혁'이 진행될수록 '자연의 복수'는 심하게 되는 경향이 있음은 당연하다. 이 '자연의 복수', 즉 자연이 인간사회에 적대적으로 기능을 하고 있는 상태가 바로 환경파괴로, 이것이 환경문제의 핵심적인 내용이 된다. 이 환경파괴가 자본주의 사회에서 공해로 등장한다.

이상과 같이 환경문제는 사회계, 즉 인간사회와 자연과의 상호관계로 보며, 공해는 인간과의 관계로 파악되지 않으면 안 될 문제이다.

'환경과학'(environmental science)이란 말 자체가 새로운 것은 아니다. 종래 환경과학으로서의 지리학이라든가 생태학과 같이 개별과학의 성격을 가지는 의미를 숨긴 채 사용하는 것이 일반적이었다. 따라서 환경문제가 세계적인 규모로 부각된 상태에서 제창되고 있는 과학과는 반드시 같은 것은 아니다.

환경문제를 대상으로 하는 과학으로서의 환경과학은 아직도 체계화된 것은 아니다. "인간활동 → 환경형성 작용 → 환경의 양 및 질의 변화 → 환경작용 → 인간의 반응 → 인간의 적응이라는 연속 중에서 항상 새로운 인간활동이 만들어져, 그 활동으로 환경이 변화되는 상호작용을 계속하여 가는 것"이라는 이유에서 인간의 환경에의 활동, 환경으로부터의 활동이라는 양면에서 "인간의 적응성을 매개로 인간환경이 역할을 명확하게 해 가는 것이 환경과학의 큰 골격"이다.[6] 환경과학은 인간생태학으로의 성격을 부여한다.

포스트는 환경과학을 일반생태학과 같은 것으로 취급하여 "자연 및 인간과 그 환경과의 상호작용이 본연의 자세에 대한 일종의 시스템적인 접근법"을 그 내용으로 한다고 규정하여 구체적으로는 응용생태학, 인류생태학, 경제정책, 교육정책 등 여러 갈래의 내용을 가진다고 보고 있다.

K. E. F. 와트라는 학자는 환경과학이 다루는 영역은 도시계획, 지역계획, 경제지리학, 역학(疫學 : 유행병의 예방과 치료를 연구하는 학문), 사회의학, 기상학, 농업, 수산업, 임업, 목장 들판 관리로까지라고 하고 있으나 응용생태학의 범위를 벗어나는 것은 아니다. 환경문제와 자연문제를 일체로 보고, 이들이 사회계 · 생물계 · 자연계의 세 가지 계 사이의 상호관계에서 생기는 문제이므로 본질적으로는 지구상의 전체 시스템의 문제이며, 또 인류의 의지결정이 중요한 구실을 하고 있는 문제임을 강조하고, 지구를 어떻게 할 것이냐의 전략을 환경의 안전성, 자원의 생산성, 인류사회의 구조변화라는 측면에서 제안하고 있다.

---

6) 沼田 眞 편, 환경과학의 방법과 체계, p. 24, 1974, 환경정보과학 센터.

환경과학의 대상은 지구규모의 환경문제임과 동시에 구체적 인간의 일상생활 환경이 되고 있는 지역, 또 구체적으로는 국토에서 발생하고 있는 환경문제이다.

(2) 과학기술과 환경문제[7]

'현대사회에서의 과학이나 과학기술의 의미'에서 환경문제가 부각된 계기는 무엇보다 최근의 공해나 환경파괴 때문이다.

18세기 후반 영국에서 시작된 산업혁명으로 과학과 기술이 공고히 결합하게 되었다가 여기서 과학기술이 독립되었다. 과학기술이 진보함에 따라 사람들은 그 성과를 쉽게 받아들여 공업화 사회를 만들었다. 가내 공업에서 공장제 공업으로 바뀌고, 생활물질이 양산되어 물질적 풍요에 재미를 붙였다. 또, 기계화로 육체노동의 고통에서 해방되고, 과학기술이 주체가 되는 문화는 사람들로 하여금 유토피아 문화로 환영을 받았다. 이 문화는 유럽에서 미국으로, 아시아로 그래서 한국까지 전해져 이러한 과학기술을 기반으로 한 공업화 사회의 지향으로, 그 결과 역기능을 초래하여 공해나 환경오염이 심각하게 되었다.

환경을 크게 나누면 자연환경과 문화환경으로 생각할 수 있다. 자연환경의 구성요소로는 대기·물·토양 등으로 각각에 대응하는 환경문제가 떠오르는데 그 환경오염이 대기오염·수질오염·토양오염이다. 이들 배경에는 생활양식의 질적 내지는 양적 변화가 존재하게 마련이다.

이른바 대기오염, 수질오탁, 토양오염, 소음, 진동, 지반침하, 악취 등의 공해는 자본주의의 생산관계에 부수하여 발생하는 사회적 재해가 되었다.

앞으로 기술을 진보시켜 나감에 있어서 에너지와 자원은 유한하고 기술에 의한 자연파괴를 최소한으로 한다는 점을 먼저 고려하지 않을 수 없다. 종래의 기술은 필요한 양의 에너지를 투입하여 빨리, 능률 좋게, 대량으로 값싼 물건을 양산한다는 점이 강조되었다. 만들어진 제품을 사용하고, 사용 후에는 그대로 폐기시켰다. 빈 병, 빈 깡통, 비닐이 들이나 산, 심지어 해안에까지 즐비한 것은 바로 그 때문이다. 에너지나 자원의 유한성, 자연환경의 면에서 보더라도 앞으로의 기술은 사용된 제품의 재활용을 생각하여야 함은 당연한 이야기일지 모른다. 즉, 폐기물 처리기술의 개발로 환경문제를 더 이상 방치해서는 안 된다. 종래 거의 고려하지 않았던 소음문제도 필연적으로 저소음이 되도록 기술적으로 검토하여야 한다.

다음에 환경과 관련지어 고려해야 할 것이 안전문제이다. 기술에서 절대안전이란 있을 수 없으므로, 기술개발에서 안전을 경시하고서는 문명사회는 종말을 고하

---

7) 鈴木善次 외, 전게서, pp. 193~194.

게 될 것이다. 절대로 추락하지 않는 비행기, 절대로 침몰하지 않는 선박을 만들 수 없듯이, 절대로 사고가 일어나지 않는 것은 만들 수 없기 때문에, 사고를 최소화하는 안전문제를 최우선으로 생각하여야 한다.

4. 인류의 안전과 과학기술의 위치

(1) 인류의 안전과 미래

인간인 생물이 지구상에 태어나서 환경에 적응하는 형태를 갖추고, 습성이나 생리적 기능도 환경에 순응하여 생존하고 있다. 그것은 오랜 세월을 경과하는 사이에 환경에 적응하였기 때문이다.

인간은 "도구를 사용하는 동물이다"라고 한 것은 유명한 말이나, 다만 도구를 사용하는 것에만 그치는 것이 아니고 도구를 사용하지 않으면 살아갈 수 없는 동물임을 내포하고 있다.

항공기나 자동차 및 기타 기계류에 대한 안전, 나아가서 생산공장에서의 안전이라는 좁은 의미에서의 안전을 생각하는 것도 물론 중요하지만, 과학기술의 급격한 진보가 세계적으로 이루어지고 있는 현재, 안전이라는 문제를 더욱 넓게 인류의 안전이라는 개념으로 확대할 필요가 있을 것이다.

과학이나 기술은 지금까지 우리 인간에게는 대단히 유용하였다. 과학기술의 진보로 우리들의 생활이 매우 향상되었고, 또 그 성과가 너무나도 엄청났기에 과학기술에 대한 신앙이 생겨난 것이 아닌가하고 생각될 정도였다. 과학적이란 말만 들어도 그것은 절대적으로 올바르고 합리적이라 생각하고, 비과학적이라면 그것은 완전히 잘못된 것이라고 생각하게 되었다. 과학이나 기술을 발전시켜 나가면 인간이 생각하는 대로 자연을 제어할 수 있다는 생각마저 들었다.

그러나 자연은 그렇게 단순한 것이 아니었다. 이 대자연은 매우 복잡하고 또 아주 교묘하게 만들어져서 생물이나 광물도 모두가 조화를 이루어 공존공생을 하고 있다. 이 지구상 생물의 한 구성원인 인간이 과학기술을 발전시켜 이 자연의 조화를 깨뜨리기 시작하였다.

기술이란 것은 처음부터 그 자체가 반자연적이다. 자연에 손을 대어 인간에게 유리하게 변경시키는 것이 기술이지만, 무엇인가의 변화를 가하면 자연의 파괴가 일어나는 것은 분명한 사실이다. 절대 안전한 기술이라든가 무공해 기술이란 있을 수 없다. 다만, 이 파괴의 정도가 아주 적을 때에는 인간이나 기타 생물에 미치는 영향은 거의 없었으며, 영향이 있더라도 국소적으로 있어 그냥 지나치고 말았다.

기술이 아직 발달하지 않았을 때는 새로운 기술에 대해서 무엇인가 불안을 가지고 겁을 먹거나 어느 정도 저항도 있었으나, 기술의 유용성은 이 두려운 감정을 씻어 버리고 말았다. 그래서 현재 인간은 자연파괴를 강력하게 밀고 나가 본래의 생물과는 이질적인 유해물질을 우리 주변에 범람시키고, 이 유해물질이 인간의 안전을 위협하게 되었다. 지금까지 없었던 새로운 질병이 발생한 것이 그 증거이다. 이대로 과학기술을 진보, 발전시켜 나간다면 멀지 않은 장래에 인류의 생존이 위태롭게 되는 사태가 오는 것이 아닌가 하는 불길한 예감이 든다.

(2) 과학기술의 위치[8)]

과학과 기술의 역사를 통해 보면 의심할 여지없이 분명한 것은 모든 신 기술은 시대의 의문과 필요성에서 생겨 응용과학이 우리들 문명의 발달 속에서 중요성을 먼저 차지하였다는 사실이다. 그런데 사회적 각도에서 본다면 정당한 것이고 공익에 위배되지는 않았는지 자문할 필요가 있다.

과학과 기술의 승리는 다른 물질적·정신적 진보를 희생시켜 과학기술을 균형에 맞지 않게 발달시킨 것이나 아닌지, 파괴적 경쟁을 한 것은 아닌지도 되돌아 볼 필요가 있다.

20세기의 과학은 17세기에 탄생할 때의 과학과 기술과는 그 양상이 사뭇 다르고, 과학과 과학기술이 깊이 연관되어 이른바 거대과학(big science)이라는 상태에 이르고 있다. 이와 같은 상태에서는 단순하게 개인의 흥미를 위주로 한 연구의 진행은 곤란하고, 국가나 기업과 연계된 연구가 되는 경향이 강하게 되었다.

자본주의 사회에서는 생산되는 제품이 목적이라기보다는 그것을 경제경로에 편승시켜 생기는 이익이 목적일 경우가 많다. 그렇게 되면 능률적으로 제품을 양산하는 방식이 채용되어 획일화·양산화를 향한 과학기술의 개발이 이루어지기 쉽다. 대량생산은 동시에 대량소비를 촉진시킨다. 현재 이런 과정에서 생활 폐기물, 산업 폐기물이 생기게 되는 상황으로, 이것이 환경오염과 연결된다. 환경오염이나 환경파괴를 방지하기 위해서는 중간 단계의 어중간한 과학기술 이용을 중단하는 경우도 있으나 가격면에서 실현되지 않는 경우가 많다. 대기오염 물질의 하나인 NO_x의 기준치 완화는 그 하나의 예로 생각할 수 있다.

이와 같은 유형의 과학기술의 이용은 자본주의 사회뿐만이 아니고 뒤늦게 발달된 사회주의 사회에서도 공업화를 지향하는 경우에 생길 가능성이 있다. 중국에서의 공해문제 대처방법은 그 점에서 관심사의 하나이다.

또, 획일화는 인간의 정신적 환경에도 영향을 주고 있다. 인간은 누구나 개성이

---

8) 鈴木善次 외, 전게서, p. 195.

풍부한 존재인데, 개성을 존중하는 곳에 인간성 회복이 있고 획일화는 거기에 역행되기 때문이다. 과학기술은 무엇보다 획일화 · 양산화에만 사용되는 것이 아니다. 개성을 존중하는 과학기술도 당연히 성립하게 마련이다. 이 경우에도 가격면에서 문제가 되는 바가 많다.

최근의 연구에 '애매한 일'을 생성하는 과학기술의 연구개발이 진행되는 경향을 보여 주고 있는데, 마치 인간의 두뇌가 그와 같은 '애매한 일'에 대처하기라도 하는 듯, 유연한 적응력을 가진 기술을 생겨나게 하고자 하는 '애매한 시스템 공학'의 등장이라고 할까. 어떻든 무엇을 위해, 누구를 위한 과학기술인가를 생각할 필요가 있다.

5. 과학기술의 만능은 위험한 발상[9)]

우리들은 생활을 향상시켜 풍요로운 사회를 만들기 위해 과학기술을 발달시켜 자연계에 있는 많은 금속을 이용하기에 이르렀다. 자연계에 존재하는 90여 종의 원소 중 80% 정도를 현재 사용하고 있으나, 그 가운데 상당수는 생물의 체내에 존재하고 있지 않다. 생물의 체내에 존재하고 있지 않다는 것은 그 금속들이 필요없거나 필요하더라도 유해하다는 것이다. 카드뮴, 납, 수은, 안티몬, 비스무트, 게르마늄 등의 중금속은 생물체 내에는 없으나 대단히 유해한 물질임은 이미 잘 알려져 있다. 수확을 좋게 한다는 뜻에서 사용하는 비료, 해충을 구제하기 위한 농약은 땅으로도 스며들지만, 하천이나 바다에 유입되어 수질오염을 일으키고, 또 식물에도 흡수되어 인간의 체내에 잔류하며, 이 신체의 오염이 인간의 생명을 위협한다. 또, 자동차 기술의 진보로 인간생명의 안전이 위협받고 있다는 사실은 의심할 여지가 거의 없다. 교통사고에 의한 인명의 살상뿐만이 아니고, 자동차용 기관에서의 배기가스가 가지는 유해성도 문제이다. 유해 가스량이 분명히 이전보다는 많이 감소되었음에도 불구하고 자동차의 대수가 부쩍 늘어, 배기가스의 오염은 실제로 조금도 줄어들지 않고 있다. 또, 가솔린을 사용하는 한 배기가스에 의한 오염을 없앨 수도 없다.

그래서 유해가스가 없는 전기 자동차도 개발하여 보았으나, 이것 역시 여러 가지 문제가 있었다. 그래서 지금은 수소가스 자동차에 매달려 있다.

석유를 연료로 사용하고 있는 동안은 아황산가스, 일산화탄소, 탄화수소, 질소산화물 및 부유물 먼지 등에 의한 대기오염을 피할 수 없다. 어느 것이나 인간생명의 안전을 위협하는 것이며, 부유물 먼지의 증가는 인체에 위험한 영향을 주는 것

9) 中山秀太郎, 전게서, pp. 8~9.

이라 주목을 받기 때문이다. 지름이 0, 1~10미크론 정도의 미립자로 몇 년간 대기 중에 둥둥 떠다니는데 부유물의 증가는 인간이 호흡할 때 肺胞까지 파고들어, 그 절반 정도가 폐 중에 잔류해 폐암 등의 원인이 되는 위험이 있다고 한다.

생활을 풍요롭게 할 목적으로 물량을 대량생산하면 공장 등의 굴뚝에서는 유해가스나 분진이 대량 배출되어 대기를 오염시키고, 또 유해물질을 함유한 공장배수도 대량으로 하천이나 바다로 흘러들어가 해수를 오염시킨다.

도시는 점차 팽창하고, 많은 인구가 집중되며, 자동차의 유입도 증가하는 결과를 가져와 배기가스가 대량으로 방출된다. 고층건물은 날로 늘어나고 겨울에는 난방, 여름에는 냉방에 의해 대기는 점점 오염되어 간다.

이와 같은 상태를 개선하려고 기술과 과학의 힘을 빌리려 하고 있다. 굴뚝에 집진기를 설치하여 분진을 줄이고, 유해가스를 유효한 화학처리로 제거하고, 또 배수 중의 유해성분을 화학적 · 기계적으로 제거하고자 하는 생각도 하고 있다. 즉, 기술발달의 결과로 이루어진 유해물은 기술의 개선으로 기술적인 해결이 된다는 생각이다.

그러나 이와 같은 발상은 대단히 위험한 사고방식이다. 즉, 과학적 · 기술적으로 무엇이나 된다는 사고는 과학기술의 과신이다. 또, 좁은 범위에서 사물을 생각하는 위험성도 있다. 자동차의 경우를 설명하였으나 배기가스, 또는 배수에 함유된 유해물질을 제거하는 기술을 개발하였다고 하더라도, 이 새로운 장치를 제작하는 과정이나 사용하는 과정에서 또 다시 새로운 환경파괴를 유도하는 위험성이 있는 것이다.

인간이 기술적으로 손을 댄다는 것은 어떠한 환경파괴를 수반하는 것으로, 이는 피할 수 없다. 따라서 기술만능주의는 인간의 안전에 있어서는 매우 위험한 발상이다.

6. 과학기술의 발명은 언제까지[10)]

현재 우리들에게 가장 중요한 것은 석탄이나 석유라는 열 에너지 자원이다. 석유가 없으면 모든 내연기관은 움직이지 못하며, 또 화력발전도 석탄이나 석유에 의존하고 있다. 내연기관이 없으면 자동차나 선박, 비행기도 움직이지 못한다. 현재의 문명사회는 석유나 석탄 같은 화석연료를 대량 소비하여 성립되고 있다. 내연기관이나 전기 없이는 현대문명은 생각할 수 없다.

---

10) 中山秀太郎, 전게서, pp. 198~199.

현재 우리 신변에 대단히 많은 것들이 있는데, 그 가운데 절대 없어서 안 되는 것과 그렇지 못한 것이 있다. 내연기관이나 전기 없이는 우리들의 생활유지가 되지 않는다. 담배나 술, 커피와 같은 기호품은 없어도 우리가 살아가는 데 별로 장애가 없다.

석탄을 연료로 하여 물에서 증기를 만들고, 그것을 사용하여 움직이는 증기기관은 18세기 후반 제임스 와트의 개량으로 실용화되었다. 이전에는 이와 같은 증기원동기는 없었다. 증기기관은 철도의 발달을 촉진시키고 교통기관으로서 중요한 역할을 하였다. 내연기관은 19세기 후반 르누아르나 오토에 의해 발명되었고, 그 후 개량되어 자동차나 선박을 움직이는 동력으로 사용되었다. 증기기관에 비하면 내연기관은 소형으로 가볍고 마력이 크다는 잇점이 있다. 그 때문에 20세기가 되면서 인류의 영원한 꿈인 비행기가 만들어져, 강력한 동력인 내연기관을 탑재하여 하늘을 비행하게 되었다.

또, 19세기 이후 패러데이의 연구업적에 의한 전동기나 발전기의 발명은 우리들 사회에 큰 변혁을 주었다. 전동기는 종래 없었던 편리한 동력원이며, 여러 분야에서 사용하게 되었다. 전등에 의한 조명은 밤을 낮과 같이 밝혀 주고, 밤에도 아무런 불편 없이 활동을 할 수 있게 되었다.

그 밖에도 우리들의 생활을 풍부하게 하기 위한 여러 가지 기술적 발명, 고안이 수없이 많았다. 그 대부분이 18세기 또는 19세기의 200년 사이에 나왔다. 물론, 인간의 생활이 시작된 기원전부터 기술은 있었다. 그것이 시대와 더불어 진보되고 우수한 기술자의 창의력으로 새로운 것의 발명을 반복하여 왔으나, 18세기와 19세기가 되면서 급속히 많은 기술발명이 이루어져, 오늘날 이용되고 있는 기술의 대부분이 이 시기에 출현하였다. 오늘날의 기계문명은 이 200년 사이에 발명된 기술을 기초로 하여 성립되었다.

20세기에 들어와서는 그 이전의 기술의 개량, 각종 기술의 결합, 각종 기술을 하나의 시스템으로 어떻게 제어할 것인가의 형태로 발달하여 왔다. 그렇게 하여 기계의 정밀도나 효율을 좋게 하는 개량도 지금은 한계에 이른 감이 있다.

인쇄술과 전쟁기술을 별도로 생각한다면, 보통 어떤 발명이나 기술개발이 시장에서 상품화될 때까지의 평균기간은 17세기에서는 100년 이상, 18세기에서는 약 100년, 1850년대에는 82년, 1900년대에는 약 32년, 1950년대에는 15년, 1975년대에는 3~4년이었다.[11] 이런 경향은 산업혁명 이후에 가속화되었다.

11) 荒井政治 외 편, 전게서, p. 275.

우리들의 생활에 혁명적인 영향을 줄 정도의 기술적 발명은 더 이상 없으리라고 생각된다. 새로운 기술의 발명이 없어도 우리들의 생활은 아무런 지장이 없다. 지금까지의 발견·발명된 과학과 기술만으로도 충분하다. 더 이상의 개량의 필요가 없다고 보아도 될 것이다.

그림 3은 기술의 발명건수와 연대를 표시한다.

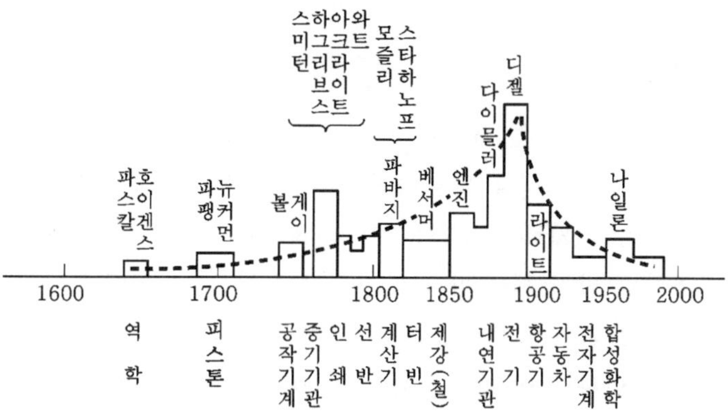

그림 3 기술의 발명건수와 연대

7. 과학기술과 윤리문제12)

(1) 과학기술의 낙관론과 비관론

근대는 과학기술의 시대라 말한다. 사실 과학기술이 이렇게 급격한 형태로 진보한 시대는 인류역사상에 없었다. 과학기술의 진보는 근대에서 현대에 걸쳐 일종의 '과학기술의 신앙'이라 할 정도로 '과학기술관'을 발전시켰다. 과학기술의 진보는 무한히 가능하며, 그 진보는 인간의 생활에 한없는 은혜를 주기 때문에 사회도 진보를 계속하고 그래서 그 주역인 인간은 존엄하다는 신념이다.

그러나 21세기에 접어든 현재, 과학기술의 신앙은 여러 면에서 어두운 그림자를 드리우기 시작하였다. 사람들의 심정은 '과학기술 불신'의 경향으로 가고 있다. 즉 과학기술의 진보에는 한계가 있고, 또 그것은 반드시 인간에게 은혜만을 주는 것도 아니고, 인간을 파괴하여 사회를 혼란에 빠뜨리고 그래서 인간을 둘러싼 환경도 파괴하는 원인이 된다. 또 이러한 과학기술을 만드는 가능성을 가지고 있으므로 인간은 악질, 위험한 존재라는 시각이다. 과학기술의 긍정적 측면은 '과학기술 낙관론'이라 한다면 부정적 측면을 '과학기술 비관론'이라 말할 수 있다.

---

12) 日本機械學會誌, 특집 기술사와 기술철학, vol. 95, No. 881, pp. 324~331, 1992.

이와 같은 비관론의 싹은 과학기술이 급진전을 시작한 당초부터 반이성주의이면서 추상적인 형태로 존재하고 있었다. 그러나 현대의 과학기술 불신은 이미 실현되어 버린 과학기술 시대에 대한 구체성을 수반한 비판・반성으로서, 그러나 인류의 장래에 대한 절박한 위기감을 동반하여 나타났다는 데 그 특징이 있다.

또한 제기된 '과학기술 불신'은 인간 본래의 본성의 재해석을 촉구하며, 또 인간이 만드는 '사회'나 '과학기술'의 역할에 대한 근본적 분석의 방향으로 나가게 한다.

(2) 기술혁신과 기술사정

과학기술은 두 차례에 걸친 세계대전 시기를 통해 급속히 발전하여 1960년대에는 기술혁신(innovation) 시대를 맞이하였다. 이 시기의 기술혁신을 상징하는 것에 첫째는 원자력 발전, 둘째로 달 착륙으로 대표되는 우주개발, 셋째로는 컴퓨터로 대표되는 전자공학의 발전이다. 이 과학기술의 특징은 그 거대성 — 거대 과학기술에 있다. 거대 과학기술은 인간에게 많은 이익을 가져다 줄 것으로 기대되지만 한편으로는 거대한 위험과도 이웃한 존재이다. 원자력 발전소의 사고, 우주개발 경쟁이 지구파괴를 가져오고 컴퓨터의 발전과 보급이 인간의 사회생활을 크게 바꿀 것으로 예상되었고 또 그렇게 되고 있다.

이것이 한 걸음 더 나가면 인류 그 자체의 생존의 위기에 직결되는 사실의 자각이 이 시기, 마침내 과학기술의 내부에도 등장하였다. 이와 같은 위기를 배경으로 기술혁신의 시기에 기술사정의 움직임이 시작된 것이다.

그래서 하나의 과학기술을 개발하고자 할 때 그 과학기술의 의미나 영향을 미리 평가하여 그 과학기술 개발의 가부, 방침을 결정하고자 하는 것이 기술사정(technology assessment)인데, 이는 바로 과학기술에 대한 윤리적 반성의 시작에서 비롯된다.

(3) 생명윤리의 발생

생명현상을 다루는 과학연구는 그 응용으로 생명기술의 개발이 병행되고 있다. 생명체나 생태계에 미치는 영향의 크기는 공포의 대상이 되어 기술사정의 활동과 협조하여 드디어 '생명윤리'라는 과학기술 평가의 움직임이 시작되었다.

생명윤리란 말은 1960년대 후반경부터 몇 사람에 의해 동시 다발적으로 사용되었다. 그러나 이 말은 당시로서는 일종의 위화감을 포함하여, 그 의미로는 성립이 곤란한 말이었다. 그래서 바이오(bio, 생명)와 에딕스(ethics, 윤리) 두 단어를 합성한 것이 '생명윤리'란 말로 되었다. 그리스 어원의 두 언어는 인문학적인 언어가 되고 근대 이후 현대에 이르는 과정에서 '바이오'는 완전하게 물질적 현상을 표시하는 말로 변화되었다. 즉 '바이오 연구'는 생물학이나 분자생물학의 대명사처럼 되었다.

이러한 상황에서 최초로 이 학문을 제안한 한 사람으로 포터(V. R. Porter)라는 작가는 그의 저서 「바이오 에딕스 — 미래에의 가교」(*Bioethics — Bridge to the Future*, 1971)에서 취급한 과제가 현재로 본다면 환경윤리라고 표현할 수 있는 내용으로 판단된다. 그 내용 중에는 야생윤리 · 도시윤리 · 인구문제 · 노인윤리 등이 포함되어 있다. 요컨대 현대의 과학기술에서 어떻게 하여 환경을 보호하고 이 문명을 인류의 미래로 연결시켜 갈 것인가 하는 것이 생명윤리로 해석된다.

(4) 생명윤리의 '의료윤리'화

생명윤리는 생명윤리 문제가 제기된 직후에 크게 변질된다. 한마디로 말하면 1950~60년대의 과학기술의 발전은 당연히 의학에 크게 응용되었다. 이 사실은 당초에는 인류에 대한 최대 복음이었다. 그 결과 유아의 사망률은 낮아지고 불치의 병, 난치의 병이 치료되고 평균수명은 비약적으로 높아졌다.

그런데 그 결과 이외에도 인류가 아직까지 경험하지 않았던 새로운 신체조건이 생겨 새로운 의료기술과 그 적용에 대한 긴급한 사정의 필요성이 강하게 제기되었다.

1970년도 초기에서 1980년대 말에 걸쳐 새 의료기술은 인간의 생 · 사 · 유전의 세 가지 과제에 대해 윤리적 문제를 제기하기에 이르렀다.

먼저 출생에 관해서는 새로운 체외 수정, 동결수정란, 냉동정자, 남녀 성판별, 시험관 아기, 대리 출산 등의 새 기술이 개발 · 실시되고 있고, 또 죽음에 관해서는 인공호흡기의 개발로 인위적 생명 연장기술이 진전되어 이것이 역으로 '뇌사'라는 새로운 신체상태를 만들었고, 또 장기 이식기술 및 면역 억제기술의 개발과 맞물려 '뇌사와 장기이식'이라는 현대 생명윤리의 가장 큰 과제를 발생시켰다. 생명에 대한 말기 의료의 여러 기술이 생명의 질(Q.O.L., quality of life), 안락사, 존엄사 등의 문제가 새로 대두, 새 의료기술이 결국은 '죽음'을 분산시켜 인간전통의 '통일적 죽음'의 개념에 혼란을 가져와 사회적 관습을 뒤흔들기 시작하였다.

유전자 관련의 기술개발은 현대 의료기술의 최대의 특징을 이룬다고 하여도 좋을 정도이다. 제한효소를 사용한 유전자 진단과 유전자 조작기술은 실험단계를 넘어 실용단계에 들어갔고, 유전자의 대량복사도 가능해졌다. 인간의 전 유전자를 해독하는 '인간 게놈 지도'도 완성하여 인간복제도 눈앞에 두고 있다. 비참한 유전병의 발견과 대부분 인간의 질병이 유전과 관련된다는 사실에서 유전자 진단과 유전자 치료의 기술도 실용단계에 이르고 있다.

1982년에는 이른바 '유럽회의'에서 '유전적 형질의 불가침성'을 기본적 인권으로 보증해야 한다고 권고하기에 이르렀다. 이는 유전자 조작기술을 인권 또는 윤리라는 이름으로 원칙적으로 거부하고자 하는 것이 '과학기술'과 '윤리문제'와의 대결로 보는 관점이다.

8. 과학기술자의 사회적 책임

과학과 기술이 사회와 밀접하게 결합되어 존재한다고 하면, 그와 관련되어 있는 과학자나 기술자의 사회적 책임이 문제가 된다. 이렇게 볼 때, 과학자는 상아탑 속에 파묻혀 사회와 접촉을 끊고 존재할 수는 없다. 원자폭탄이나 수소폭탄을 시작으로 핵병기의 개발경쟁이 격화됨에 따라, 인류의 장래에 불안을 안겨 주어 과학의 방법에 경종을 울린 퍼그워시(Pugwash) 회의(1957)는 과학기술자의 사회적 책임을 표시하는 하나의 움직임이었다.

최근에 크게 대두되고 있는 유전자공학도 위의 문제와 관련되는 사례이다. 유전자공학은 분자유전학의 발전으로 나타난 것이며, 유전자의 물질적 기초로 DNA가 발견된 이래, 오늘날에는 유전자의 인위적 결합이나 교체가 기술적으로 가능하게 되었다.

이 기술의 실용화는 전염병의 극복, 호르몬 등 생체물질의 생산 등의 잇점도 있는 반면, 예측할 수 없는 성질을 가진 새로운 생물종(특히 박테리아, 바이러스)을 만들게 되어 인간에게 나쁜 영향을 줄 가능성을 가지고 있다.

그러한 이유로, 이 연구의 진행에는 과학자 사이에 논쟁이 있었고, 일시 연구를 정지시키고자 하는 움직임도 있었으나 어느 정도의 규제를 통해 연구가 진행되고 있다.

비슷한 문제로 인공수정에 의한 '시험관 아기'(test tube baby ; 1978년 7월 25일이 최초)가 화제가 되고 있는데(그림 4), 이 경우는 윤리성이나 도덕성에서 논란이 전개되고 있다. 인간의 생식은 자연의 섭리에 맡길 뿐 인위적 조작을 하여서는 안 된다는 주장과, 불임증의 여성을 구제한다는 주장이 대립되고 있다.

1997년에는 영국에서 복제 양 '돌리'가 탄생하였고, 2001년 초에는 '인간 유전자 지도'를 완성하여 인간복제 문제까지 논쟁을 벌리고 있다.

문제는 핵병기의 경우와 마찬가지로 유전자공학이나 시험관 아기 등의 기술이 어떠한 목적에 사용되느냐 하는 데 있다. 과학자나 기술자의 사회적 책임은 조금이라도 이와 같은 실정을 널리 국민에게 알리는 일이다.

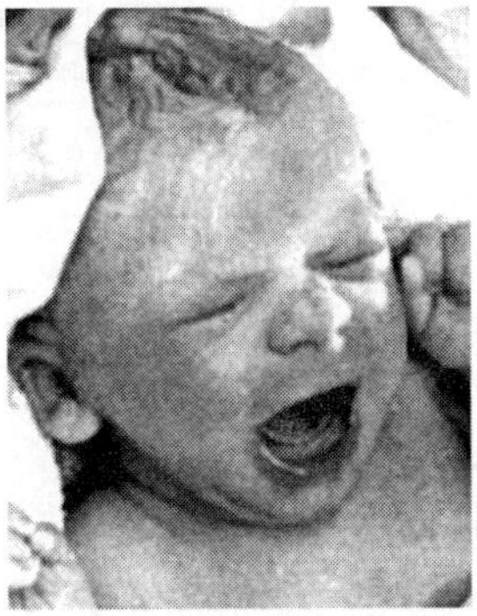

그림 4 세계 최초의 시험관 아기

이는 인간의 지능에 대한 논의(IQ의 유전설)로 과학이 정치에 이용당하는 경우가 있기 때문이다.[13)]

인간은 죽을 때까지 사는 존재이다. 살아 있는 한 삶의 보람을 가지고 활동하고 싶어한다. '과학자 · 기술자로서의 인생을 살아가는 데 값어치 있는 인간이란 무엇인가? 과학기술을 어느 분야로 살리며, 어떤 업적을 만들어 인간생활의 진정한 풍요로움에 기여할 것인가?' 등의 본질을 생각하고 질문을 계속하지 않으면 안 된다.

그러려면 과학자 · 기술자 자신의 인생관 · 역사관 · 사회관 · 세계관을 확립할 필요성이 있나. '인간이란? 보다 잘 산다는 것은? 진리란? 선이란? 아름다움이란?' 등을 항상 생각하는 것이 필요하다. 과학 · 기술 · 공학을 세분화하는 데 따라 먼저 사물의 본질을 추구하여 예지(전문지식보다 고도의 지식 · 지혜)를 사랑하는 철학을 확립하는 것이 매우 바람직한 노릇이다.

서양적 물질문명에 동양적 정신문명을 융합시켜 새로운 인류의 문명을 구축하는 것이 현재 강하게 요청되고 있다. 이것을 결정하는 것은 과학자 · 기술자 자신의 문제이다. 우주공간 중의 지구에 살고 있는 60억 인구의 인간사회의 한 사람으로 분명한 철학을 확립하고 그 바탕 위에 과학자 · 기술자로서의 책무를 다해야 할 것이다.[14)]

13) 鈴木善次 외, 전게서, pp. 197～198.
14) 日本機械學會誌, 전게서, p. 283.

찾아보기

저자약력

1934년 경북 청도 출생
대구 계성고등학교 졸업
서울대학교 공과대학 조선항공과(공학사)/인하대학교 대학원(공학석사 · 공학박사)
울산대학교 출판부장 · 교육협력실장 · 산업경영대학원장 역임
대한기계학회 평의원 · 울산지부장 역임
울산대학교 공과대학 교수 역임
대한산업안전협회 전문강사 역임
국무총리 표창 · 대한 기계학회 공로상 · 국민훈장 동백장 받음

저서

- 내연기관(수학사)
- 기계공학연습(형설출판사)
- 공업열역학(학연사)
- 신편 공업열역학(학문사)
- 신편 기계제도(학연사)
- KS 기계제도(동명사)
- 원자력발전(학문사)
- 열유체공학(울산대 출판부)
- 기계공학개론(동명사)
- 내연기관공학(학문사)
- 자동차공학(동명사)
- KS 기계제도-이론과 실제(동명사)
- 산업심리학(문창사)
- 산업경영심리학(문창사)
- 공업기술교육론(문창사)
- 공업 · 기술교육의 이론과 방법(문창사)
- 과학과 기술의 문명사(동명사)
- 인류와 과학 · 기술의 역사(동명사)
- 공업열역학(번역, 웅진출판사)
- 새 기계공학개론(동명사)
- 새 자동차공학(동명사)

과학과 기술의 역사

2002년 1월 15일 초판발행 • 저 자 장 병 주
2008년 9월 20일 5쇄발행 • 발행인 최 국 주
• 발행처 동 명 사

경기도 파주시 교하읍 문발리 535-10 파주출판단지 30블록 4롯트
전 화 : 031) 955-7200(代), 955-7201~4, 7203 (편집부)
팩시밀리 : 031) 955-7205
출판등록 : 1950년 11월 1일(제1-76호)
E-mail : dms723@chol.com
홈페이지 : www.dmsbook.com

정가 20,000원

ISBN 978-89-411-5708-3 93550